法国 洛朗斯
育儿宝典

[法]洛朗斯·佩尔努 著　　方赛 张艳 小奇 译

[法]阿涅丝·格里松　主持修订

华东师范大学出版社

·上海·

图书在版编目（ＣＩＰ）数据

　　法国洛朗斯育儿宝典 / （法）洛朗斯·佩尔努著；
方赛，张艳，小奇译 .-- 上海：华东师范大学
出版社 ,2023
　　ISBN 978-7-5760-3548-3

　　Ⅰ．①法… Ⅱ．①洛… ②方… ③张… ④小…
Ⅲ．①婴幼儿—哺育—基本知识 Ⅳ．① TS976.31

　　中国国家版本馆 CIP 数据核字（2023）第 018316 号

版权登记号：09-2022-0197

法国洛朗斯育儿宝典

著　　者	[法]洛朗斯·佩尔努
主持修订	[法]阿涅丝·格里松
译　　者	方　赛　张　艳　小　奇
责任编辑	吴　余
项目编辑	南艳丹
责任校对	张佳妮　廖钰娴
特约审读	张　涛　滕国良
装帧设计	李燕萍　李　琳

出版发行　华东师范大学出版社
社　　址　上海市中山北路3663号　邮　编　200062
网　　址　www.ecnupress.com.cn
电　　话　021-60821666　行政传真　021-62572105
客服电话　021-62865537
门市（邮购）电话　021-62869887
地　　址　上海市中山北路3663号华东师范大学校内先锋路口
网　　店　http://hdsdcbs.tmall.com

印刷者　青岛时代色彩文化发展股份有限公司
开　　本　787×1092 1/16
印　　张　31.25
字　　数　594千字
版　　次　2024年9月第1版
印　　次　2024年9月第1次
书　　号　ISBN 978-7-5760-3548-3
定　　价　158.00元

出版人　王　焰

（如发现本版图书有印订质量问题，请寄回本社客服中心调换或电话021-62865537联系）

亲爱的读者：

这是法国家喻户晓的《法国洛朗斯育儿宝典》一书的2018年版。编写这本书是为了赋予你自信，相信自己有能力抚养好孩子，与孩子建立紧密的情感连接，让他在充满温情的家庭氛围中慢慢长大。

本书目标高远，希望通过翻阅、浏览目录和查阅相关内容能回答你的所有问题。其中一些章节非常实用，如：精心喂养、儿童的日常生活、孩子的健康……另一些章节则更侧重于探讨心理和教育问题。你会发现，不同的内容经常交替出现并相互补充。本书在编写中，将实用层面和情感层面相互融合，正如我们生活的原貌。

第四章是本书的核心。它讲述了孩子最初几年的精神运动、情感与关系发展。你会发现，著名的"躲猫猫"游戏是孩子智力发展的真实表现，和会说"真棒！"、会说"不"、然后会说"我的！我的！"一样，都是孩子个性建立的基本步骤。

这些信息和要点让你更好地了解自己的孩子，帮助他成长，让养育变得更轻松。你会发现，教育态度应与孩子的年龄相适应，既灵活又宽容，同时要尊重孩子脆弱的情感和发现的需求。作为父母，在孩子的成长过程中，特定情况下需要表现出坚定和权威。

本版《法国洛朗斯育儿宝典》严格遵循洛朗斯·佩尔努（LAURENCE PERNOUD）和我本人一贯秉承的原则：高品质与严谨。与洛朗斯·佩尔努合作多年，我感到非常幸运。我们共同构思新版，讨论和确定要论述的主题，重新选定编委，扩充了编委会成员。我们回复了大量父母的来信，他们的亲身经历和建议丰富了我们的素材。当洛朗斯·佩尔努逐渐淡出时，她希望我接替她继续完善本书——这部凝结了她一生心血的作品。今天，我以同样的热情，与编委会成员们继续这项工作，不敢懈怠分毫。

阿涅丝·格里松（AGNÈS GRISON）

法语版修订主持人

对《法国洛朗斯育儿宝典》进行年度修订是一项持续性的工作，为此，编委们要多次见面、沟通、审稿。涉及专业领域，我们还需要专家团队的支持。每位专家都全力以赴，贡献了自己的实践经验和知识储备。下面是参与本书修订的修订委员会成员名单。

达妮埃尔·拉波波尔（DANIELLE RAPOPORT），心理学家，曾任职于巴黎公共援助医院。担任过医院和幼儿机构心理专家，在长期的研究工作和积极主动的沟通中获得了丰富的经验。她的参与对我们团队而言弥足珍贵。在她的帮助下，我们得以对父亲的地位、残疾儿童的困难、单亲母亲、虐待和优待这些主题进行深入探讨。

埃里克·奥西卡（ÉRIC OSIKA）博士，自由执业兼医院儿科医生，以其出色的专业能力为我们的读者提供服务。他作为答疑专家，负责处理读者咨询邮件，并对他们的问题提出合理建议。这些建议中肯且富有建设性，他对孩子们非常用心，我们对此极为欣赏。

西尔维·莫里耶特（SYLVIE MORIETTE），临床心理学家，以其作为临床心理学家的经验，对儿童情感和智力发展的许多主题富有贡献，如：幼儿的攻击性、逆反期、婴儿性征、挫败感、看护方式、父母的忧虑等。

玛丽－诺埃尔·巴贝尔（MARIE-NOËLLE BABEL），助产士，任职于一家新生儿服务中心，持有跨院校母乳喂养专业文凭。针对"母乳喂养"主题，每年都会应妈妈们的要求，不断充实内容。

布丽吉特·库德雷（BRIGITTE COUDRAY），营养师、营养学家，研究方向主攻儿童与家庭喂养，并为此提供相关预防措施和教育建议。

多米尼克·法维耶（DOMINIQUE FAVIER），曾任巴黎公共援助医院社会教育主管，十分严格而高效，编写的内容对读者非常有用。

同时，也要感谢以下专家所给予的意见：

芭芭拉·阿卜德利拉赫－博埃（*BARBARA ABDELILAH-BAUER*），语言学家、社会心理学家，擅长双语现象研究。

T. 贝里·布雷泽尔顿（*T.BERRY BRAZELTON*）博士，国际知名儿科医生，儿科学和儿童发展心理学权威专家，专注于婴儿"能力"和早期发育互动研究。

菲利普·布吕热（*PHILIPPE BRUGE*）博士，急诊医生。

纳迪亚·布鲁施韦勒－斯特恩（*NADIA BRUSCHWEILER-STERN*）博士，儿科医生、儿童精神病科医生、婴幼儿发展专家。

斯特凡妮·塞利耶（*STÉPHANIE CELLIER*），药剂师。

让－维塔尔·德蒙莱昂（*JEAN-VITAL DE MONLÉON*）博士，儿科医生、收养研究专家。

萨比娜·迪弗洛（*SABINE DUFLO*），临床心理学家，研究方向：各种电子产品在儿童成长中的作用和影响。

雷米·法维耶（*RÉMI FAVIER*）博士，任职于巴黎特鲁索医院血小板病理学参考中心。

吕克·加布里埃尔（*LUC GABRIELLE*）博士，急诊医学专家。

伊丽莎白·鲁菲那戈（*ÉLISABETH RUFFINENGO*）和**埃米莉·德尔贝**（*ÉMILIE DELBAYS*），任职于国际非政府组织"欧洲女性共创未来"法国分部，专注于环境与儿童健康研究。

奥德·魏尔－雷纳尔（*AUDE WEILL-RAYNAL*），律师，家庭法专家。

最后，对于 2018 版，特别感谢出版人**安娜·贝泰勒米**（*ANNE BERTHELLEMY*）的高效和鼎力支持，还有艺术总监**奥德·当吉·德德塞尔**（*AUDE DANGUY DES DÉSERTS*），她以自己的艺术才华赋予本书清新的版面和流畅的阅读体验。

目　录

3 儿童的日常生活

4 探索世界

5　茁壮成长：教育

6　孩子的健康

当孩子进入你的生活……
一切都变了

实际上，9个月以来，你的大部分计划都围绕着即将到来的小生命进行。但是现在，新生儿真的来了，你的生活却彻底乱作一团：这个小生命展现出无尽的生命力，极其弱小，却又如此重要；他令人激动不已，却又制造出种种麻烦……为了更好地满足他，你迫切地想知道他的真实感受，极力揣测他的各种需求：吃饱了吗？怎么又哭了？总是睡得这么香，怎么不睁眼呢？简而言之，你希望了解他。这正是本章开始部分针对你如何着手给出的建议。随后，本章将讨论如何让新生儿处于舒适状态的具体细节——洗澡、更换尿布、婴儿衣物、房间布置等。

幸福时刻

你的宝贝——你曾多么急切地盼望他的到来——现在他终于来到你的怀抱中。最初的几个星期，大部分时间宝宝都在睡觉，对他来说，出生像是一次惊心动魄的旅行，他吓坏了，也累坏了，要好好休息。你们的交流仅限于他醒来的时候。哺乳、洗澡、外出成为你和孩子交流的主要时间。你的每一个动作、目光、微笑和语言将促进你们之间的交流，彼此观察，彼此发现。出生前他就听到过你的声音，你一边给他换衣服一边跟他讲话，他会认出你的声音。抱他靠着离你心跳最近的地方，他会感到很安全。

父母会逐渐体会到宝宝给他们带来的欢乐。对新生儿而言，从生命最初的那一刻起，快乐和需求就紧密相连。孩子出生后，他们首先寻找的并不是乳汁，而是父母温暖的臂弯；其次还有父母对宝宝的轻声耳语，以及目光的交流。孩子感觉到自己被喜爱、受欢迎，会赋予他自信，从而接受自己的父母。父母可利用与宝宝进行互动的机会，追随他飞速成长的过程，观察他的表达和情绪变化，留心他的舒适状态和健康状况。交流的过程同时也促使你面对由于婴儿出生引起的种种复杂情绪的反应，包括：照顾婴儿的愉悦感、反复照料的疲乏感、意识到目前和未来的所有责任、与孩子相伴的愉快、觉得失去自由的失落等。看到孩子每天都在长大，你会感到惊讶，无比喜悦，为自己有照顾他的能力而欣慰不已——因此你们彼此之间会越发亲近。

母子最初独有的亲密关系

出院回家之后，你会无比激动地把孩子安排到他自己的房间，孩子会发现重新回到了熟悉的环境。出生之前，他曾随你一道爬楼梯或乘坐电梯，或者也曾听到过锁孔里钥匙扭动的声音。但是，身边没有了产科专业人士，你或许会感到一丝焦虑，如果他们在，会给你提供建议或帮助。你的伴侣可能会让你感到安心，但未必总能相伴左右。孩子出生后，你可能经常会感到沮丧（称之为产后抑郁），这一点在《法国洛朗斯怀孕宝典》一书中我们提到过。

所有这一切生活，在出院回家后变得难熬起来，而你之前曾如此期待这一时光。由此，你可能开始怀疑，自己是否能熟练地重复孕期学习过的操作和照料方法。这很正常，每位母亲在自己第一个孩子面前都会有笨拙和胆怯的感觉。

你要知道，如果你不想给宝宝洗澡，没关系，洗澡并不是那么重要；如果宝宝不想吃奶，哺乳也可以等一等。此时最重要的是你要习惯他的到来，要认识他，让他感受到你陪伴在他身旁，让自己尽可能地放松下来。

为了更好地了解宝宝，请让他紧挨着你，这样的接触会对你和宝宝同时起到安抚作用。另外，如果你处于平静状态，孩子也喜欢的话，洗澡前后可以沿着他的腿部轻轻向上按摩至脊柱两侧，再至颈部……你会发现你们都会感到非常愉快。

哺乳之后，把宝宝留在你身边一会儿——即使此刻其他事情非常重要，也请放一放，此时此刻没有什么比共享母子时光更重要，这让你们都感到平静。如果宝宝睡着了，你也利用这段时间小睡，尽快补充体力。

在父亲的怀抱中

几个月以来，当宝宝在妈妈的肚子里活动时，你曾通过双手感受过他的存在。你知道他每天什么时候最活跃，哪些时刻又在沉睡。你曾透过B超屏幕看到过他，听到他的心跳声时你是多么激动啊！

此时此刻，期待已久的时刻终于到来了。你的宝贝就在那里，你曾多么期待他的到来，这一时刻想象了无数遍。他来了，就在你的怀抱中，是那么轻盈和脆弱。请放心，你很快就会发现你的孩子充满生命的力量，他能用你意想不到的方式回应你。如果你感到自己照料他时有些笨拙，别担心，这个阶段会马上过去，几天之后你就能应对自如了。即使你忙于为宝宝做一些新的准备，对最初见面因缺乏亲近而感到不太自在，那么接下来拉开序幕的将是父子间一个长长的故事，一段伴随着温柔与发现的特殊对话。

宝宝在你心中的位置让你激动不已，你的心里被温柔填满了。洛朗上班前专门安排时间去了趟产科，说道："我系上了昨天那条红领带，我发现我的宝宝艾丽莎很喜欢。"

"我没想到从一出生，我们的小路易丝便会如此重要：早上，我第一个去看她；白天又打电话想知道她吃奶吃得好不好；晚上又急忙赶回家……"

—— 一位新手爸爸

你会意识到你对宝宝来说非常重要——孩子在孕期听到过你的声音，妈妈也需要你的支持。

你会惊讶地发现晚上自己会更早回家，早上又是第一个醒来拥抱孩子的人。请充分利用宝宝刚出生的这段时间，婴儿的微笑和表达方式变化非常快，我们特别提倡父亲休陪产假，这是你认识孩子非常珍贵的机会。

早产儿或需要特殊护理的婴儿

谈到最初的亲子关系，我们会想到，如果婴儿出生后在新生儿科住院，他们的父母不免会感到遗憾和沮丧。所幸现在大部分科室采取了便于家庭团聚的相应措施：为离医院较远的家庭备有专用房间，或者不限制探望时段。父母可以陪伴在孩子左右，跟宝宝讲话，让他听到他们的声音；抚摸他，目的是不因住院而致亲子关系分离。如果父母愿意的话，也可以参与照料，甚至可以独自进行，为出院回家做好准备。

相互适应阶段

宝宝出生前，父母一边做物质上的准备（衣物、婴儿床、尿布台、婴儿车等），一边会真切意识到自己的生活将发生巨大改变，但只要宝宝未出生，一切都只是处于想象阶段。

一离开产科，宝宝的各种现实需求就胜过一切。最初的几个月，大部分婴儿晚上都需要哺乳或奶粉喂养。父母需要夜间起床喂奶，有时还会有好几次，疲劳日积月累。你的所有日常生活都围绕婴儿展开：吃奶、换尿布、清醒与睡眠状态轮流交替、外出、购物、洗衣、生长发育咨询……宝宝占据了家庭生活的绝大部分时间，父母常因此而惊慌失措，感到不再拥有属于自己的时间。

生育了第一胎的父母往往不知道，在宝宝出生后的前几个月，彼此需要一个相互适应的阶段，这需要一些时间。宝宝出生前蜷缩在妈妈的肚子里，随时能汲取营养，随着羊水轻轻摇晃，可以随心所欲地选择睡觉和清醒状态。而现在，为了满足这些需要，他完全依赖周围的大人：饿了、渴了、希望和你们在一起时、希望被抱一抱时，他都会表现出来，因此回应这些需求就变得非常重要。在如此低龄阶段，宝宝还不会任性，但会要求养育者帮助他适应生活的新节奏。当父母意识到这一点时，就能更好地接纳宝宝，尽力满足他的需求，从而逐渐充满信心，而不会感到因满足他而受到折磨。

几个月后，你的宝宝会找到适合他的节奏，对周围的一切感兴趣：他会开始探索学习和等待。同时，你和他的交流会越来越丰富多样：在发现孩子不断成长的同时，你将注意到他的兴趣、个性开始显现出来，你会非常感动。有了宝宝的夫妇，开始过上了另一种截然不同的、全新的生活。

难以度过的时刻

通常，父母与宝宝的相互认识过程会进行得非常顺利。父母初期对生命降临的激动，将逐渐转变成一种日渐浓厚的深情依恋。但是，也有可能出现始终难以相互适应的情况。

一些父母会因宝宝经常啼哭而感到疲惫不堪，甚至发怒或者焦躁不安，不知道如何应对由于婴儿过于脆弱而出现的问题，甚至他们也不明白为什么无法对宝宝产生兴趣，无法理解宝宝，不能捕捉到一些最初的交流信号……如果是这样，需要尽可能早地把这些困难告诉儿科医生、家庭医生、心理医生等专业人士，或是政府设置的亲子接待与咨询机构。请不要羞于向产科、妇幼保健中心的医生进行咨询。

出生后的最初几个月，尤其是第一胎，对父母而言是非常脆弱的一个阶段。新家庭诞生之际，父母，尤其是母亲，脑海中会浮现出自己婴幼儿时期数不清的回忆，很多情感、焦虑都会显现出来。特别是妈妈白天独自照顾宝宝，在无人帮助的情况下，常因非常忙碌而感到压力很大，会有被抛弃感，出现难以适应宝宝、暂时又很难重新找回夫妻二人世界中自己的角色的情况。为了能建立起对所有人都有益的从容心态，妈妈需要在宝宝身旁向第三方——爸爸也可以在场——讲述孕期、分娩、分娩后最初几天的担忧……不要压抑这些情绪，要向专业人士倾诉、交流，这将逐渐减轻由宝宝出生而引起的负面情绪。

洗澡：父母与孩子的交流时刻

　　触摸婴儿的身体，照料他，抱着他，给他洗澡穿衣，他会产生安全感、舒适感，也会因为这些感觉而产生自信并信任你们。"感到自在"是婴儿这一时期的普遍状态。婴儿的舒适状态会营造出安静的氛围，整个家庭都能感觉到。

　　下面回答父母们关于洗澡的一些实际操作问题。非常重要的是手边要放好洗澡所需物品，你需要找一个舒适的姿势，这会有助于你放松下来，有充足的时间让洗澡的系列行为从一开始就成为和孩子交流的机会。在惊叹宝宝飞速成长的同时，你与宝宝的配合会越来越默契，要避免让洗澡成为按部就班的例行公事。婴儿不像你想象中那么脆弱不堪，不过为了让他感到舒适，洗澡开始时需要注意：无论横抱还是竖抱，要扶好头颈部，用另一只手扶稳臀部，这样移动时，孩子会感到身体很安全。

　　从医院回到家之后，可以立刻给宝宝洗澡。洗澡不仅是一种清洁婴儿的方式，也是一种让他充分放松、伸展身体的绝妙方式——孩子自己在婴儿床上不易获得如此舒展的状态。即便脐带还未掉落，只要能够避免感染，也可以给他洗澡。如果在最初几次尝试时，你的动作不太熟练，也不必担心，你会越来越娴熟的。

一些新生儿特别不喜欢洗澡。婴儿出生后的前几个星期没有必要每天洗澡（编者按：中国医生一般建议新生儿每天洗澡）：婴儿并不"脏"，只需清洗臀部，并用浸了温水的棉片清洗脸部和颈部就可以了。

洗澡用品

你可能会用到下面这些洗澡用品：

● **沐浴露/洗发水**：脸部和身体均可使用。在最初的几个月，最好选用同一种新生儿专用产品（药店、个人用品商店或有机用品商店有售）。选用不含皂基成分的产品，可以用来改善特别干燥、轻度发炎的敏感皮肤。

● **婴儿护臀清洁油**：成分为橄榄油和溶质氢氧化钙的混合物，通常用于清洗婴儿臀部。

● **护臀膏**。

● **肚脐消毒清洗液**（抗菌、清洗脐带）。

● **生理盐水**。

● **无味保湿霜**。

● **纱布**。

● **棉布块、棉片或纱布块**。

● **湿纸巾**：外出时便于清洁婴儿臀部（注意不能含有对羟基苯甲酸酯、苯氧乙醇或芳香成分）。在家清洁时，请使用流动水。不建议给皮肤敏感的婴儿长期和重复使用湿纸巾，普通婴儿也需限制日常使用次数。

总之，不能在婴儿皮肤上随便使用刺激性强的护肤品，应使用最天然的产品（无色无味），这样最安全。

你可能还会用到：

● **水温计**。

● **2—3只婴儿沐浴手套**：一般先洗脸，再洗身体和臀部。洗完澡后需要清洗手套。

● **两条吸水性强的大浴巾或一条吸水性强的带帽浴袍**：婴儿离开浴盆时能把他包裹住。

● **一把婴儿指甲剪**。

● **一把梳子**。

肚脐护理

婴儿出生时，医生或助产士会剪断脐带和结扎线。留在宝宝身体上的半厘米长的脐带根部大约1—3周左右会变干脱落，脱落时会留下一个小瘢痕——这就是肚脐，几天后就会愈合。脐点在24—48小时之内会处于湿润状态，还会有少量渗液，最多一周之后会变干。在等候变干这一过程中，护理非常重要。请放心，护理脐点并不会弄痛宝宝：轻轻拉起脐带湿润的根部，使用纱布或棉棒和消毒药水（酒精或碘伏等）缓慢清洗。一旦出现持续渗液、脐带及周围发红、有异味或一直未结痂的情况，一定要告知医生。

白天更换尿布

新生儿皮肤很薄，也非常脆弱，有很多褶皱。汗液和摩擦会对皮肤产生刺激，所以每次更换尿布时，都要使宝宝皮肤保持干燥和洁净。请在每次大小便后更换尿布，因为尿液和大便会对皮肤产生刺激。

如何清洗孩子的臀部：如有必要，先用纸巾擦掉大便，然后用流动水和清洁皂从前向后清洗臀部及大腿，可以用清洁手套或浸有温水的棉片擦洗宝宝的皮肤，最后再用清水冲洗。清洗干净后，再涂上较厚一层护臀膏。勤换尿布是避免红屁股最有效的措施。

🔍 重要提示

婴儿在尿布台上时，务必用一只手护住他，一定不能松手。即使你只转身一秒钟，这么小月龄的婴儿也有可能从台上掉下去。

洗　澡

洗澡是宝宝生活中充满乐趣的时刻。这一点很容易理解，因为出生之前，宝宝就生活在液体环境中，皮肤浸泡在羊水里。羊水有保护作用，过滤和吸收掉了外界的噪声。出生之后，宝宝在水中会重新找回这种舒适和安全的感觉。强调一点：不管多大的宝宝，洗澡都有助于让他们紧张的精神放松下来。

洗澡对养育者而言也是一个非常愉快的过程。请放慢节奏，切勿急躁，动作要轻缓。同时，要说出此时此刻自然而然涌到嘴边的话语，正如我们正身处一段充满温柔、深情的关系中，愿意热情地描述每个细节。这种"语言浴"也会让宝宝感到高兴，并给他带来安全感。

洗澡也是观察宝宝的好机会，看看他的健康状况是否良好：一边给宝宝洗澡，一边在他完全裸露的状态下进行观察，你可能会看到皮肤上发红的地方或可疑的凸起，又或是某种反常的姿势。

最初几次洗澡

第一天，尤其是生育第一胎的父母，很可能害怕把宝宝放进水中。所有的父母都有过类似的经历，但请你放心，很快你就能感受到给宝宝洗澡的乐趣。

为了保证过程顺利，你可以做如下准备：

● 仔细预备所需之物，把它们放在手边（请参见下文）。

● 如果可能的话，第一次洗澡时请人在旁边协助。必要时，他能帮你递下浴巾。

● 浴盆里放少量的水（深度5—7cm），把宝宝放进去之前请确认水温（37℃）。

● 如果你对自己的"动作"不太自信，请遵照以下顺序进行：先给宝宝涂抹清洁皂，再把他放进浴盆，一定要仔细洗掉手上的所有肥皂，这样你才能牢牢地托住孩子。

● 洗澡时间不宜过长，你应该很快让宝宝从水中起来，一边托着他，一边让他乱扑腾，这样他会非常高兴。

浴　盆

你需要一个婴儿浴盆或一个简简单单的洗手池，但几周之

> **"孩子怕水，正常吗？"**
>
> 最开始的几天，宝宝浸入水中时有可能会感到突然。请确认水温不会过高或过低。你可以温柔地说话，慢慢鼓励他，几天之后，他就会习惯并喜欢洗澡。

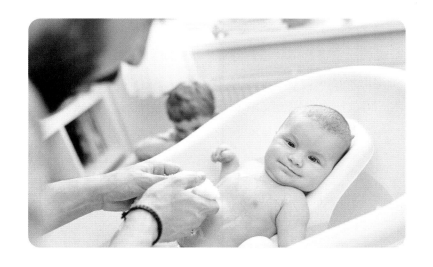

后洗手池就显得有些小了。你可以在商店里看到与浴缸配套的各种样式的浴盆。例如有的小浴盆带有排水管，可以放在桌上；有的适合放在尿布台上。当宝宝大一点儿时，就可以在大浴缸里洗澡了。用于固定宝宝的各种配件很多，比如浴网、浴架、浴垫等，但没有一种是十全十美的，很难兼顾宝宝的安全性和给宝宝洗澡的大人的舒适性。

- **什么时候可以在大浴缸里给宝宝洗澡？**

宝宝会坐之前，不建议在大浴缸里洗澡。在浴缸底部放一块防滑毯，避免宝宝滑落。

什么时候洗？

在你最方便的时间就可以。通常，最初几周可以在中午 / 下午给宝宝洗澡。稍晚一些，把宝宝从托儿所或者从育婴保姆家接回来后，晚上洗澡最方便。

洗多长时间为宜？

没有标准或固定时间，洗澡时间不宜过长。如果宝宝皮肤干燥，洗澡时间不要太长；如果一切顺利，时间可以稍长。

🔍 **重要提示**

即便宝宝被安全地固定在浴盆里，也绝不能只留下他一人，一刻也不行。宝宝很可能因打开热水龙头而受伤，或者在 15 厘米深的水中发生溺水。洗澡时千万不要去接听电话等。

给宝宝洗澡、更换尿布和清洗臀部

洗澡前，需确认浴室是否暖和，宝宝是否会感到舒适，温度最好在25—26℃范围。预备好洗澡用品：包有一层毛巾的隔尿垫、棉布、清洁皂、沐浴手套以及宝宝的衣物。然后向浴盆里放水，先放冷水，再放热水。用一支温度计确认水温，让宝宝比较舒适的水温为37℃。

需要每天洗澡吗？

不是必须。如果为了放松，可以每天洗。宝宝有湿疹或皮肤比较干燥时，医生会建议隔天洗一次。

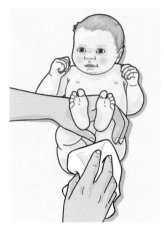

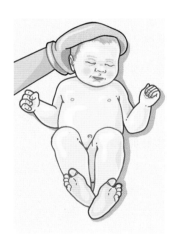

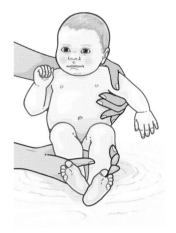

1. 脱掉尿布，始终依照从前向后的顺序，先用尿布一角擦拭臀部，然后用浸湿了的棉布擦洗。为了不弄脏洗澡水，需要在洗澡前先清洗臀部。衣服脱好后，可以开始给宝宝洗澡。

2. 给宝宝涂抹清洁皂，先涂抹身体，然后是头发。最开始可以借助沐浴手套减少滑动，当你感到更熟练后可以直接用手涂抹，宝宝会感到更舒服。不要害怕涂抹头部，囟门不会脆弱到不堪一碰，囟门下的硬膜层完全可以承受正常的压力。

3. 在把宝宝放入水中前要清洗你沾满肥皂的那只手。再次确认温度计上的水温。托住宝宝，左手扶住他的腋下，让他的颈部靠着你的左臂，右手握住他的两个脚踝，然后轻轻把他放到水中。如果此刻宝宝感到紧张，你可以和他说说话，你的话语伴随着温柔的动作会让他很快放松下来。

4. 用左手托住宝宝腋下，让他的颈部始终靠着你的手臂，用右手给宝宝清洗，记得清洗头发和耳朵后面，可以把头后部和耳朵置入水中片刻。只要你习惯了在水中托着宝宝，而且他也喜欢上了洗澡，可以让他在水中扑腾一小会儿。

5. 几天之后，你已经能熟练地在水中托住宝宝，可以尝试用手托住他的肚子：宝宝通常喜欢这个姿势。

6. 按照第 3 幅图中的姿势把宝宝从浴盆中抱出来，放到毛巾上。从头发开始仔细擦干，包括所有的褶皱部位、手臂下面、腹股沟、大腿、膝盖……擦的时候要轻轻拍干，不能摩挲。宝宝会因为洗干净而心情愉快，随后可以让他光着身体活动一下。

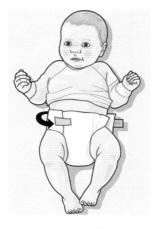

7. 把包屁衣先套在他身体上部，然后再给他穿上尿布。操作很简单，但还需要向没有经验的父母解释清楚：宝宝躺着时，把他放到尿布后部的上面位置，然后把尿布从他的双腿之间穿过。

8. 把尿布两端粘好，可以系得稍微紧一些，否则尿布会松动。

9. 让婴儿趴着，把尿布后部上面的部分掖进去，防止渗出。

需要做婴儿被动操吗？

不是必须。但这可以成为和宝宝玩耍、交流的一种方式。被动操分上肢、下肢各4节操。洗完澡，如果你有时间，宝宝也不累，你可以给他做做腿部的被动操：宝宝躺卧，把你的一只手放在他的肚子上，另一只手轻轻沿垂直方向抬起他的双腿，然后轻轻放下，重复几次；让宝宝趴卧，你可以发现他能抬起头部，这样能锻炼到他肌肉的紧张度。这些你和宝宝之间的互动游戏，重要的是会给你们带来欢乐，而不是必须要进行的一种锻炼。实际上宝宝在乱动、扑腾、被移动时，自己就在做"婴儿操"，你只需促使他多活动就可以了。

洗澡收尾部分

脸

如果宝宝脸部发红、受到刺激，要给他抹上护肤霜。

耳朵

用手指裹一片棉花给宝宝清洗耳朵：只清洗外面部分（即耳廓）耳根不需清洗，耳道很脆弱，会进行"自我清洁"——耳道中的小绒毛会把耳屎排出去。如果希望使用棉棒，请选用婴儿专用棉棒，棉棒的圆形头一般较粗大，注意不能让棉棒进入内耳。耳朵后面的皮肤易干裂，遇到这种情况，可以给宝宝涂上保湿霜。

鼻子

宝宝的鼻内有小绒毛可以排出黏液和灰尘。必要的话，可以在两个鼻孔内滴入几滴洗鼻盐水，然后用浸有洗鼻盐水的烛状棉棒清洗。

眼睛

最初几天，宝宝会有少量眼屎，可以用浸有生理盐水的棉棒从眼睛的内眼眶到外眼眶进行清洗。清洗完一只眼睛后建议更换棉棒。

需要剪指甲吗？

正常情况下，可以等到宝宝快满月时再给他剪指甲。此时宝宝指甲会变得硬一些，更

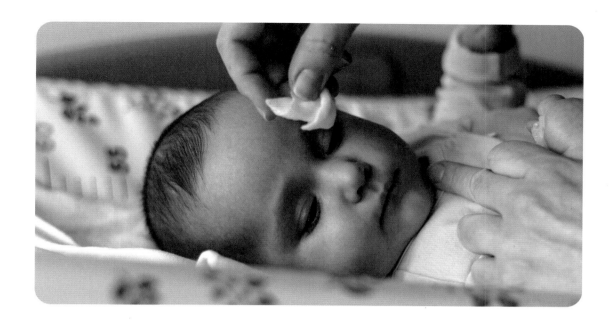

易剪掉。如果宝宝会抓到自己，可以早一点儿剪，你可以在他睡着时剪，光线明亮的环境下也可以用美甲指甲锉打磨宝宝的指甲。

每天都要给婴儿洗头吗？

起初确实如此，目的是避免产生油痂，因为新生儿头皮有时会比较爱出油。如果发现宝宝头皮形成了油痂，医生会建议使用一种特制的清洁霜。从3个月或4个月起，每3—4天洗一次头即可。要给宝宝使用婴儿专用洗发露，以免伤到眼睛。洗发露每次只使用微量，先用水溶解再使用。

女婴护理

不推荐过度清洗外阴。

男婴护理

无需对男婴的阴茎进行特殊清洗。儿科医生建议等3—4岁时包皮自行退缩后再护理。

头、脸、皮肤……

请参阅第6章对新生儿的描述。

婴儿衣物

　　有的父母在孕期就为婴儿准备很多需要用到的物品：衣物、推车、玩具和毛绒玩具等；有的父母则只准备必需品，喜欢在婴儿出生后再进行补充。无论哪种选择，尤其是妈妈，说起为婴儿准备衣物时，她们总想象孩子穿着这条可爱的裙子、这条漂亮的背带裤时快乐的样子。需要提醒的是，婴儿长得很快。考虑到这一点，不必提前预备太多衣物，否则后面会发现衣服很快就变小了；也可以考虑从亲戚或朋友那里借用，连体衣、背心、推车、餐椅很容易借到，这样可以节省开销。

连体衣、包屁衣、背心……

　　婴儿的体重和身高增长很快，通常为前6个月设三个尺码：1个月、3个月、6个月。一些品牌专设了"新生儿"尺码，对一些婴儿会非常适用，比如双胞胎，他们出生时体重常偏轻，但"新生儿"尺码对中等体重的婴儿来说，则穿不了太长时间。后一类婴儿，应该准备"1个月"的尺码。对于早产儿，母婴店里有出售符合他们体重和身高的全套衣物。另外，需要注意一点，不同品牌、不同衣物标示尺码的方式并不一致，最常标示的方式是年龄和以厘米为单位的身高。你会很快熟悉各个品牌的尺寸特点，知道哪些尺码偏小，哪些偏大。

要根据宝宝出生时的季节和所居住地区来选择衣物。你可以给宝宝买一件吸水性强的浴袍，可以带有帽子；预备一条带帽包被（带帽保暖袋样式）或一件连体外出服，这样外出比较方便，因为能紧紧包裹住婴儿。一些父母常希望我们能对婴儿衣服基本款做一些说明，下面是三类必备衣物：

包屁衣： 长短袖均可，有的袖子可拆卸，或者无袖，颜色纯白或彩色，条纹或带有图案，尤其天热时是婴儿必备的衣物。纯棉材质，穿着舒适；在胯部闭合，能很好地护住宝宝的肚子。最开始时可以选用偏襟胸前交叉，用系带或按扣儿闭合的样式：新生儿不太适合穿套头样式的衣服。

连体衣： 根据季节特点，无论是薄棉或厚棉连体衣，最初几个月必不可少。此外，最初几个星期，你会发现连体衣更易穿脱，宝宝穿一整天都很舒适，然后你会逐渐用裤子、毛衣、半身裙、罩衣、长裙或打底裤代替连体衣。

睡袋： 睡觉时使用，有袖窿，在连体衣外穿着，用于替代棉被（不建议婴儿使用棉被）。睡袋的尺码多样，很多样式可调节尺寸。

下面的衣物清单供孩子头几个月穿着，当他开始爬行时，需要穿别的类型的衣服，父母根据自己的预算和喜好选择购买即可。需要提醒的是，孩子的衣服应该：

· **易穿脱：** 套头和袖笼要宽松；

前几个月的衣物准备数量

	1个月	3个月	6个月
棉质包屁衣	6件	6件	6件
羊毛背心或坎肩	2件	2件	2件
连体衣	4件	4件	4件
睡袋	2件	2件	2件
连衣裙或背带裤		2件	2件

棉背心	1件	2件	2件
婴儿鞋或婴儿袜	4件	4件	4件
围嘴	3件	3件	3件
无边软帽或带沿帽	1件	1件	1件

· **实用：** 大腿间设有按扣儿的背带裤和连体服，穿脱方便；

· **材质结实，便于清洗。**

重要提示：

衣物初次穿着前需清洗。

无边软帽或带沿帽： 由于婴儿头发对头颅的保护作用很小，头颅又非常重要，因此婴儿适宜戴无边软帽。但不要太厚或太大，否则他会感到不舒适。选择最简单的样式即可。带沿帽或鸭舌帽也必不可少，因为所有年龄段的宝宝都需要防晒。

棉　布

我们在照顾婴儿时经常会用到棉布，常为较大的方形棉布。宝宝打嗝时，可以把棉布垫到他的肩头；也可以铺在婴儿床宝宝头部的位置，以保持洁净和干燥。不久后，棉布也可能成为他喜爱的"安抚玩具"……

尿　布

大部分父母给宝宝使用一次性尿布，但有时这种尿布的材质含有农药残留或其他污染物，选择要慎重，尤其要避免塑料材质直接与皮肤接触。一些父母更愿意给宝宝使用有益环保的可水洗尿布；也可以在药店买到棉质一次性尿布，这通常在婴儿患尿布疹时使用；还可以买到一次性环保尿布或可水洗的环保尿布，这些尿布与传统尿布相比，含化学残留物较少。

棉质或合成材质

3—4个月以下的婴儿，不要贴身穿合成材质的衣物；如3—4个月后穿这类衣物，也需十分小心，一旦有不良反应，应立即停止使用。简单可行的办法是购买棉质、羊毛材质的衣物，在孩子更大时再穿合成材质衣物。婴儿衣物优先选择带有国际自然纺织工业协会（Naturtextil）、全球有机纺织品标准（GOTS）认证标签的衣物。贴身衣物，可以选择绿色棉质用品或具有国际环保纺织协会纺织品有害物质检验认证（Oeko-Tex Stantard 100）标签或国际环保纺织协会纺织企业生态环保认证（Oeko-Tex 1000）标签的产品。

环保标识通常能确保含有更少量的潜在危险物，如限制或禁止使用某些染色剂、某些列为过敏原或致癌物的原料等，推崇最绿色环保的产品。

衣物的维护。选择一种去污能力不太强、不会刺激婴儿皮肤的无味洗衣剂，不建议使用有香味的柔顺剂、含有刺激性成分的消毒洗衣剂，可选择用清洁皂手洗。

如上文指出的那样，衣物第一次穿着之前需清洗干净。在纺织物的生产制作过程中，从纺纱到成衣，使用了大量化学用品，其中一些如染色剂、漂白剂、洗涤剂、阻燃剂、防腐剂、护理剂等，被视为对健康有潜在风险。同时，也需避免选择带有塑料制品图案的衣物，因为可能含有金属物质、酞酸酯等。另外，所谓抗菌织物的功能实属画蛇添足，其实用性一直受到质疑。

鞋　袜

婴儿学会走路之前，可以给他穿着袜子以避免脚部受凉。当然，冬季穿带绒袜会非常舒适。如果外出时你给宝宝穿的是包脚连体外出服，鞋子就没有多大用处了。对于还不会走路的宝宝来讲，这样更舒适。宝宝会走路后穿什么样的鞋子呢？应该选择满足下面要求的鞋子：

- 能保护好足弓和脚腕；
- 对足后跟起良好的支撑作用；
- 给脚部留有一定的自由度；
- 购买之前一定让孩子上脚试试。

一些家长出于节约的考虑，总想给孩子买大一点儿的鞋子，这其实是一种失算；宝宝穿着码数偏大的鞋子，走路姿势不正确，更容易跌倒。相较而言，宁可购买价格低廉但合脚的鞋子，即鞋子内长仅比孩子站立时脚长1厘米（以最长的大脚趾为限）。请优先选择又大又圆的鞋头，便于脚趾在鞋内自由活动。

如果鞋子是哥哥或姐姐穿过的，并且已经磨损，尽量避免给宝宝穿。因为前一个穿鞋子的孩子已经把鞋穿出了一种固定形状，未必适合小一点儿的宝宝穿。宝宝的脚长得很快，第一批鞋子很快会变小，需要经常确认他穿着是否舒适。如果发现大脚趾抵住了鞋头部（用食指能感到大脚趾在鞋内的位置），就需要更换新鞋了。在家中，如果足够暖和，也没有意外伤害的可能，可以让孩子光脚或只穿着袜子行走。脚丫子直接与地面接触对宝宝颇有益处，既能让宝宝意识到自己的身体，又能练习保持平衡。

最后一点建议：宝宝在3—4岁之前，不要定期或长时间穿橡胶底的童靴，因为这种鞋不利于排汗。

不要穿得过厚

婴儿常常穿得过厚而不是穿得太少。看到宝宝如此弱小，父母担心他不抗冻，认为那样体温会下降，只有给他裹得厚厚的才感到比较放心。

然而，实际上从出生开始，新生儿就能调节体温。如果是足月分娩，他的体温调节系统已非常完善，可以正常调节体温：尽管外界温度多变，他也能将体温维持在37℃。早产儿这一功能尚未完善，这就是为什么他一出生就被放在保温箱里的原因。因此不必给新生儿或婴儿穿得过厚。但是，穿衣服需要**注意下面几点**：

● 婴儿活动量较少，无法从日常活动中获得热量。考虑到这一点，你可以参考自己的穿着，在此基础上给他增加一层厚度，像给活动量不足的人穿衣服那样。例如，像你自己长时间不活动时穿的一样。通常认为，让孩子穿得厚能防止"着凉"，但实际上，感冒、咽炎、耳炎往往出于其他原因。

● 保护好婴儿表面皮肤的温度更为重要。如果天冷，穿着厚度正常，就不会有问题。但是，如果天气较热，表面皮肤散热面积较大，水分蒸发快，易引发脱水。

气温高时，务必密切关注婴儿，尤其是新生儿。

● 只穿一件包屁衣和一个尿布，甚至可以什么也不穿。

● 尽可能待在阴凉处。

- 避免白天高温时出门。

- 定期喂水。如果哺乳，妈妈需要多饮水，以增加哺乳次数。注意：如果直接给婴儿喂水可能会影响吃奶。

由于婴儿自己不能告知冷热，照护者需要留心观察他的穿戴是否合适。从温暖的环境到寒冷的环境，父母能非常自然地应对；然而当进入一个比较热的环境中，却不一定能想到要给孩子减掉衣服。

即使你的宝宝在夏天出生，比较恰当的做法是提前预备一件小外衣。白天要随时增、减羊毛或棉质外衣，判断要果断，有时一天之中要反复增减几次。很多婴儿手部都偏凉，但这不应成为增添衣物的理由。

大一点儿的宝宝：也要避免穿得过厚。室外活动时，尤其跑动时出了汗，他们会感到不舒服。如果家里非常暖和，也同样不要给宝宝穿得太厚。最后需要注意的是，给宝宝穿衣时，需要意识到宝宝并不像成人那么怕冷，而且活动量大。

婴儿的房间

　　如果你给宝宝预备了一个房间，需要考虑留出足够的时间提前布置好；或者为他留出房间一角，可能的话，最好是家里最安静的位置。宝宝最初几个月需要安静。母婴同室，同室不同床，在同一个房间内，不要同一张床上。这样你和宝宝的睡眠都会更优质。

　　宝宝可以和一个大一点儿的孩子共用房间。父母常常认为需要等到宝宝形成自己的夜间睡眠规律，才可以这样安排。实际上，婴儿的哭声并不会妨碍大孩子的睡眠；大孩子的存在反而会让婴儿安心，有助于婴儿形成自己的睡眠规律。

摇篮、婴儿床

　　如果你还没有婴儿床或摇篮，正在二者之中犹豫购买哪一个，建议你购买婴儿床。因为婴儿在摇篮里只能睡几个月，婴儿床则可以睡到两岁。但是，如果有人能把摇篮借给你使用，也不用拒绝！无论任何时候，通过摇篮轻轻晃动婴儿，他会感到非常高兴：在摇篮里，他会像在妈妈肚子里那样被包裹着，这种前后连续的晃动会让他安心。

如果你决定尽快购买一张正常大小的床，可以考虑带高横栏的英式床，有多种式样选择。

如果宝宝夏季出生，需要提前预备一顶蚊帐，不要用电灭蚊器。

选择硬质床垫，与婴儿床尺寸贴合，避免宝宝卡在床垫和床围挡板之间。在床垫上铺上一张垫单（胶质或防水棉质），以保护床垫，再罩上床笠。

一般情况下，床垫生产时都经过了数道工序：防螨、防臭、抗菌、防火……可能的话，请购买竹质、有机棉等使用天然材质制作的床垫，最好带有有机认证标识。使用二手床垫是一个比较经济的办法，但购买之前需了解清楚床垫的具体情况。新床垫打开包装后需要通风几天，挥发掉一些成分。

婴儿的被子可以考虑使用睡袋。两岁时，宝宝可以只穿睡衣睡裤或一件长睡衣入睡，他们会很高兴能像大人那样使用枕头和被子。

2岁—2岁半时，宝宝可以在大一点儿的床上睡觉。在这个年龄段，一些宝宝会想办法翻过婴儿床的横栏，无法忍受"被关闭"，此时可以选用较低的床。

换尿布的设施

可以用一个尿布台给宝宝换尿布。尿布台的款式多样、价格不一：有可折叠的，也有占用空间较小、可挂于墙上的；或者不折叠，带有一个大平台，自带或者不带整理架。最简单的尿布台由金属支架支撑，铺有尿布垫。如果把尿布台摆在洗漱间旁，换尿布时会更方便。

你也可以使用五斗橱，可以在母婴店里买，也可以使用现有的。如果是新买的，记得使用前通风散味。五斗橱抽屉可以用于放置孩子的衣物，顶上可以放上尿布垫。尿布垫款式多样，有夹棉的、带有口袋的等。

在尿布垫上放一条吸水性强的毛巾——婴儿皮肤直接与塑料制品接触会感觉不太舒适，而且宝宝的皮肤会接触到增塑剂，这是我们不愿看到的。

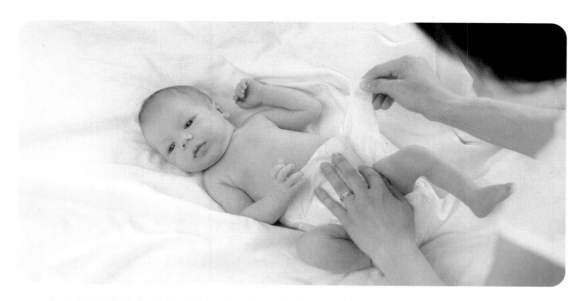

在此再次强调非常重要的一点：在尿布台或五斗橱上给婴儿换尿布时，一只手始终要放在宝宝身上。即便瞬间疏忽，很小月龄的婴儿都有可能掉落。这是婴儿安全事故频发的主要原因之一。

记得给用于更换尿布的家具配备照明设施。

婴儿座椅与摇椅

婴儿座椅（有时称为"舒适版婴儿睡床"），既舒适又方便。可以用这种座椅带宝宝外出，也不会吵醒他。固定在带有轮子的支架上还可以变身为婴儿手推车，另外由于带有把手还可以用手拎着。

谈到摇椅，无论是经典的式样，还是悬吊式，都配有泡沫填充颗粒的软垫，都可以安全地固定住宝宝，让他方便观察四周和抓取玩耍摇椅上方的挂件。

但是，婴儿座椅或摇椅使用时间较短，宝宝在里面活动或移动受限，限制了运动能力的发展，所以要合理使用，只在白天某些时候使用。宝宝醒着时，把他放到一张游戏毯上，让他趴着，这是一个有助于降低偏头（专业称为"斜头畸形"）发生率的良好锻炼方式。由于现在所有婴儿睡觉时都仰卧，所以偏头发生率较高。

健康的儿童房

健康的儿童房意味着房间干净、清爽、干燥，每日定期通风。

- 如果对房间进行粉刷，需要留出晾干的时间。请选取带有"A+"认证标志的涂料，这类涂料的挥发性有机化合物（VOC）释放较少。为了减少室内空气污染，请优先选择整木加工而成的家具，而不是拼接家具。不要画蛇添足地给新家具刷漆或者涂涂料，另外，在使用前要**长时间对其通风散味**，释放掉有害成分。

- 婴儿出生前几个星期，装修和改造工程就必须完工。从医院把婴儿接回家之前，要尽可能让房间长时间地保持通风。

- 避免使用PVC材质的地板，因为PVC材质含有塑化剂等大量不容忽视的潜在危险性化学成分。

- 灰尘、螨虫会引发婴儿过敏反应——尤其当家中有其他成员有过敏倾向时。可能的话，避免使用羊毛地毯；优先选择合成材质、可以机洗的被子和枕头；定期清洗毛绒玩具。

需要指出的是，带有HEPA滤网的吸尘器可以清除灰尘，避免污染物和螨虫堆积。

● 每天通风15分钟可以散去异味、污染物和湿气。通过栅栏、通风口或特别通道，可以持续地通风换气。注意：这些设施也需要定期清理和打扫。

● 避免使用室内除味剂，因为它释放的挥发性有机化合物对呼吸道有刺激作用，用于增香的物质可能会成为婴儿过敏原。

成人和动物都可能是细菌与病毒的携带者，在这种情况下，要避免和婴儿接触。人体具有某些防御机制，启动这些机制需要的时间长短不一，也可能反应不够灵敏。婴儿体质较弱，防御病菌侵入的能力不强。在这些细菌中，对新生儿健康威胁最大的是葡萄球菌。如果你长了疖子，请一定多加小心，用浓度为0.5%的双氯苯双胍己烷灭菌溶液仔细清洗患处，在接触婴儿前一定要洗净双手。如果家人患有流感或重感冒，也一定要洗净双手。如果家中的大孩子感冒，需要和他们解释清楚，患病期间不应抚摸婴儿。

另外，强烈建议有小婴儿的房间里不要养宠物。

如果气温很高，请考虑给宝宝喝水、减衣。要关闭百叶窗，保持一丝凉爽。暑热天气，房间里可以使用风扇，家中或汽车里也可以使用空调——在正常、卫生、合理维护的条件下使用这些设备没有特别的危险。

一个有益健康的房间，还需要：

● 环境安静。噪声会干扰新生儿，应尽量降低收音机、电视机的音量；选择噪声小、较少发光的玩具，否则会刺激婴儿神经系统，干扰婴儿睡眠。

● 室温保持在22—24℃。

● 无烟。另外，也不应在婴儿停留的房间抽烟，烟雾中所含的有害物质会对呼吸道产生刺激。烟雾还会引发常见的气管炎、支气管炎、肺炎、鼻炎、咽炎、鼻窦炎和耳炎。一定要优先考虑到宝宝的肺部健康。

● 安装电器要合乎安全规范，对地面设备而言更应如此。尤其当宝宝开始探索周围的环境时，更不要忘了加装插座安全盖。

● 如果使用婴儿监护器，需置于离婴儿床至少1.5米远的地方，远离婴儿头部，避免婴儿头部处于监护器释放的辐射范围内。

● 关于玩具的特别注意之处，请参见后续章节。

带婴儿外出

婴儿推车

我们可以把宝宝放在婴儿推车中，带他一道去购物、接大孩子放学、见朋友，甚至可以在外度过一整天。婴儿推车有不同的款式，有的上面装有睡篮，有的上面装有安全座椅。装有睡篮的婴儿推车就成了一个高景观婴儿推车，最初3个月外出可以让宝宝保持躺卧的姿势，便于他休息和入睡。装有安全座椅的推车，当把安全座椅从汽车上拿下时可以避免吵醒婴儿。

还有更简洁的婴儿推车款式：有的婴儿推车可以供婴儿躺卧，等宝宝会坐了，还可以将其调整成传统推车。不要让宝宝过早坐在婴儿推车里，这对他而言并不舒适。可以根据出行需求，尤其是根据出行频率、出行路程（乘车或步行）、预算等进行合理选择。需要提醒的是，所选婴儿推车的款式要能放进汽车后备厢、要易于在家中收纳、乘坐公共交通时也能使用，且不占用太多空间。推车的重量和可操作性也非常重要，这一点对城市家庭而言，尤其重要。

• 无论婴儿推车是什么材质，如果是新购买的，记得买回来尽快打开包装，使用前通风放置，还要用皂液擦洗婴儿推车表面。

背带、背巾

父母使用背带或背巾带孩子出门，能开心地抱起孩子，感受他的体温，同时把自己的温暖传递给他。使用背带或背巾更为方便，不会有婴儿推车占用空间的问题（比如人多的时候，简单购物时等）。背带或背巾也可以在家使用，当婴儿情绪不稳定时抱着他轻轻摇摆。如果让大孩子坐在婴儿推车里，这样带着小宝宝外出也很方便。对于婴儿而言，他也会感到很舒适。这种姿势满足了他对亲近、"接触"的需求，找回了胎儿时期的部分感觉，这种感觉的延续性让他有安全感。

购买背带时，需要确认宝宝紧挨着你时也能自由活动，下巴不会卡在朝向胸口的方向，这样会影响呼吸；背部要有良好的支撑，腿部能充分分开呈蛙状；腰部不要承受任何压力。购买前需要试用，确保使用舒适。

使用背巾时，婴儿紧紧靠在妈妈或爸爸的身体上，头部不能摇晃。背巾适用于不同年龄段的孩子，能采用前托、侧托、后背等多种姿势。根据购买说明很容易能学会打结的方法，产前预备或母婴机构里都有专门的用法分享课。

2

精心喂养

　　喂养躺在怀中的宝宝，感受他的信任；宝宝紧挨着父母，会感到非常满足。这是为人父母的难忘时刻，是与宝宝分享的各种初期喜悦之一。饮食对于孩子来说，还是感觉和探索的来源，包括颜色、气味、口味和爱好等。婴儿身体、运动与精神方面的成长由饮食展开：握住奶瓶、使用勺子与叉子、独自吃饭、给毛绒玩具喂食、参与备餐……这也是他展示自己个性、确立自我，甚至有时是反抗父母的机会。

母乳还是奶粉？

　　这个问题对一些母亲而言不是问题，她们在孩子出生前就已经做好了选择；但也有些母亲尚不确定，与配偶或朋友谈论时还会产生疑问。实际上等孩子出生了再做选择也不迟：注视着怀中的宝宝，自然就会知道是想亲自哺乳还是用奶粉喂养了。

　　同时，仅仅告诉母亲们"你要这样做那样做"，而不去尊重她们自己的选择是不正确的。因为每位母亲、每对父母、每个家庭都有自己的养育方式。我们在此告知喂养孩子的这两种方式，意在帮助你做出适合自己及适合孩子的最优选择。

母乳喂养

　　医学上显然提倡母乳喂养。这一选择适合很多女性，她们也为自己的选择得到更有力的支持感到欣慰。而当年她们自己的母亲面临的情况却没有这么乐观：现在已成为外婆的她们会说自己当时从未获得相应的哺乳知识，常常不得不中断哺乳，因为那时专业人士也不能给予她们必要的帮助。对于一些妈妈而言，显而易见，哺乳是分娩之后维系母子情感的纽带，是一种情感的延续，可以缓和母子分离的痛苦，也让妈妈体会到对于孩子而言自己是多么重要、多么无私和慷慨。在与配偶分享这种亲密的感觉时，妈妈们会产生幸福感与自豪感，为自己能够承担起母亲、妻子的责任而感到欣慰。

母乳喂养好处多多，包括：

- 母乳是婴儿生命之初最适合的食物。

- 越是早产儿，母乳对他越重要。早产儿的消化系统仍很脆弱，免疫系统仍不完善，母乳有助于保护婴儿，完善他的机体。

- 母乳易消化，乳糖不耐受的情况几乎不存在。婴儿的口味随着母亲饮食的变化而变化，母乳成分在整个哺乳过程中会发生变化。

- 母乳喂养能对孩子产生更好的保护作用。一般情况下，纯母乳喂养的宝宝在六个月内可以获得母亲较充足的抗体，抵抗力相当于成人，免疫力较好。

- 喂养方便：无须清洗奶瓶，也非常经济。

- 母乳喂养对母亲也非常有益，有助于生殖系统恢复：乳腺与子宫联系紧密。婴儿的吮吸会促使子宫收缩，子宫收缩能帮助子宫恢复到正常大小。

- 没有过度喂养的风险，婴儿会按需摄入。

- 哺乳对母亲和孩子而言都是幸福的时刻。母子间"身体和身体的接触"是一种特殊经历，这种经历给母亲和孩子都带来了独一无二的感觉。

如果你仍然犹豫，可以咨询哺乳援助相关协会。你可以在那里见到一些母亲，她们会讲述自己的经验，你也可以具体看到如何哺乳。

我们建议：一开始先选择哺乳，即便随后终止也可以。相反，如果你一开始就进行奶粉喂养，几天之后再想开始哺乳会比较困难。

提倡母乳

《国际母乳代用品销售守则》规定，严禁在母婴机构分发免费代乳品。世界卫生组织、联合国儿童基金会把从原则上遵守《伊诺森蒂宣言》[①]的机构认证为"爱婴医院"。这种认证也代表着一种承诺：这些母婴机构、新生儿科保证高质量地接待新生儿与其父母。

---

① 世界卫生组织、联合国儿童基金会1990年开会通过了保护、促进和支持母乳喂养的《伊诺森蒂宣言》(Innocenti Declaration)。——译者注

奶粉喂养

由于母乳在当下备受推崇，所以自孩子出生开始便选择奶粉喂养并非易事。妈妈会时常感到不安，认为自己没有优先考虑孩子的需求，而是先为自己的舒适着想。片面地给这些明知母乳喂养的好处而选择代乳品的母亲下结论是非常不公平的。这一选择可能出于某些治疗需要，是不得已而为之；也可能出于个人原因，比如对用自己的乳汁喂养孩子感到难堪，或考虑方便日常安排等。与出自何种原因选择母乳喂养并不重要一样，做出这种选择的原因，也并不重要。

这类妈妈不应有负罪感，应该相信即便由代乳品喂养，孩子也能茁壮成长。

● 代乳品是用来满足婴儿对营养的需求的，成分组成合格，由牛奶、羊奶或大豆、大米蛋白为基础生产而成。

● 父亲或另外一个人可以代替妈妈喂养婴儿。这是奶粉喂养的优势之一，父亲们会喜欢与孩子的这种接触。

● 头胎母乳喂养出现困难，可能会让妈妈选择配方奶喂养方式。但是请思考一下，头胎母乳喂养出现问题是否缘于没能获得足够的建议？随着第二个宝宝的到来，是否会有不同？

● 配方奶喂养也可以是一种替换的选择，满足婴儿一时之需，尤其当母乳喂养变得困难时，如：母乳让乳房疼痛，婴儿不太配合等。

● 用配方奶喂养，时间和数量更容易控制——这让部分妈妈感到放心。

● 最后，通过配方奶喂养，妈妈和孩子之间同样也会建立起强烈、深厚的感情。

药物与奶阵

使用药物可以终止泌乳，但现在已经不推荐使用了。医生和助产士会优先给出顺势疗法，总的来说很有效率，乳房在3—5天后会重新变得柔软。想要逐渐减少泌乳，可以采用北欧国家广泛使用的一种方法：让婴儿偶尔进行吮吸，以减轻乳房可能产生的压力；乳房发胀时，还可以进行按摩，挤出部分奶水。这是一种混合喂养法，与吮吸母乳相比，宝宝吃的奶粉更多。

奶阵是指女性在哺乳时，乳房有几根筋隐约膨胀且伴有轻微胀痛，随即有奶呈喷射状或快速滴水状流出，奶阵易发生在婴儿每次吃奶前或婴儿吸吮几分钟后。

哺乳不适应症

出于医学原因的不适应症非常罕见：

● 婴儿患有特殊的代谢疾病。

● 处于化疗阶段的患癌母亲，有传染风险（肝炎急性期，艾滋病病毒，处于疾病发展阶段）的情况也不宜进行哺乳。

也有临时的哺乳不适应症，例如，如果母亲必须住院，成年人医院通常不能同时接收婴儿入院，孩子得待在家里。相反，如果婴儿住院，在一些情况下，母子共同住院倒有可能实现。另外，父母还可以租住到孩子所住医院的附近。

如果母亲必须接受治疗，医生会调整治疗方案，尽可能利于母亲哺乳，选用最易承受、毒性最小的药物，并根据哺乳频率分散药物剂量。

你的选择

如果你已经做出选择，请记住这是你自己的选择，只与你自己有关。对此你必须保持坚定的信念，各种批评很可能会接踵而至："孩子老哭，你确定奶水够吃？"或者"不喂奶吗？对你的孩子来说太遗憾了"。婴儿的喂养方式常常会引起周围人一系列的反应，会唤醒母亲们、朋友们的回忆，她们会忍不住说出自己的感受，你最好能提前预见这一点。这样，当各种责难向你袭来时，你就不会感到混乱或有负罪感，从而做到理性地、不带感情色彩地听取这些评论。

无论你的宝宝是母乳还是奶粉喂养，你都要非常愉快地进入母亲的角色，并确信你的决定能满足孩子的需要，这么做的好处显而易见。但是如果你一直感到焦虑不安，每次婴儿哭闹时都会对自己的决定产生疑问，这些困惑日积月累，你就会因此感到不幸福。如果真是这样，你在从产科出院前要毫不犹豫地讲出来。这种脆弱应该被关注，你应该得到支持。

母乳喂养

的确，母乳喂养不具有奶粉喂养的精确性：孩子吃的奶量没有刻度提示，婴儿自己只是吮吸他需要的奶量。因此哺乳就像某种探险，具有一些不确定性，母亲需要豁达和乐观，相信自然规律。慢慢地，你和宝宝会逐渐找到共同的节奏和彼此舒适的姿势。充分享受这独一无二的时刻吧！

哺乳初期

从分娩之时起，泌乳系统开始启动。这是一种本能、自然的现象。

机体如何产奶

乳房在妊娠期已开始预备产奶：乳头体积增大、血管增粗、乳腺管和乳小叶（又称乳腺腺泡，是产奶单位）发育，请参看下面的图解（图2-1）。胎盘一娩出，泌乳素——促使产奶的激素——分泌开始增多。婴儿吮吸动作引发产奶、乳腺管收缩、排出奶水。因此，吮吸必不可少，尤其是哺乳之初。几周后，泌乳素在乳房中增多，产奶会变得更容易。但是吮吸一直会非常重要，如果婴儿经常吮吸，泌乳素含量就会增高，产奶量根据腺泡"排空量"而变化。

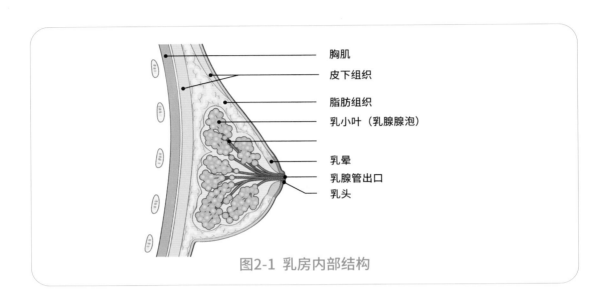

胸肌
皮下组织
脂肪组织
乳小叶（乳腺腺泡）
乳晕
乳腺管出口
乳头

图2-1 乳房内部结构

耐心与鼓励

早期母乳喂养可能需要耐心，要坚持不懈，还要有强烈的哺乳意愿。有些妈妈从一开始就感到灰心，即便还在产假之中仍会放弃：也许因为太多自相矛盾的建议，也许因为外出频繁（有时很难在公共场合进行哺乳）。这非常遗憾。如果她们能得到适当的支持和鼓励，并重新获得自信心，也许还可以重新开始母乳喂养自己的宝宝。

父亲与母乳喂养

父亲在母乳喂养过程中扮演的角色也很重要：父亲可以鼓励新手妈妈坚定自己的选择，在遇到困难的时候增强她的信心，协助她采取舒适的哺乳姿势。除去哺乳时间，父亲和孩子之间仍有很多交流机会，比如：皮肤接触、轻轻摇摆、洗澡、哄睡……

如何哺乳

起初，要选择一个安静的地方进行哺乳。对宝宝而言，这是专属他的幸福时光，能帮助他放松、成长、体验亲情。当你和宝宝都习惯了哺乳，就可以在任何地方进行，你们俩都不会感到尴尬。 哺乳的时间要选在宝宝清醒和平静的时候，然后，你需要**采取舒适的**

哺乳姿势，这很重要，这样你才不会感到累。

无论你是躺喂还是坐喂，要点如下：

● 宝宝完全朝向你，**他的肚子贴着你的肚子**，头部与你乳房的高度一致，鼻根部与乳头接触。

● 宝宝**头部**应该可以自由活动，不应受到你的手或手臂束缚。如果婴儿头部能向后倾，嘴巴就能张开；如果头部不能自由活动，婴儿则没有足够空间张开嘴巴，也就不能把乳头含在嘴后部，而会含在舌前部，这样乳头在哺乳时就会受到摩擦，有受伤的可能。

躺喂

妈妈侧躺下来，把宝宝放在身边（图2-2）。你的头部可以靠在一两个软垫上，以减轻肩膀的压力，软垫也可以很好地支撑你的颈部。你的双腿略微弯曲，以便保持背部和骨盆稳定，没有压力。宝宝依偎着你，"肚子贴肚子"，鼻子靠近你乳头的位置。你的一只手臂托住婴儿的头，另一只手（留在上面的另一只手臂）则需要支撑宝宝的背部和臀部，然后让他紧挨着乳房，用乳头轻轻蹭他的上唇。一接触到你的皮肤、你的气味、母乳的气味，宝宝就会动动嘴唇，张开嘴。用托住背部的手把他带向乳房位置，把乳头放到宝宝舌根位置。这时，宝宝开始吮吸起来……如同他出生之前一样。这种本能在婴儿出生前就存在：孕期时，我们有时会在做B超时观察到婴儿吮吸拇指。

坐喂

● 如果你坐在床上，必要的话，在肘下放置一两个软垫，便于宝宝的脸部靠在你的乳房旁边，无须你探身朝向他。在坐稳、固定好腰部位置后，也可以在膝盖上放一个枕头，把宝宝放在枕头上，便于他的嘴巴和乳头处于同一位置。

商店里有厚实的**哺乳枕**（与长枕头相仿）出售。哺乳枕便于母亲哺乳时采取舒适的姿势，休息时也可以使用。

● 坐喂时，舒适度取决于你的座位。为了不被迫前倾，使用矮椅会更合适。牢牢靠在椅背上，你会感到非常舒适。肘部放在扶手或靠垫上，如果需要，把宝宝放在一个软垫上，这样他的鼻子可以保持和乳头同一高度。他完全侧躺朝向你，肚子紧贴肚子。如果你没有较矮的椅子，可以在脚底放一个小凳，最简单的那种用于让儿童够到洗手池的小凳即可。

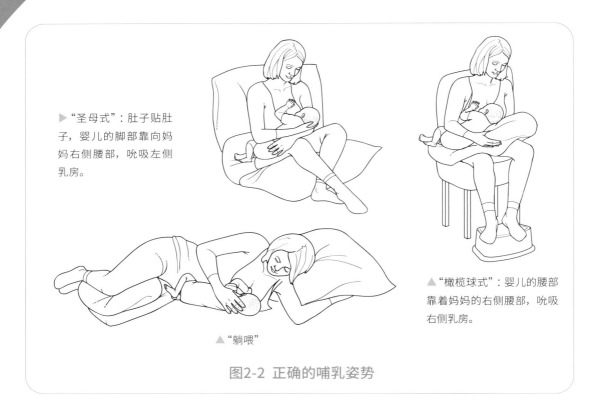

▶"圣母式"：肚子贴肚子，婴儿的脚部靠向妈妈右侧腰部，吮吸左侧乳房。

▲"橄榄球式"：婴儿的腰部靠着妈妈的右侧腰部，吮吸右侧乳房。

▲"躺喂"

图2-2 正确的哺乳姿势

宝宝吃奶的正确姿势

在你坐好并找到非常舒适的姿势后，再来好好地托起宝宝。

将宝宝以半垂直的角度托起，头部比脚部位置略高，放在你的一只手臂的前臂上，这只手臂同时也支撑住他的臀部或大腿位置。将宝宝的整个身体（而不仅仅是头部）朝向你，这样，采取"肚子贴肚子"的姿势，宝宝的头部几乎被乳房包围住。

这时，你用另一只手托起乳房，拇指在上，其余手指在下，用乳头轻轻蹭宝宝的嘴唇，宝宝张开嘴时，用托着他的手臂把他带向乳房位置。要让宝宝含住整个乳头和大部分乳晕（乳头周围棕色部分）。你可以轻轻压住乳房，便于奶水流出，宝宝便开始进行吮吸。如果宝宝在吮吸时鼻子挨到乳房，你感到他呼吸困难，请把他放得稍低一些。这时，他的头能抬起来，呼吸自然就会通畅。

刚开始哺乳时，宝宝会非常猛烈地吮吸，然后带有间断休息，直到他吃饱后睡着。但如果停止吃奶后，他仍轻轻吮吸并咬乳房，请停止哺乳。这样会软化乳头，可能会导致皲裂。

如果宝宝的姿势正确，**哺乳不会感到疼痛**；你可能一开始会稍稍感到被紧紧吸住，但是这种感觉不会一直存在；如果半分钟后，你仍然感到疼痛，请从宝宝嘴里取出乳头，调整姿势，直到感到舒适为止。

如何知道宝宝是否正确吮吸？

- 嘴大大张开，含住大部分乳晕，嘴形像在吸气。
- 吮吸动作有规律。
- 有吞咽声。
- 宝宝排尿多：尿布很湿，每天4—6次均如此。

哺乳之后

母乳喂养的婴儿通常在喂奶后不打嗝，尤其是新生儿期，因为他几乎不吞下空气。如果哺乳后吐一点儿奶，请勿担心，这是正常的漾奶现象。这对婴儿来说很常见，是因为在食管与胃连接处，贲门的功能尚未完善。另外，不要认为宝宝丢掉了一大部分吃下的奶，这是他在避免吃得过饱。如果你此时给他更换尿布，尽可能不要晃动他。哺乳后，自然晾干乳头。如果你在两次喂奶之间漏奶，可以在乳头上放上防溢乳垫，打湿后重新更换；也可以放上塑料小集奶器——这种小杯子在药店有售，用来收集两次哺乳之间的溢奶。这对预防哺乳初期发生的乳房过度充盈非常有效，但不能整天佩戴，因为它会过度刺激乳房。

开奶

通常，母亲分娩后，在婴儿清醒的时候，应尽可能早地让他吮吸乳头。婴儿吮吸会刺激产奶，**吮吸越多，奶量越多**。

出生就吮吸，新生儿能吃到初乳。初乳具有很高的营养价值，虽然量少，但含有婴儿需要的所有营养成分。

初乳的味道和气味很接近羊水，可以令婴儿安心。分娩几天后，奶阵会突然来袭，产奶更多，乳房几个小时就会充盈。奶阵也许不易察觉，但可以根据宝宝的表现观察到：几分钟之内反复吞咽，吃饱就睡，尿布更湿，大便变多、有颗粒、变黄，体重增加。

头几天甚至头几周，**喂奶时长和喂奶量**是可变的，取决于婴儿的需求。例如，如果宝宝好动，只要你的乳头不是过于敏感，并且有空余时间，可以按照孩子表现出需要的次数和时长哺乳。如果在你看来两次哺乳时间间隔过短，可以轻轻晃动或抱着婴儿，让他等待。如果宝宝睡眠过多（第一周的白天每次超过4个小时，晚上超过6个小时），可以通过抱起他、为他更换尿布等方式轻轻唤醒他。请放心，这种最初的"无序状态"（每天哺乳8—12次，有时更多）不会持续很长时间。这是一个适应期：你们两人会找到一种能更好安排日常生活的频率。如果此前你有过母乳喂养3个月以上的经历，第二次哺乳的开奶通常会更容易，因为乳腺对催乳激素已经敏感，产奶会更快更多。

"哺乳开始阶段很顺利，我真的很高兴有一位助产士在我出院回家后能来看我。她观察了我的哺乳姿势、我女儿如何吮吸，让我对目前以及未来几个星期都充满信心。"

——爱丽丝，一位新手妈妈

一位采取正确姿势哺乳的妈妈，一个心满意足地吃着奶的婴儿，这是一段美妙的亲子时光，母子之间用低语、手指的触碰、手势、目光、微笑与爱抚交流着。目光的交流常常会越来越频繁，宝宝会越来越活跃和机灵。

一些细节性要点

如何平衡哺乳与社会生活？

妈妈们常常发出这样的疑问：是否必须要待在家里随时待命，一旦宝宝饿了随时准备喂奶？实际上，最初的几周，无论采用什么喂养方式，大多数母亲都体会到需要与宝宝亲密地待在一起的情感与身体需求，每次宝宝入睡时妈妈也睡觉，生活节奏调整得跟婴儿一样。

逐渐地，妈妈能预见到宝宝的需求，也更容易安排自己的日常生活。母乳喂养不会妨碍母亲外出：找到一天中宝宝吃奶间隙的两三个小时时间，把宝宝交给伴侣或亲人照看。

你可以利用这段时间做些让自己感到愉快的事情：呼吸新鲜空气、理个发……不要一有空余时间就立刻做家务或去购物……

如何让哺乳不引人注目？

一些妈妈出于羞涩，不希望在第三方在场时哺乳，同时也认为周围的人会因此感到尴尬。的确，吃奶的婴儿有时会干扰周围的人；乳房是性器官，会使一些人感到不适。不过请放心，新手妈妈能迅速学会如何轻松哺乳。几天后，你就不必眼睛看着宝宝才能哺乳了，只需将他送到你的T恤衫下或套在能遮住乳房的哺乳巾下，宝宝就可以独自吃奶了。如果在产科病房，你希望安静地哺乳，可以请护士帮忙让来访者暂时离开；如果在家里，你可以在另一个房间哺乳。

要回到工作岗位了，如何哺乳？

如果重新上班后，你仍然想继续母乳喂养，这是可行的。可以通过以下方式进行调整：调整哺乳时间、吸奶、选择混合喂养方式等。此外，还可以转移产前假期中的3周到产后休，延长你与婴儿在一起的时间以及母乳喂养的时间。

哺乳会破坏胸形吗？

实际上，不是哺乳引起的，而是怀孕让胸部产生变化。怀孕先会引起乳房增大，随着孕期和哺乳期结束乳腺体积会萎缩。哺乳有助于防止乳腺快速萎缩。出于同样的原因，如果在没有足够的预防措施的情况下让奶阵停止，则会损伤乳房。这也就是说，有些人的皮下组织会比另一些人更有弹性。一些哺乳过几个孩子的女性保持着完美的胸型；而另一些从未经历过哺乳的女性，却乳房下垂，出现妊娠纹。另外，做产前、产后体操和进行体育运动（尤其是游泳）有助于锻炼支撑乳房的肌肉，使其变得紧致。

乳房护理

哺乳时需要采取几项护理措施，避免乳头皲裂。乳头皮肤的小裂纹会让人非常疼痛。为此，需要注意以下几点：

- 采取正确的哺乳姿势，确认宝宝含住了乳晕部分，并在整个哺乳过程中一直保持"肚子贴肚子"的姿势。

- 注意哺乳时保持卫生：最基本的一点是与乳房接触的物体必须干净；乳房清洁频率和身体其余部位相同就可以了，每天使用中性肥皂（不含香精）清洗一次即可。

- 穿棉质胸罩，合成材质会导致乳头皲裂。

- 避免乳房浸泡在湿润环境中，要及时定期更换防溢乳垫。

哺乳前还是哺乳后更换尿布？

有些回答是哺乳前更换好，因为这样宝宝吃奶时会感到更舒适；如果哺乳后更换，会产生晃动，可能导致宝宝漾奶。另一些回答则是哺乳后更换好，因为吃完奶后，常常会产生大便，如果此时更换，宝宝睡觉时会更舒适。此外，有些婴儿吃奶时非常急迫，中间休息时换尿布是一个好办法，可在吮吸另一侧乳房之前换尿布。你可以根据自己宝宝的情况选择最佳时机。

单侧还是双侧乳房哺乳？

分娩后最初几天直至充分泌乳，如果宝宝自己吮吸完一侧后就不吮吸了，可以让他两侧都进行吮吸。然后，两侧交替哺乳，这次吮吸一侧，下次吮吸另一侧。实际上，乳汁成分会在哺乳过程中发生变化。前奶较清，适于止渴；随着吮吸继续进行，乳汁含有油脂的成分增多。如果两侧更换太快，宝宝可能吃不饱。这种交替哺乳的办法，其优点在于一侧哺乳时，让另一侧得到休息；尤其在乳头出现皲裂时，更需要交替哺乳。

如果妈妈奶量不足，建议每次两侧都进行哺乳，从最充盈的一侧开始。如果妈妈奶量过多，让宝宝吮吸透一侧，哺乳时为了减轻另一侧的压力可以放置一个集奶器。

哺乳时长

哺乳时长根据哺乳时间产生变化，平均每次约20分钟，也可能会延长到半个小时。哺乳时长与宝宝吮吸需求、喷乳反射（出奶）都有关系。宝宝是否会中间停下来、睡着了、边吃边玩？如果这样，那就再好不过了，因为对他而言这些是非常幸福的时刻。他感到愉快，同时也取得巨大进步——开始了解你、开始了解自己周围的世界。

乳汁在单侧流淌

宝宝吮吸一侧时，如果另一侧乳汁流淌下来，请勿担忧，这种情况完全正常，也经常会出现，可以在另一侧放置一个集奶器或一片纱布。

婴儿打嗝

宝宝出现打嗝的情况，也完全正常。如果一直持续，可以用小勺或滴管给他喂一点儿水，或者让他重新开始吮吸……安抚他直至打嗝停止。打嗝既不是病症，也不意味着消化不良。

"狼吞虎咽"的婴儿

一些婴儿吃奶的同时也吞咽下大量空气，会导致窒息、打喷嚏、咳嗽，然后一边打嗝，一边喷奶。比较常见的原因是乳汁吸入口中的速度过快，喷乳反射（出奶）太猛烈。试着让宝宝吮吸时暂停1—2次，便于他把嗝打出来。

如何哺乳双胞胎

比较理想的状态是哺乳初期让两个宝宝同时吮吸两侧，这样能促进乳汁分泌。使用哺乳枕对采取正确的哺乳姿势非常有用。例如，坐喂时，可以让宝宝们面对你，用哺乳枕固定住他们的背部，或者把两个宝宝分别放在你两个肘窝位置，让他们的小脚在你的肚子上交叉放置，哺乳枕环绕着你的腰部放置，支撑起你的肘部。

正确的哺乳姿势对让母亲感觉舒适和保证喂奶顺利进行非常重要。在产科，可以请助产士为你展示采取什么样的姿势。出院回到家后，不要犹豫，向哺乳互助协会或母乳喂养专家求助。如果你希望在喂养中加入奶粉，也可以让其中一个宝宝吮吸一侧，另一个宝宝吃奶粉，然后下次进行交换。

剖腹产后如何哺乳？

回到病房后，采取让自己感到舒适的姿势。前几次哺乳时，你可以半躺卧，背部抬高至约45°，用垫子支撑手臂，双腿在膝盖下方也放置软垫，这样伤口不会绷紧。如果让宝宝面对你，可以在腹部放置一个小垫子，避免宝宝活动时触碰到。

你将需要人帮助才能把孩子抱过来，因为你无法在术后24—48小时内独自把他从小床中抱出来。如果你的配偶或家人一整天都待在你身边最好，这样就不需要等待产科护士有空时才来帮你。

把你的宝宝放在胸部，双腿放在侧面，头朝向乳房，托住他的臀部和颈部；让他的头部保持自由状态，以便他可以含住乳头。此姿势与"橄榄球式"哺乳法姿势类似，不同之处在于你更像是在躺卧。

宝宝吃完奶后，你的配偶或帮助照料的人会抱走他，需要的话这时可以更换尿布，然后把他放回婴儿床中。抓紧这段时间小睡一会儿，也许第二、三天时，你就不需要别人帮助，可以自己完成哺乳了。

维生素D

即便是母乳喂养的婴儿也会需要摄入维生素和微量元素。医生会开具下面的处方：

- **维生素D。**

母乳喂养的频率

固定时间或按需喂养

喂养婴儿应该按时还是按需？这是长久以来一直在讨论的问题。今天，一致的答案是：**3个月之内按需喂养，喂养时间灵活决定**，既要考虑孩子的意愿，也要照顾母亲喂养的方便性和习惯。在头几周，孩子经常需要不定期地吃奶，迫使妈妈必须随时配合，有时甚至多到每天10—12次。但几周后，宝宝吃奶的时间会逐渐有规律：在大多数情况下，两次喂奶之间间隔3—4小时，很少少于2小时或高于6小时以上。

母乳**易消化**，宝宝胃部排空速度很快，30分钟就排空了。母乳成分中的低聚糖、脂类含量丰富，会持续让宝宝有饱腹感，满足了他的营养需要。这也是喂奶间隔时长会产生变化的原因。

要喂夜奶吗？

一般而言，夜间会按需喂养1次或几次，所有宝宝都会出现这样的要求。宝宝会需要一点儿时间找到夜晚过渡到白天的节奏。此外，夜间哺乳对保持泌乳非常重要。通常，婴儿快3个月时能区分白天、夜晚。理论上，体重约5千克的婴儿可以连续睡5—6小时。夜间哺乳是一个时间问题，也是一个关于耐心的问题。

你的孩子吃饱了吗？

如何得知婴儿是否吃饱了？可通过观察宝宝、监测体重和查看大小便情况来了解。

婴儿的面貌和行为

吃饱的婴儿皮肤有紧致的弹性；婴儿吃饱后，显得非常满足；睡眠好；安静清醒的时候会保持几分钟的专注度。

体重

当宝宝摄入的营养足够时，体重增长速度符合要求。在前6个月中，前3个月，体重增长1kg/月；3—6个月，体重增长0.5kg/月。在某些情况下，例如，母乳喂养初期出现困难的婴儿、出生体重低的婴儿，建议对宝宝的体重增加情况进行检查：第1个月每周一次，然后每月1次。如果宝宝在第1个月"睡得较多"（晚上超过6个小时，且白天喂奶间隔超过4个小时），可以通过检查体重增加情况来消除父母的疑虑。

小便

奶量摄入足够的宝宝，尿布会定期变湿，每天至少5次。如果吃奶2—3次后，尿布仍保持干燥，或者宝宝的体重和尿布干燥时差不多，意味着孩子没有吃饱，请向专业人士求助，增加泌乳。

大便

母乳喂养的婴儿大便为金黄色，呈较稀或半干形状。

- 大便**次数**变化不定。初期，每次哺乳会产生1次大便，然后4—6周哺乳后大便次数减少。如果第1个月大便数量少（每天少于1次），意味着摄入不足，请让宝宝进行更多吮吸。只要持续母乳喂养，宝宝就可能保持每天1—4次排便的频率。有时，第1个月后每周大便次数为1—2次，如果你的宝宝持续增重、吃奶情况良好，排尿良好，就没有问题。

- 如果你的宝宝**大便呈白色**或油灰色，请告知你的医生。

- **便秘**。在母乳喂养的孩子中比较罕见。仅仅因为1周只有1次大便，或没有排便，并不意味着宝宝便秘。只要大便松软，排便没有困难，就不必担心。只要宝宝体重增加正常，且总体状况良好即可。

婴儿的面貌、行为、大小便和体重符合上述描述，说明营养充足。但如果出现下列情况：宝宝吃奶后似乎还很饥饿，吮吸2—3分钟后含着乳头睡着了，难以入睡或者睡1小时后醒来，体重增加不足，等等，则意味着你的母乳喂养技术（哺乳姿势、频率、吮吸等）可能需要有所改进。这种情况下应尽快咨询医生或妇幼保健中心，或联系专业人士。

哺乳妈妈的饮食

分娩后头几周，你会感到非常需要安静的环境休息，这很正常。你可以和宝宝一同入睡，每天多走动，但不要进行剧烈运动。

关于饮食，请继续保持多样化饮食。摄入量无须比孕期更多，尤其不要节食。在母乳喂养期间遵从减肥食谱，这与医嘱背道而驰。均衡饮食和少量体育锻炼将帮助你逐渐恢复孕前体重。

- **进食次数**。哺乳期间，每天保持三餐：一顿丰盛的早餐、一顿中餐、一顿晚餐，也可能下午再补充一顿加餐。

- **重口味食物**。受到妈妈孕期饮食影响，羊水带有味道，婴儿已经因此习惯于多种口味，花菜、咖喱、大蒜……这种情况下可以不用避免重口味。这些食物的味道进入乳汁中，可以训练孩子适应这些味道。此时一个孩子接触的味道越多，以后他的饮食就越多样化。

- **饮水**。只需在口渴时饮水即可，可以是饮用水或带汽的水、奶类、汤类，每天1升左右。喂奶后感到口渴是产奶的积极信号。

- **素食者**。通常卡路里和蛋白质摄入量充足。但是，如果不摄入奶类，有可能缺钙；如果所有肉类都不摄入（纯素食主义），有可能缺蛋白质、维生素B_{12}、铁、锌、不饱和脂肪酸等。卫生部门经过评估认为哺乳期**纯素饮食**风险巨大。

- **需要采取的几项措施。**

——禁止饮酒（葡萄酒、啤酒、开胃酒、餐后酒、苏打水和酒精的混合饮料：酒精会进入母乳）。

——禁止吸烟：尼古丁会进入母乳。

——限制咖啡因的摄入（咖啡、茶、可乐、能量饮料）。

是否真的有可以增加泌乳的产品？有，以麦芽为基础的产品有效果，半乳糖基为基础的产品（制成草药颗粒）也有效果。但是，与普遍接受的看法相反，无酒精啤酒不能增加泌乳（所谓的无酒精啤酒仍然含有少量酒精）。用茴香类香料和孜然制成的花草茶可能会给母乳带来婴儿喜欢的味道[①]，促使他更有效地吮吸。

可以确定的是，疲劳不利于泌乳。如果可以的话，喂奶前后应休息一刻钟，特别是在哺乳初期。

哺乳初期可能发生的情况

哺乳初期遇到困难时，妈妈们常常会灰心，停止哺乳……然后又后悔。下面是一些可能会突然出现的情况，你将对此进行辨别，知道如何做出反应，并可能从专业人士那里获得帮助。

乳头短小、乳头凹陷

乳头可能会向内回缩，但不会妨碍哺乳。婴儿吮吸时用舌头拉出整个乳头以及乳晕部分，并将其一直含在嘴中，但是婴儿可能在放置嘴巴和舌头时有些难度。因此，在宝宝非常安静的时候进行哺乳很重要。如果你的乳头确实内陷，可以在哺乳前通过轻轻牵拉进行矫正。

母乳不耐受

这种情况极为罕见，可以说婴儿对母乳没有不耐受的情况。

母乳过多

请不要丢弃过剩母乳，请交给母乳收集中心——母乳库（编者按：国内医院没有母乳库）。如果你贡献出多余的母乳，很大概率能救活一名体弱的婴儿或早产儿。你可以咨询医院或查阅围产期相关的官方网站，以便找到你所在地区的母乳库联系方式。

是母乳不够吗？

当婴儿常常表现出想要母乳时，妈妈可能会认为他没有吃饱，但也许事实并非如此。如果他的生长合乎要求（每周增长150—200克），则他可能有吮吸、被抱着和被包

---

① 国内一般认为在哺乳期不建议吃茴香、大料等热性香辛料，易上火，大量摄入可能会导致回奶。——译者注

裹着等方面的需求。有时这也是宝宝入睡困难的一个原因。

泌乳又慢又少

- 首先，不用自寻烦恼，情绪和泌乳具有某种联系，特别是在最初的几周，泌乳仍不规律：母亲越烦恼，泌乳情况就越糟糕。精神状态产生的影响如此直接，以至于对于某些医生来说，强迫母亲进行母乳喂养就是失败。相反，那些想要母乳喂养的人，要对自己和孩子充满信心。

- 其次，疲劳和疼痛会减少泌乳。在这种情况下，你需要休息。

- 再次，请记住，刺激泌乳的有效方法是让婴儿吮吸两侧，也可以使用集奶器或吸奶器。

- 最后，仅在出现以下情况时才补喂：婴儿体重增长不足。请先用吸奶器吸出母乳进行补充，最后的办法才是使用代乳品。

如果需要使用奶粉**补充**喂养，请选择流速缓慢的奶嘴，以便奶汁吮吸起来既不困难也不过快。因为奶瓶吃起来更容易，婴儿养成习惯后可能会拒绝母乳，这可能会使泌乳更加困难。更好的办法是：用杯子或注射器来喂奶，某些早产儿可以这样喂养。这样喂养花费时间较多，但值得一试。

采取了这些措施后，很少再有无法泌乳的妈妈。

但是，许多妈妈经过5—10天的尝试，仍然没有成功，就直接放弃了。这很可惜，因为我们发现哺乳初期泌乳很慢，在2周甚至3周后才出现有规律的泌乳是较为常见的现象。

母乳喂养让我感到疲惫

怀孕和分娩是一项繁重的"工作"，需要花一定时间恢复身体。另外，照顾婴儿也需要精力，要遵循自己的睡眠需求。哺乳期的妈妈需要经常补充睡眠，通常短暂和频繁的睡眠可以使她们恢复良好的状态。请你的配偶或家人在两次哺乳之间照顾婴儿，你抓紧这段时间进行小睡。此外，请确保你留有充足的吃饭时间，还需确认你是否采取了正确的哺乳姿势。如果进行了这些努力，还是感觉母乳喂养非常疲倦，在考虑断奶之前，请先咨询医生，你的状况有可能是缺乏维生素和铁导致的。

如果出现一侧乳房比另一侧产奶多的情况，请放心，这没有任何影响。你可以选择从产奶少的一侧开始哺乳。

选择手动还是电动吸奶器？

药房或个人用品商店有手动吸奶器出售，购买费用不在医疗保险报销范围内；一些机构也有电动吸奶器出租。如果只是偶然需求，手动吸奶器就够用了：便于留存一点儿你的母乳，以便家人在你暂时外出时可以一边喂宝宝，一边等你回来。

如果你的宝宝不能进行吮吸，电动吸奶器则必不可少。另外，与宝宝分开时，或宝宝住院时，或想要提前储存部分母乳为恢复工作做预备时，都需要电动吸奶器。

有的电动吸奶器有双向套件：泵奶系统分别连接到两个婴儿奶瓶，可以给两个乳房同时吸奶。双泵系统的优点是高效，并且可以更有效地刺激泌乳，储存母乳。

开奶疼痛

分娩前夕，为了形成产奶反射与喷奶反射，乳头会变得更加敏感，这种敏感性可能会在一些女性身上持续存在。哺乳时，如果疼痛持续存在，也许你可能需要矫正一下哺乳姿势，确认宝宝含住乳晕。调整好后，吮吸时你就不应该再感到疼痛了。喂奶结束时，滴一滴母乳涂在乳头上（母乳具有杀菌和治疗作用）并自然晾干。两次哺乳之间要保持乳头干燥，并向药剂师咨询如何使用乳头霜，其中有些产品非常有效。

婴儿不能吮吸

由于过于弱小，尤其是提前很长时间出生的早产儿，没有力气吮吸，但是，早产儿反而特别需要母乳。可以将母乳吸出来，使用奶瓶、杯子或用注射器进行喂养。吮吸困难的原因可能是：新生儿患有畸形（兔唇、腭裂，专业人士会向你推荐特殊的奶嘴），舌系带过短，或者宝宝还不能很好地协调吞咽动作，放不好舌头的位置，等等。宝宝舌系带过短，可以由产科或儿科医生进行手术矫正。舌系带过短不会影响奶瓶喂养。

其他情况下要婴儿自己学会吸吮。助产士或儿科医生会为你提供建议，你也可以从母乳喂养专家那里获取建议。

婴儿不愿吮吸

宝宝足月出生，但困意重重，看上去并不饥饿，这种情况很常见。一旦出现这种情况，通过各种动作进行刺激都毫无意义，不要担心，宝宝在2—3天后会"苏醒"，正常吮吸。最好延长你在产科住院的时间或让助产士每天陪伴你，直到宝宝能有效吮吸，而且体重有所增加为止。同时，为了开始泌乳，你可以使用吸奶器。

婴儿大量漾奶

通常，母乳喂养的婴儿比奶粉喂养的婴儿更少打嗝。如果宝宝漾奶多，但是没有其他异常之处，这就不应成为用奶粉替代母乳喂养的理由。哺乳后尽可能不要晃动婴儿，让他保持直立姿势一段时间，并一直戴着围嘴。但是，如果大量漾奶的情况频繁出现，且宝宝的表情非常痛苦，而且晚上也会出现这种情况，也许存在胃食管反流；尤其当漾奶与不舒适、躁动不安和啼哭、呼吸困难（夜咳）、生长缓慢等相关时，应该立即咨询医生。

婴儿用力吮吸后，上唇出现一个小疱

如果没有特别的不适，覆盖小疱的外层皮肤会变干，然后自行消失，但这也可能表明宝宝嘴唇闭得太紧，太用力。在这种情况下，母亲乳头会很敏感，婴儿的体重增加通常也只是勉强合格。你可以寻求专业人士或母乳喂养协会的帮助。

你可能会提出的问题

母乳喂养期间会怀孕吗？

母乳喂养期间怀孕，是有可能的：排卵可以在母乳喂养结束前、甚至月经重来前发生。但是前6周，如果婴儿只吃母乳，没有额外喂水和吃奶粉，夜间至少每6个小时吮吸一次，则不会产生排卵；如果婴儿吮吸出现规律间隔，或者增加额外辅食喂养，排卵情况就有可能发生。请向医生或助产士询问适合你的避孕方式。

> 🔍 **重要提示**
>
> 即使乳房很小，妈妈也可以奶水很足。乳房丰满和乳汁充足不能画等号。
>
> 如果你开奶不太顺利，请不要灰心，可联系一位自由职业助产士，或一位可以来到你家里指导的母乳喂养专业人士，提供帮助。

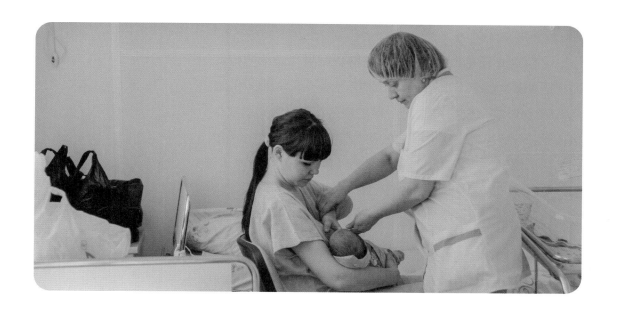

宝宝渴了，可以给他喂水吗？

通常，纯母乳喂养的婴儿6个月内不需要额外补充水分。如果你的宝宝看上去渴了，可以让他吃母乳。

重来月经后还可以接着喂母乳吗？

可以的。虽然由于月经重来，你会感到有些疲倦，但母乳会一直保持质量。如果你觉得母乳减少了一点儿（有时奶量会暂时减少），请在添加配方奶粉之前尝试增加哺乳的频率。

重新开始工作之后还可以接着喂母乳吗？

恢复工作后，可以继续母乳喂养：纯母乳喂养，或者混合喂养均可。产奶量几周后可能会下降，因为乳房受到的刺激更少、生活节奏更快或者你白天会有其他事情。在这种情况下，可以逐渐开始断奶。

请放心：

如果再次怀孕，你可以继续进行母乳喂养。乳汁的口味会从怀孕起发生变化，宝宝可能会首先注意到这一点。一些妈妈对此深有体会。

如果生病怎么办？

没有标准答案。例如，感冒和发烧时可以继续喂母乳，尤其是病毒性感冒，母亲可以将抗体传给婴儿。如果服用乙酰氨基酚，建议多饮水。因发烧引起的疲劳可能导致奶水变少，但几天后一切都会恢复正常。在照顾宝宝之前，请务必洗手，尤其患流感时，最好戴上口罩。情况极其特殊时需要停止母乳，定期吸奶，这样可以在治愈后恢复母乳喂养。

临时无法喂母乳怎么办？

如果你临时无法哺乳，请按平时哺乳的时间按时吸奶，对产奶保持刺激。在这种情况下，使用手动吸奶器吸奶就可以了。

如何保存和冷冻母乳？

把用吸奶器吸出的母乳放到奶瓶中，然后放入冰箱冷藏。冷却后（大约1小时），可以将其与前次吸出的母乳混合在一起，然后写上前次吸出的日期和时间（前次吸奶后装入奶瓶的日期和时间）。从前次记录的时间算起，可以在冰箱冷藏室中按最低温（+4°）冷藏保存，保存不超过48小时。

母乳冷冻保存。在冷冻室可以至少保存几个月：需从前次"吸奶"时间算起的48小时之内将其冷冻。母乳至少要在饮用前6小时放于冷藏室中进行解冻。解冻后，可在冷藏室中最多保存24小时。

母乳喂养期间如何避孕？

可以服用仅含有黄体酮成分的避孕药。服药之初，妈妈乳汁可能会有所减少。通过几天更频繁的哺乳，母乳量将重新恢复。你也可以使用宫内节育器、杀精剂、避孕套等进行避孕。

婴儿住院

这种情况发生在宝宝出生太早或需要新生儿科的特殊护理时。34周以内出生的婴儿很少能进行有效吮吸，你需要每24小时吸奶6次才能让泌乳顺利进行。让宝宝吮吸很重要：首先他要能见到你，然后需要学习如何吮吸。一些婴儿最终能吮吸出少量母乳，这会对母亲泌乳和婴儿的生长发育产生积极影响。

即使宝宝出生时间非常早（孕28周之前）或仅通过输液喂养，认真吸奶也非常重要（每24小时6次）。当宝宝的喝奶量增长时，你储备下来的母乳可以在接下来的几周派上用场。有些机构会建议你用自己的母乳直接喂养宝宝，有一些机构则会建议你向母乳库求助。

新生儿科团队的医生会给你解释如何护理宝宝，并帮助你完成所有可以自行完成的部分，例如：爱抚他；与他交谈；皮肤贴皮肤地抱紧他；以及为了方便他吮吸，把他抱于朝向乳房的位置。你的存在、吸出母乳以及为了把吸出的母乳喂给宝宝所做的种种努力都非常珍贵，是护理宝宝不可或缺的一部分。

对"大宝宝"的母乳喂养

对一个已经会走路、能开口说几个词的"大宝宝"继续进行母乳喂养，有时会在家庭中引发争议或激烈的批评。举例来说，孩子在广场公园玩了一会儿，走回到妈妈身边，像品尝零食那样或希望获得爱抚去吸食母乳；或在和其他小朋友玩滑滑梯起争执后为了寻求安慰而吮吸母乳，这类情形往往会引发他人的关注与议论。母亲很难对各种意见都能遵从。宝宝仍然迷恋母乳属于正常状态，请不要担心。母乳喂养至18个月到2岁，宝宝并不会因此变得难以独立。与所有在充满信任和安全感的环境中长大的孩子一样，对母乳有依恋感的孩子也能振翅高飞。

你可能遇到的困难

如上文提到的意外情况一样，此处预设的困难，可能会发生，也可能不会，所以看到这些问题你不要忐忑不安，更不要失去信心。

乳头皲裂

裂纹（或皲裂）的根本原因是乳房稚嫩而敏感的尖端——乳头没有被宝宝含到正确的

位置：没有位于舌根部，位置靠前，在舌头和上颚之间受到反复"摩擦"。因此，你的哺乳姿势和宝宝的吮吸姿势都必须正确：确认宝宝含住了乳晕部分，并在整个吮吸过程中保持这个状态。

如果感到吮吸疼痛难忍，请尝试临时使用"乳头保护器"（乳盾，药店有售）。你可以在两次哺乳之间将少量母乳（具有抗菌和愈合功效）或乳头霜（药店有售）涂在乳头上，让乳头通风晾干。

一位妈妈给我们的来信中这样写道：

"这部分内容让我看到自己不是个例，在哺乳过程中，其他母亲也都遇到过困难。感到沮丧的时候重读这些内容，帮助我顺利渡过了这一阶段。"

令人痛苦的乳头

裂缝一直无法愈合，乳头持续疼痛，通常是某种感染的迹象，有可能是真菌感染。在这种情况下，婴儿常患有鹅口疮，即口中出现白色斑块，他吮吸时也会表现出痛苦不堪。因此，他对乳房的态度可能已发生改变。这种情况下，婴儿臀部有时会泛红。对此进行专业咨询非常重要，必要时进行治疗。

除去哺乳之外的痛苦。有时，你会感到乳房剧烈疼痛，尤其是在温度变化时，乳头先变白，然后变蓝，之后可能再变红。这种症状是血管痉挛。为了避免血管痉挛，尽量别吹穿堂风，冬季或换季时要待在非常温暖的地方，可以向医生或助产士报告这一情况，他们会检查你的乳房进行诊断，并为你提供建议。

乳汁以外的溢出物

如果你观察到除了乳汁有其他液体溢出，尤其当挤压乳头后部时，两侧都会有少量溢出。这种情况下，如果溢出物呈黄色或绿色，并不一定意味着异常。母乳喂养初期，可能会出现带有血丝的褐色分泌物，这并不可怕，但是最好还是请医生对这些溢液进行评估。

乳管堵塞

如果乳头上出现白点，并且乳房内感到疼痛，这是酪蛋白纤维凝结并堵塞了乳管。在乳房上部，你可能会感觉到有一小块组织变硬，一部分腺体无法排出乳汁。出现这种情况请咨询助产士，他们会对你进行检查，告诉你如何排出这些纤维。如果确实出现堵塞，要及时处理，并确认是否得到有效改善。

乳房肿大

乳房充盈、疼痛难忍，用手摁压，并没有乳汁溢出；到了哺乳时间，宝宝却吮吸不出来。出现这种情况时，你可以冲个热水澡，促进乳汁流动，还可以轻轻按摩乳房以缓解不适。在这种情况下避免使用吸奶器，否则情况会更糟糕。下面是缓解肿胀的另一种有效方法：取一块纱布，用热水打湿后热敷20分钟，每天重复几次。一些妈妈更喜欢寒冷的感觉，用冰冷的沐浴手套冷敷也可以。乳房肿大是暂时现象，但如果持续下去，泌乳量可能会暂时下降。如果24小时内没有任何改善，请咨询医生或助产士。

乳腺"肉芽肿"

触摸乳房时会感到里面有小球存在。这些是乳腺腺体较稠密、反应性较高的部分。即使在腋下，你也可以摸到它们。通常，这些小肿块并不会让你感到疼痛，宝宝吮吸几次后可以自行消失。如果仍然感到不适，或持续数天，明显出现疼痛感，请咨询医生。

淋巴管炎（乳腺炎）

如果感到乳房疼痛、发烧、发红，可能是淋巴管发炎，最普遍的原因是乳腺管（用于运送乳汁）阻塞或发炎所致。这种情况并不需要停止母乳喂养，但请咨询医生或助产士。他们会告诉你怎么治疗，怎样避免感染。同时，可以服用对乙酰氨基酚以减轻疼痛。让宝宝从感到疼痛的一侧开始吮吸，这将使你放松并得到休息。这是偶发事件，可在24—48小时内得到缓解。如果没有改善，请迅速就医。

母乳喂养甚至可以在感染发生的情况下继续进行，医生会选择与母乳喂养兼容的抗生素，这种抗生素很多。乳腺炎持续2—3天后会出现严重的疲劳期，奶量减少，奶的味道也会变得更咸。宝宝可能不喜欢，请尽量安抚他，这种情况不会持续太久。你要卧床休息，经常哺乳，多饮水，接受医生的治疗，最多持续5天就会好转，母乳量也会逐渐正常。如果乳腺炎复发，请咨询同一位医生或同一个医疗团队。如果出现并发感染（尿道、阴道、喉咙疼痛等），需要确诊再治疗。

哺乳与乳腺外科手术

进行乳腺外科手术本身并不意味着不能进行母乳喂养。如果未移动乳头，未切开乳腺管、腺体，则可以进行母乳喂养。你可以把你的情况告诉助产士或医生，警惕出现腺体肿大，并且注意宝宝体重的增加情况，以确保宝宝摄入的母乳量足够。

无法进行母乳喂养

尽管你很想进行母乳喂养，但由于难以忍受的疼痛或出现并发症而不得不放弃，你因此对宝宝感到内疚，觉得自己很失败。

不要难过，这种情况有可能会发生。你已经尽力了，振作起来。虽然无法哺乳，请相信从受孕起，你就已经与宝宝建立起紧密的情感联系。

混合喂养

母乳不足的情况下，必须要给宝宝补充代乳品。两种乳品相结合的喂养方式称为混合喂养，具体有两种方式：

每次母乳喂养后补充奶粉

先喂母乳，然后给婴儿喂奶粉。每个年龄段摄入的数量，请参阅第70页上的表格（表2-1）。宝宝会根据需要喝下相应的奶量。每天让宝宝吸吮乳房6次，可以刺激母乳分泌。

母乳与奶粉交替喂养

逐渐用奶粉代替单独一次或几次母乳。强烈建议不要取消每天的第一次哺乳，因为这时奶质最佳，也不要取消最后一次哺乳，不要让两次母乳之间的间隔太长。混合喂养的方式主要在重返工作岗位或逐步过渡到断奶时采用。

断　奶

多长时间之后可以断奶？

即使是短时间的母乳喂养对孩子也是有益的，可以母乳喂养到1个月、3个月、6个月或更长时间。这取决于宝宝和你的具体情况。一般而言，在纯母乳喂养的2个半月—3个月后，泌乳将变为"自动"，不再需要维持。从这一刻起，母亲可以减少母乳喂养频率，按希望的哺乳周期哺乳。建议纯母乳喂养至少到4个月，甚至至少6个月。从5—6个月起，逐渐开始添加多样化食物。如果你希望继续母乳喂养，完全可以继续。至于添加哪些食物，在多大年龄段添加，后面我们会讲到。

如何断奶？

断奶是从母乳喂养到另一种喂养形式的过渡。根据**具体情况**以及宝宝的月龄，决定采用代乳品或以母乳作为补充的多样化食物进行喂养，直到完全停止母乳喂养为止。

断奶是孩子情感生活中的一个重要事件，对妈妈来说也是一个重要的转变，可能需要母乳喂养支持团队或经验丰富的朋友提供帮助。妈妈们会在自己认为合适的时间为婴儿断奶，有些妈妈选择泌乳量减少时断奶，有些妈妈在意识到宝宝逐渐脱离母乳时断奶。断奶的时间是家庭生活中的大事，受生活习惯和文化传统影响。

无论如何，断奶的决定权在妈妈。有时候，婴儿对断奶表现出焦虑不安。下面是几条帮助宝宝接受断奶的建议。

如何断奶？首先**断奶必须逐渐进行**，避免宝宝出现消化系统和情绪上的障碍。突然断奶也会给妈妈带来不适（乳房肿胀）。下面是断奶的具体操作方法。

宝宝未满3个月

在最初的几周内，母乳喂养机制建立在对乳腺的定期刺激之上。你会捕捉到奶阵的来临，哺乳后乳房压力逐渐减轻。奶阵的频率并不确定，每次、每天都不一致。如果"漏掉"哺乳一次，乳房会紧绷甚至感到疼痛。因此，对于断奶，建议在一天中奶阵不太强烈的时候，通常是在下午取消一次哺乳，用奶粉代替。但是，不要取消一天中最后一次哺乳，以免乳房有太长时间未受到刺激。而且一天中最后一次哺乳是入睡前妈妈与宝宝相互交流的时刻。专业人士会告诉你宝宝需要的奶量。

需要小心护理乳房。洗澡时通过轻轻按摩进行放松，用温热的毛巾或冰冷的沐浴手套

轻轻按摩，按摩频率按照需要进行，直到下一次喂奶为止。

几天后，你可以加入第二次奶粉喂养，与母乳交替进行，早、晚仍优先保留母乳。

然后用一次奶粉代替一次母乳的方法直至完全取消母乳、停止母乳喂养为止。整个过程可能需要1—3个星期。这样进行，泌乳通常会自行停止。3个月前，混合喂养（早、晚母乳，白天奶粉）通常很难坚持。

"面临重新返回工作岗位，我想给3个月大的小宝断奶。我们选了一个长周末进行，这样时间更充足。儿子断然拒绝喝奶瓶，不管是他父亲，还是他爷爷奶奶都没能让他喝下一滴奶。只要一见到奶瓶，他就号啕大哭，有时能嚷上1个多小时……"

——夏洛特

宝贝3个月以上

3个月左右，不再有奶阵出现，乳房会按宝宝的吮吸刺激进行泌乳。乳房几乎不再肿胀，妈妈会感到很舒服。如果有肿胀，洗个热水澡或对乳房进行冷敷就会松弛下来。如上文所示，温和地断奶，逐渐用奶粉代替母乳，保留在早、晚的母乳喂养。这样可以持续几周，甚至几个月。

● **如果宝宝难以放弃母乳、拒绝奶瓶，怎么办?** 如果他断然拒绝奶瓶，别担心：婴儿永远不会让自己饿死。一些婴儿对这种改变进行抗议是正常的，他们很清楚妈妈的矛盾情绪：想停止母乳，同时又想继续哺乳。

断奶很难，但问题总是短暂的。不要气馁，耐心、缓慢又温和地进行，会重新打开局面。

"宝贝4个月了。我试着给她进行混合喂养，但她完全不吃奶瓶，即便我的奶和奶粉混合在一起她也不吃。我感到心烦意乱，因为断不了奶我就不能把她交给别人照顾，包括她父亲。面对我的慌乱，他也觉得自己派不上用场、无能为力。"

——露迪维娜

下面是应对宝宝拒绝奶瓶的一些建议。

● 首先，要跟宝宝解释使用奶瓶的必要性，例如，你要重新开始工作。请温柔地、充满信任地和他讲话。

● 让别人用奶瓶进行喂养，你离开房间。如果宝宝觉得妈妈就在身边，他可能还会等待着哺乳。

● 如果是你自己用奶瓶喂宝宝，而且宝宝此时正在寻找乳房。让宝宝面朝外，如果他仍然拒绝，可以把他放在你面前的小餐椅上。

● 在过渡期间，如果把宝宝送到育婴保姆家或托儿所，让照顾他的人不时用奶瓶喂他，这是个很好的办法。

● 有时婴儿难以适应奶瓶的奶嘴，可以尝试不同的奶嘴（硅胶或橡胶，采用可变或匀速流量）。

● 试用奶瓶必须持续几天，因为宝宝可能会认为这只是临时试用，自己可以接受，也可以不接受。给宝宝试用奶瓶时，多鼓励他。

● 也可以用杯子给宝宝喂奶。婴儿在6个月前不会将吮吸和吞咽的动作分开进行。具体的操作办法是：倾斜杯子，让牛奶流到杯子边缘，无须倒入宝宝嘴中。这样，宝宝会吮吸杯子的边缘，就可以喝到牛奶。8个月之后，宝宝无须吮吸即可吞咽，开始知道如何用杯子喝奶了。

● 或将牛奶放入5—10毫升的注射器中，像喂维生素或药水那样操作。你也可以使用维生素注射器，宝宝更易接受。当然，这种方法有点儿生硬，但更实用。这只是一个非常短暂的过渡期，宝宝通常至少在几天内，经过每天1—2次这种尝试后，才能接受奶瓶。坚持一下，表明你希望使用奶瓶或请人使用奶瓶进行喂养的坚定性。

重新开始工作

宝宝5—6个月之前，即喂养多样化的月龄之前，可以继续纯母乳喂养或开始混合喂养。

可以继续纯母乳喂养

当你重返工作岗位后，完全可以继续进行纯母乳喂养。如果可能的话，托儿所或育婴保姆会把你吸出的母乳喂给宝宝。而你在家时，宝宝就可以直接吮吸母乳。

在工作地点吸奶，需要安静、干净的环境，至少要有一个能洗手、放置奶瓶的洗手池，还要有一台冰箱。可以采用手动或轻型电动吸奶器。

吸奶并不困难，但并不一定适用所有的女性。有时使用吸奶器什么也吸不出来，喷乳反射会停止，而婴儿自己吮吸则能吃到母乳。

可以开始混合喂养

为了能够实现混合喂养，请在返回工作岗位前1—2周开始断奶。选择一天中奶阵不太强烈的时间（通常是下午），用一瓶代乳品代替母乳。几天后，可以加入第二瓶代乳品，与母乳喂养交替进行。持续这样替换，直到只剩下早、晚两次哺乳。

当你重返工作岗位时，宝宝可能会在晚上吵醒你，闹着吃母乳并跟你亲近。你可以根据自己的情况决定是否哺乳。

● 3个月以上的宝宝，可以在你工作时饮用一瓶代乳品，而你在家里时可以进行母乳喂养。当泌乳机制确实建立起来，你对奶阵的感受不如之前那么强烈了，在宝宝已经接受这种变化的情况下，这种灵活的混合喂养是可以实现的，可以持续数周，也可以数月。

● 如果你想彻底断奶，确保乳房保持柔软、工作时不会溢出乳汁，在重新开始工作前三个星期开始断奶。

宝宝6个月或以上，开始用勺子吃东西

哺乳是对宝宝勺食的补充。像给更小月龄的宝宝断奶一样，你可以吸出母乳，让育婴保姆或托儿所保育员喂给宝宝；宝宝在家时可吮吸你的母乳。你也可以选择使用代乳品作为餐食的补充，保留早、晚的母乳喂养。如果宝宝拒绝奶瓶，请参见上文内容帮助他接受。

妈妈重返工作岗位，很可能母乳会变少，你可以用奶粉代替母乳作为补充；或者完全用奶粉代替母乳，这样会自然断奶。母乳变少，乳房应该一直是柔软的。

如果你选择完全停止母乳喂养，若宝宝每天要吃四餐，那么在工作前1周开始断奶就可以了。每两天取消一次母乳，用奶瓶代替。如果哺乳次数仍然很多，请在工作前两周开始断奶，留给宝宝适应的时间，接受一日4餐的安排。

"大宝宝"断奶

当宝宝什么都可以吃、会走路、会说话时想给他断奶，他可能表示反对。你可以准备他喜欢的菜肴，并在菜肴的装饰上花些心思，比如在土豆泥上画一个令人鼓舞的笑脸！爸爸也可以通过带他参与新活动来分散他的注意力。

- 宝宝不愿再吮乳，你可能会感到非常失落；孩子越年幼，这种疏离感越残酷。不要犹豫，从母乳喂养支持协会或助产士那里寻求帮助。

- 在某些特殊情况下，母乳喂养会自行停止，比如旅行、不在身边、进入托儿所或学校……这表明你和孩子一起顺利跨越了这一断奶阶段。

如果突然断奶（比如因为生病、不在身边等）的话，乳房可能会非常疼痛。为了减轻疼痛，有些女性喜欢冰敷，有些则喜欢热敷。要用毛巾包住冰块，或用温热的沐浴手套，敷在疼痛的乳房上。如果疼痛仍然存在，请咨询医生或助产士。无法哺乳，宝宝会很急躁，要安抚他。

断奶决定。一些妈妈说，宝宝可以在她们暂时离开时接受奶瓶，但当她们重返工作岗位时却拒绝接受。也许宝宝感觉到了正在发生的重大变化，这是他抗议的一种方式。如果宝宝强烈反对，你要重新审视自己的决定，或许可以几周后再断奶。

不过，如果你断奶的意志很坚定，即使宝宝提出抗议，请坚持下去，不要感到内疚。但是，你的选择需要得到配偶的支持，配偶或家人最好能够：爱抚、安慰宝宝，帮助他接

受这一改变，照顾他、用杯子给他喂奶或让他用勺子吃饭等。

断奶后的护理

当你不再给孩子哺乳时，要保养好你的乳房：每天淋浴，并做体操以锻炼胸肌（支撑乳房的肌肉）。游泳能够有效锻炼胸部，无论你是否在哺乳期，你都可以经常从事这项运动。

在母乳喂养这一节中，我们讨论了与母乳喂养有关的所有问题以及可能遇到的困难。希望列举这些问题不会让你感到灰心，因为很多妈妈在整个母乳喂养过程中，没有出现过任何意外。如果真的出现困难，希望前面的内容能帮助你尽快解决问题。

奶粉喂养

用奶瓶给宝宝喂奶是一个幸福的时刻，宝宝躺在妈妈的怀抱中，又找到了温暖、温柔和亲密感，妈妈和宝宝都感到愉快。父亲喜欢用奶瓶喂宝宝，因为他喜欢与宝宝这样亲近，彼此都感到愉快。宝宝出生前，父母，特别是母亲，会对奶瓶喂养有美好的期待。想象中的宝宝已经3—4个月大，手放在奶瓶上，吮吸、吞咽牛奶，直到奶嘴发出空响，表明宝宝已经吃饱了，然后他带着灿烂的笑容入睡……然而事实是：初期，用奶瓶喂奶并没有这么简单；宝宝饮用太快，或者饮用前后感到不舒服，或者奶嘴不流畅……宝宝和你都需要一些时间适应，这很正常。宝宝出生后1个月内去回访医生非常有益，跟医生讲讲用奶粉喂养婴儿的具体情况，听听他的建议。大多数新手父母对需要独自完成的任何事情都会犹豫，需要得到专业人士的建议，包括如何选择奶粉、观察孩子接受度、每日喂养量等。

不同类型的婴儿奶粉

4—6个月或更小月龄的宝宝，饮用"1段"奶粉；快满1岁时，应选用"2段"奶粉，作为从6个月时开始的多样化饮食的补充。这些奶粉含有新生儿必需的营养元素（蛋白质、碳水化合物、脂质、矿物质和维生素）。营养元素的含量和标注有严格规定：例如禁止使用新生儿图像或其他对代乳品进行美化的介绍，仅允许明确某些特定信息（"无乳糖"或"降低对牛乳蛋白过敏的风险"等）。每个品牌可以"额外"多明确一个细节，使其区别于其他产品。

● 一些制造商在针对健康婴儿的奶粉中，添加部分特殊糖类，以激活消化道中的细菌，我们称之为益生元；其他品牌则可能直接添加双歧杆菌，我们称之为益生菌；还有一些产品富含对大脑发育特别重要的脂质（长链多不饱和脂肪酸）。

● 特殊奶粉适合有各种消化问题的婴儿。最常见的是添加不同类型淀粉（马铃薯、大米或玉米）或角豆粉（针对更严重的漾奶），以减少婴儿漾奶。还有专为便秘婴儿准备的奶粉，有些牛奶通过乳酸发酵液酸化，且富含乳糖；有些含有经过改变的脂质，以软化大便；还有些奶粉可以防止或减少婴儿肠绞痛，含最少量的乳糖，通过乳酸发酵酸化，富含益生菌，等等。

● 还有专门为对牛奶蛋白过敏的婴儿准备的奶粉。低过敏性奶粉含水解蛋白质，由牛奶蛋白制成。还有以氨基酸（蛋白质的最小单位）为基础制成的奶粉，提供给饮用水解蛋白质奶粉仍出现持续过敏症状的新生儿。

● 为早产儿和低体重儿准备的特殊奶粉，营养特别丰富（尤其是脂质），低体重儿必须持续喝这种奶粉，直至体重达到月龄标准，早产儿则须喝到出生后3个月。

 重要提示

以大豆、榛子、栗子等为原料等植物饮料被错误地称为"奶"，实际上不能替代婴儿奶粉，更不能喂给婴儿吃。

有些奶粉可以在超市购买，但针对过敏性婴儿或早产儿的奶粉要到药店购买。

用奶瓶冲泡奶粉

现在，人们认为无须对婴儿奶瓶进行系统消毒。准备奶瓶、消毒应该在最后冲泡奶粉的时候进行，因为牛奶是微生物和真菌滋生的温床。如果奶粉沏好后很快就饮用，奶瓶就没有风险，即使奶瓶不是无菌奶瓶。用奶瓶冲泡奶粉**之前**，请务必洗手并彻底清洁瓶盖和奶嘴。

- **奶瓶：** 用奶瓶刷、热水和洗碗剂仔细清洗内部，洗后不要擦拭，自然晾干，然后空置于冰箱内。

- **瓶盖：** 刷净，冲洗净。

- **奶嘴：** 将奶嘴像翻转手套的一个手指那样翻过来，可以使用小奶瓶刷刷洗。清洗干净后确保奶孔没有堵塞。

- **基本预防措施：** 喂完奶后，请用冷水彻底冲洗奶瓶、瓶盖和奶嘴。否则，奶干了会粘在奶瓶上，使后续清洁更加困难。如果将奶瓶放在室温下，细菌会迅速繁殖。

可以把奶瓶、奶嘴（橡胶奶嘴除外）和瓶盖放入洗碗机中，仍然需要消毒，水温设定65℃进行清洗。

- 一些父母希望能对**没有定期消毒**的奶瓶进行消毒，可以采取这些方法：

——热灭菌：可以选择蒸汽（电）消毒器，或微波炉进行消毒。

——冷灭菌：使用灭菌罐，配合药房出售的一种含氟药品一起使用。

- 塑料和双酚婴儿奶瓶。很多国家禁止使用含有双酚A复合成分的材料制造婴儿奶瓶，因为双酚A可能影响并破坏人体内荷尔蒙平衡。如果选择玻璃奶瓶，请选择有保护装置的，比如硅胶护套，可防止婴儿接触热玻璃。

奶粉冲泡

下面是冲泡奶粉的方法，必须要用水冲泡。

选择哪种水？

可以使用矿泉水、泉水或自来水。

- 选择有"婴儿适用"标识且打开时间少于24小时的矿泉水或泉水。

- 请勿使用软化水或过滤水。

奶瓶选购要点

- 带刻度（避免使用330毫升的奶瓶，有过量摄入的风险）。

- 宽颈、圆柱形，易清理。

- 有配套奶嘴、瓶盖。

- 有奶瓶刷，用于清洗奶瓶。

如何冲奶？

市场上销售的奶粉有配套量勺，1平勺（不满勺）装5克奶粉，冲泡牛奶时请在30毫升水中加入5克奶粉[1]。遵循这一比例非常重要，可以避免牛奶浓度过高导致婴儿便秘。这一比例意味着30毫升水要加5克奶粉，60毫升水加10克，90毫升水加15克奶粉，依此类推。用小刀背面将勺面刮平[2]。不要将奶粉勺中的奶粉压平，否则会增加剂量。

- **实际操作：** 根据宝宝月龄在奶瓶中加入需要的水，在温奶器中温热（奶粉在温水中比在冷水中更易溶化）。然后在奶瓶中加入与水量对应的奶粉，盖上奶瓶并摇匀。如果有结块，请再次摇动。倒一点儿牛奶在手腕内侧或手背内侧，确认温度（约35℃）[3]。

- **注意：** 用微波炉加热时，有时瓶内物加热至很高温度，瓶身仍然较凉。

外出或旅行时，你可以带上奶瓶，要喂奶时再向瓶中加入奶粉。有专门针对1段和2段的水奶，外出时携带方便。

奶粉已带有甜味。如果一盒奶粉未开盖，可以保存几个

选择哪类代乳品？

如果你的宝宝过敏、早产或体重过轻，请医生为你推荐特定的奶粉。如果宝宝健康，但有轻微消化问题，请向医生或药剂师咨询，他们将为你建议更换奶粉。这些疾病通常与婴儿消化道的适应性免疫系统有关，并随着时间的推移而减轻，如果选择合适的奶粉，便能顺利渡过这一难关。

---

[1] 中国市场出售的奶粉中量勺规格随不同品牌会有差异，1勺不一定装5克，冲泡奶粉时所加水的比例根据实际情况调整。

[2] 市售奶粉盒一般在盒内开口部位都带有奶粉刮，奶粉勺盛满后可顺便在奶粉刮处刮平，多余的奶粉会掉落回奶粉盒中。

[3] 国内习惯用40—55℃温开水冲奶粉，不同品牌奶粉对水温要求会有区别。

月（有效期在外包装盒上标明）；打开后可以在干燥环境下保存两周；之后会氧化酸化，无法食用[1]。

冷还是热？

传统观念认为，应该喂温热的奶，比体温略低（30—35℃），这是一些新生儿喜欢的温度；但经验表明，许多婴儿能接受更低的温度。在此基础上又出现一种倾向，即建议奶瓶温度和室温相当（15—20℃）。这样可以简化奶瓶清洗过程，避免烫伤婴儿，也可杜绝直接使用从冰箱中取出的奶瓶。

没吃完的奶还能喂吗？

喂完后10—15分钟内的牛奶还可以再喂。但是，不要持续温热奶瓶30分钟以上，且在室温下放置时间不要超过1小时。

如何存放预先冲好的奶？

如果你提前将奶冲好，请冷藏保存，奶瓶在4℃温度里最多保存30分钟。从冰箱里取出的奶必须在1小时内吃完。

奶粉喂养时间、数量

1段奶粉喂养时，可以考虑灵活的喂养时间，但两次之间的间隔至少为2小时。

两次喂养通常间隔2—4小时，由于宝宝会根据需要摄取，每次的摄入量可能会有所不同。因此，不应强迫宝宝，尤其是不要叫醒他吃奶，但也不要因未到时间而拒绝喂奶。有的婴儿可能食欲旺盛，有的则可能食欲不振，有的可能迅速自发减少吃奶次数到5顿，有的则可能每天要求吃8—10次。至于最后一类婴儿，通常是处于奶粉喂养前几周的一个适应期。与母乳喂养的婴儿一样，奶粉喂养的婴儿也需要一点儿时间找到昼夜节律，以及如何断夜奶。

前几周的喂养

在产科时，我们还在摸索，每天都需要确认是否要给宝宝增加奶量——即使他还只是

[1] 国内一般做法是奶粉开罐之后最多只可以存放 1 个月。

个"小小食客"。返回家中后，需要用1段奶粉冲奶，每顿准备90毫升牛奶，因为宝宝的奶量在60—90毫升之间不等。从第3周（甚至第2周）起，有些"大胃王"宝宝的食量会增加到120毫升。

表2-1 一个中等体重的婴儿一般推荐的奶量

婴儿年龄	奶量和瓶数
第1天	开始喂奶
第1周	30—90毫升*，6—8瓶
第2周	60—120毫升，6—7瓶
第3、4周	90—150毫升，5—7瓶
2个月	150—180毫升，4—6瓶
3—4个月	150—210毫升，4—5瓶
* 1毫升≈1克	

在刚开始的几周里，有时在早上给宝宝喂奶不太容易，晚上宝宝反而吃得更好。如果白天奶量只是基本合乎要求，则不要费力让宝宝戒掉夜奶。当宝宝白天更加"贪吃"时，夜晚会睡长觉。

为了保证婴儿消化良好，重要的是白天奶量要均衡。如果通常的奶量是每餐90毫升，不要因为宝宝比平常吃得少或者大哭而给他喂150毫升。

喂奶时刻：共享愉悦

用奶瓶给宝宝喂奶是亲子交流的美妙时光。婴儿很快就会认出自己的奶瓶，会碰碰、摸摸，然后尝试抱住奶瓶。他会用目光追随奶瓶，吮吸奶瓶，吃完后等待着一句温情脉脉的话语或一句鼓励。宝宝吃完后非常放松，渴望交流，父母应及时回应他的需要，享受亲子交流分享的快乐时光。

吃奶时间到了。 洗净双手，然后冲奶粉。有时，奶流不出来，是因为不通气，拧松瓶盖试一试。

你可以采取舒适的姿势，把宝宝垂直放在臂弯位置，然后把奶嘴放进他的嘴里。你会

看到，他会立即知道如何吮吸。扶着奶瓶的时候，让奶嘴里总是充满奶，否则宝宝会吞咽空气。不要将奶嘴压在宝宝的鼻子上，宝宝会无法呼吸。如果你发现奶嘴变平，请稍微旋开盖子以便空气进入瓶子，这样奶嘴将立即恢复形状。如果小气泡不断上升，说明孩子吮吸得很好。

吃奶通常持续15—20分钟。有些宝宝会在吃到一半时自然而然地"打嗝暂停"，休息一下。如果没有这样，你也可以暂时中断，建议宝宝休息一下，不要让他独自抱着奶瓶吃奶，这很危险。他可能吃得太快导致窒息，或者咽过多的空气。

吃完奶后，扶着宝宝保持直立姿势，让他打出嗝。**打嗝**是为了排出吃奶时一同吞下、积聚在胃部的空气，通常在吃完奶后的几分钟内，宝宝会突然打嗝。

打嗝可能伴有**漾奶**，漾奶在头几个月很常见，请在肩上铺一层织物。宝宝吃得越快，打嗝的次数就越多，他漾出的奶也就越多。

吃完奶之后，再给宝宝换尿布。

一些问题

吃饱了吗？

这是父母经常会问自己的问题，尤其是婴儿刚刚出生，哭得越多，家长越会认为他是饿了。

一个孩子摄入量足够的表现：

● 体重有规律地增长（前3个月每周增长200克，接下来的3个月每周增长150克，6个月—1岁之间每周增长100克）。

● 大便正常（每天1—2次），有一定硬度，浅黄色、成块；摄入代乳品，大便与母乳喂养孩子的大便类似。如果你的宝宝大便呈白色，请咨询医生。

● 他的肤色和气色良好。

摄入量足够的宝宝不会吵闹，很少哭叫，睡眠良好。简而言之，他似乎对自己的生活感到满意。当宝宝不能像往常那样吃完一瓶奶，除了一些临时性原因（感冒；口腔感染，如鹅口疮），还有导致食欲不振的其他原因，只有通过身体检查才能发现。

刚刚从产科回到家中，你会发现宝宝吃奶的情况不太好。这是因为返回家中常会伴随着一个浮动期，宝宝会表现出食欲不振。如果你不放心，可以咨询儿科医生，他可能会建议你定期在妇幼保健中心称重，以监控宝宝的体重。

> 🔍 **重要提示**
>
> 这些数字仅供参考。医生通常会根据宝宝的年龄、体重、体质来明确他需要的奶量，但是，你的孩子，只有你自己能更好地判定他的需求，也更有发言权。没有不加区别、适合所有人的标准食谱。

什么时候增加奶量？

当你注意到宝宝吃不饱，大哭，并试图在吃完奶瓶几分钟后接着吮吸时，就应该增加奶量了。

消化困难

婴儿刚出生的几个月，有时会感到不适：漾奶、胃食管反流、肠绞痛、肠道运输障碍（腹泻或便秘）。如果这些问题没有一直持续，那么对宝宝影响不大，只是最初几个月正常的消化适应期问题。

如果情况相反，请参见书后的《孩子的健康小词典》中与不同消化系统疾病相对应的词条：婴儿肠绞痛、便秘、腹痛、胃食管反流、呕吐。

红屁股

红屁股（尿布疹）与食物无关，通常是因为没有勤换尿布或与出牙有关。请参阅第1章"白天更换尿布"部分内容。

打嗝的宝宝、不愿吮吸或不能吮吸的宝宝、"贪吃"的宝宝

在谈论母乳喂养孩子时，我们谈到过这三种情况。对于"贪吃"的孩子，我们建议给他用流量缓慢的奶嘴。

维生素D和K，铁

牛奶中缺少某些微量元素，不能满足孩子的所有需求，这就是为什么婴儿奶粉中要富含维生素D、C，必需脂肪酸和铁（2段奶粉中含有）。

- **维生素D**。1段和2段奶粉中都富含维生素D，但摄入仍不够，这就是为什么要从孩子出生起就补充维生素D。维生素D可以预防佝偻病，促进对钙的吸收，坚固骨骼。它也是一种重要的神经保护激素，对大脑发育至关重要；对免疫系统也会产生影响，并具有抗感染作用。

维生素D合适摄入量：

根据中国儿童维生素D实践指南，从婴儿期到青春期每日至少补充维生素D 400单位/天，早产儿前三个月推荐每日补充维生素D 800—1000单位/天。

- **铁**。在多样化饮食开始时，铁的需求量会很大，可以依靠摄入天然富含铁的食物（尤其是肉类，其中的铁能被充分吸收）补充。早产儿和营养不良的婴儿更容易缺铁。成长类奶粉的主要特点是铁含量高。

- **维生素K**。婴儿出生时补充维生素K可以预防出血的风险。如果是母乳喂养，第1个月将接受3剂补充量。如果是奶粉喂养，只需在最初几天补充维生素K，因为新生儿奶粉已富含维生素K。

不要自我用药：过量摄入维生素或矿物质可能产生不良影响。

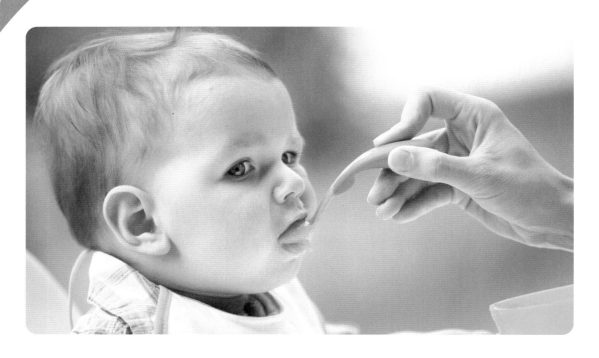

过渡到多样化饮食

多样化饮食是指添加除牛奶之外的其他食物。对婴儿而言，这是重要的一步，必须在安全、积极的氛围中进行。对父母来说，这也是一个期待已久的时刻，他们常常会问自己很多问题："何时加蔬菜？肉呢？我可以给他吃鸡蛋吗？吃多少？"以下内容可以回答这些问题。不过，当你阅读时，会发现基础建议通常带有选择性，有多个选项。这些选择取决于孩子的习惯和品味，也包括你的习惯和品味。有的妈妈喜欢一直抱着宝宝，更喜欢将蔬菜和牛奶混合；有的爸爸很高兴看到宝宝张大嘴用勺子吃饭。饮食多样化不是只有一种方法，而是有多种选择。因此，以下建议只是一种提示，除了一些重要规则外，不必字字落实，而应根据每个孩子、每个家庭的实际情况进行调整。这些建议也考虑了法国卫生部颁布的营养健康纲要，以及其他最新观点。医生会给你适当的指导，文中的建议仅作为医生指导的补充。通过亲子之间共同的尝试、探索，用餐时间将成为你和孩子分享快乐的新时刻。

宝宝从多大可以开始多样化饮食？这是一个颇具争议的问题。医生和你的家人很可能意见不统一，专家们的建议也不断推陈出新。你会感到左右为难，不知该听谁的。幸好，

关于多样化饮食的某些原则是确定的:

• 4个月之前不行。现在,我们强调开始的最晚期限是7个月前。换句话说,多样化饮食可以从4—6个月开始。

• 如果是母乳喂养,可以纯母乳喂养至6个月;多样化饮食也可以在4—6个月之间开始,绝不能在4个月之前,但要在7个月之前开始。

孩子有"过敏风险"该怎么办?

这方面的观点发生了巨大的变化。以前,我们建议避免让有过敏风险的儿童(如果双亲,或双亲之一,或兄弟姐妹之一过敏,即为有过敏风险的儿童)食用某些食物,或稍后再食用;而现在的一些研究对这些原则提出质疑。当前的趋势是提倡所有儿童都在同一时间加入食物,有过敏迹象时做皮肤过敏测试。如果你的宝宝有巨大的过敏风险,请立即告知儿科医生。同时,也非常有必要获得儿科过敏症专家的建议。

4—6个月到8个月:多样化饮食开始阶段

这里我们说的所有年龄段都是指足月龄,即4个月是指5个月初。如果纯母乳喂养至6个月,根据同一原则,你将延后1—2个月加入食物。

在此期间(4—6个月到8个月之间),出现了一些重要情况和新现象:首先,由于逐渐过渡到一日4餐,宝宝开始实行大孩子的作息时间表。这一过渡也要尊重宝宝的意愿。此阶段,他逐渐认识新的味道、新的食物,也开始用勺子用餐了,可以试着给他喂蔬菜泥、水果泥,如果他拒绝,不要对抗,可以几天后再尝试。

6个月食谱范例

早餐	• 母乳喂养或一瓶 1 段奶(180—240 毫升) 可选:加入两平匙婴儿营养粉
中餐	• 勺喂蔬菜泥(60—120 克),然后一瓶奶(150—210 毫升) 可选:蔬菜泥与米粉混合吃,不与奶混合吃,用勺子喂,不放奶瓶里吃
下午加餐	• 水果泥(60—120 克)和一瓶奶(120—210 毫升)/ 母乳喂养 可选:用纯母乳或 210 毫升的奶代替
晚餐	• 母乳喂养或一瓶 1 段奶(180—240 毫升) 可选:加入两平匙婴儿蔬菜粉
数量仅供参考:你可以根据婴儿的食欲进行调整。	

只要方法灵活，宝宝将一点儿一点儿取得进步。与其说宝宝"什么都吃"，还不如说他必须"什么都品尝"。新鲜事物（食品、勺子等）都将通过"循序渐进"的接触介绍给宝宝，如果他拒绝，不要坚持，因为强迫会导致持续的拒绝和强烈的厌恶，最好稍后再试。

4个月大婴儿的饮食以奶粉为基础，将逐渐加入煮熟的蔬菜和水果，然后加入肉、鱼、蛋。

奶粉

奶粉始终是食物的基础，也是四餐中每餐的基础。

• **多少奶量适宜？** 最初阶段，通常的定量为180—240毫升，再添加一些水果或蔬菜。第二阶段，当辅食的数量增加时，奶量会减少，但是每餐奶量必须要给到120—150毫升。

• **1段或2段奶？** 2段成分与1段的成分非常接近，只不过蛋白质、铁、维生素、脂肪酸等含量更高。它是在开始多样化饮食后的数周内加入的。随着蔬菜和水果的摄入，奶粉的消耗量会明显减少。

蔬菜类

4—6个月之间，一个重大的新变化是午餐时增加了煮熟的蔬菜。蔬菜能提供维生素、矿物质和纤维。

• **吃哪些蔬菜？** 大多数蔬菜都可以。含大量纤维的蔬菜，可能更难消化，稍晚再添加。因此，不建议在第1年食用硬质蔬菜（白豆角、小扁豆、鹰嘴豆等），从纤维含量最低的蔬菜开始更好，如胡萝卜、青豆角、菠菜、西葫芦、西兰花、朝鲜蓟、南瓜、韭葱白、豌豆等。如果宝宝消化良好，可以再给他加少量其他蔬菜，如花椰菜、韭葱叶、青椒、婆罗门参、白菜等。

你可以每天添加一种新蔬菜；但是，如果宝宝需要花更多时间来认识新味道，添加新蔬菜之间请多间隔3—5天。

• **加多少量？** 没有强制的数量，有些婴儿很快就会喜欢蔬菜，有些婴儿则需要更长的时间才能习惯这些新食物。

从添加几勺开始，然后根据宝宝食欲适当增加。但是，在最初阶段，蔬菜添加量先限制在和市售玻璃小罐蔬菜泥一罐的量（60克左右）。

- **如何烹饪?** 你可以把新鲜蔬菜洗净、去皮，做成蔬菜泥，混合均匀，调到稠度一致。用速冻蔬菜做蔬菜泥也可以，加入一点儿马铃薯可以增加黏性。你也可以直接购买商店里出售的玻璃小罐婴儿蔬菜泥。但是，最好避免使用保质期为一年甚至更长的罐装食品，因为味道过咸。

- **可以添加哪些调味品?** 建议不要给蔬菜添加任何调味品。另外，随着新口味的加入，一些婴儿很快不再吃奶，这有可能减少了大量只有牛奶中才含有的必需的脂肪酸的摄入。在这种情况下，建议在蔬菜中添加脂类，例如在煮熟的家常蔬菜（这些蔬菜通常速冻或放在小瓶中保存）中添加一块榛子大小的黄油或一匙食用油，最好是菜籽油或大豆油（尤其是富含ω-3脂肪酸的）。

- **可以把蔬菜和奶混合在一起喂吗?** 如果在几次尝试后，你发现宝宝真的不喜欢用勺子吃蔬菜泥，那么可以在他的奶瓶中加入几茶匙蔬菜泥并混合。几天后再重新尝试用勺子喂他。

水果类

在4—6个月之间另一个重要的变化是增加了煮熟的水果泥。水果泥能提供维生素A、维生素C、矿物质和纤维。

- **添加什么水果?** 你可以将大多数水果（苹果、香蕉、梨、桃、杏、油桃等）包括红色水果煮熟。给婴儿添加熟透的水果，将其洗净，去皮，煮熟并混合，制成水果泥；也可以使用微波炉进行烹饪，这样能更好地保留其营养成分；也可以使用速冻水果制作水果泥。

- **什么时候食用?** 有两种选择：你可以在下午4点加餐时随奶添加，或者午餐时在蔬菜之后添加。在这种情况下，下午加餐的食物就只有奶。建议不要在水果泥中加糖，尝试一下，你会发现宝宝会很快养成吃"原味"的习惯，这是大人应学习的榜样。

- **吃多少?** 与蔬菜一样，没有规则，灵活应对，从几勺的量开始，观察宝宝的反应。

- **可以在上午添加果汁吗?** 不能。早、中两餐之间最好不要添加任何饮品，水是唯一推荐的饮品。6—7个月开始，婴儿可以用玻璃杯喝水。但是，如果他不喜欢玻璃杯，请不要坚持，可以稍后再试。

- **如果宝宝在吃完水果泥后不想再喝奶了，怎么办?** 开始先吃奶，因为奶富含营养，吃的时间应该越长越好。另一种选择是将水果泥和奶混合在一起喂。

肉、鱼、蛋

这些食物可以在宝宝5—7个月时，即添加蔬菜、水果后1个月左右添加。它们富含优质蛋白质，可提供铁、锌、碘（鱼）和维生素（蛋）。

- **哪种肉和哪种鱼？** 最好从牛肉、猪肉等红肉开始，但很快所有肉类都可添加，鱼肉也可以慢慢添加。有些鱼富含人体必需的脂肪酸（ω-3），特别是鲑鱼，还有鲭鱼、鲱鱼和沙丁鱼。在宝宝30个月大之前，应避免让他食用某些可能含汞的鱼类，如枪鱼、箭鱼、叶鳞刺鲨等。生活在海边的家长需特别关注这条建议。

除了不带肉皮的白火腿以外，熟肉制品不可作为婴儿辅食添加。至于动物内脏，可以添加经过烹饪熟的食用动物肝脏，其富含铁。肉和鱼可以煮熟并混合在一起，制成泥；可以与蔬菜分开添加，以便宝宝能区分开它们的口味和稠度。

- **应该限制肉或鱼的数量吗？** 需要限制，最好只在午餐时添加肉或鱼，晚餐不要添加。从6个月至8个月，建议每次添加不要超过10克的肉或鱼，相当于两平匙的量。

- **如何添加鸡蛋？** 可以添加四分之一个熟鸡蛋，用来代替肉。

记录：

你可以在稍后部分找到几条关于蔬菜、肉和鱼的烹饪建议。

饮品

从宝宝不喝奶而开始进餐的那一刻起，就可以给他喝水了。当然，不是必须的，有的

8个月食谱范例

早晨	·母乳喂养或1瓶2段奶（210—240毫升） 可选：添加3—4平匙婴儿营养粉
中餐	·1份蔬菜泥和2平匙肉泥或鱼肉泥、水果泥 可选：1小罐蔬菜泥或肉泥（200克）
下午加餐	·1份水果泥和1瓶奶（150—180毫升）或者母乳
晚餐	·一份蔬菜泥（120—150克）和一瓶奶（150—180毫升）或母乳 选项1：用1瓶添加了蔬菜泥的奶代替（一些宝宝晚上比较累，更喜欢只吃1瓶奶） 选项2：如果宝宝吃完奶后还饿，可以再吃1份水果泥
数量仅供参考，你可以根据婴儿的食欲进行调整。	

宝宝每顿都喝水，有的不喝。食物中已包含了很多液体，不要为了让孩子喝水而给水调味或加糖。

9—12个月：继续多样化饮食

宝宝将开始吃块状食物。根据宝宝的咀嚼或吞咽方式，用叉子将土豆捣碎，最开始是小碎块，然后是大一点儿的碎块，逐渐不再捣成泥。也可以尝试一小段香蕉或卡门贝尔奶酪（一种软质奶酪），即一种在嘴里可以"融化"的食物。肉块要稍晚再添加。随着牙齿萌出、宝宝能咀嚼了，才能从混合浓稠质食物变为正常的硬质食物。尝试块状食物不能太晚，这个月龄只吃软滑质地食物的宝宝未来接受块状食物会比较困难。在盘子里放上小块食物，他会自己用手指抓取。宝宝喜欢自己将食物送到嘴里。起初，他会"制造混乱"：拿起一块，压碎，放进嘴里，再拿出来，这是宝宝适应食物新口味和硬度的方式。慢慢地，他会吃得越来越好。

在9—12个月时，也是添加新食物和新形式食物的阶段。

乳制品

由牛奶制成的部分乳制品包括酸奶、新鲜奶酪、新鲜酸乳酪，还包括其他各种奶酪。乳制品富含钙，也含有维生素、蛋白质、镁和脂肪。

● **什么时候添加？** 乳制品将逐渐取代奶粉，但不能同时摄入。例如，不在同一顿饭中同时喝奶又吃新鲜酸乳酪。当宝宝不想喝原来的奶粉时，就是尝试添加乳制品的时机。记得乳制品要多样化，并尽量保留住晨奶，时间越长越好，因为除了营养价值外，它还可以为宝宝提供一夜睡眠后所需的水分。

● **天然乳制品还是"成长型"乳制品？** 可供选择的乳制品多种多样。一般来说，最好选择最简单的产品：原味酸奶。婴儿乳制品（所谓的"成长型"或"婴儿特制"）富含铁和维生素D，但也含糖。如果宝宝摄入2段奶的量偏少，可以添加这些乳制品，目的是让宝宝能摄入足够的铁和必需的脂肪酸。

● **奶酪呢？** 可以不时少量（1—2片）添加，每天不超过一次。所有类型的奶酪都可添加，包括气味最浓郁的奶酪。不过有一个例外，在3岁前不建议添加未经过杀菌处理的生乳奶酪，因为有感染李斯特菌的风险。

10个月食谱范例

早晨	• 母乳或喝 1 瓶 2 段奶（210—240 毫升） 可选：最多添加 5 平匙营养粉
中餐	• 1 份蔬菜泥和 3 平匙肉泥或鱼泥，再加少许黄油或食用油、水果泥 可选：1 小罐蔬菜泥 / 肉泥（200 克）
下午加餐	• 1 份水果泥和 1 瓶奶（150—180 毫升）或母乳
晚餐	• 1 份蔬菜泥，1 份乳制品 选项 1：1 瓶浓汤、1 份乳制品（有些宝宝晚上比较累，更喜欢只吃 1 瓶奶） 选项 2：如果宝宝还饿，添加水果泥
饮料	• 水
数量仅供参考：你可以根据宝宝的食欲进行调整。	

与涂抹型奶酪相比，选择含钙丰富的传统奶酪更好。可以将少许磨碎的奶酪添加到土豆泥或汤中。

谷物食品：米饭、面食

我们在上面谈到了婴儿营养粉。随着块状食物的添加，可以增加其他形式的谷物食品。这些食物能提供富含能量和具有饱腹感的淀粉。

• **什么时候添加米饭或面食？** 一旦宝宝可以吃块状食物了，就可以将它们煮熟混合。当孩子开始厌倦蔬菜时，这会是变化餐食的一种方式。添加这种新质地食物可能给孩子带来惊喜，特别是把这些食物与他习惯的可口蔬菜泥混合在一起喂时。不过，如果孩子不喜欢，就逐渐添加，不要强迫。这时可以给他预备煮熟的小块面食（例如"小块字母"形状的小面片），里面可以添加一块榛子大小的黄油。

• **面包呢？** 面包是一种优质的谷物食品。可以给宝宝一口一口地喂少量软面包，另外也可以喂面包屑给宝宝吃，帮助宝宝培养耐心。但是请注意，巨大风险始终存在：

当孩子坐在汽车安全座椅上时，不要在行车途中喂他面包屑吃！

其他食物

• **可以吃生水果吗？** 当然可以，不过水果要熟透，且要用勺磨碎或捣碎。可以在下午加餐时和酸奶一起喂，代替水果泥。

• **晚上可以吃肉吗？** 每餐都需要荤素搭配。可以在中午一次给宝宝喂肉、鱼或蛋：12 个月大的宝宝一天肉或鱼的喂食推荐量约为20克，即4平匙的量，或可以喂食半个鸡蛋；10个月大的宝宝一天肉或鱼的喂食推荐量为3平匙的量。

- **我们可以在蔬菜中放油或黄油吗？** 可以。建议在每天的其中一份泥状食物中，加入1匙油或1块榛子大小的黄油。
- **蜂蜜：** 最新的建议是不要给1岁以下的孩子食用蜂蜜。

12—24个月：广泛品尝

12个月是宝宝成长的一个重要阶段：他开始迈步、活动量增大；随着出牙越来越多，他能咬动更硬的食物。由于消化系统逐渐成熟，这个阶段几乎可以吃所有东西了。如果饮食均衡多样，那孩子的饮食与全家人相近，但仍有些差异：食物用量较少，形状逐渐从碎末变为块状。如果与家人一起吃饭，他可能会因模仿大人而吃得太快，应给他足够的时间去品尝美食。在大约12—18个月（有时稍晚），吃饭问题可能会让孩子与父母之间产生对立和矛盾。

乳制品

每天以奶粉、乳制品和奶酪的形式分别添加3份乳制品。酸奶和新鲜奶酪应为无糖或只含少量的糖。如果你购买的产品含糖，选择那些含糖量最少的产品（通过标签确认）。

- **是否应该喝成长奶粉？** 是的，最晚要在18个月—2岁时摄入特殊配方奶粉。成长奶粉确实富含铁，浓度很高，其他食品难以达到，而且含有必需脂肪酸。如果没有成长奶粉，请使用全脂奶粉。也可以交替使用两种奶粉（成长奶粉和全脂奶粉），并添加成长奶粉制成的乳制品。半脱脂奶粉不适合对脂类有大量需求的婴幼儿饮用。
- **可以吃生乳奶酪吗？** 不可以。由于存在感染李斯特菌的风险，3岁以下的儿童不应食用生乳及其加工制品。给婴儿吃的所有乳制品都必须经过巴氏消毒。

12—24月菜单范例

早餐	• 250毫升的成长奶和三汤匙速溶谷类食品或一片涂有黄油或果酱的面包 • 鲜榨果汁（1/2杯不加糖）或少量水果
午餐	• 一些块状蔬菜做成的沙拉 • 25—30克肉或鱼或半个鸡蛋 • 一份煮熟的混合富含淀粉的食物（例如土豆）、蔬菜与一块榛子大小的黄油的食物 • 一份水果或一份果泥 很有可能，孩子还会饿，再添加一份乳制品或一份奶酪
下午加餐	• 200毫升的成长奶或全脂牛奶或不加糖的原味酸奶 • 一片涂黄油或果酱的面包或一份果泥
晚餐	• 一份煮熟的混合富含淀粉的食物（例如面条、米饭、粗面糊）、蔬菜和一块榛子大小的黄油或两咖啡匙油的食物 • 一份乳制品 • 一份水果或一份果泥（与中午正餐顺序相反）
饮料	• 水

蔬菜

蔬菜可以在12个月起以块状形式添加。

选择哪种蔬菜？ 可以以沙拉形式添加，例如胡萝卜丝、煮熟的甜菜头、切成小圆片的小红萝卜、去皮去籽的番茄、去籽的黄瓜、切成薄片状的生菜或一点儿牛油果。选择时令蔬菜，尽可能新鲜，购买后尽快制作。调味时请使用富含ω-3的食用油，如菜籽油、大豆油或味道鲜明的核桃油。少许柠檬或原味酸奶也可以用来调味，避免加盐。

豆类

小扁豆、干豌豆或小粒菜豆富含淀粉、蛋白质、矿物质和膳食纤维，但宝宝1岁之前很难消化这些纤维。

建议煮熟并以少量泥状形式和煮熟的土豆泥混合（例如1/3豆类泥、2/3土豆泥），然后一起加入各类蔬菜汤中。

其他食物

● 什么时候可以添加比萨、薯片或薯条？

在宝宝18—24个月大时，家庭自制比萨（面饼、番茄酱、奶酪和蔬菜配料）可以偶尔作为一顿正餐提供给他吃。通常，避免使用工业流程加工的产品（比萨饼、外裹面包粉的炸鱼等），因为这些食物通常过咸，有时还会使用劣质油和各种添加剂。

薯片和薯条富含油炸脂肪，热量、盐分高，3岁以下的孩子不应食用。

● 哪些含淀粉的食物可以吃？
面包、土豆、面条、米饭、豆类都可以。最好每餐都有一份含淀粉的食物。例如，午餐时搭配绿色蔬菜，优先选择面包或土豆；晚餐选择米饭、面条或粗面糊。也可以每顿饭都有淀粉类食物和煮熟的蔬菜。

● 该吃多少肉或鱼？
建议适度摄入蛋白质，1岁20克（约4咖啡平匙），2岁30—35克（约6咖啡平匙）。跟1岁时一样，不带皮的熟火腿可以代替肉，除此之外，不要吃其他熟肉制品。

2—3岁：与家人共同进餐

大约2岁到3岁时，大多数孩子都会经历一段叛逆期和拒绝新事物的时期。这是正常的，这是儿童个性发展的一个阶段。如果孩子拒绝一道菜，请不要太快得出结论，认定他不喜欢吃，而应该时不时以另一种形式继续向他推荐这道菜。经验表明，应该给孩子一些时间来熟悉和喜欢上新食物。在餐桌上常看到父母、兄弟姐妹什么都吃，他就会变得更容易接受，从而进行模仿。2—3岁幼儿与更大一些儿童的食物相近，但仍需要适合其年龄的食物。

乳制品

即使孩子饮食多样化，也应继续饮用牛奶并摄入乳制品。

要喝什么牛奶？ 最好喝成长奶，或者全脂牛奶。半脱脂牛奶中的大多数脂肪酸已被去掉，但孩子仍需要这些脂肪酸。

每餐都要吃乳制品吗？ 对。为了提供骨骼生长所需的钙量，建议每天为儿童提供三种乳制品，分配到一日三餐。如果可能，优先选取牛奶和酸奶；选取传统奶酪，而不是那些特殊乳制品和奶酪制品，例如涂抹型乳制品脂肪含量比较高。同样，和简单乳制品（酸奶、新鲜奶酪）相比，含乳甜点、奶油甜点等食物脂类和糖类含量更高，也不建议给此年龄段儿童食用。

麦片、面包、面条、豆类食物

早餐可以吃麦片吗？ 当然，麦片属于营养均衡的早餐。尽量选择最简单的麦片种类；对于其他类麦片，尤其是巧克力味麦片，其中含有微量的脂肪和大量的糖，只可以偶尔食用。

3 岁食谱范例

早餐	• 250 毫升全脂牛奶、原味牛奶或巧克力味牛奶，2 片面包加黄油和 / 或果酱 替选项：250 毫升牛奶或 1 份酸奶，4 咖啡平匙即食麦片（或 2 小把不含巧克力、少糖的麦片） • 1 杯鲜榨果汁或 1 个小水果
午餐	• 用油调味的 1—2 汤匙生蔬菜 • 30—40 克肉、鱼或 1 个鸡蛋 • 煮熟的蔬菜、淀粉类食物和一块榛子大小的黄油 • 1 份原味少糖乳制品或奶酪（20—25 克） • 1 份水果泥或 1 个小水果
下午加餐	• 1 份酸奶和 1 片面包加黄油和 / 或果酱，也可以再加上 1 个水果 替选项1：1 小块面包和奶酪，也可以再加上 1 个水果 替选项2：200 毫升全脂牛奶、1 份水果泥或 1 个小水果
晚餐	• 1 份 4—5 汤匙煮熟的淀粉食品（米饭、面条、粗面糊）用格鲁耶尔奶酪、番茄酱调味 替选项1：1 份土豆泥（或豆类泥）、蔬菜和 1 块榛子大小的黄油 替选项2：1 份蔬菜汤、1 咖啡匙新鲜奶油和 1 块面包 • 1 份乳制品（和午餐的不同） • 1 份水果泥或 1 个小水果
饮料	• 水

应该限制面包和面条吗? 有时应该限制，有时也不应该。应该限制，是因为不应该让孩子养成两餐之间吃零食的习惯，尤其是吃面包或蛋糕；不应该限制，是因为每餐添加谷类食物（面包、面条、粗面糊）或淀粉类食物（米饭、土豆、豆类食物）很有益处。要根据孩子胃口大小添加，最好在中午和晚上吃煮熟的蔬菜、谷类食物或淀粉类食物和豆类食物。如果做不到每餐都能给孩子吃到含淀粉的食物和煮熟的蔬菜，那么可以让他在这一餐吃蔬菜和面包，在另一餐吃淀粉类食物或谷类食物，也可加一点儿面包，这样交替进行。

不要忘记食用豆类食物，孩子们通常会喜欢吃。小扁豆或干豌豆泥具有很高的营养价值（而且价格便宜）。

水果与蔬菜

建议每餐都吃水果和蔬菜，进行多样化选择。蔬菜可以吃生蔬菜，也可以做成汤、沙拉或脆皮烙菜。水果也可以做成各种形式：水果泥、烤水果、脆皮烙、沙拉……可能的话，最好选择新鲜的水果和蔬菜，但也可以使用自然速冻产品，二者在营养价值上相当。后者的优点是可以快速烹饪，使菜单更多样化。

肉和鱼

中餐或晚餐的肉量仍然要适量，最好不要超量：每天30—40克，相当于2汤勺。你会发现这个量距离成人的摄入量还很远！无论哪种肉，优先选择最瘦的部位：去皮鸡、家禽肉片、小牛肉片、猪里脊肉、牛腰肉、含5%—10%脂肪的碎牛排、无皮的白火腿……建议每周至少吃两次鱼，其中一次包括食用富含ω-3的油性鱼（鲑鱼、鲭鱼、沙丁鱼、鲱鱼等）。

下午加餐吃什么?

让孩子从下面几组食物中选择1—2种：水果、牛奶、乳制品和谷类食品。例如：

- **在家**：面包和巧克力块（或果酱、蜂蜜）和1杯牛奶；或者1杯酸奶、2块饼干和水。
- **放学时**：1—2个小柑橘、1—2块饼干和水；或者1个苹果、1片香料蜜糖面包和水。
- **周末**：1块加糖薄饼、1块新鲜奶酪和水；或者1个小甜酥式面包、水果沙拉和水。
  即使非常方便，也不要每天都食用巧克力棒、巧克力饼干、夹心饼干和甜酥式面包。

还有不建议吃的食物吗？

2—3岁的孩子，应该继续吃煮熟的肉，不能食用生乳或生乳奶酪。不建议食用带有完整外壳的坚果（如大人吃的花生），可能存在潜在风险。避免吃以下食物：熟肉制品（火腿除外）、油炸食品、汽水、苏打水和含糖饮料。

每天4餐：早餐、午餐、下午加餐、晚餐。这是自婴儿期就遵循的一个生活规律，是一个值得坚持下去的好习惯，因为它有助于平衡饮食和避免两餐之间吃零食。确保下午加餐时间不要太晚；如果临近晚餐，孩子可能就不饿了。

帮你制作宝宝食谱

下面的食谱是根据婴幼儿营养需求准备的。

在家自制宝宝食物还是购买婴幼儿罐装辅助食品？

当然，只要遵循一些必要规则，你可以在家亲自为宝宝制作食物：用不中断冷链保存，清洗干净水果和蔬菜，把肉煮熟，遵守依据年龄规定的分量需求，不要加盐和放太多糖。

还要知道的是，婴幼儿罐装辅助食品是为婴儿特制的，营养成分配比、制作过程的卫生条件都得到严格监控。一些宝妈也认为使用这种罐装食品是放心的。这些罐装食品能给宝宝食物的添加分量提供参考意见。当宝宝需要更加多样化的饮食时，可以用家庭自制食物来代替这些罐装食品。

蔬菜汤

在2.5升冷水中加入2个土豆和2个中等大小去皮的胡萝卜、1个白萝卜、1根韭葱，4—5片绿生菜叶或菠菜叶，香芹，还可以加入百里香。用小火盖锅煮1.5小时，或者在高压锅中煮20分钟。煮熟后，将蔬菜放入绞菜机或搅拌机中，加入煮过的原汁汤至所需的稠度，再加入一块榛子大小的黄油或半咖啡匙油，宝宝7个月大以后还可以再加入一份奶酪碎。

蔬菜泥

把蔬菜煮熟，放入搅拌机或绞菜机打碎。将蔬菜泥与牛奶或水搅拌均匀。加一块榛子大小的黄油。如果孩子仍在喝2段奶，可以用它来做蔬菜泥的辅料。可以优先选用全脂牛奶；如果宝宝白天2段奶的摄入量足够，也可以试着用脱脂牛奶。

罐装蔬菜泥、天然速冻蔬菜泥

加热罐装里的蔬菜泥，然后根据需要的稠度加入牛奶；有些蔬菜泥可以适当加几滴柠檬。不用加盐。市场上有未加盐的天然速冻蔬菜泥出售，包括胡萝卜、土豆、朝鲜蓟、西兰花、菠菜、芹菜等。

蒸制

这是最能保留蔬菜中维生素的烹饪方法，特别是在烹饪时间比较短的情况下。对于年龄较大的孩子，优先选择在高压锅中进行蒸制蔬菜，蔬菜可以做到熟而不烂、带有嚼劲。

为了保持蔬菜中的维生素不流失，不要在烹饪前切碎蔬菜，而是将它们切成中等大小的块状；尽可能保留外皮（马铃薯、茄子等）。为了保持蔬菜的颜色并减少氧化现象，在烹饪开始时撒上新鲜的柠檬汁（花菜、苦白菜、茄子、朝鲜蓟等）。每种蔬菜都有各自明确的烹饪时间，要做到蔬菜熟而不烂、带有嚼劲，就要把它们分开进行烹饪。

一些蔬菜可以用蒸汽"焯"变得更易消化：大蒜、洋葱或卷心菜蒸制3—4分钟后，刺激性味道会减弱，但营养价值得到了保留。有些蔬菜蒸制效果不太好，例如含水分过多的番茄或各种豆子（蒸后它们仍然坚硬）。对于这些蔬菜，最好用水煮或炖。

肉类

无脂肪肉类，可以用微波炉来烹饪，也可以用少许油烤制。食用碎肉牛排，要食用那些牛肉切碎后就立即拼接并烹饪的，这样才健康。必须将所有肉烹饪至熟透，猪肉还是红色时绝不能食用。

鱼类

对于小宝宝，无论是青绿鳕、鲽鱼、大西洋鳕鱼，都可以用沸水煮。将鱼放在微咸的水中或烧鱼专用的葡萄酒奶油汤汁中，水开始冒泡抖动时（注意不要让水沸腾），煮5—10分钟。从水中取出鱼，小心地去除骨头和鱼皮，放入研磨机或搅拌机内磨碎，搅拌成泥状。你也可以用微波炉来烹饪鱼，或用蒸汽蒸鱼，用锡箔纸烤鱼。

孩子1岁时，鱼可以不用再放入搅拌机中打碎。用溶化的黄油、柠檬、香芹调味，然后与白土豆一起食用。

孩子2岁后，鱼有时可以煎制：先让鱼依次浸入牛奶、面粉中，然后在平底锅中放入油后加热；待油温变热后，把鱼放在锅中，每面煎5分钟。必要时去掉鱼皮，再加入柠檬汁调味。

孩子3岁后，可把鱼淋上酱汁食用。

微波炉

微波炉对于加热奶瓶、玻璃罐装食品、冷冻或新鲜产品非常有用，但要注意：即使容器是温热的，所盛食物也可能很热，会导致严重灼伤。你必须仔细确认液体（或小玻璃瓶）的温度，例如在手背上滴上几滴试试温度。最好不要将食物放在塑料容器中加热，因为塑料容器的某些成分在过热的条件下可能会转移到食物中。

食物称量

为了帮助你为宝宝准备饭菜，下面是常用的称量参考量。估量蔬菜和水果泥的重量时，可以重复使用一个罐装果蔬泥的玻璃瓶，使用前需清洗干净。

液体		
牛奶、水、果汁等	1咖啡匙	5克
	1甜点匙	10克
	1汤匙	15克
奶粉	1奶粉量勺	5克
固体（烹饪前）		
砂糖	1平咖啡匙	5克
	1平汤匙	10克
方糖	2号＝10克　3号＝7克　4号＝5克	
普通面粉、米、面团	1汤匙	20克
粗面粉、木薯粉	1汤匙	15克
普通面粉,格鲁耶尔奶酪碎	1咖啡匙	5克
固体（烹饪后）		
蔬菜泥、果肉	1汤匙	35克
煮熟的鸡蛋黄	1咖啡匙	5克
鱼、肉	1汤匙	20克
黄油	1块榛子大小	3克

注：1平匙量，里面的东西要和匙持平，不要满出来，也不要陷下去，这一点对宝宝很重要。例如，1平汤匙糖=10克，1满汤匙糖=15克。

牛奶、蔬菜、肉、鱼和蛋……的营养价值

牛　奶

牛奶是含有多种营养物质的基础性食物：主要提供钙，对儿童的成长至关重要；还提供维生素、蛋白质、镁和脂肪。它还可以被制成酸奶或奶酪等各种食品。

在本章开始时，我们讨论了母乳、婴儿配方奶、成长奶和全脂牛奶。

多样化饮食开始后，宝宝喝多少奶和什么样的奶？

直到3岁，每天的牛奶基本摄入量约为500毫升，约含500毫克钙。多样化饮食开始后，给宝宝喝2段奶，直至1岁；1岁以后直至2—3岁，优先选择全脂牛奶。3岁，宝宝可以开始喝牛奶。

牛奶真的对健康有益吗？

每当听到或读到对"牛奶无害"产生怀疑的言论时，一些人就会提出这个问题。许多国家的儿科学会、医学科研机构和儿科医生都曾发表公告做出回应，指出牛奶和乳制品在所有人，尤其是儿童饮食中的重要地位。

乳制品

乳制品包括酸奶、新鲜奶酪以及其他类型的奶酪，都是以牛奶为原料加工而成，富含钙、维生素和蛋白质，但是铁和必需脂肪酸的含量很低。给宝宝坚持喝2段奶，然后喝成长奶直到2—3岁，这样可以为你的孩子提供足够的铁和必需脂肪酸，而不会摄入过量蛋白质。

当宝宝喝奶量减少时，可以给他吃乳制品，根据天数和进餐食物进行调整。

植物饮品不属于奶类

市场上由种子或谷物（大豆、榛子、栗子等）制成的植物饮品越来越多。这些饮品的营养价值与奶类不同，但通常被错误地称为"植物奶"。有法规严格地确定了1段、2段婴儿配方奶粉的成分，使其尽可能地接近母乳。植物饮品的营养含量不能满足婴幼儿的基本需求；它们的热量和脂类（对大脑和神经系统发育必不可少的）含量不足。因此，它们不能代替婴儿配方奶粉或动物奶，不建议用来喂养婴幼儿。一些国家的食品卫生安全部门曾发布公告，提示如果用这些饮品代替母乳或婴儿配方奶粉几周，会有引发营养不良的重大风险。

牛奶与乳制品摄入量提示

年龄	每日摄入量（据宝宝胃口调整）
4—6个月	800—900 毫升2段奶
6—8个月	500—800毫升2段奶
8—10个月	400—500 毫升2段奶、1份乳制品
10—12个月	600 毫升2段奶、1 份乳制品或奶酪
12—24个月	400—600 毫升成长奶、1份乳制品或奶酪
2—3岁	350—500毫升成长奶或全脂牛奶、2—3份乳制品或奶酪（20—25克）

蔬菜类

绿色蔬菜类

菠菜、白菜、胡萝卜、萝卜、朝鲜蓟、番茄、西葫芦等蔬菜热量低，能提供水、矿物质和维生素，也富含微量营养素。经常食用这些蔬菜，对宝宝成年后的健康有很多益处（减缓细胞衰老、预防某些癌症或心血管疾病）。谈论婴幼儿喂养问题时，提到这个关于成年以后的话题似乎显得有点儿过早，但尽早养成食用蔬菜的良好习惯，是毋庸置疑的。

什么时候添加？ 绿色蔬菜是在多样化饮食开始之初（4—6个月之间）最先添加的食物。首先将它们煮熟成泥状，再用汤匙压碎。生蔬菜是指未经烹煮即食用：这种形式最大限度地保留了蔬菜的矿物质、膳食纤维和维生素，可以切成小块状给宝宝吃。不过要在宝宝能够吃块状食物的时候才可以添加。

记住， 下列现象是正常的：吃了胡萝卜之后孩子的大便包含胡萝卜碎，吃了菠菜之后孩子的大便呈绿色，吃了甜菜之后孩子的大便和尿液呈红色。

新鲜蔬菜、速冻蔬菜或罐装蔬菜泥

如果你选择新鲜蔬菜，请在购买或采摘（自种的话）后尽快烹饪，避免维生素损失。你也可以选用未经烹饪、自然速冻的蔬菜，它们含有与新鲜蔬菜相同的维生素，方便食用，让饮食更加多样化。你可以把不同速冻蔬菜混合或和新鲜蔬菜混合食用。

罐装蔬菜泥与新鲜或速冻蔬菜相比成本明显高得多，不过优势在于食用方便，质量受到严格监控，种植过程不使用农药、化肥、硝酸盐，盐、糖、蛋白质含量遵循严格规定。即使你感觉罐装的蔬菜泥吃起来清淡无味，也不要再添加盐或糖；另外开盖后要冷藏储存，并在24小时内食用。

蔬菜罐头从营养的角度看具有一定价值，但味道过咸，在宝宝1岁后才可以食用。

豆类

豆类属于淀粉类食物。豆类是豆科植物的一个类别，包括蚕豆、菜豆、小扁豆、干豌豆、鹰嘴豆、大豆等，尤其富含膳食纤维、蛋白质、铁，具有良好的营养价值；此外，还富含淀粉。其中膳食纤维可能会导致消化过程中产生胀气，这就是要先给孩子添加煮熟和碾碎的豆类的原因，因为这样更易消化。另外，摄入膳食纤维对身体很有益处，可以调节食物在身体中的输送情况，包括调节肠道的蠕动速度。

什么时候添加？ 由于豆类含有大量的膳食纤维，通常建议在多样化饮食的第二阶段，即宝宝1岁后添加。

如何对待豆制品？

市面上也有一些以大豆为基质的婴儿配方奶粉，并符合相关标准，但要在宝宝6个月后遵从医嘱食用。

对于其他豆制品（豆制甜品、豆乳、豆腐等），如果其配料表里的植物雌激素（异黄酮）含量大于1毫克/升（可以通过商品标签来确认），建议宝宝3岁之前不要食用。植物性雌激素是大豆中天然存在的激素，可能对儿童的青春期发育和未来的生育能力产生不良影响。

淀粉类食品

淀粉类食物包括淀粉含量特别丰富的蔬菜。这类食物各不相同，不仅包括土豆等根茎类蔬菜，还有大米、小麦、玉米和其他豆类。

像所有蔬菜一样，淀粉类食物也含有镁和一些维生素，但另外还大量含有以淀粉形式存在的多糖，这使得这类食物具有非常特别的营养价值。这类多糖以一种特殊形式提供热量：需要在体内花上几个小时进行"释放"，与单糖类食物（果酱、砂糖等）所产生的热量不同。因此，淀粉类食物是一种具有饱腹感的食物，但卡路里最终含量却很少，这就是每顿饭都推荐食用它们的原因。

什么时候添加？ 淀粉类食物多种多样，因此添加的年龄也各不相同。马铃薯可以从多样化饮食开始就添加，即4—6个月时。米饭、面条或其他等效的谷类食品大约在9—10个月时添加，需要煮熟并与新鲜蔬菜泥混合在一起。随着宝宝越来越能进食块状食物，可以慢慢地减少与蔬菜泥混合食用。

应该避免麸质吗？ 商店食品货架上有越来越多的"无……产品"，其中包括无麸质产品。麸质是某些谷物（小麦、黑麦、大麦、燕麦等）中包含的一种蛋白质。一些孩子可能表现出对麸质不耐受，会导致肠道问题，这被称为乳糜泻，必须通过肠道组织活检来确诊。

对于那些没有麸质不耐受的孩子，如果在喝配方奶时添加婴儿谷粉[①]，最好选择无麸质谷粉（标签上会有注明），直到宝宝满4个月后，再从4—5个月时替换成含麸质的婴儿谷粉。

水 果

水果提供许多有益于健康的营养素：维生素、膳食纤维、矿物质（钾、镁、磷等）。

● **维生素C：** 有很多作用，如有抗感染，有助于铁的吸收。富含维生素C的水果包括番石榴、黑加仑、猕猴桃、木瓜、草莓、橙子、柠檬、葡萄柚、芒果、柑橘和醋栗。猕猴桃是一种名副其实的维生素浓缩物：每天食用一个猕猴桃，就能获得一天所需维生素C的摄入总量。

● **维生素A：** 是儿童饮食中的主要维生素之一，尤其在维持视觉和免疫保护过程中起核心作用。蔬菜中含维生素A比较多的有红辣椒、胡萝卜、菠菜、野苣和蒲公英，尽管比不上上述蔬菜维生素A的含量，但有些水果的维生素A含量也不可小觑（更确切地说是

[①] 此处食用婴儿谷粉的时间先于多样化饮食部分中提到的添加婴儿谷粉时间，有些3-4月龄的婴儿在固定吃奶时间之前表现出饥饿或每顿奶之后表现出仍未吃饱，可以喂食婴儿谷粉。婴儿的消化道在2月龄末时还不能消化淀粉，5月龄前食用的谷粉最好不含麸质，如米粉、玉米粉、荞麦粉、昆诺阿藜麦粉等。

含β-胡萝卜素，然后在人体内转化为维生素A），你可以通过橘色外表识别这种水果：杏、芒果、甜瓜和木瓜。

- **膳食纤维：**蔬菜可以提供大量膳食纤维，某些水果也有一定膳食纤维含量：柑橘类水果和苹果的膳食纤维含量约为15%。此外，这些膳食纤维可以帮助肠道里面的有益菌发酵来平衡肠道健康，有益于肠道蠕动。

何时以及如何添加水果？像蔬菜一样，水果是开始多样化饮食时（4—6个月）添加的第一批食物。最初的几个月，将水果煮熟做成水果泥，不添加糖；也可通过微波炉加热制作，这样可以保留更多的矿物质和维生素。可以把苹果片、梨片、香蕉煮熟，也可以将李子、樱桃、杏去核，切成小块煮熟，然后把这些做成水果泥食用。

生水果也可以很快给孩子添加：最开始添加的几个月，把苹果磨碎，或把熟香蕉压碎；在接下来的几个月中，可以把水果做成块状，这取决于宝宝接受块状食物的能力。

多样化饮食开始时可以添加红色水果。实际上，与流传的看法相反，红色水果不会很容易引发过敏，反而富含膳食纤维、维生素C和微量元素。

果汁可以代替水果吗？虽然100%纯果汁中含有维生素，但水果含有更丰富的营养，尤其是膳食纤维。膳食纤维具有更强的饱腹感，并且宝宝通过咀嚼，有助于长牙。果汁摄入非常容易过量，导致热量摄入过多；不鼓励日常用果汁作为水果或乳制品的替代品。所以即使不加糖，果汁也只应偶尔食用。

有机农业食品

分析表明，来自有机农业的有机产品，农药和除草剂含量比常规农作物少。关于营养品质（维生素、矿物质等），研究未显示有机产品与其他产品之间存在显著差异。

肉、鱼和蛋

肉、鱼和蛋是动物性**蛋白质**的重要来源。动物性蛋白质对于机体构成，尤其是肌肉组成，必不可少。它们提供必需氨基酸，对构成新组织必不可少，这是植物性蛋白质无法保证的。鸡蛋还富含必需氨基酸，这使其成为蛋白质摄入的很好来源。因此，一个鸡蛋能提供与50克肉或50克鱼一样多的蛋白质。

肉的脂类（脂肪）含量随动物种类、部位不同而变化。牛肉是低脂肉；某些部位的猪肉也是，如里脊肉。小牛肉、鸡肉、火鸡和兔子肉的显著特点也是低热量、低脂肪。

鱼的脂类，尤其是油性鱼的脂肪，与肉类中的脂肪不同，是由对健康有益的多不饱和脂肪酸组成，某些植物油也是如此。油性鱼富含ω-3多不饱和脂肪酸，对儿童成长中的机体有益。油性鱼类包括：鲑鱼、大比目鱼、鳀鱼、鲭鱼、鲱鱼、沙丁鱼。因此，建议每周食用一次。鸡蛋中含有有益的脂肪酸，可以代替肉或鱼。肉，尤其是红肉，也是铁的重要来源。鱼尤其是油性鱼提供许多矿物质（铁、磷和碘）以及维生素D。

不提倡过量摄入蛋白质，这就是为什么每天肉、鱼和蛋的摄入不应超过一定数量的原因。成人通常会有让孩子摄入过多蛋白质的倾向，尤其是孩子和全家人一起吃饭的时候。

肉、鱼、蛋：根据年龄的推荐食用量

年龄	推荐食用量
6—8 个月	10克（2咖啡平匙）或1/4个煮鸡蛋
8—10 个月	15—20克（3咖啡平匙）或1/2个煮鸡蛋
10—12 个月	20—25克（4咖啡平匙）或1/2个煮鸡蛋
12—24 个月	25—30克（1平汤匙半）或1/2个煮鸡蛋
2—3岁	30—40克（2平汤匙）或1个鸡蛋

熟肉制品

这是一种含有多种配料的加工肉制品：肉、脂肪、盐，有时还含硝酸盐和色素，最好限制食用。熟肉制品中脂肪含量最低的有：熟火腿、低脂火腿、培根。

纯素食饮食与素食饮食

纯素食饮食不仅排除肉和鱼，也排除所有源自动物的产品（牛奶、奶酪、鸡蛋、蜂蜜等），仅提供源自植物的蛋白质产品（大豆、杏仁、豆类等），完全不建议儿童采用这种纯素食饮食，因为这样会导致维生素、矿物质缺乏和营养不良的风险非常高。正在发育的人体依靠如此不均衡的饮食无法正常成长。

素食饮食的基础是食用蔬菜和淀粉类食物，偶尔食用鱼，不食肉，不食用或很少食用乳制品，比纯素食饮食限制少一些。不过这样仍然会有营养缺乏的风险。

虽然素食饮食比较挑剔，但如果执行得好，即便不吃肉或鱼，也可通过牛奶、奶酪、鸡蛋等来获取动物性蛋白质和微量营养素，同时吸收植物性蛋白质并补充豆类和谷物，也有可能保证孩子饮食均衡。

素食饮食的情况下如何喂养孩子？ 肉可以用鸡蛋或鱼代替，重要的是给孩子提供婴幼儿配方奶和富含铁、维生素 B_{12}（这种维生素只有动物食品含有）、必需脂肪酸（ω-3、ω-6）的牛奶、成长乳和一些乳制品。为了补充蛋白质的摄入量，一旦宝宝可以食用谷物和豆类，可以将这两类食物添加喂食给宝宝。

另一方面，豆腐（豆浆冷凝块）和豆浆含有植物雌激素，不建议婴幼儿食用。有些国家的卫生与食品安全署将其列入限制摄入食品之列。至于菌蛋白（发酵蘑菇提取物），由于不符合婴幼儿食品的健康条件，因此不适合给婴幼儿食用。

为了避免因饮食失衡而出现任何风险，建议告知儿科医生这一需求。医学和饮食监测对确保足够的营养摄入非常有必要，否则可能会造成严重后果，尤其是对孩子的认知发展有影响。

脂肪：黄油和油

所有的食用油脂，主要由脂肪酸组成，为机体的运转提供大量必不可少的能量。我们不能忽视脂肪的作用，因为它充当了某些维生素和激素的转运体。

脂肪有好坏之分吗？ 脂肪提供机体无法合成的必需脂肪

酸：ω-3和ω-6脂肪酸以其在神经、大脑和视觉功能中的作用以及作为抵抗心血管疾病的保护因子而闻名。我们习惯上称它们为"好脂肪"，与被称为"坏脂肪"的饱和脂肪酸相对应。实际上，某些饱和脂肪酸对健康也起着有益的作用，只是其中一些摄入过多会对心血管健康产生负面作用。至于"好脂肪"——不饱和脂肪酸，如果摄入过多，同样会对健康有负面影响。

脂肪并没有好坏之分，因为食物里面这两者都含有。这其实是个老话题，就是关于饮食均衡和多样化的问题。脂肪因其在婴幼儿生长期发挥着重要作用，所以在孩子两三岁之前的饮食中所占的份额相对都较高。

什么时候添加食用油脂？怎么添加？

最初几个月，母乳和婴儿配方奶提供了必需脂肪酸。之后，在饮食多样化过程中，如果宝宝继续喝大量的奶（母乳或2段配方奶），那么饮食中就无须再添加食用油脂，必要时只需加一点儿黄油或油用于调味和烹饪。另一方面，如果宝宝的奶量摄入越来越少，建议在食物中加一小勺油，例如可以添加在蔬菜中；另外，优先选择富含必需脂肪酸的"婴儿特制"乳制品。

再之后，你可以将黄油涂在面包片或蔬菜上，在烹饪或调味时加入两种不同的食用油：一种富含ω-3的油（菜籽油、核桃油、大豆油）和另一种补充用油（橄榄油、花生油等）。

如何看待轻食？

不推荐幼儿食用低糖、低脂或低卡的菜肴及甜点，它们无法满足宝宝的营养需求。

工业化食品（比萨饼、炸鸡块等）能给宝宝吃吗？

如果没有时间专门准备饭菜，请选择为幼儿特制的工业化食品，这些食物的成分和卫生质量会更适合。但需要特别注意的是：工业化生产的比萨饼、馅饼、炸鸡块、汤等常常过咸或太油。

甜　食

甜食（糖、蜂蜜、果酱、巧克力、饼干、糕点、冰激凌、含糖饮料）有助于带来饮食愉悦，而饮食愉悦是饮食平衡的重要组成部分之一。

饼干

带到学校门口或广场花园非常方便，给孩子的下午茶增加了更多选择。选择最简单的类型，如黄油小饼干或手指饼干。夹心饼干或巧克力饼干通常比较油、比较甜，和甜酥式面包一样：只可以偶尔食用。如果吃巧克力面包，一半就足够了！

糖果和甜食

甜味几乎对所有的孩子都有天然的吸引力。虽然糖摄入过多会容易龋齿，并成为肥胖的一个诱因，但这并不能成为禁止食用所有糖果和甜食的理由。虽然倾向于禁止食用，但绝对禁止食用而导致的结果可能会与你的期待背道而驰。"一点儿都不许吃"反而赋予了糖果和甜食令孩子难以抗拒的"禁果"香味，结果是它们对孩子更具吸引力。

餐后甜点

可是适当给乳制品加点糖。优先选择新鲜水果、水果沙拉（新鲜或冷冻）、未加糖的水果泥作为餐后甜点；限制食用糕点、甜酥式面包、奶油甜点和冰激凌的次数，例如每周不超过1次。

盐

盐的主要成分是氯化钠，机体会需要少量的盐运行；但我们的饮食中常常含盐过多，让孩子成年后易患高血压。建议第一年不要给婴儿食物添加盐，之后适量添加：烹饪时汤水中加少量盐，上桌后不要再添加。低盐饮食是让孩子受益终生的良好饮食习惯之一。

给孩子喝什么饮品？

在所有年龄段，唯一必需的饮品是水（自来水或矿泉水）。孩子刚出生的几个月，基本饮品是母乳或婴儿配方奶。随着孩子的成长，在3岁之前应避免给他喝汽水和其他含糖饮料，包括加味的水。3岁之后，尽可能地晚些给孩子喝甜饮，因为它们热量含量很高，而且无益处。这些饮料不应在日常用餐时代替餐桌上的饮用水。

父母常常问自己，如何知道宝宝水喝够了。你不必为此担心：婴儿会根据自己的饮水需求调节饮水量。只要他接受喝水，就说明他需要喝。一旦液体摄入需求得到满足，他就会停止喝水。如果他拒绝喝水，请不要强迫。请记住，天气炎热和宝宝发烧时，要经常给他喝水。

营养丰富均衡的饮食

你已在前面的内容中读到了营养丰富均衡的饮食对儿童的重要性。每种食物的营养价值不是完全相同的：小柑橘富含维生素C、奶酪富含钙、肉富含铁……所以宝宝的食物品种应该多样化，保障营养均衡。

没有完全理想的完美食谱。营养均衡是一天天、一周周

地实现的。例如，如果你午餐时预备了蔬菜，晚餐可以用淀粉类食物进行平衡，也可以每餐二者都涉及。为了使每天饮食多样、均衡，请参阅我们列出的一周食谱范例（请参见102—103页）。

当孩子上托儿所或幼儿园时，请查阅他们每周公布的食谱，为在家要吃的晚餐做准备。比如说，孩子在中午已经吃过面条，晚上就不要再预备面条了。孩子去育婴保姆家时也一样。

最后，往往父母的态度会影响儿童的饮食行为。多项研究表明：父母宽容，孩子会吃他想吃的食物；父母专制，对饮食控制严格且限制性强，孩子更有可能超重或饮食紊乱。建议父母以身作则引导孩子什么饮食都尝一尝，进行控制但不要禁止。

营养丰富均衡的

		周一	周二	周三
9—12个月	午餐	火腿、 胡萝卜泥、 酸奶	火鸡肉片、 西葫芦和土豆混合泥、 卡门贝干酪或羊乳干酪	半个煮鸡蛋、 西蓝花泥、 2段婴儿配方奶与甜点混合
	晚餐	木薯粉和2段婴儿配方奶、 水煮香蕉	婴儿谷物粉和2段婴儿配方奶、 苹果泥	粗面粉和木薯粉混合粉、 格鲁耶尔干酪、 苹果碎
12—18个月	午餐	羔羊肉、 土豆泥、 奶酪、 水果	鱼、 朝鲜蓟、 新鲜乳酪、 水果	带壳煮的溏心蛋、 胡萝卜、 酸奶、 香蕉
	晚餐	蔬菜汤、 白奶酪、 玛德莱娜蛋糕	牛奶粉丝、 糖煮水果	黄油小面条、 烤苹果
18—24个月	午餐	番茄、 兔肉、 奶油汁饭、 水果	甜瓜、 鱼、 干豌豆泥、 水果	羔羊排、 用粗面粉和蔬菜做的古斯古斯面、 酸奶、 水果
	晚餐	朝鲜蓟、 奶酪、 水果泥	西蓝花泥、 新鲜乳酪、 水果	黄瓜拌白奶酪、 黄油西葫芦面条、 糖煮水果
2—3岁	早餐	牛奶、 麦片	牛奶、 速溶面粉、 小个水果	面包、 果酱、 酸奶、 水
	午餐	牛油果、白酱鲽鱼脊肉、 土豆菠菜泥、 卡门贝干酪、时令水果	马苏里拉奶酪番茄沙拉、 烤鸡、 小粒豌豆、 水果沙拉	胡萝卜碎、 煎鸡蛋、 焗马铃薯、 时令水果
	下午茶	果汁、 黄油面包	巧克力奶、四合蛋糕	小个儿水果、 牛奶
	晚餐	蔬菜汤配小面条、 蜂蜜白奶酪、 煮苹果	番茄酱拌粗面粉、 酸奶、 时令水果	培根蔬菜小扁豆、 野苣、 新鲜乳酪、 时令水果

一周食谱

周四	周五	周六	周日
烤小牛肉、 土豆泥、 格鲁耶尔干酪碎、 苹果李子泥	煮鱼肉、 奶油酱拌菠菜、 酸奶	羔羊肉、 菜花泥、 草莓	碎肉牛排、 小粒豌豆、 白奶酪
西红柿汤、 碎面包干、 新鲜乳酪	2段配方奶混合粗面粉、 桃子泥	黄油小面条、 波特萨鲁特奶酪或荷兰干酪	粗面粉和木薯粉混合粉、 煮梨
火腿、 熟菠菜、 卡门贝干酪或格鲁耶尔干酪、 水果	三文鱼、 蒸土豆、 酸奶、 水果	鸡胸肉、 四季豆、 爱芒特奶酪、 水果	碎肉牛排、 西蓝花、 酸奶、 水果
浓汤配燕麦片、 多种水果混合泥	蔬菜汤、 粗面粉混合牛奶(可加糖)	牛奶木薯粉汤、 时令水果	蔬菜汤、 巧克力奶油鸡蛋布丁
红菜头、 鸡肉、 四季豆、 奶油鸡蛋布丁	胡萝卜碎、 煎蛋卷、 蔬菜什锦、 李子干	黄瓜(用柠檬、油、盐调味)、 火腿、 菜花、 煮水果	西红柿、 牛排、 薯条、 水果泥
粗面粉和木薯粉混合粉浓汤、 溶化的奶酪、 水果	细面条、 半个牛油果、 山羊奶酪	燕麦浓汤、 酸奶、 水果	蔬菜浓汤、 奶汁米饭、 水果
黄油面包、 牛奶	鲜榨橙汁、 面包、 可以抹面包的奶酪	白奶酪、麦片、 小个水果、 水	饮用型酸奶、 甜酥面包、 果酱
米饭沙拉、 碎肉牛排、四季豆、 白奶酪 糖煮水果	红菜头、 自制金枪鱼比萨、 奶酪、 水果泥	块根芹、 果蔬菲力牛排、 水果酸奶	塔布雷(西红柿、洋葱、古斯米)沙拉、 羊后腿肉、 利马豆、 新鲜乳酪、奶油水果馅饼
香料蜜糖面包、 水、 小个水果	果汁、 面包和奶酪	牛奶、 奶油蛋糕	巧克力奶、 饼干
黄瓜拌酸奶、 意式土豆丸、 时令水果	土豆胡萝卜汤、 奶汁米饭、 时令水果	去麸皮的煮熟干麦碎、菜花、 奶油汁、 孔泰奶酪、 当季水果	混合沙拉、 土豆汤、西葫芦、 溶化的奶酪、时令水果

喂养可能遇到的几个难点

　　在孩子的一生中，食物起着重要作用，可以理解，这是父母最关心的问题之一：吃饱了吗？消化得好吗？哭是因为饿了还是四季豆不好消化？如何让孩子接受饮食变化？孩子为什么拒绝吃东西？……这么多问题都是父母反复问自己的，所以下面几页专用于讨论这些问题。

　　患病儿童的饮食会在第6章中讨论，孩子外出旅行的饮食在第3章中讨论。

为什么哭？

　　最开始，哭似乎和吃奶有关，重点在于弄清楚孩子哭是由于饥饿还是消化不良而引起的，否则会给消化不良的孩子喂食更多食物，让孩子哭得更厉害。

如何识别婴儿因饥饿而哭泣？

　　哭声具有规律性：总是吃奶前一刻钟，通常吃完后会立刻表现出又要吃；贪婪地抱着乳房或奶瓶；哭的声量、音色特别，你很快就能识别出来。

当确定孩子正在因饥饿而哭泣时，可以：

- 如果是母乳喂养，请继续补喂。
- 如果是奶瓶喂养，在原来基础上增加30毫升（1量勺奶粉）。

怎么知道孩子哭是因为肚子疼？

双腿蜷曲靠向肚子，胀气，肚子鼓起来，有时脸色会变得苍白，一般在固定时间哭。

可能还有其他饮食原因导致孩子哭

- 吃奶太猛：奶瓶喂养的婴儿尤其如此。可以选择流量缓慢的奶嘴，中间暂停2—3次，使宝宝少吞咽空气；帮助他拍嗝。
- 口渴：夏天；房间里暖气太热；发烧引起。给宝宝喝水。

婴儿哭泣还有许多其他原因，这里只考虑可能由饮食引起的原因。其他原因请参见第3章"孩子哭了"一节、第6章的"新生儿"一节。

如何让宝宝接受食物转换？

3—12个月之间，宝宝会更改进餐时间表：从每天6顿变成5顿，再到4顿饭。食物也随之发生变化：从"奶为唯一食物"转变为多样化饮食；从吮吸妈妈乳头转变为学会吮吸奶嘴，然后学会使用勺子，再学会用杯子喝水。这些新鲜变化可能会使宝宝感到困惑。此外，6—12个月之间，牙齿不断萌出，也给宝宝造成了一些困扰。因此，有必要采取某些预防措施，便于宝宝接受食物的转换。

如何进行转换？

对任何转换都行之有效的主要原则是逐步实行，无论是接纳一种新食物还是提高已经添加过的某种食物的数量。既要适应宝宝口味的需要，又要适应宝宝肠胃的消化能力。这一逐步原则适用于所有食物：先添加1咖啡匙，然后2咖啡匙，最后变成1汤匙。同样，在教宝宝咀嚼时，先喂非常小的食物块，然后食物块逐渐增大。

有时宝宝有些难以接受转换，这里有一些建议：

- 一次只出现一种变化。例如，不在同一天同时第一次添加肉和四季豆。

- 选择有利的时机：宝宝累了的时候，或牙齿萌出的那一天不要提供新的食物。

- 在宝宝最饿的时候，给他吃新的食物。

- 如果失败，请不要强迫，但不要因此放弃。在你觉得更合适的时机重试。

- 最后，遵循宝宝的节奏，不定期地进行尝试。

各种转换：解决小问题的小窍门

- 开始用勺喂孩子时，用小勺，最好是塑料质地，而不是金属，因为接触金属会让孩子不适。如果宝宝吐出来了，也不要认为他不愿意用勺，他只是对这个新的工具感到惊讶。帮宝宝更好地接受勺喂时，不要将食物放在他的舌尖上，而要放在嘴中部。无论如何，如果宝宝拒绝勺子，请不要坚持，稍后再试。

- 将新食物与已经被接受的食物放在一起。

- 如果宝宝愿意，可以让他自己吃饭：从10—11个月起，婴儿可以自己将入口即化的食物（例如煮熟的胡萝卜或香蕉）放进嘴里。从一两块开始，然后增加数量。

- 宝宝想用勺子吃饭的那天，对于第一次试吃，最好选用非常紧实的土豆泥。放好一把塑料小勺，铺好一张易擦洗的餐巾，让宝宝自己吃。宝宝一定会把食物搞得到处都是，但是如果有机会尝试，宝宝会学得更好。

宝宝拒绝任何食物的改变

如果宝宝拒绝任何新事物，无论是食物还是餐具，别担心，开始时这是正常现象，因为喜欢新事物的婴儿很少。但是，如果宝宝继续拒绝，请反思一下，是否转换得过快，比如突然从甜味跳到咸味，要么不经过泥状食物过渡直接转变为块状食物，或者是强迫宝宝用勺子吃东西了？

怎么办？重要的是不要生气。神经紧张肯定会导致立即失败，在未来构成一种对立的局面。

- 宝宝拒绝用杯子喝水吗？用奶瓶喝之前，坚持试一试用杯子。第二天、第三天继续尝试，与此同时将空杯子留给宝宝，当玩具玩。宝宝到了把一切都放到嘴里的年龄，会一点儿一点儿地习惯这种形状，以及这种与杯子接触的感觉。请选择塑料杯，而不是玻璃或金属材质的杯子。

- 宝宝不想用勺子吗？首先请确认把勺子放到嘴里时没有碰到宝宝鼓起的牙龈（长牙

导致），这种情况经常会发生。然后，一两次尝试后，把勺子放在旁边，几天后再尝试。

● 宝宝拒绝吃菜蓟吗？蔬菜一般是孩子最经常拒绝的食物。这个也是，这里涉及一个时间问题。试着让宝宝品尝食物，不要强迫。为了能被接纳，被拒绝的食物必须多次呈现（这是一个熟悉的过程）。几天后再试时，从在一些食物泥中加入很少量的菜蓟开始。如果宝宝与家人一起吃饭，他会模仿周围的人。

请放心： 只要宝宝体重保持良好，饮食问题并不严重，拒绝吃某种食物只是暂时现象，最后总会解决好。对于宝宝而言，这是一个养成习惯的过程；对于父母而言，是保持耐心的问题。

在托儿所

通常，宝宝们在一起时不会那么挑剔。然而，宝宝独自一人和母亲一起时，会认为妈妈对自己的任何要求都能做出让步。宝宝能很快明白在一个团队里，必须适应；即使是一个挑剔的宝宝在集体中，也不会像在家里那样让人再三央求去品尝小班的胡萝卜末或保育员的盖浇面。

当然，如果宝宝有消化系统问题，要如实告知，托儿所将予以考虑。

宝宝不想吃怎么办？

食欲不振是任何年龄段的常见症状。当然，宝宝吃得不怎么好时，不一定每次都要咨询医生。

如果没有其他迹象表明有可能患病（请参阅旁边的内容），不用担心。宝宝和我们一样，有时不会像平常那样有食欲。孩子的食欲像成年人一样，每天、每顿都有可能变化。而且，像

什么时候应该担心？

您的宝宝不想吃饭且伴有其他异常症状，比如疼痛、持续吵闹，有呼吸障碍、高烧、呕吐或多次腹泻。在这种情况下，缺乏食欲就是一种疾病的征候了，需要即刻就医。

成年人一样，对食物也有自己的偏好。此外，他们的口味也会改变。昨天高高兴兴吃下了胡萝卜，今天就会不愿意吃了。有时，疲劳是宝宝不想吃东西的原因：与饥饿相比，孩子的困意更强烈。

用餐时的对立与冲突

饮食可能会成为宝宝与父母发生对抗的舞台，在宝宝大约12—18个月时，吃饭通常会成为他和父母的对立时刻，大多数情况下是和母亲。孩子会显示自己的个性，试探成年人的反应和极限。宝宝非常了解围绕食物可能存在的利害关系，意识到自己从中可以影响父母。

妈妈们很难忍受这种情况，会感到混乱，觉得宝宝不吃东西是自己的错。另外，如果宝宝在托儿所或育婴保姆那里吃得很好，妈妈会更加自责。

请放心，孩子在这个年龄段，这种情况非常普遍。只要妈妈稍微果决一点儿，再多一些灵活和耐心，这种母子对立的局面就能够得到解决。在饮食中进行引导非常重要。

一些建议：

● 当母子对立**严重**时，重要的是首先要缓和，避免发生任何冲突：你必须接受宝宝几天吃东西很少的事实，因为这是他自己决定的，也不足以对他的健康构成威胁。但必须让宝宝明白，如果他想吃东西，那最好不过；而如果不想吃东西，得等到下一顿饭才能再吃。在后一种情况下，正餐以外不要给宝宝提供任何食物，这当然不是惩罚，而是促使宝宝正常进餐。例如，如果宝宝完全不吃晚饭，他可能会很早醒来，但必须等到早餐时间才能给他吃东西。

这些建议似乎很难实行，但经验表明，在父母一筹莫展时，这些办法能在短时间内奏效，且效果惊人。

● 冲突**不太严重**，宝宝偶尔会不吃，或者只喝奶。这时也需要父母坚定和灵活。他想喝一瓶奶吗？很好。此外，如果不再和大人有冲突，他会很快厌倦只喝一瓶奶。他不想吃盘子里的东西吗？不要关注他，几分钟后取走盘子，不加评论。在用餐时间以外不提供任何食物。重要的是，冲突消失了，宝宝会明确知道无论他吃还是不吃，你的态度都不会改变。

● 如有可能，请他人（祖母、姨妈等）喂食，或与没有用餐问题的哥哥姐姐一同进餐：

这样能缓和紧张气氛。

● 不要通过承诺奖励、威胁惩罚、扮小丑取悦来喂孩子。当孩子看到父亲愿意假装喂他的 10 个毛绒玩具，以换取他喝 1 勺汤，他很高兴，由此饭菜也成了一种可以讨价还价的筹码。

● 不要掉到以食物进行威胁的陷阱里。"如果你不吃蔬菜，就不能吃甜点。"这会强化孩子对蔬菜的拒绝，以及甜食作为奖励的吸引力。不要固执：宝宝不饿，或者不想吃饭，他会在下一顿饭补上。尊重他的食欲，这很正常。

两位妈妈在给我们的信中这样写道：

"我到底做错了什么，让阿德里安这么抗拒吃饭？他不吃饭，让我担心、生气；昨天晚餐快吃完时，我们两个人都哭了起来。"

——罗拉

"除了面条，很难让我的女儿正常吃饭。我们试着让她坐在一张小桌子旁，没有让她坐在餐椅里；从她爱吃的乳制品开始。但无济于事，她吃了几口就不吃了。在托儿所，有一段时间她也不吃饭，但后来就好了。每天晚上和我们一起吃饭时都很困难……"

——梅丽莎

食欲反复无常

还有一些孩子的食欲反复无常：原则上不拒绝进食，但饮食不规律；一顿饭不吃或吃得很少，下一顿又吃得很多。这样的孩子也不应强迫他。最终，他们都会通过自我调节，不会再反复无常。

偶尔用水果作为一餐的开始，水果能让孩子打开胃口；也可以先给奶酪或酸奶吃，加一点儿香肠片和酸黄瓜。因为平时"婴儿饮食"的口味有点儿过于清淡，孩子遵循这一饮食口味时间太长了，可以偶尔略做调整。

3 岁的小尼古拉以前胃口一直不太好，他妈妈找到了一个小"窍门"——外国三明治。妈妈在他面前放了点儿瑞士格鲁耶尔奶酪、火腿、白奶酪、沙拉等，对尼古拉说："我要先给你做个瑞士三明治，只有一小口面包、黄油和奶酪；现在是做一个希腊三明治，只有一小口面包、白奶酪、核桃；然后再做一个俄罗斯三明治，只有火腿、酸黄瓜。"尼古拉像玩游戏一样，开始选择三明治，并吃掉……

可以带孩子一起去买菜，他会被某种蔬菜或鱼吸引。还有一个办法，建议孩子帮你做一道菜。如果他自己调酱、打鸡蛋或压香蕉泥，孩子将会非常自豪，会吃下"自己做的饭"。

如果某些时候想让那些胃口反复无常的孩子规律地进餐，那么两餐之间就不要再给食物，否则将无法摆脱这一局面。

进餐的气氛

吃是一种乐趣，对大家来说，甚至婴幼儿，在安静、放松的氛围下吃饭是一种愉悦。在孩子吮吸母乳或奶瓶时，让他远离喧闹和电视的嘈杂声，这样可以让他平静下来。

当孩子开始独自用勺子吃饭时，你要有点儿耐心。吃饭时间变长，这可以理解；吃饭时会弄得很脏，这很正常；他喜欢拿起一块食物，品尝一下，再从嘴里拿出来，这时候催促（"快点儿，快点儿！"）或者在旁边没完没了地评论"你吃个饭弄得这么脏！"是没有意义的，这些话孩子并不理解，同时也破坏了吃饭的乐趣。如果孩子还不会自己吃饭，最好在你吃饭之前先喂他。如果午餐或晚餐时你希望宝宝在身边，可以让他坐在餐椅上，和你一起吃饭。研究表明，儿童（和青少年）养成在餐桌前与家人共同进餐、不看电视的习惯，能更好地平衡饮食和减少超重的风险。

吃饭时不要看电视！

吃饭时看电视，儿童会被屏幕上面的图像分散注意力，不再用心品尝食物的口味和质地，即便不饿也会继续进食。吃饭时，请关掉电视，和孩子一起发现并找回对话的乐趣！

儿童的日常生活

孩子在出生之前，吃饭和睡觉可以随心所欲。现在，进餐、换尿布、被安抚都由你来为他安排。孩子需要你及时回应他的需求，适应他的节奏。在有规律的日常生活和你的悉心照顾下，有你温柔的话语、令人安心的陪伴，孩子会逐渐建立起自我。随着时间的推移和一系列学习，孩子会建立起自信，且变得更加独立。孩子将学会走路、说话、独立如厕，逐渐记得地点和周围的人物，所有这些会让孩子对其他习惯也形成适应。孩子在长大……

睡　眠

　　"从产房回来时，应该把宝宝安排在哪里？在父母的卧室是不是更好？为什么仰卧睡很重要？什么时候晚上睡觉能有规律？如何帮助宝宝独自入睡？为什么宝宝又累又困时会大哭不止？"……即便是生命最初的几天，婴儿的睡眠都会引发父母的很多焦虑。

　　此后，随着孩子慢慢长大，还会出现其他有关睡眠的问题，例如重要成长期——学走路和说话时出现的问题：如晚上不肯睡觉，或几次醒来都大哭到大人过来为止，这时该怎么办？所有家庭都在不同程度上有过这样的焦虑，这很正常。睡眠在婴幼儿的生活中起着重要的作用，睡眠良好才有助于保持生理平衡。

最初几个月

　　刚出生的几周内，宝宝的一天主要在吃奶和睡眠中度过：至少在开始时，婴儿大部分时间都在吃奶、睡觉。然后，很快地，在这两个主要活动之外还会加入其他活动：苏醒、交流、玩耍……宝宝将逐渐养成有规律的睡眠节奏，但需要一点儿时间。这是可以理解的，因为此前他刚刚在子宫内的生活就是随心所欲入睡、苏醒和进食。

小宝宝在哪里睡觉？

头几个月，建议让宝宝睡在父母的卧室里，把小床安放在大床旁边，这样很自然而且方便。

新生婴儿近在咫尺，父母可以尽情享受小生命给他们带来的喜悦，也令彼此之间建立起深厚的感情和信任。母乳喂养的婴儿可以按需喂养，这样父母同婴儿都更容易再次入睡。

婴儿睡在父母旁边，这让他觉得安全，就像出生前一样。研究还表明，母婴同室是防止新生儿猝死的方法之一。的确，在这种情况下，深度睡眠时间似乎更短或程度更轻，从而降低了新生儿猝死的风险。

经过最初几个月后，你可能会觉得需要母婴分房睡。实际上，随着宝宝月龄的增加，我们会觉察到宝宝会对睡觉的时间、对爸爸妈妈来回走动和两性关系有反应。这就是为什么当宝宝睡眠开始有规律之后，需要安静的睡眠环境和一个属于自己的空间。对于父母来说也一样，每个人都需要自己的空间。

如果没有条件为孩子单独准备一个房间，最好在父母的大房间里用屏风、架子或窗帘隔出一个角落，安放婴儿床。

如何看待"同睡"？ 一些人提倡婴儿在父母床上睡，儿科医生通常不推荐这种方法。因为和父母同床入睡，新生儿会有窒息、体温过高的风险，尤其是在母亲喝了含酒精的饮料，或者服用助眠药物，甚至在床上抽烟的情况下。另外，大人和孩子都入睡后，很难察觉宝宝睡觉时是否采用仰卧姿势。另外，父母床上总是有被子和枕头，这些也不建议放置在婴儿床上。

如果宝宝的头总是朝向一侧，或者总是平躺，要时不时地让宝宝换一个姿势，交替更换颅骨在床面的支撑面，这次睡觉时头朝向一侧，下次朝向另一侧。

让宝宝仰卧入睡

不建议新生儿俯卧入睡。许多研究表明，新生儿猝死的案例中大多是这种睡姿，且通常与不良睡眠条件（软床垫、使用枕头和被子）有关。

建议宝宝睡觉时仰卧，使用硬质床垫，不使用被子或枕头。"我们让宝宝侧卧，用靠垫固定让他保持这个姿势，因为发现他侧卧比仰卧睡得更香"，一些父母给我们的信里这样写道。不，婴儿必须仰卧入睡，这一点非常关键。但是，从最初几周开始，在宝宝醒着的时候，就可以定期让他俯卧玩耍，这样他可以从另一个角度观察这个世界，并能训练背部的肌肉。**"仰卧睡觉，俯卧玩耍"**。几个月后，宝宝就能自己改变姿势——会翻身了。

看到宝宝将头抵在床角入睡时，我们会倾向于把他摆正，认为这样他会更舒适。实际上这并不起什么作用，因为采取这种姿势是宝宝自愿的：婴儿在寻找一种接触、一种依靠，他需要像在母亲子宫中一样被紧紧包裹着。

宝宝什么时候夜晚睡眠能有规律？

所有的父母都会向儿科医生问这个问题，有时初次咨询时就会问。这很正常，经历了出生过程的激动和疲惫，婴儿需要通过休息恢复精力。他需要一些时间来养成在母亲子宫中没有形成的规律：之前他进食随意、你来来回回地走动时则会摇晃着他入睡。请回想一下：怀孕期间，当你休息时，宝宝是不是反而会倾向于活跃起来？但是请放心，宝宝的睡眠将逐渐变得规律：通常3个月左右时，晚上他就能连续睡几个小时。

前两个月：特殊的睡眠规律

婴儿头几个月的生活主要围绕睡眠和吃奶进行。与此同时，他也会逐渐睡得越来越少，并在醒着的时候，开始交流。尽管一开始清醒的时间短暂，婴儿对自己在胎儿时期就感知到的这个外部世界充满兴趣。

👁 小贴士

最初两周内，为了促进大脑迅速发育成熟，睡觉和喂食接替进行。不建议父母试图调整和改变宝宝睡眠和清醒的节律。

有些婴儿出现消化问题时（反流、便秘或肠绞痛），睡眠时间不超过30分钟，给人的印象是孩子从不睡觉。请不要失去耐心，宝宝的睡眠将很快规律起来。

睡眠和清醒时间构成了我们的昼夜节律。对于成人和大孩子们来说，24小时由昼夜交替组成。但对于婴儿而言，头几个月的清醒和睡眠节律比较混乱，时间持续非常短暂（几个小时），在24小时内会重复几次交替，婴儿好像连续度过了好几天一样。

清醒和睡眠时间的快速交替，解释了为什么婴儿分不清白天和夜晚：无论白天或黑夜，每隔3—4小时（有时更频繁）他都会醒来一次。出于同样的原因，婴儿有时一天需要吃8餐，甚至更多。前几周里，每24小时吃8—12次母乳或奶粉是完全正常的。按需喂养满足了孩子的生理需要。

活动睡眠、安静睡眠。睡眠是有周期的，每个周期包括两个阶段：活动睡眠、安静睡眠。对于婴儿而言，活动睡眠是第一个阶段，入睡时即为第一个阶段，婴儿会做出各种动作、发出各种声音。但是，这是一个睡眠阶段，不应将婴儿的表现视为烦躁不安，此时将婴儿抱在怀里会妨碍他过渡到安静睡眠，甚至有可能吵醒他。

2个月后：睡眠规律逐渐到位

通过确定昼夜节律，婴儿开始出现24小时睡眠规律。逐渐地，清醒与入睡阶段将不再仅由大脑支配，也与环境紧密相关：包括白天的光线、夜晚的黑暗、吃奶的规律时间、交流、游戏和散步的时间等。

入睡时如果宝宝表现得躁动不安，请勿将其抱在怀里，这样可能使他无法真正入睡。

3个月后：睡眠的方式有所不同

婴儿入睡时表现得缓慢、安静，睡得愈来愈沉，然后随之而来的是快速动眼睡眠。之所以这样称呼是因为尽管身体不会移动，但我们可以观察到婴儿的眼睛快速转动、身体抽动、

小贴士

出生后3周—1个月，很多婴儿傍晚会大哭，这是为了释放堆积的压力。请用手臂、背带或背巾抱着他，轻轻摇晃。这样，他会感到安心，并充分地信任你。另外，即便他再次入睡，他也会再哭一阵，这是他在继续释放自己过剩的精力。

小贴士

宝宝睡觉时不能盖太厚，他的小手应该偏凉，体温过热会比较危险，体温较低不会干扰睡眠，甚至反而有益。

呼吸不规则。睡眠周期（浅睡眠、深睡眠、快速动眼睡眠）按顺序交替进行。在整个周期结束时，婴儿会醒来（有时无法察觉），然后重新入睡。

在这个月龄，婴儿给人的印象常常是白天睡得很少。白天会睡好几个小觉（30—50分钟），但晚上可以连续睡6—8个小时，夜晚开始形成睡眠规律。婴儿入睡前闹觉是正常的，如果已经把他喂饱，换了尿布，他也感到安心，并舒舒服服地躺下，但仍然大哭，是因为睡觉前他需要进行自我"释放"。

良好睡眠的基础

婴儿大约长到3个月时，夜晚能连续睡上几个小时。通常也是在这一时期，母亲重返工作岗位，需要就孩子的看护进行重新安排。要让每个人都能入睡休息，这一点非常重要。因此，制定一套睡眠"例行程序"并逐渐让宝宝独自入睡，将有助于他形成夜晚睡眠规律。

● **例行程序**。即每天在同一时刻，或至少是在同一个小时内，以相同的方式进行相同的活动。这可以让婴儿通过重复性、持续性的特点逐渐了解某些活动在一个有结构的框架下相互联系在一起。可以在宝宝3—4个月的时候实施这种例行程序，开启这种"仪式"：吃完晚饭，换完尿布，调暗灯光，让房间安静下来，你可以哼着歌或打开手机，放一首好听的歌进入房间。所有这些动作都是孩子睡眠的信号——你在这一特定时刻进行睡前流程，并在每个晚上重复。这些仪式可随着孩子的年龄增长而变化，稍大点儿，可以给孩子讲故事、读一本书等。这是良好睡眠的基础。

● **入睡**。如上文所述，婴儿在每个睡眠周期结束时都会醒来，然后重新入睡。这种重新入睡的阶段与白天发生的事情紧密相关：如果宝宝习惯于在你的臂弯里或吃着母乳（或吃着奶瓶）入睡，他晚上醒来时，会期望重现这种模式。因此，他必须学会在自己的小床上独自入睡，当然还要采取仰卧姿势。深夜也如此，他不得不面对独自入睡的情形。

起初，你会觉得似乎很难：用手臂抱着宝宝，他会感到满足和放松，轻轻晃动哄宝宝入睡对妈妈来说是美好的体验。但是，为了让你的宝宝实现独自入睡，我们建议这样操作：等候睡眠信号（哼哼唧唧、揉眼睛……）出现，然后趁宝宝清醒时把他放到小床上，等着他自己入睡。他可能起先会哭，你可以稍等一会儿。如果宝宝继续哭，你可以陪在他旁边，用温柔的话语进行安慰，但不要抱他起来。接下来的几天，他哭的时间会变短，几天后就会停止哭泣。

如果宝宝半夜醒来，也可以以相同的方式让他入睡，试着在他叫嚷时不立即回应，让他稍等一下，适当安慰他一下，不要将他抱在怀里，更不要打开灯，也不要立刻让他吃奶。

"我们4个月的小女儿梅列娜习惯在我的手臂或在背巾里入睡。我必须轻轻晃动她，否则她就会大哭、发脾气，有时会持续2小时，还会吵醒她2岁的哥哥。我快崩溃了！"

——格尔吉娅

"克罗埃8个月了，她非常棒，身体很结实……但她睡觉总是很麻烦：必须要把她放到婴儿车里推着睡，她爸爸和我轮流推着她。"

——菲丽宾娜

如果你的宝宝不能独自入睡，怎么办？

"3个月大的利连只能在婴儿车中入睡。我们一把他放回床上他就哭，我很不愿意让他哭。""我们9个月大的宝宝每晚入睡前都会大哭，可以持续半个小时，有时甚至时间更长，还会咳嗽、喘不过气来，我们不知道该怎么办。"许多父母在写给我们的信中都谈到入睡这件事。

如果宝宝无法独自入睡，我们建议你按照上章入睡流程操作。从白天小睡开始练习，然后第二个阶段过渡到晚上睡觉。要在宝宝仍然清醒时把他放到床上，他会意识到除了你的臂弯或婴儿车，其他地方也可以入睡。你可以待在稍远的地方安慰他，稍等一下再回来，每次让他耐心等待的时间拉长一点儿，每天都如此。一点儿一点儿地，他会习惯这种变化。如果白天小睡他可以独自入睡了，晚上可以用相同的方式操作。如果他在夜间醒来，如法炮制。父母通常认为，如果晚上婴儿哭泣，那是因为他饿了；其实，3—4个月后，白天吃饱了的婴儿夜间无须再补充进食。

孩子年龄越大，改变这种习惯所需要的时间会越长。对于孩子而言这是一种新的适应，父母必须对他进行训练。不要气馁！宝宝一定能够学会独自入睡——这要感谢你，让他学会了这一新技能。

如果宝宝还做不到这一点，请尝试在日间小睡和夜晚就寝时制定一套例行程序。当孩子从托儿所或育婴保姆家回来后，有时会小睡一会儿，然后洗澡、吃饭、安静玩游戏。接着就到了上床睡觉的时间，如果可能的话，每天晚上在相同的时间以相同的方式操作：在平静幽暗的灯光下，轻声和他说话、唱一首歌——摇篮曲有让婴儿平静下来的作用……对父母也有相同的作用。然后你慢慢离开房间。入睡困难表明孩子不太容易将自己与父母分开；每天以相同的方式重复同样的动作，可以使宝宝安心，并有助于入眠。

能在两个睡眠周期之间重新入睡是很大的进步，是未来良好睡眠的保证。对孩子来说，睡眠将成为一种乐趣，而且这种乐趣会一直持续下去。

为什么应避免睡前用奶瓶吃奶？

当婴儿难以入睡时，有的父母会试图给他喂一瓶奶，并让这渐渐成为一种习惯。睡觉和饮食是两个彼此独立的活动，最好能让孩子将此区分开来。随着孩子慢慢长大，睡前吃奶会引发其他问题——影响出牙。实际上，牛奶中所含的天然糖分会整夜接触到牙齿，并可能形成蛀牙，从而影响孩子成年后牙齿的健康。这就是所谓的"奶瓶综合征"。睡前吃奶还会引起宝宝后半夜夜醒，尿布变湿后宝宝就会醒来。

如果你的宝宝已经习惯了睡前吃奶，请不要突然停下来，而是每天一点儿一点儿地逐渐减量。

1岁后：幼儿的睡眠

孩子长大了，白天睡眠变少，小睡已不再必要。此外，他的个性在发展，性格逐渐形成。一些孩子之前睡觉一直毫无困难，现在却开始出现抵触。另一些孩子会出现夜醒，有时还会醒好几次，并且拒绝再次独自入睡。

觉少的孩子、觉多的孩子

随着孩子逐渐长大，每天的睡眠时长会逐渐缩短：

- 前3个月：14—18小时；
- 快1岁：12—16小时；
- 3岁左右：10—14小时。

这些数字是平均值。个体之间的巨大差异很早就会表现出来：儿童与成人一样，有觉少的宝宝和觉多的宝宝。

如果你的宝宝睡眠时间少于平均水平，但心情愉快、胃口很好，这说明他睡眠充足。但是，如果他不停哼哼，显得非常疲惫，则说明他缺乏睡眠。孩子白天的活力是睡眠数量和质量的晴雨表。

小睡

白天的睡眠时间将逐渐减少。上午和傍晚的小睡会在第一年中逐渐自行消失。一些孩子在不到3岁时就不再需要午睡了，而有的孩子直到4岁时才不睡午觉，有时甚至更大。我们要尊重孩子的节奏。

在给我们的来信中，一位妈妈这样写道：

"我们的儿子快3岁了，快乐有活力。但是，他不睡午觉：给他读一段故事，他能安静下来；但一旦离开他，他就会爬起来，还说不想午睡。到下午5点时他又会很困，我该怎么办？"

让一个不想午睡的幼儿午睡，很难！午饭后你可以要求他保持安静30分钟：没有吵闹声，关上百叶窗，躺在床上休息，而不是"必须"入睡。但是也不要再做其他事情，最多让孩子在他喜欢的书中选一本，自己一个人看。如果他在这段时间内没有入睡，就可以起床。但是对在这个时段保持安静，父母的态度必须坚定——如果哪一次他困了，他就会在这个安静的时间段自动入睡。

如何帮助孩子就寝？

孩子茁壮成长，白天的生活节奏也随之发生了变化。现在，傍晚从托儿所或保姆家回来，回到自己的房间、看到自己的玩具，他很高兴，不再立即就睡觉了。准备晚餐的时候，家里气氛非常活跃：父母在家，兄弟姐妹可能也在家，孩子很高兴和他们待在一起。此时如果要求孩子去睡觉，孩子肯定不愿意。孩子不想离开家人，也不想一个人待在黑暗中。这很正常，即使是最不焦虑的孩子也很少喜欢上床睡觉。家长不能仅仅强迫孩子上床睡觉，应该尝试去了解孩子的感受。可以通过以下方式帮助孩子上床睡觉：

孩子上床睡觉前的准备工作

可以提前告诉孩子（例如提前10分钟）上床睡觉的时间快到了，这样，他就不会被迫突然停下正在进行的活动。如果他表示反对，请安慰他，但要让他知道你不会改变主意。可以使用一个小的计时器，以彩色部分指示剩余时间，也可做一个过渡游戏，调暗房间的灯光，营造安静的氛围。

睡前仪式

上床睡觉的时间到了。根据你们的习惯，唱歌、读故事，躺好后盖上被子……可以为每个就寝阶段拍照，将它们按顺序排列在卧室墙上，表明下一阶段是什么。在互联网上也能找到可以打印的睡眠仪式表。大一点儿的孩子（2岁以上）常喜欢点一盏床头灯，自己可以调节灯光。无论选择哪种睡眠例行程序，都可以让孩子睡前有可以期待的下一步流程。每晚重复操作的相同流程，让他确信醒来后一切如故。

入睡时，一些孩子会表现出有节奏的动作，有可能重复出现。最经常出现的是一种机械性的晃动，有助于孩子入眠。要让他完成这些动作，有的孩子会来回晃头，有的会前后摇晃，还有的用头敲打床栏杆。这些都是释放压力的方式，孩子长大后这些现象会自然消失。

注意

不要把孩子放到床上来威胁他听话，这样会把本应非常惬意的睡眠时刻变成一种惩罚。

家中保持安静

你是否考虑过逐渐将灯光调暗或调柔和？你是否要求大孩子保持安静？如果大孩子在喧哗，最小的孩子很难入睡。客厅的电视关了吗？所有这些信号都在表明："夜晚来临，该睡觉了。"

保持坚定的态度

一旦就寝，就不应该再起床。要养成这一习惯，否则所有借口都会成为打乱流程的正当理由："太热""口渴""害怕""再讲个故事"……在这个年龄段，即使不太容易做到，父母都应该采用坚决的方式。幸运的是，父母都有自己的办法。

孩子各异，睡眠各异

每个孩子都拥有自我安抚能力，没有适用于所有人的灵丹妙药。在同一个家庭里，年龄最大的孩子或许很快就能学会独自入睡，而第二个孩子则需要更长时间。观察你的孩子，他们的行为会向你传递信息。对有一些孩子来说，让他们减少自己的活动会不那么容易，让他们从入睡前的活跃状态平静下来也很困难。在这种情况下，应尝试更早一些开始入睡仪式，用更多的时间让孩子逐步进入睡眠状态。在进入安静期，包括洗澡、在卧室里讲睡前故事等之前，可能有必要在傍晚安排活动量更大的游戏，让孩子旺盛的精力得以释放。

早醒的孩子

第一年，没有让孩子晚醒的秘籍。尽量让他等到你觉得可以接受的时间醒来。醒来时不要把他抱在怀里，不要给他喂食，不要和他说话，只是提醒他："现在仍然是晚上，要睡觉。"孩子可能会哭起来，但是尽量不要让步；如果你温柔地坚持，那应该不超过两三个晚上，这种早醒的状态就能得到改善。

对于大一点儿的孩子——有些孩子会因为自己的睡眠节奏自然早醒——试着让他耐心地等待早餐。晚上他睡着后，把他喜欢的玩具放在床边。他醒来后，会习惯坐在床上一边自言自语一边玩。如果确实醒得过早，可以缩短午睡或晚上稍晚一点儿就寝。也有的孩子由于父母的日程安排被迫早起，因此需要更早就寝。

孩子一次或多次夜醒

即便睡眠良好的孩子，在走路和语言的重要成长期，睡眠也可能会受到影响，这通常与逆反期相吻合。这种情况下，需要更加注意入睡前和入睡后保持平静与安宁，睡前仪式节奏要舒缓（如使用安抚玩具、讲图画或故事书等）。

学会走路后，孩子会发现自己有控制周围人的能力。之前可以妥协的孩子到此时会拒绝这个拒绝那个，为"行"或"不行"而生气，孩子意识到自己的权利，这种逆反可能会破坏之前逐渐稳定下来的睡眠节奏。

每个睡眠周期结束后是习惯性的微醒阶段，重新入睡的过程可能会更加困难，孩子甚至会完全清醒。一旦孩子完全清醒，将很难自己重新入睡，他会呼唤你帮助他重新入睡。在这段逆反期内，他可能对父母的要求特别高，有时可能很难：你好不容易让他冷静、重新入睡（通常是把他搂在怀里），但是一旦将他放回床上或当你迈出房门……他又会醒来。如果宝宝夜复一夜反复醒来，最终你会变得疲惫不堪。

同样，就像小婴儿时期那样，孩子需要学习在睡眠周期结束时独自重新入睡，如果他每次醒来呼唤你，你都把他抱在怀里，他将无法学会独自重新入睡。

学习自主入睡可能要花费一些时间（在此期间有可能会有哭泣），但这种基本技能对于你和孩子都拥有舒适的睡眠必不可少。

"我的儿子 14 个月时每晚都夜醒，一直哭到我过去为止。有时要过 1 个小时才能重新入睡，因为太累，我经常把他放到我的床上。我无计可施了，不知道该怎么办。"

—— 米洛妈妈

怎么办？

孩子夜醒时，我们建议你让他自己重新入睡，不加干预，不用去他房间，最多只从远处通过声音使他放心。老实说，第一天晚上可能会非常困难，因为孩子决心要得到他想要的东西：让妈妈安抚着入睡。但是，如果你（和他的父亲）不屈服，他最后将独自入睡。第二天他可能会再试一次，但时间不会更长。至于第三天晚上，他将一个人重新入睡，包括后面所有的夜晚。用三个难以度过的小长夜，换取让孩子身体状况良好的优质睡眠，这绝对值得一试。

让孩子哭，对你来说太难受

请尝试所谓的"哭叫定时法"：当孩子呼唤时，去看看他，但很快离开；请等10分钟再去看他，然后下一次等20分钟再过去，接下来的一次隔30分钟。第二天，如法炮制，干预间隔增大。经验证明，在这种情况下，爸爸的行动总是更加有效。通常三个夜晚之后，一切就能恢复正常。

如果是比较棘手的情况，即使孩子最终在你的床上入睡，最好在清晨重新把他放到自己的小床上，让他在那里醒来。

正如国际知名儿科医生T. 贝里·布雷泽尔顿（T. B. Brazelton）观察到的那样，有的父母难以与孩子分开一整夜，因为他们白天不在家，希望有更多的时间跟孩子在一起。你可以试着最大限度充分利用孩子清醒的时间，比如晚上见到他时，或者他早晨睡醒时，这应该可以帮助你更好地度过这一时期。

和大孩子共用一个卧室

提前告诉大一点儿的孩子你正在尝试教他的弟弟（或妹妹）晚上如何好好睡觉："他可能会吵醒你1—2次，但不会持续很长时间。"经验显示，大一点儿的孩子一般不会被小孩子的哭泣干扰。

了解你的孩子

对孩子而言，上床睡觉意味着必须与自己喜爱的人分开，结束好玩的活动，然后躺到床上待在黑暗中……对于父母来说，这也是一个棘手的时刻：白天已经很漫长，也许还很繁杂，你很累。但是，让孩子学会独自入睡和半夜独自重新入睡，并不是不可能的。对于某些孩子来说，这是他们成长中必须跨越的一个阶段。孩子不是因为不想睡觉而不睡觉，他只是不知道该怎么睡。幸好有你，有你的耐心和支持，他才能够学会这项技能。

睡眠障碍

本章开始时，我们讨论了促进良好睡眠的条件以及最初几个月中可能出现的正常睡眠障碍。但是在某些情况下，睡眠障碍会通过其强度和持久性，影响孩子的健康以及家庭的平衡。因此，我们必须设法找到原因。

胃食管反流、牙龈和牙齿疼痛、中耳炎、鼻炎、咽炎、哮喘发作，都可能引起睡眠障碍，但愈后一切都会恢复正常。睡眠障碍的源头很少与病因有关——疾病不会直接引起持久的睡眠障碍。

通常，源头是心理层面的。

焦虑使孩子无法入睡

1岁—1岁半开始（但也可以在以后发生），孩子经常很难就寝，他会害怕黑暗，因为黑暗中所有他熟悉的标识物都消失了。有时睡觉会使他感到被遗弃和孤独。为了安慰自己，孩子需要有熟悉的物品和人的陪伴，以及睡前流程。孩子的这些反应表明，他开始意识到外界的环境。这是一种进步，他长大了，在逐渐成熟。所有的新事物都会使孩子困惑，但也会使他逐渐成长。

如上所示，我们谈论过帮助孩子上床睡觉的方法：保持安静、尊重他的习惯、安排规律日程等。不过，如果这种入睡焦虑以某种方式意外出现，一直延续或者越来越严重，**这是一个有必要试着了解孩子的信号**。

● 洛里一连几天都拒绝上床睡觉。经过了解，他的父母意识到洛里再也忍受不了带有横档的婴儿床了，他感觉自己被关在里面。换了大号的床后，一切恢复正常，在大床里，他不再想要逃离……

● 由于职业原因，罗莎莉的父亲经常出差。罗莎莉能感到每次父亲出差时母亲的担忧，因此她睡得不踏实，晚上会哭闹好几次。母亲与儿科医生交谈后意识到，应尽可能不将自己的担忧传染给孩子。

● 或者，孩子的父亲或母亲经常深夜才回家。孩子不愿上床睡觉是想见到父母，而父母也想充分享受和孩子在一起的时光。但是，尊重孩子的睡眠需求很重要：白天孩子可以延长小睡时间，以便晚上可以等妈妈或爸爸回家，或者父母确保在另一个时间（例如周末）跟孩子待在一起，满足他的情感需求。

● 家庭生活中的事件可能会干扰孩子的睡眠，例如弟弟妹妹出生、搬家、父母分居、住院等。2岁的罗曼在他的小妹妹出生前两个月每晚呼唤父母并哭泣，小妹妹出生后，依然持续这种状况。在罗曼幼小的心灵里，他觉得自己被忽略了，意识到妈妈不能再像以前那样抱着他了。虽然妈妈很累，但他也需要妈妈的关爱，因为他还能记得不久前得到过。

可能导致罗曼夜醒的其他原因：噩梦、意外吵闹声，与婴儿出生的环境有关的，这些都可能在罗曼心里打下"烙印"。尽管很疲倦，父母却没有生气，他们安抚他，让他感到安心。当妹妹被安排在罗曼的房间里，而不再是父母的房间里时，一切都变得正常了。

因兴奋而无法入睡

引起兴奋的原因多种多样，可能是对睡眠节奏的打乱：有的孩子可能在育婴保姆家小睡时间过长或者快要入睡，回到家时，他正处于清醒阶段，无法再找到让他入睡的放松状态；有的孩子本是"早睡娃"，但由于晚上家人聚在一起玩耍，却让他又兴奋了1个小时，这样，他再也无法入睡了。

也有周围环境的影响。比如父母、祖父母或育婴保姆，刺激孩子说话过多或走路过多，或者苛求孩子过早学习如厕，或者孩子年纪太小无法在学校待一整天……大人应知道，过度刺激、发怒、疲劳，都会妨碍孩子睡眠。夜晚的宁静需要从白天的宁静开始。

噩梦和夜惊

有时，孩子半夜会突然惊醒，表情看上去很害怕。他坐在床上，感到混乱，逐渐知道刚才让他感到害怕的事并不存在，但仍然感到困扰，所有在梦中体验的感情都深深地影响了他。他一旦重新睡着，剩下的夜晚可能会安静下来。

夜惊与此不同：孩子发出叫喊，似乎惊恐不安，有时甚至下床躲在房间的一角。你跟他说话，他会紧紧抓住你。但是，他没有清醒，没认出你来，他重复一个词语，或指向一个想象中的事物。这时候不要叫醒他，他不用清醒就能平静下来。早晨，他对夜晚发生了什么一点儿也想不起来。

醒了怎么办？

去看看孩子，温柔地跟他说话，握住他的手，用镇静的声音使他放心。如果他想叙述自己的梦境，让他表达出来，以便能得到解脱，这会让他放心。需要有灯光吗？在隔壁房间留一盏灯，半打开隔壁房间的门，或放一盏小夜灯。当然不能责备孩子或让他为自己的害怕感到羞耻，这只会助长他的焦虑。尽量不要把他带到你的房间，孩子不知不觉中可能倾向于使用这种办法回到父母身边去睡。

发现原因

2—5岁之间，小噩梦经常发生，不必担心，它能让孩子释放紧张感和满满一天中的冲突。阿黛尔今年2岁，父母听到她在睡梦中说："我的，我的！""轮不到你，走开……"在4岁半的时候，可跟孩子说明噩梦是有益的，因为它们可以让你表达出令人恐惧的事情，从而将这种恐惧"从脑子里赶出去"。

但是，如果噩梦屡屡发生并侵占了孩子的睡眠，则必须找

出原因。原因可能是平淡无奇的、偶发的：孩子的床是否够宽？睡起来是否舒适？是不是盖太厚了？晚餐是不是太丰盛？有没有给他讲恐怖故事？在托儿所或育婴保姆家里今天过得顺利吗？是不是他在电视上看到了令人害怕的画面？你的孩子可能敏感，让其他孩子无动于衷的事情可能会影响到他。3岁开始，孩子会对父母睡在同一张床上而他一个人睡产生疑惑，这时他已经进入恋母阶段。

噩梦的起源可能让你意想不到。例如，你对孩子提出过严或过早的纪律要求；学习如厕、要听话；或者，孩子与兄弟姐妹发生冲突；或者是，他周围的气氛，那几天的活动太让他兴奋——他缺乏平静和安宁。

夜间障碍白天解决

儿童的睡眠障碍不是严重的症状，不能靠一剂良药得到解决，而需要父母的关切和理解。最容易困扰孩子的问题往往也是家庭内部的问题，有必要了解造成这些困扰的原因，以减轻孩子的负担。不要让情况变得更糟。如果可能，在父母都在场的情况下，带着孩子，专门就此问题咨询医生，一起找寻可能导致孩子睡眠障碍的原因。

本章关于睡眠的结语

请记住，睡眠是生活的重要组成部分，也是机体平衡的基础，使我们能够恢复精力。经过一整夜良好睡眠之后，我们会感到清爽、无拘无束，对孩子来说也同样如此。略有不同的是睡眠还在孩子的生长发育中起到重要作用，生长激素也主要是在睡眠期间进行分泌。另外，正是在快速动眼睡眠的过程中，经验、发现和技能才能存储在记忆中。因此，在很大程度上，孩子大脑的"构建"、身体的发育是在睡眠过程中完成的。我们一般都知道食物在生长发育中的作用，而往往对睡眠在生长发育中所起的根本作用、以及如何保持高质量睡眠的方法知之甚少：规律的就寝时间，睡前的平静与安宁，合理的睡眠时长等都很重要。请记住，儿童期良好睡眠习惯的养成可以保证孩子成年后拥有良好的睡眠。

孩子哭了

孩子的哭泣是对父母的日常考验之一：他为什么哭？生病了吗？其他宝宝也这么爱哭吗？是应该抱抱他进行安慰，还是不要惯他的"坏习惯"？焦虑与疲劳相叠加，使许多父母不堪重负，并使父母尤其是母亲陷入更大的焦虑之中。

首先，请知悉下面的观点，这样你会感到安心：几天、几周后，宝宝的哭声将不再使你立即联想到疼痛或疾病，你会感到更加自信，并且能够分辨出哪些哭泣是疲劳、饥饿或紧张，哪些仅仅表示婴儿的悲伤和需要爱抚，哪些表现出身体不适，到那时你就会忘记以前的烦恼。但是，既然你在这本书中寻求答案，那么毫无疑问，婴儿的哭声肯定使你担心并深深触动了你。让我们先尝试了解宝宝的哭声吧。

其次，**宝宝哭了一定要去看他**。确保他的姿势并没有不舒适，他的衣服不紧，他不热，没有被灯光打扰。是噪音（吸尘器、收音机、电视、抽水马桶、电铃、街道警报等的声音）吵醒他了吗？上次吃奶后打出嗝了吗？是否需要换尿布？屁股有没有发红发炎？是不是马上要到吃奶的时间了？孩子是否有排气？

假设一切正常，上述任何情况都没有出现，那么你的孩子很有可能在自我"发泄"。这对于新生儿来说很常见，这种情况通常在傍晚会更加剧烈，我们稍后会谈到。

最初几个月：正常的宝宝啼哭

婴儿哭泣会让人认为他感觉不舒服，并且每个人都竭尽全力让他停止哭泣，并试图找回与"健康"宝宝相适宜的镇定和安静。但是，确切地说，健康的宝宝是会哭泣的宝宝。

国际知名儿科医生 T. 贝里·布雷泽尔顿率先指出，一个健康的婴儿平均每天要哭 3 个小时。哭泣是新生儿寻求帮助、被理解、与父母沟通、与父母保持联系的唯一途径。哭泣和眼泪先于身体的其他表现（微笑、面部表情、动作等）和言语出现。婴儿将哭泣视为一种**语言**，以吸引父母注意，父母则必须寻求其含义并对其做出回应——即使他们的哭泣总是很难解读。

因此，与大孩子相比较，可以了解到，婴儿哭泣的原因主要是：饿了、肚子疼、某事打扰到他了、累了、紧张或刺激过强无法放松。最后一种情况下，最好把宝宝放到床上，让他保持安静。宝宝还会再哭一会儿，然后才会入睡。如果把他抱在怀里，他还继续受到刺激，就无法平静下来。对于某些宝宝来说，这段短暂的哭泣在入睡前必不可少。

应该把哭泣的婴儿抱在怀里吗？

把孩子抱出婴儿床之前，有几种方法可以让他冷静下来：可以轻柔地和他说话；把玩具固定在床上，把床推到灯前，让音乐盒响起来，以此分散他的注意力；可以用安抚奶嘴吗？当婴儿非常需要吸吮时，奶嘴可以作为一种解决办法、一种助眠工具，但不建议经常使用。

尽管如此，有些婴儿还是感到很委屈，直到他们被抱起来之后才能冷静下来。如果你觉得抱一抱可以起到安慰作用，请不要犹豫，把哭泣的孩子抱在怀里。产后妈妈需要感觉到宝宝紧挨着她，而婴儿则喜欢被包裹着、安全地抱着。不要受周围人的影响，他们有时不理解这些心理需求。"要小心，他会牵着你的鼻子走""你让他养成了坏习惯"，这些是父母经常听到的评论。请照你觉得合适的方式进行：宝宝正在适应他的新生活，这并不容易，他**不是由于任性而哭泣**。因此，如果没有其他办法能使他平静下来，请不要受他人的影响，把孩子抱在怀里，然后轻轻摇晃。

当宝宝平静下来后，可将他放在游戏垫上；如果你认为他昏昏欲睡或需要安静，就把他放在婴儿床上。你可以告诉他你要做什么："你自己先玩一会儿，我要给你姐姐准备饭，她很快就要放学了。""你困了，在小床上睡个小午觉，然后我们去广场花园散步。"宝宝会对镇定的、让人放心的音调敏感。最开始他会哭一会儿，但是如果你始终以相同的方式跟他沟通，安静地解释自己在做什么，边说边做，宝宝很快就会学会等待。

如果确实没有办法使宝宝平静下来，也可以通过宝宝的行为了解他的真实状态，在他吃得好、对外部世界感兴趣、气色很好的情况下，你就可以放心了。

3个月后

3个月后，一切都会好起来的。孩子会对他周围的事物越来越感兴趣，可以更加平静地等待进餐，或呼唤后等着大人过来。他开始区分昼夜，白天过着有规律的生活，这让他获得了安全感：吃奶、洗澡、外出、在游戏垫上玩耍……牙牙学语、通过微笑表现快乐、大笑。目前，哭泣不会再无法解释，但会在特定情况下突然发生，比如长牙、出现各种焦虑、新发疾病，等等。

7—8个月，孩子看到母亲或父亲远离时，会因为悲伤而哭泣；看到陌生面孔时则会因为担心而哭泣。然后，他会开始学会生气，比如经过尝试但仍然无法被理解时，或者无法抓住物体时。他将在2岁左右的某一天体会到恐惧——因为害怕黑夜或动物而哭泣。但是当他长大变得更加机灵，伴随着语言的发展和学会表达自己，大脑发育更成熟时，他的哭泣就会越来越少。

宝宝哭得厉害

疼痛哭泣

肠绞痛是导致婴儿状态异常、猛烈哭泣的主要原因之一。肠绞痛的发病原因尚不清楚，但有许多种减轻疼痛的方法。

有些办法对部分婴儿有用（详见附录《孩子的健康小词典》"婴儿肠绞痛"词条）。请注意，肠绞痛发作会在3—4个月内消失。

婴儿不舒服的另一个常见的原因是胃食管反流。胃中的食物会经食道上升，让婴儿有烧灼感，非常痛苦。这会引起婴儿在喝奶时哭泣，吃完了还会哭泣。胃食管反流通常伴随着漾奶，也有可能不会发生漾奶。如果你觉得宝宝出现了类似的症状，例如餐后显得很不舒服，请及时就医（详见附录《孩子的健康小词典》"胃食管反流"词条）。

夜啼

从3周—1个月，婴儿常常在傍晚无故哭泣。宝宝刚吃完奶，换了尿布，也没有生病，啼哭只是他摆脱前几个小时积累的紧张情绪的一种方法。这时你可以用柔和的语调或温柔的手势让宝宝安心，安慰他，然后将他放在床上，保持安静。即使宝宝回到床上又哭了一会儿，也没关系，不必紧张。

如果你因婴儿的哭闹而筋疲力尽

无论如何，如果宝宝哭得很厉害，爸爸妈妈最终会觉得难以忍受。尤其是妈妈，通常前几周是她独自在照顾孩子，即便知道有些孩子就算一切正常也会哭得厉害，还是希望改善这种情况。她很累，常常感到不知所措和无助。宝宝夜晚哭泣时，爸爸的到来（或他在场）会让妈妈感到安心。爸爸可以分担此时精力的消耗，并避免随着婴儿哭泣妈妈愈发心力交瘁。妈妈通常需要这种轮流照顾来平复自己的心情，让宝宝安静下来。出院后，孩子白天会跟着妈妈出去散步，呼吸新鲜空气，待在婴儿车中通常会平静下来，这对妈妈也有好处。

如果经过各种努力，你仍然面临难以忍受的啼哭，请尽快向周围的儿科医生、妇幼保健中心等医疗专业人士咨询；也可以联系父母和朋友，寻求他们的帮助和安慰。

安抚奶嘴，吮吸拇指

婴儿出生前，有时能在超声下看到他吮吸拇指，这会让准父母非常激动。由此可见，宝宝对吮吸的需要自然产生，出生后仍然存在。

婴儿

在最初的几个月，婴儿所有的快乐都来自口唇：吃东西、吮吸拇指或安抚奶嘴能给他带来真正的安慰。这并不意味着有必要在他出生时就要提供奶嘴。有些婴儿被抱着、被轻轻摇晃时，哭声就比其他婴儿少。另一些婴儿很快发现拇指的优点是随时可以吮吸。再往后，一些大人会让婴儿有吮吸需要时能进行自主选择。

如果宝宝哭得很厉害、患有肠绞痛，安抚奶嘴可以缓解不适，宝宝睡不着时、发怒时、需要在两次喝奶之间等待时都可以使用。当父母无法安抚宝宝时，安抚奶嘴能够帮助父母获得解脱。在美国，安抚奶嘴被称为Pacifier，即能带来和平与平静的物品。安抚奶嘴与其他相关预防措施联合使用，是预防婴儿猝死综合征的有效工具。

但是，宝宝哭泣时应该立刻给他安抚奶嘴吗？首先，我们可以尝试用温柔的话语来安慰他或者安抚性地抱着他。

即便安抚奶嘴可以让哭声立即停止几分钟——有时这几分钟的哭泣听上去会无比漫长——也尽量不要经常性地让宝宝吃，更不要让他一直使用。宝宝要会发出呀呀的声音，试着用嘴巴吧唧出声音，吮吸手指……也要会哭一哭，一个孩子必须要用某方式表达自己。成人通过体育运动或生气来释放压力，婴儿也有权发泄，有权哭泣。婴儿应能接受通过摇晃、爱抚、听歌等不用安抚奶嘴的方式进行安抚。

幼儿

有些孩子在第二年自发扔掉安抚奶嘴，但也有些孩子仍然需要使用。休息或睡眠仪式的年龄因孩子而异，不要突然取消安抚奶嘴，所有改变必须逐步进行。想要在没有过渡的情况下戒掉某个习惯，反而有可能会强化它。同样，请勿试图阻止孩子吮吸拇指，因为随着长大，孩子自己会放弃的。安抚奶嘴可以帮助较大的孩子度过一天中的很多时段：累了、分离时、入睡时。试着让他渐渐习惯把安抚奶嘴留在床上，直到睡前再使用。

在一些托儿所中，每个孩子都有自己的"奶嘴盒"，当老师说要去玩耍、出去或者现在不吃奶嘴了的时候，孩子会自己主动放下它。他还可以再去取回它使用，例如在午睡时。

如果你的孩子不要求用奶嘴，当他玩耍时，坐在童车里与你一起散步时，或者看着周围充满好奇时……请不要给他奶嘴。安抚奶嘴含在嘴里，孩子不能说话或微笑。你的存在、你的交流能帮助他逐渐变得独立。

当你觉得孩子准备好"忘记"安抚奶嘴时，记得鼓励他："午睡时没有吃奶嘴，你长大了！"孩子有重大进步时通过语言鼓励，能帮助到孩子。可以用同样的办法让他逐渐习惯于不再拿起安抚玩具。

充实的一天

最初，婴儿每天的生活主要由睡眠和进餐构成。但是，随着逐渐成长，很快他的关注点就会成倍增加，并且呈多样化趋势，也会与周围的人越来越多地沟通和交流。玩耍、洗澡、外出、散步、去托儿所……宝宝一天的活动很快就安排满了。

外　出

当我们谈到外出时，会想到散步——在广场花园里、树林中。这里指的不是去学校接大孩子或去看儿科医生的必要外出。孩子们喜欢外出，婴儿也如此。

婴儿

宝宝很快就能意识到散步时间到了。他会追随着大人的准备工作，表现出急不可耐地想到外面去。把宝宝放在婴儿背带或婴儿车中，他会看花朵，看孩子们嬉戏玩耍。外出无疑对宝宝的身心发展是一种良好刺激，同时，也能抚慰情绪紧张的婴儿。如果条件允许，婴儿第一周就可以外出。

如果宝宝生病了，医生可能会建议你过几天再带他出去。如果下雨或有雾，请避免外出。

学走路的孩子

孩子喜欢在户外练习走路，而不是在家里。在公园里，他喜欢推着婴儿车走，这样能学得更快。孩子要走得好需要练习，并且喜欢和其他孩子在一起。

关于外出的一些注意事项

- 天气炎热时，请勿让婴儿在车篷收起的车中入睡，易发生中暑。将婴儿车放在阴凉处，并不时检查孩子是否太热。

- 绝不能将婴儿单独放在汽车中，无论是在阳光下还是在阴凉处（因为车可能会发动）。这些建议并不多余——浏览各种新闻事件时，可以看到父母经常把宝宝忘在车里。

- 天冷时，请考虑给孩子戴连指手套。手套在腕部有挂绳连接则不易丢失。如果你的孩子由保姆照顾，请确保他的日程安排中有外出活动。

游戏和玩具

当孩子玩耍时，游戏对他而言不仅仅是一种消遣。成年人玩纸牌或网球是在寻求放松，孩子玩耍则是在锻炼思维和肌肉力量。游戏是他正常的活动，是成长必不可少的要素。通过玩耍，孩子发展自己的想象力和创造力。游戏是他学习表达自己的反应和情感的一种个人化活动。当小丽莎责备布娃娃弄湿衣服时，她可能会模仿父母的严厉语气。阿克塞尔非常害怕，因为一辆汽车在他们的面前打滑，几天来，他用玩具小汽车"重演"了这起事故。莎拉在学校义卖会上玩得很开心，事后她会用毛绒玩具重复自己特别喜欢的活动和游戏。重要的

是，孩子要有时间玩这种自由的自发游戏——他不需要一直参加看上去更有用的早教班或玩精致的玩具。

不同年龄段的偏好

通常父母不会太清楚该给孩子预备哪种玩具。去商店时，他们经常问"一个2岁女孩的玩具"或"3岁男孩的玩具"，而不是直接问一个洋娃娃或一辆小汽车。每个年龄段都有其独有的偏好，这就是我们想帮助你的原因。下面列出了孩子1个月到4岁会喜欢的玩具的清单，并附有选购意见。当然，如果在相同年龄，其他孩子对拼插游戏、拼图游戏感兴趣，你的孩子却有可能不喜欢，不要因此对他的成长质疑。他只是有其他的兴趣，你一定会发现的。

1—4个月

宝宝会辨识声音和色彩。宝宝在这一阶段喜欢摇铃：要选大的、手柄粗的，因为婴儿无法做精细抓握动作，也可以带彩球或铃铛。宝宝要通过啃咬来减轻牙龈压力，可以在摇篮或婴儿车内挂上摇铃，或者在婴儿床头挂上动物挂件，选择容易清洗的橡胶或织物质地，因为宝宝很快会将它们放进嘴里。也可以悬挂可以活动的玩具，因为婴儿喜爱活动的物体。你会注意到，这个年龄的孩子已经知道软硬、布娃娃和塑料拨浪鼓的区别。

4—8个月

宝宝学会以多种方式使用他的手：敲打、抓刮、拉扯、按压、松放等。把宝宝放在游戏垫上，他会有机会做出这个阶段的孩子感兴趣的动作。如果宝宝还不会独自翻身，可让他交替采用仰卧和俯卧的姿势。给他按压可以出声的橡胶动物玩具、能带来满足感的更灵巧的摇铃，如音乐摇铃。他会喜欢照小镜子，但是他并不知道在镜子里看到的是自己的脸。他会喜欢看图画书。孩子在这个月龄会试图起身坐着。在床上或游戏围栏上挂一个拱门，他会觉得很有趣。到了晚上，可以借助音乐盒哄他入睡。

8—12个月

你可以将宝宝放在游戏围栏里，在他周围摆上玩具。他最有可能做的是将东西尽力扔远，以便观察东西会掉在哪里，这是他最大的乐趣。因此，请准备摔不碎的玩具，包括橡胶动物、塑料立方体、布娃娃、毛绒动物等。他还会喜欢珠子和螺旋形的玩具，请预备可以绕着多个轴移动的绕珠。他能灵巧地将圆环放在中心轴上搭建金字塔。摇晃发出声音的玩具（沙锤或"哼哼牛"）会逗得他大笑。他喜欢——并在下一阶段仍然喜欢——各种盒子：鞋盒、塑料盒……他不知疲倦地将积木块或其他宝贝放在里面，练习合上盖子。在这个年龄，他开始爬行，喜欢在外出时用手拿着一个小玩具。洗澡时，可以给他准备如鱼、鸭、青蛙等漂浮玩具。

12—18个月

把一个可以滚动的玩具推到宝宝面前，让他感觉能扶着玩具走，这会给他迈出第一步的信心。可以是木制动物，音乐滚筒等，他还会喜欢用绳子拉着玩具学步。坐着时，他会用更灵巧的双手垒放圆环、堆叠杯子，也很喜欢摁压有声书上的图画（发出动物叫声、风声、雨声、乐器声等），喜欢塑料小汽车、大块乐高等。由于正是开始自己吃饭的年龄，他还喜欢用勺子和塑料碗玩耍和练习。洗澡时，给他可以倒空、灌满和分装的容器。这个年龄也开始玩沙堆，给他预备模具、水桶、喷壶、水磨或砂磨玩具。也可给他预备泡沫球和气球。

18个月—2岁

孩子什么都想触碰，会到处跑，制造出声音，把东西搬来搬去。因此，为了满足这些新的需求，给他预备一匹带滚轮的小马，一辆木制火车，他会把它们会从房间一头拖到另一头：对他来说，会拖动是一种进步，这比推的动作要难。他还知道如何爬上小卡车，如何向前移动它。他会用积木填满拖车，喜欢推倒"九柱戏"游戏中的塑料柱，并试着再把它们扶起来。安静的时候，可以让他玩一些锻炼灵巧性的玩具：木制拼图、鸡蛋和套桶积木、形状配对玩具（盒形玩具，其盖子上打有不同形状的孔：附有对应形状的积木，孩子必须在相应形状的开孔处塞入积木）。在这个年龄，他会喜欢用木槌敲打木制台面或木琴。最后，从18个月开始，孩子喜欢你给他讲小故事。

2—3岁

在这个年龄之前，可以给男孩和女孩玩一样的玩具。但是从2岁—2岁半开始，习惯、环境会让我们给女孩买布娃娃，给男孩买小汽车玩。但是如果孩子希望玩习惯给另一性别孩子的玩具，为什么不给他呢？有些女孩喜欢玩小汽车，就像一些男孩喜欢照顾小熊或洋娃娃一样。朱尔的父母发现，当去表姐妹家时，他很喜欢玩她们的玩具婴儿车，于是给他买了一辆玩具婴儿车作为2岁的生日礼物，朱尔很高兴地用它带毛绒兔去散步。孩子从这个年龄开始模仿父母和周围的成年人：开车、打电话、旅行、做家务或购物。梅洛迪2岁半，可以玩很长时间的过家家游戏：给她的洋娃娃、周围的成年人和她自己做饭。欧内斯特则非常喜欢和父母一起做饭。

这个年龄的男孩和女孩都喜欢积木做的村庄、动物和农场、花园里的独轮小推车。记得给孩子预备贴纸、水彩画笔、彩色铅笔、橡皮泥（即使你认为很脏），孩子再大一些时，给他预备剪纸剪刀（剪刀要圆头，使用时最好有成年人在场）。这些活动简单，工具便宜，但很多孩子上学时却根本没有接触过这些物品。运动方面，孩子们喜欢三轮车、摇摇马，疲倦时喜欢看图画书，或用套盒玩具练习灵巧性。

3岁

这是想象的年龄。长裙和皇冠会把小女孩变成公主；围上围巾穿上斗篷，小男孩则成了海盗。有的孩子喜欢乔装打扮，有的则讨厌这种游戏。这个年龄的孩子也很喜欢戴面具。男孩和女孩都喜欢用医生药箱给玩具熊或洋娃娃看病。他们对书越来越感兴趣，能一边看图，一边自己编故事。他们喜欢拼插类游戏、大型拼图、简单涂色，以及在公园里荡秋千和滑滑梯。

他们还会以小玩偶、塑料动物或其他玩具为对象编故事。小女孩仍然非常喜欢洋娃娃，知道把它打扮漂亮。小汽车仍然是男孩最喜欢的玩具——自动倾卸车、起重机、推土机、拖拉机，以及在塑料或木制轨道上运行的易于组装和拆卸的小型火车。

阅读故事也可以激发孩子的想象力：所有孩子都喜欢听故事。这种爱好将持续整个童年，甚至更长时间。书中的故事、父母编的故事、童话故事等。

4岁后

现在，像成年人一样，你的孩子会骑自行车、踩踏板车、打球（只知道如何扔球），开展需要耐心的游戏（简单卡牌、拼图等）和精细拼插游戏。他会听音乐，会读越来越多的书，然后给他的洋娃娃或玩具熊讲听来的故事。他喜欢画、剪、粘贴：在一个简单的笔记本上贴满剪纸、贴纸，会令他非常满意。他会一直喜欢并且很长时间都会喜欢用塑料玩偶模仿构建周围的世界、编故事：学校、农场、卧室、厨房、房车……也逐渐喜欢上与其他孩子一起玩这些游戏。小女孩会给玩具娃娃洗澡，然后一边唱歌一边轻轻晃动它。小男孩仍然对小汽车感兴趣，但喜欢功能更加复杂和更完善的车，如遥控小汽车。

日常游戏和物品

孩子不只会玩精致的游戏，空纸箱、木勺和平底锅、一根绳子或一条彩带都能玩很长时间。许多日常用品都可以变身为玩具：8个月大的阿妮莎费力地拿起玻璃罐的金属瓶盖对敲，最后敲响的时候她非常高兴；14个月的巴尔萨扎尔喜欢上一个小瓶子，外出时也不撒手；20个月的马丁不再待在玩具边上，而是跟着父母在房间里四处转来转去，随手抓住手边能碰到的东西，如桌上的铅笔、厨房扫帚，或打开橱柜，把抽屉里的东西一样一样拿出来。模仿大人做家务，在街上看着行人，或者汽车来来往往都是这个年龄段的孩子非常喜欢做的事。

所有这些兴趣和活动都与儿童发展阶段相关，我们将在第4章中讨论。

"把你的玩具收拾好"

父母经常这样要求孩子。这很容易理解，看到小汽车或积木被扔得到处都是，令人非常烦躁，这种状况下也不方便做家务。此外，如果房子很小，也会影响家人。孩子自己意识不到这些，他生活在自己的世界中，玩具是其中的一部分，杂乱无章并不会妨碍他，他会在最混乱的一大堆玩具中找到最小那颗积木，对他来说也是一种乐趣。不过迟早他会发现井井有条的好处，在这之前，如何调和父母的意愿与孩子的态度呢？不定期与他一起整理房间，告诉他"帮助我"，给他储物柜、篮子、箱子（装毛绒玩具的篮子、装小玩偶的盒子、摆放图书的书架等）。但是不要说"如果你不收拾东西，我把你的玩具送给其他人"，这种威胁不会起任何作用，更何况父母很少真能这么做。

当心有危险性的玩具

许多国家有玩具的具体安全标准、标签标准，并强制执行。中国也颁布了《中国玩具安全CCC认证及技术标准》，涉及玩具的耐火性及其机械、化学特性（使用的材质、毒性、硬度等）。这一规范化正在逐步推广，以减少各种化合物的添加：阻燃剂、金属、生物杀伤性化合物、双酚 A 等。但是，市场上仍然存在危险的玩具，父母在选购时应该警惕。

需要特别注意的是微小模型，因为它们本身不被视为玩具，监管难度较大，可能对儿童相当危险。

父母必须保持警惕性。洋娃娃或玩具熊的眼睛，由玻璃或塑料材质制成，可能会给孩子带来伤害或被孩子吞咽；固定毛绒玩具耳朵或爪子的铁丝，可能会划伤孩子；塑料眼镜可能会破碎；活动玩具上的小零件会被孩子抓住、送到嘴里；木质玩具的钉子、布娃娃帽子上钻出来的一个别针……都可能引发严重的事故。正常情况下，玩具应能经受住拍打、冲撞、啃咬、吮吸，请提前进行安全确认。注意乳胶气球会爆炸，孩子可能会吸入气球碎片，引发严重的呼吸困难。

如何知道你购买的玩具是否符合强制性标准？答案是：寻找玩具上的安全标识。"CCC"标识是"中国强制认证"的英文缩写，是中国对涉及安全、电磁兼容、环境保护要求的产品实施的强制性产品认证制度。童车类、电动玩具类、娃娃玩具类、塑胶玩具类、金属玩具类和弹射玩具包装上必须加贴 3C 标识。

建议购买**适合儿童年龄的玩具**。许多制造商也给出了玩具使用年龄指示。因此，供5

岁或6岁儿童使用的拼插玩具给婴儿玩可能很危险。此外，还有尺寸问题：婴儿可能会吞下小玩具。记住这个标准："**孩子小，玩具个头儿要大。**"当大孩子们在玩诸如玻璃珠、小玩偶或小布娃娃之类的小玩具时，避免让幼儿参与。注意某些玩具上的纽扣电池有被吞咽的危险。如果万一发生这种情况，必须将孩子送往医院：电池中含有腐蚀性和有毒的物质，必须尽快取出。最后，弓箭玩具、枪、飞镖和鞭炮对所有年龄段的孩子都不建议。还要提醒一点，毛绒玩具极易藏匿灰尘，是过敏、顽固性咳嗽的诱因之一，请记住要定期清洗。

热爱阅读从小开始

不是让你督促孩子过早开始阅读，而是鼓励你尽早在崇尚阅读的氛围中抚养孩子，这将使孩子逐渐喜爱图书，获得阅读的快乐。读书可以激发孩子的想象力。任何年龄段的孩子都会感到阅读充满趣味、读书具有教育意义并能从阅读中得到消遣。现在，大多数托儿所有一个可供儿童阅览的图书角，让孩子从低龄开始就习惯接触图书。孩子们学着自己翻书，观察书中的各种颜色和图形，逐渐培养讲故事的能力。

各种电子产品：电视、平板电脑、电脑……

电子产品是我们日常生活中的一部分，在我们的生活环境中无处不在：产科病房、托儿所、小学、初中、高中……无论是直接接触电子产品，比如观看节目、在平板电脑上玩游戏，还是间接接触电子产品，比如打开电视作为背景音，孩子们在屏幕前度过的时间越来越长。我们必须考虑到这种变化带来的危害——这与为从婴儿到幼儿阶段的孩子最大限度地创造良好发展条件并不矛盾。

> 🔍 重要提示
>
> **注意玩具
> 中的化学成分**
>
> ·给孩子玩玩具前，请先从包装中取出玩具，置于通风处彻底通风。
>
> ·织物类玩具首次使用前和使用之后应定期在30℃的温水中清洗。
>
> ·木制玩具，最好使用未上漆的原木制作。
>
> ·对于新生儿，优先使用天然、未经处理的或有机材料制成的玩具。避免PVC材质的玩具。

电子产品对幼儿发育的影响

与其他物品不同，电子产品更易获得关注，更易使人着迷。非常重要的一点是，年幼的孩子还不擅长自我管理和调节，总倾向于优先选择电子产品而减少参与其他活动。现代社会，通常很难让孩子避免电子产品的影响，其使用时间也极易引发父母与孩子之间的矛盾。

一位妈妈给我们这样写信：

"3岁的瓦蓝娜看动画节目时，我很清静，她不会乱动，就像被屏幕'粘住'一样，一动不动。但是当我关掉电视带她去公园时，即使之前告诉过她，而她也的确喜欢外出，但她还是很不高兴。"

我们知道长时间接触电子产品会对孩子各个方面的发展产生负面影响。

注意力

在孩子玩耍的房间里打开电视时，他的注意力通常会被明亮的电视画面、令人紧张的声音吸引过去。孩子断断续续地看着屏幕，对世界的发现和探索被屏幕上的来回往复的画面打断，无法专注于玩玩具或当前的活动。即使不看屏幕，背景噪音也会对他产生干扰，让他无法把注意力集中在所做的事情上。"电视打开时，索尼娅从一个玩具到另一个就只玩一会儿，并没有真的感兴趣。现在，关掉电视，她可以长时间专注于玩游戏了，叽里咕噜地说一些我们听不懂的话，像在讲故事一样。"

早晨是孩子一天中注意力最集中的时间，小学甚至幼儿园里，孩子在这个时间段学习知识。建议上托儿所或去学校之前不要看电视。有些孩子对自己喜欢的节目到了"成瘾"的地步，为了看电视甚至能自我调整起床时间。

语言能力

从2岁起，语言能力便迅速发展起来。为了帮助孩子培养表达能力，成人应多跟孩子讲话，与孩子多交流。研究表明，电子产品打开时，父母会更少面对孩子，因此，孩子也会相应地更少面对父母，他们之间对话的频率明显下降。孩子在场时请关掉电视，这样有助于他语言能力的发展：父母能通过与孩子的对话互动，丰富他的词汇量。

一位爸爸如是说：

"当我们决定早上不看电视时，3岁的伊万表现出非常不满，但我们也一直坚持。从此以后，他起床变晚了，也不再一边喝奶一边看电视，在自己房间里玩的时间更长了。"

发现世界

从出生到3岁，儿童通过五种感觉来发现自己生存的环境，进行探索，并对此构成稳定的印象。通过触觉、嗅觉、视觉、听觉和味觉，孩子们借助物体练习，并理解其运行方式。他将操纵、触摸、闻到、品尝到物体的不同特征，如坚硬、顺滑、粗糙……对于克莱芒来说，光滑、柔软、绿色、圆形已经逐渐成为同一物体——绿色布球的特征，组成他熟悉环境的所有物体也以同样方式得到认识。如果房间中的电视一直开着，或者他在平板电脑上消磨的时间太长，那么他对世界的感觉、运动探索进程会被推迟。

社交能力

孩子们主要是通过模仿来学习社交技能。在与他人的互动中，孩子会对他的所见进行模仿。如果我们大喊大叫、在孩子面前表现出攻击性，他会倾向于在托儿所、学校有相同的表现。通过屏幕接触暴力内容具有与之直接接触相同的效果。所以当孩子与你在一起时，不要看电视新闻。暴力、血腥的画面会对幼儿情感产生强烈影响，孩子会直接接收画面传达出的信息，并不会理解这些画面背后的各种因素。最好让孩子们先吃晚饭，利用这一时间与他们讨论和日常生活息息相关的内容。

对孩子视频游戏的内容要保持警惕。许多低龄游戏中包含了攻击性动作。玩家每次执行这种攻击行为都会获得奖励，根据打斗、射击或攻击动作的频率和效果获得游戏成就。这种游戏会影响孩子的社会行为，因为他在6—7岁前无法将虚幻与真实世界区分开来。

什么时候开始可以接触电子产品？

孩子几岁起可以看电视？用平板电脑玩游戏行吗？许多父母问到这个问题。此前，美国儿科学会建议孩子不要在3岁之前接触电子产品，现在则将限制设置为2岁。降低这一接触门槛可能与呈指数增长的电子产品数量和多样化的电子产品形式有关。但这给出的提示是，表明孩子2岁之前应避免使用电子产品，但也并不意味着2岁之后怎么做都可以。

你还可以参考孩子在屏幕前的反应作出判断：如果2岁半的雅思米娜能把自己的所见复述出来，可以给她播放1—2集她最喜爱的长度较短、画面切换足够缓慢的动画片；但是如果她什么都不能复述出来，说明她还不能重现接收的内容，理解其间相互的因果关系；这时，应该优先选择给她讲故事，帮助她发展高质量的语言能力，这将更好地帮助孩子了解屏幕上发生了什么。

平板电脑什么时候可以用

平板电脑推出的游戏越来越低龄化，但请注意，这里吸引孩子的主要是三大要素：会动的、会发光的、能让他们保持安静的，这和对真正的世界进行探索没有可比性。2岁的纳森喜欢玩平板电脑游戏，用手指触摸让气球爆炸。每次成功时，闪闪发光的画面和特别的噪音会同时出现……他每次都能成功，可以比其他人玩更长的时间。但是他学到什么呢？让虚拟的气球越来越快地爆炸，这无法转化为现实的经验，也不可能令他学会更熟练地投掷或射击。孩子是通过双手和手指触碰、嘴巴品尝、眼睛观看、身体调整进行学习的。

此外，即使平板电脑上的某些游戏活动与真实世界中的名字相同，也不能让幼儿提高相应的能力。马蒂厄非常善于玩平板电脑拼图游戏，这并不意味着他在玩真实拼图游戏时也一样优秀。在平板电脑上，他用手指滑动拼图块，虚拟图块会自动拼合在一起，软件会对他的操作进行修正。在真实的拼图游戏中，他必须学习通过旋转、摁压、操作使图块相互拼合。

重要提示

**家庭电子产品使用
四大原则：**

· 上午不看；

· 用餐时不看；

· 睡前不看；

· 儿童房间不安置电子产品。

这些原则非常简单，源自美国儿科医生的建议，对所有孩子都非常有意义。

演　出

尽管正逐渐被电视取代，马戏团表演、木偶戏、电影仍是深受儿童欢迎的节目。

马戏团

今天还有一些让人着迷的马戏团，但是很不幸，大多数马戏团面对运营成本等各种困难，不得不解散。但是，每次大街上通过扩音器宣传有马戏节目时，孩子们仍会要求去观看，他们一直是热情、兴奋的观众，对小丑和杂技演员赞叹不已。

从3岁开始，带孩子去观看，不要犹豫。在这个年龄之前不建议去，因为音乐、掌声和动物会吓到他们。

木偶戏

如果你有机会陪孩子们看一场木偶戏，他们会很高兴。从3岁起，孩子们通常会对木偶戏非常着迷。这些角色和他们的洋娃娃或玩具熊一样大小，在微型剧台上表演，这非常适合他们。孩子们总是在木偶戏表演过程中非常活跃，他们大笑，大声表达自己的喜悦或失望，与角色合二为一，真正参与到了节目中。

电影

一场真正的电影会持续1小时30分钟左右，建议不要在5—6岁之前观看。即使到了这个年龄，如果孩子非常被动地坐在黑暗之中观看一场较长的电影，他的注意力也会迅速分散。动画电影时间较短，可以在4岁半观看。孩子喜欢这种以家庭为单位或以学校为单位的外出观影活动。

当心危险！

从孩子开始在室内室外转来转去的那一刻起，他的生活就充满了各种陷阱，有时甚至是危险。1—4岁之间，事故是导致儿童死亡的主要原因。事故风险高峰期在儿童18个月—3岁之间出现，第4章中你会读到在这个年龄段的详细介绍，孩子的心理运动能力发展将会促使他进行各种探索发现，但孩子们却意识不到这种活动可能带来的危险。

你可以在过度保护和缺乏限制之间找到平衡，要很快养成预见危险的习惯，例如把灶上平底锅的手柄向内转，收起各种药品和危险品。你会越来越有经验。

一个安全的家

根据孩子的年龄，下面列出了一些更详细的预防措施，父母可以参考。

1岁前

避免跌倒

● 再说一遍，永远不要将婴儿独自放在尿布台上——总要留一只手放在他身体上。与此同时，你的潜意识中必须清楚此时不能接电话（替孩子洗澡时一样）。

造成事故的主要原因

·婴儿在尿布台上，大人远离尿布台
·灶台上平底锅的手柄朝外
·婴儿床上放有枕头或被子
·窗户没有横档或围栏
·留孩子独自在浴缸里
·水龙头流出的水太热
·儿童可以拿到的药箱
·清洁品与食品混合存放或存放在孩子能拿取的壁橱里
·无保护的插座
·无保护的电加热器
·电动剃须刀或吹风机的电线挂在浴缸旁边
·拔下家用电器后，接线板仍然连着电源
·把熨斗放在搁板上，忘记了
······

● 孩子坐餐椅时不能无人看管；婴儿摇椅不要放在桌子上，要放在地板上；坐婴儿车时要绑好安全带。

避免烫伤

● 如果使用微波炉，请摇动加热物品，并通过以下方式检查液体（或玻璃小罐）的温度，例如在手背上滴几滴。即使容器温度很低，液体也会很烫，这一点容易被忽略。

● 提防孩子的奶盅或汤盘，孩子有可能打翻它们。

● 热水从浴室（洗手池，尤其是浴缸和淋浴间）水龙头流出时，可能导致严重烫伤。60℃的水在不到1秒钟的时间内会造成三度灼伤。如果你的热水器可以调节温度，将水温设置在安全温度50℃以下。如果可以的话，为水龙头配备恒温混水装置。婴儿洗澡前应采取的安全措施，请参阅第1章。

● 最后，要警惕任何可能导致婴儿窒息的物品，婴儿床上不能放置枕头或被子。当心猫咪可能会爬入婴儿摇篮，给婴儿在颈部佩戴项链时更需谨慎。

开始走路的孩子

孩子开始探索周围的世界，父母要保护好，避免他们在探索中出现危险。由于孩子很好奇，尚未意识到危险的存在，因此必须采取预防措施。

当心中毒

● 将所有药品存放在孩子无法触及的地方，具体预防措施如下：将药箱放在孩子无法拿到的地方，并锁好，确保所有药品（包括使用中的药品）都存放其中。为避免发生错食，请将孩子药品和成年人药品分开存放。放好你的包，孩子喜欢自己拿来玩，他可能会在包底部找到一管药品。看到过你吞下它，他可能会模仿你。

 重要提示

无论白天还是黑夜，无论孩子是4个月还是4岁，都不要让他独自在家，因为什么情况都可能出现：窒息、火灾、将椅子推到窗前导致坠落、"误吞"药物。另外，孩子独自一人可能会做噩梦，醒来时呼唤父母，父母却都不在身边，他会在空荡荡的房子里经历人生的第一次绝望。

- 把清洁产品放在孩子无法触及的地方，因为有些清洁产品带有毒性。切勿将它们转移到其他容器中，例如，把稀释的漂白剂倒入废果汁瓶中。

- 小心洗衣剂盒，儿童会误以为里面装着食物。

- 还应注意花园除草剂、杀虫剂和肥料等，其中有的有剧毒。

- 药物中毒（尤其是镇静剂和抗抑郁药）、家用洗涤剂中毒在儿童中毒案例中占大多数。注意，即使孩子过了最易染病的前三四个月，父母也不能放松警惕，起初最细心的父母也会变得疏忽大意。

- 避免在孩子很小的时候进行房屋内装修：粉刷、加装地板保护层可能会引发严重的室内空气污染。

- 简单谈一下室内植物。有些植物很危险，应教导儿童（包括很小的孩子）不要碰植物，最重要的是不要吃植物。

一氧化碳泄漏引起的**季节性中毒**很常见。每年检查一次家里的制热设备（木材、煤炭、天然气、燃气热水器等）是否运行良好；一年清洁天然气取暖导管一次，一年清洁燃油、烧煤或木材取暖导管两次。这也是保险公司的要求。如果制热设备出现问题，要知道该与谁联系，要向设备的卖家进行咨询，寻求帮助。一氧化碳特别危险，这种气体无味、无色、易扩散，发生中毒时无声无息，却可致命。

当心烫伤

- 别把装热水的容器放在地板上。

- 火上的平底锅手柄应朝向墙壁。

- 切勿在桌子边缘放置开水壶。

- 可以在炉子周围安装一个小栅栏，因为电磁炉加热后会长时间发烫，防止孩子碰到。

- 烤箱的门很烫，非常危险，孩子也能够着。可以加装栅栏或另一扇门加以预防。请记住，取出食物后立即把烤箱的门关上。理想情况下，烤箱应该放置在高处，这样对成年人来说拿取更方便，对孩子们来说危险性更小。

- 关于小型家用电器，也需采取安全预防措施：烤面包机可能会烫手，电切刀可能会割伤等。

- 当心卤素落地灯，这种灯并不稳固，孩子很容易把它推倒在地。

- 对水龙头里流出来的热水，需要采取预防措施，请参阅前面的内容。

容易发生意外的情况： 饥饿（饥饿的孩子什么都能吞下）；周围人的紧张感；孩子可能有的潜在问题，例如大人无法察觉的妒忌等。任何对儿童安全构成威胁的事情都可能有害，比如亲眼目睹父母之间激烈争吵后跑出房间，在无人看管的情况下穿过马路。

小心跌落

儿童身体形态特殊（头部较重），而且缺乏对危险的预期。二者结合在一起，加大了跌落风险。

- 从窗户跌落的事故并不罕见，如果打开窗户，请看管好孩子。设置窗台安全围栏可以起到保护作用。

- 在大超市里也有跌落的危险，孩子有可能从购物车里跌落。如果你将孩子放在购物车中，请看管好。汽车反向安全座椅不应放置在购物车上，曾经发生过类似严重事故。

- 孩子会从双层床上跌落，最好避免使用双层床。如果无法避免，请勿将4岁以下的孩子放在上层床上。

- 不要将塑料袋放在孩子身边，他可能会将塑料袋套在头部，发生窒息。

- 对于门，有两个有用的建议：你可以将栅栏安装在门框中，方便儿童只待在一个房间里，同时又不感到孤单；为了防止孩子压到手指，可以用钩子将门固定住。

- 只要孩子还不会抓握扶手，就不要让他独自爬楼梯。房间内部的楼梯入口必须要有防护设施。

孩子长大了

预防措施始终有必要，但也必须锻炼孩子，尤其是让他自己练习使用日常用品。禁止孩子使用任何用品会妨碍他的双手变得灵巧，应该让他学着你的样子使用它们。他将逐步知道如何保护自己。因此，与孩子在一起时，可以不用老是告诉他"禁止触摸"，而是通过遵守简单的安全规则提供良好的榜样：将所有东西放回原处；在进行某些行动、动作前采取必要的预防措施（不要突然打开门；如果手持一样物体，请勿突然转身，因为手持物跌落可能会伤害儿童）。**收纳、监护和教育**是防止大多数家庭事故的三个关键词。

户外的危险

危险可能在游泳池、花园、街道、乡村等地中突然发生。

游泳池和孩子

此类事故高发是因为越来越多的家庭拥有私人游泳池。父母对危险认识不足，他们意识不到事故——但这通常是悲剧性的——会迅速发生。尤其是如果坠水事故突如其来却未被及时发现，不能迅速展开救援，在这种情况下会更严重。

私人泳池的基本安全措施

所有私人泳池都必须配备防止幼童溺水的安全装置。可以安装四种装置：护栏、池水安全盖、泳池上盖或警报。只要孩子不会游泳，这些保护设施就至关重要。即使设有防护系统，监管也必不可少。永远不要留孩子一个人（或几个，即使会游泳）待在游泳池周围或水中。永远不要让大孩子看管小孩子。事故发生会非常迅速，而且通常是在对危险没有察觉的情况下。一个孩子会在几秒钟内溺亡，没有任何声音：20厘米的水足以让孩子在3分钟之内溺亡。虽然有关泳池安全的相关法律法规不涉及地上泳池、戏水池和其他充气泳池，但是这些泳池也同样危险，因此，同样要采取防护措施。必须在游泳时段之外撤掉通往泳池的梯子，并且强烈建议在泳池周围安装护栏。

成年人的**监护**必不可少，但并不足够，因为有可能当场出差错（疏忽、片刻注意力不集中、判断错误等）。另外，幼儿喜爱探索世界，容易被水吸引但意识不到危险，位置变化很快，行为常常无法预测。为了防止这些事故发生，成年人必须采取简单的**预防措施**并付诸实施：让孩子及早熟悉水，从小就学游泳，使用救生衣，扣好救生带（一旦孩子进入游泳池区域，甚至在水的边缘也如此），提高儿童对溺水危险的认识，安装安全装置，泳池旁专设一部手机用于拨打紧急电话120等，泳池附近放置救生圈和求生竿，了解急救动作顺序。

公共游泳池

救生员负责监护。出于谨慎，孩子未学会游泳之前，切勿让他离开你的视线。

烧烤

被火烧伤的孩子中，五个中就有一个是因烧烤造成，这样造成的伤势格外严重。

燃料酒精掉落或碰到尼龙衬衫，风向突然变化、穿堂风通过，或不恰当地用固体酒精重新起火等，这些偶然的因素都容易让熄灭的火星复燃，从而波及孩子。不要将烧烤炉放在地面上，要远离孩子，并且绝对杜绝任何易燃液体复燃的可能，以避免此类情况发生。

割草机

相关事故频繁发生。应始终让孩子远离割草机。

避免在花园里使用**农药**，孩子不应接触这些危险品。

交通事故

幼儿作为行人发生交通事故较为常见：

- 孩子不看过往车辆就穿越马路。
- 孩子松开牵住大人的手去追赶球。
- 孩子和小伙伴们一起玩，不知不觉走到了行车道上。

因此，一旦孩子到了懂事的年龄（4岁半），就必须教他如何过马路。但是直到这一年龄（4岁半）之前，只有牵牢他才有用。举个例子：看到你过马路前左顾右盼，孩子也会模仿。在人行道上，如果孩子走在靠街道的一边，伸手牵住他。当你推着坐有孩子的婴儿车过马路时，也一定要警惕，因为孩子在最前面。

乡村也有危险

危险植物

以下是一些危险的植物：夹竹桃；无花果树茎液和叶子会引起皮肤和口部灼伤；铃兰的所有部位都有毒性，包括放过铃兰的花瓶里的水；还有七叶树的果实、欧洲火棘的果实

（红色浆果串）等。

　　草地上：秋水仙（粉红色和紫色的花朵），乌头（蓝色、黄色或紫色的花朵，金字塔状花序），金雀花（黄色花朵）等。

　　空地上：看起来像欧芹的毒芹，莨菪（黄色的花朵上有紫色的条纹，单茎），曼陀罗（带有紫色条纹的大白花，果实有刺），颠茄（紫色花朵，黑色浆果，大小如樱桃）等。

　　监护和教育是避免事故的最佳方法——小孩会吮吸和咀嚼他们可以触及的一切。对孩子玩过家家时玩的种子或植物果实也要保持警惕。

　　蛇

　　请参见书后的《孩子的健康小词典》中相对应的词条——"蛇咬伤：蝰蛇"。

　　枝条易断的树木

　　有很多树木枝条容易折断，尤其是樱桃树。必须告诉孩子这种危险，但不要过度保护他，这反而会使孩子生活在恐惧之中。

　　孩子们非常易于接受疾病的概念，会记住你警告过的有毒蛇的地方、致命的花朵、不应攀爬的树木等。

旅行和假期

旅途愉快!

外出旅行时,你会遇到喂养孩子和带孩子玩耍的相关问题。如果乘汽车旅行,需要把孩子安全地安置在车上。

喂养

如果宝宝很小,正在母乳喂养,除了夏天带一奶瓶水外,没有其他需要携带的物品。妈妈自己也需要带足饮用水,母乳喂养会让人很容易感到口渴。

如果是用代乳品喂养,带上冲奶所需物品(水、奶粉,甚至液态奶,可以立即使用)。请勿提前冲好奶粉,粉末应在最后一刻加入水中。多预备一个奶瓶和一些水。

如果孩子在吃泥糊状食物阶段,可以带上小罐玻璃成品(正餐、水果泥等)、一瓶酸奶、一瓶矿泉水、杯子、勺子和毛巾。出发前,兴奋感通常会抑制儿童的食欲;但是只要出发几公里后，他们就会嚷嚷饿了。零食在这种情况下会非常受欢迎，既能饱腹又不会吃得过撑，例如新鲜水果、水果泥、酸奶，水或带吸管的小盒饮品（果汁、牛奶等）。擦拭嘴和手，湿巾很实用。

娱乐

如果乘汽车旅行，旅行期间，请预备好孩子要玩的玩具，如：小玩偶、汽车模型、动物、桌游等。在汽车里不要阅读和看图画，文字和图画会随着汽车的颠簸而晃动，从而引发眼部疲劳。乘火车旅行非常适宜各种娱乐：彩色铅笔、歌曲、听音乐或故事（所有年龄段都有）都是很好的消遣途径。别忘了带上孩子最喜欢的玩具，例如：玩具熊、娃娃等。但是更好的是有创造性思维的娱乐，例如：唱歌、讲故事、创建游戏，尤其是当孩子越来越烦躁不安时。

如果乘汽车旅行，至少每两个小时停车一次。带孩子去散散步，在大自然中奔跑，或在游戏区域放松，这会是一段非常美妙的时光。

旅途不适

孩子晕车很常见。在使用晕车药之前，可采取下列预防措施：

- 儿童需要安静：应避免出发前躁动不安。

- 出发前空腹或吃得过饱：匆匆吞下一杯巧克力和一块面包都可能是导致旅途出现不适的原因。离家之前，应吃一顿营养丰富的便餐，例如果汁或汤、酸奶、水果。

- 请勿在车内吸烟。烟草的气味会让每个人都不舒服。汽车车厢体积较小，会加重被动吸烟后果的严重性。

可以在上路之前半个小时到1个小时给孩子吃一些预防晕车的药，医生或药剂师会告诉你正确的剂量，以防晕车呕吐。

开车旅行安全提示

为了让全家人安全到达目的地，避免疲劳驾驶。建议每两个小时停车休息一次，或轮流开车。如果司机出现疲劳迹象（打哈欠，眼睛发胀，颈部抽筋，头向前倾），必须停下来换他人开车或休息一会儿。把车子上所有行李捆紧，系好安全带，然后将孩子放置在合适的座椅上。

任何年龄的儿童，无论旅行时间长短，都必须根据他的年龄和体重选择相应的安全系统，并把他固定在车上。必须使用合适的座椅（称为"儿童固定装置"）以防止儿童被弹出，同时起到吸收震动和保护身体脆弱部位（头部、颈部、脊柱）的作用。即使成年人系好了安全带，也绝不能简单地把孩子抱在怀里，因为如果一旦发生撞击，孩子会因为没有任何安全装置保护而被弹出。

反向安全座椅

首选反向安全座椅：万一发生事故，反向安置的宝宝所受伤害最小。对于婴儿，坐反向座椅比安全提篮更安全。请最大限度地延长孩子使用反向座椅的时间，例如最长至2岁，或至制造商推荐的体重和身高的最大极限。

正向安全座椅

2岁后，要给儿童使用配有五点装置的儿童正向安全座椅。当孩子的体重和身高超出制造商建议的极限时，要更换座椅。

现在，越来越多的车辆配备了特定系统，用以快速有效地固定安全座椅，即儿童安全座椅固定系统（ISOFIX系统）。如果你的汽车装有该系统，请选择一款与此种系统相匹配的安全座椅。

最后，根据孩子的身高和体重，必须把孩子安置在**加高座椅**上，直到10—12岁，到那时安全带才能很好地固定在他肩膀的位置（不会太靠近颈部）。

其他注意事项

每次出发时，请注意孩子小手是否抓着车门。因过快关闭车门而造成终身残疾的儿童案例并不少见。同时确认后门已安全关闭，且孩子无法打开。

停在路边时，切勿留孩子一个人在车里而独自离开，即使孩子处于熟睡状态也不可以，他可能随时会醒来。如果他打开车门，被车辆撞到，可能你还不知道。另外，要让孩子养成从人行道一侧下车的习惯，而不是马路一侧。

记住，静止的汽车在烈日照射下就像一个火炉。婴儿在阳光直射的车内，或在树荫退去后的车内因脱水夭折的事件曾经发生过。

除了受特殊座椅保护的婴儿外，禁止10岁以下的孩子坐副驾驶位置。

儿童与自行车出行

与家人一起骑自行车旅行是一种令人愉快的出行方式，将交通和体育锻炼结合在一起，也是一种健康环保的出行方式，安静而无污染。骑自行车必须保持安全。为此，你必须：

- 如有可能，请在自行车道或限速街道上骑行。自行车道非常适合家庭骑行：这里禁止汽车行驶，道路一般树荫浓密，非常平坦。

- 遵守道路法规。

- 接受过自行车骑行训练，加倍小心，车况良好（制动装置等）。

- 儿童戴头盔（这是必须的），成年人也佩戴头盔，以身作则；儿童和成年人都穿上无袖荧光背心。

- 采用适合儿童年龄的方式。

骑自行车载未满1岁的婴儿非常危险。孩子4岁半，如果自己骑车，最好使用牵引绳，以减少发生翻车事故的风险，但建议在自行车道或乡村道路上使用，城市里车流量太大。关于座位，最好选择安装在自行车后部的座椅，而不是前面。如果孩子正在睡觉，请不要把他放在座椅上。

摩托车或电动自行车呢？《法国道路交通管理规则》规定5岁以下的儿童乘坐摩托车必须在摩托车上固定专门座位，系好安全帽并戴好头盔。儿童乘客必须像任何摩托车骑手一样，穿防护服：厚布料衣服，遮盖住手臂和腿，包住脚部的鞋子。摩托车儿童乘客受伤的人数不断增长，成为城市中推广两轮机动车的代价。小心！

婴儿可以乘飞机旅行吗？

如果孩子身体状况良好，则从第2周或第3周开始就可以乘坐，没有禁忌。

旅途中，请确保周遭温度不高；如果太热，让他比平常多吃一点儿奶。

飞机起飞和降落时，给婴儿时不时地喝点儿水或奶：液体会引起吞咽动作，从而促进空气进出耳朵，防止大气压变化时耳朵产生疼痛。

如果婴儿患有鼻咽炎、扁桃体增大、发展性中耳炎，最好在乘机之前先咨询耳鼻喉科医生；如果是早产儿，也是如此。

孩子旅行，即使是婴儿也需要身份证明文件。如果到国外旅行还需要护照。

假期愉快！

有些父母急于让自己的孩子"享受"假期，从假期的第一天开始，日程就安排得满满的。他们忘记了度假首先意味着休息，对于年幼的孩子来说也是如此：适应新的气候需要几天时间，尤其是习惯的改变会让孩子兴奋，即使在此之后，当"进入假期"的阶段过去之后，也不要忘记小孩子很快就会累。不要以运动为借口，进行太多徒步训练，在低龄时段，不要安排高强度的运动，选择游戏更好。

在海边

海洋气候非常适合儿童，海边假期让每个人都感到愉快。户外活动、享受阳光对健康有益：维生素D由紫外线作用形成，有助于骨骼生长。户外活动中仍然需要采取一些预防措施。

- 在婴儿6月龄之前，由于热、风、沙、阳光等环境因

👁 小贴士

在长途飞行中（4小时以上），通常可以预订一个飞机摇篮，安放在父母乘坐的特殊座位前。摇篮非常舒适，但对婴儿的身长和体重有限制，大约身长70厘米和体重10千克以内，或者1岁以下可以使用。一个航班的飞机摇篮数量有限，记得尽早提出申请。

素，不建议带婴儿去沙滩上。每天最多让孩子在海滩上停留1个小时，但是不要在一天当中最热的时刻去，也不要在最热的时刻把孩子留在婴儿车内，要定时让他喝奶。尤其要将孩子安置在阴凉处。

- 避免孩子在12—16点之间暴露在阳光下，这是最危险的时刻。
- 使用具有最大保护作用的防晒霜。这个建议对于皮肤娇嫩白皙的孩子更为重要。游泳时，应每小时抹涂一次防晒霜。
- 对于皮肤敏感的孩子，可以使用莱卡材质的连体泳衣。游泳时可以穿，离开泳池几分钟内速干。
- 小孩子不会在阳光下保持静止，他会活动。时不时带他回到阴凉处，不能让他以太阳浴的姿势趴着。
- 养成习惯：阳光下，孩子要始终戴着帽子、穿T恤并戴墨镜。
- 最后，请注意由于反射的作用，海上的阳光非常强烈。
- 请勿让孩子长时间待在水中，尤其是头几天。对于这个年龄的孩子，海水浴并不是真正的游泳，而是戏水。看护他入水，让孩子去完成这些活动：坐下，起身，在海滩上奔跑，玩沙子，已经足够了。
- 1—4岁之间的主要危险是**溺水**。孩子可以在20厘米深的水中溺亡。如果他跌倒并且脸部埋在水里，可能起不来。所以孩子玩水时，不要让他离开你的视线。
- 你的孩子怕水吗？这很正常，因为大海很大，很危险，而且会发出声音。不要试图采用粗暴的方法让孩子消除这种恐惧。应该让孩子习惯待在水边，与他一起在海边玩耍，例如在沙滩上挖一个隧道。某一天未经强迫，他会自动入水，连他自己也不会意识到。
- 水母：万一孩子触摸了水母，如果他感到烦躁、不舒服、发烧，马上带他去看医生。
- 长时间受热或出汗过多的孩子，入水必须循序渐进，直接入水可能引起冷水刺激性昏厥。

游泳池畔

假期中，父母和孩子们都喜欢在泳池里一起享受，这是一个放松身心并与家人共享乐趣的好地方。但是当谈到游泳池时，有必要对可能发生的危险保持警惕。

婴儿游泳：你可能希望孩子参加一些婴儿游泳课。这种课程在公共泳池中进行，如果孩子未患有反复性中耳炎或鼻咽炎，可以在接受第二次疫苗注射后就开始游泳。如果宝宝患有毛细支气管炎，或皮肤干燥、患有湿疹，最好暂时放弃这项活动。但要注意"婴儿游泳"仅是婴儿早期对水环境的一种熟悉，也是与父母分享的一种亲子乐趣。这些孩子再大一点儿也需要学习游泳，他们越不怕水学得越快。

山区

可以带婴儿去山区吗？对于6个月龄以下的婴儿，专家之间仍有争议（似乎长期停留在海拔2400米以上区域会增加猝死的风险）。在就此问题达成共识之前，避免这样的出行更合理。6个月后，健康的婴儿可以在中等海拔的高山疗养地停留几天。孩子再大一点儿，没有污染的山间空气对他非常有益（尤其是对于那些患有哮喘或耳鼻喉反复感染的患者）。他们会非常喜欢短距离散步和发现壮丽的风景。为了让孩子感到舒适，并且不会感到耳部不适，请考虑逐渐改变海拔高度，比如可以分阶段上山、下山。

谨防孩子由于空气纯净而让强烈的阳光晒伤：应该像在海边一样，孩子在山上也必须戴墨镜，涂防晒霜（最大指数），并戴上草帽或有宽边遮阳帽檐的鸭舌帽。

儿童与滑雪：从几岁开始滑雪？ 5—6岁是个不错的平均年龄，孩子在这个年龄已经可以玩得很开心。一些人喜欢较早年龄开始滑雪，大约3—4岁。但是不要忘记孩子会很快感到疲倦、怕冷。无论是坡道滑雪，还是越野滑雪，一些父母喜欢把宝宝背在背上，即便是低月龄的宝宝，这是完全不可取的，因为即使穿得很厚，由于不能活动，孩子可能会很冷，从而发生事故（宝宝的脚被冻伤）。此外，强烈建议给在坡道上滑雪的孩子佩戴头盔。

乡村

假期不一定意味着大海或高山，换换空气对生活在城市的小孩子是有益的。在乡村短暂停留对他们有很大的好处。农村有家禽饲养场，有草地、奶牛、未知的声音和气味，孩子可以在乡间小路上奔跑，可以爬树。孩子会喜欢和你一起进行探索。你会感到他们无拘无束，远离日常生活的压力。但是，乡村也存在危险，最大的危险是在河中游泳。除了溺水的危险，许多河流还受到污染，请提前了解水质情况。如果你居住在一个有毒蛇的地区，如果带孩子在荆棘丛生的地方散步，请穿上靴子。

假期和最初的短暂分离

自从孩子入托，有时甚至入托之前，假期安排对许多父母来说都很伤脑筋。大多数父母没有孩子的假期多，托儿所可能会关闭几天，育婴保姆也会休假。当父母有幸能够将孩子委托给自己的父母时，也得考虑好到底让老人带多长时间。答案取决于孩子的年龄，也取决于祖父母的身体状况、时间、个性等。

直到2岁半—3岁之前，分离时间太长可能让孩子感到不安；最好安排短期居住（不超过1周）。如果孩子非常熟悉自己的祖父母，父母能定期去看望他们，孩子通常会更容易适应。如果不太熟悉他们，祖父母经常会选择来家中看护孩子，或父母可以营造一种连续性，例如一起住在祖父母家两三天，然后再离开。

为了帮助孩子度过这一旅居期，至少不让你自己感到担心，请和孩子一起讨论，跟他一起准备行李箱。但是不要太早告诉他，小孩子没有区分时间前后的能力，提前一两天告诉他就足够了，否则他会焦虑。

当你把孩子送走时，要保持放松，不要过于着急，离开时尽量不要传递太多的情绪。请记住，我们作为父母的担心、忧虑通常是由先入为主的想法导致，"如果没有我，他睡得着吗？"这也意味着我们担心自己会想念孩子。

如果可能的话，你不在时，主动了解孩子的一些消息：在电话里听到你的声音会使孩子放心，但是这也可能使某些孩子感到困惑。

5岁的安娜与熟识的表兄弟们一起度假，她喜欢和他们一起玩。与父母的交流是通过视频进行的，看上去她似乎非常高兴，然后表情逐渐变化，交谈结束后，她突然哭起来："我想见爸爸妈妈，我很伤心。"舅舅和姨妈把她抱在怀里安慰她。接下来的几天，他们更愿意间接告知她父母的消息："你的爸爸妈妈昨晚在你睡觉时打来电话，他们想你了，紧紧拥抱你。"这样可以避免前几天那样的激动情绪。

回家后，团聚也要循序渐进：无论在家中，还是在照顾他的人那里，给孩子一些时间习惯与你重聚，并离开短暂照顾他的人。

分离通常是让孩子们变得更加独立的机会，也可以增强父母与孩子共度时光的愿望。对于每个人来说，暂时分开，体验彼此的缺席，彼此想念，都增强了重聚的乐趣。

儿童与动物

儿童的世界从很年幼开始就充满了各种形式的动物。从出生开始，你就给孩子准备了一些毛绒玩具，这只"兔子"或"小熊"也许会陪伴他好几年。很小的时候，他就在浴缸里玩鸭子和鱼。他最先看的图画书画的是动物，然后你给他讲动物们的故事，他会模仿动物们的叫声，之后他会让动物模仿人说话。在乡下，任何活蹦乱跳的动物都会让他感兴趣，从蚂蚁到马匹，包括饲养场里的动物，都不会吓到他。可以给他讲动物的故事，他从来都不会感到厌倦，比如三只小猪、狼和七只小羊；狼的残酷并不会吓到他，他会喜欢让人害怕的东西……

但是有一天，孩子要求要养一只动物，一只真正的动物。应该接受吗？应该拒绝吗？父母经常感到非常难办，以下是一些可能有助于你进行决策的建议。

益处：首先，从教育角度看，动物能培养孩子的责任心。孩子会学着照顾、尊重小动物，而不是去虐待它们。不要让孩子错误地认为能通过带有诱惑的权力使动物服从。爱上一种动物，感到动物被他爱着，可以增强孩子的自信心。但是绝不能认为动物可以代替兄弟姐妹，这和手足关系的性质不同。

决定送给孩子一只仓鼠、一条鱼或一只长尾小鹦鹉很容易。这些动物喂养要求不高、节省空间。对于狗或猫来说，问题会难处理一些，不过这些动物会成为孩子真正的玩伴。

养猫意味着可以将它抱在怀里，可以观察它吃东西、上厕所、睡觉。狗是忠实的朋友，会一直陪伴左右，是玩伴、知心朋友、可以安慰人的动物。但是**还需谨慎**：猫可能会引起过敏和抓伤，狗则可能引起咬伤（如果养动物，一定要接种疫苗）。孩子可能对狗做出突然或不适当的动作，狗会通过咬人做出反应，不是因为它具有攻击性，而仅仅是为了保护自己。

动物也会有意外行为，例如因家中有小婴儿出生而烦乱不安，它可能会出于嫉妒去咬大的孩子。因此必须保持警惕。

无论如何，最好教孩子不要抚摸一只不认识的狗，尤其是没有牵绳的，除非它的主人在场能保障安全；也要限制与动物亲密接触，不建议将宠物放在孩子床上，这样做是危险的；最后，必须考虑养狗或猫的局限性——度假时不一定总能带上它。

拥有动物，家庭气氛会非常欢乐、生气勃勃，但这也意味着一种责任，父母和孩子都必须知道。

双职工家长孩子的一天

白天孩子由谁来照看？专门照顾孩子的人（即"保姆"）、托儿所、来你家照顾他的家人（如祖父母等）？这些问题实际上并不会真正对孩子产生影响，因为你的选择受到所在社区提供的条件以及预算的限制。无论如何，下面介绍了这些看护方式的不同特点。不管采取哪一种方式，适应都是循序渐进的，你可以在第4章中找到要采取预防措施的详细信息，以便孩子习惯这种由他人照顾的改变。

育婴师

经过培训、持证的育婴师是幼儿早期看护的专业人员。育婴师通常住在婴儿家附近，工作时间灵活，孩子生病时可以帮忙照看，这些都是明显的优势。在许多城市，都有**育婴师介绍中心**，可以为父母提供持证人员的清单。他们还会组织一些活动——育婴师可以与受看护的孩子一起参加（去图书馆、工作坊游戏、木偶戏等）——在这种个人化的看护方式中增加了孩子们参加集体活动的时间。

选择保姆时，首先要问的几个问题，包括她是否喜欢孩子，她是否预备好了接受孩子不同的生活规律？第一次见面时，不要犹豫，向她询问日程安排、日程与假期、她家中其他家庭成员的情况等，你也需要观察她在适应期内如何对待你的孩子，建议最少用一周时间逐步帮助保姆适应。你必须相信自己，也要对孩子充满信心。

几天后再观察自己的孩子：如果他持续睡眠良好，对保姆微笑，愿意被保姆抱着，和保姆在一起时看起来很放松，同时如果保姆能够愉快、友善地告诉你宝宝一天的活动细节，说明进展顺利，请相信孩子。如果孩子看到保姆就哭泣，并不一定意味着有问题，但说明孩子仍然很难与父亲或母亲分离。要和保姆保持良好的沟通，肯定保姆在陪伴孩子、激励孩子方面取得的进步，要和保姆交流你对于育儿的想法，说出你真实的想法，并接受她给你的建议。多与保姆聊天，她可以让你对某些问题放心，例如喂养、睡眠、分离焦虑、攻击性，等等。

但是，如果你的孩子伤心又暴躁，或者无缘无故地变得好斗，或者有入睡或喂养困难，你需要探究他白天是否快乐。在托付孩子时保持警惕很正常。

如果你的孩子不得不更换或离开保姆，例如上学，可与她保持一段时间的联系，例如去看望她或给她打电话。孩子们喜欢与自己的"保姆"重聚，发现他们之间的纽带仍然存在，他们还会一起回忆过去的故事——这段"过去"实际离现在很近。

托儿所

托儿所用于接待进入幼儿园之前的儿童。这是一种集体照看儿童的方式，跟个人化的育儿照看不同。

法国托儿所的组织构架方式如下：首先，有一名持国家文凭的育儿师，在经过护士专业学习后，再进行了一年的育儿专业学习。由这位育儿师负责儿童的健康与发展，还有几位育儿助手负责日常护理。从孩子2岁开始，由一名女性幼儿教师（或男性）担任这个角色也并不少见。儿科医生每周前来进行一次医疗监控。通常也会聘请一名心理学家进行指导，不仅回答儿童及其家庭感到困惑的个体性问题，还能帮助托儿所解决如何满足全体儿童心理需求的问题。

为了让孩子们适应集体生活，通常把他们分为2—3个小组，分别由2—3名**生活老师**负责：孩子和她们交流最多，也与她们之间有着亲近的关系。利昂早上到托儿所时，看到最喜欢的生活老师阿雅时，他的脸庞闪耀着光芒！

某些孩子可能难以适应孩子的数量众多和不同的成年人看护，这可能会让父母不放心。总的来说，托儿所的负责人和生活老师会设法让家长打消疑虑，并帮助孩子渡过这个艰难的过程。此外，为了避免出现这种不适应，让孩子融入托儿所的生活通常在产假结束前1—2周内逐步完成。孩子换班也是渐进的，也就是说从他们的小组换到年龄更大孩子的小组，在改换托儿所负责人或生活老师时也如此。某些托儿所中，儿童分为混合年龄小组；另一些托儿所中，生活老师和幼儿教师从孩子到来到离开都跟随着他们。不要犹豫，向接待你的托儿所负责人咨询清楚这些不同的安排。

托儿所的主要关注点之一是尊重家庭和文化环境，以及每个孩子的成长史。这样孩子才会觉得托儿所工作人员与父母之间存在连续性，这种认同感在孩子报名时，或者在每天入园和离园时非常重要。报名时，生活老师肯定会要求你详细描述孩子的习惯：喜欢做什么、不喜欢什么、入睡仪式、对安抚玩具或安抚奶嘴的需要、他的性格……然后每天早晨入园时，你都要告知生活老师孩子夜晚和夜醒如何度过；晚上离开时，生活老师会跟你讲述孩子一天的日程（小睡、进餐、玩游戏等）。

宝宝睡眠时间很长

小睡时间较长的宝宝，生活老师会尊重他的睡眠需求、日程安排和习惯，将为他安排尽可能安静的环境。饭菜也如此：她们会尽量考虑每个孩子的食欲、口味差异。当你开始给孩子喂辅食时，托儿所会尊重你的喂养方式。

为了激发儿童感觉运动的发展，托儿所准备了一套完整的设备——音乐活动玩具，触摸、牵拉和嵌入的鲜艳物体，爬行垫，低矮的家具用于练习扶站、走路，还有触摸书。大多数托儿所都有室外庭院：在天气允许的情况下，将宝宝们带到户外的躺椅上，让他们充分享受户外环境、周围的声音和白天的光线。

"我尤其喜欢晚上离开时与托儿所团队的交流。知道孩子喜欢的活动，午睡睡得好不好，和哪个孩子一起玩耍……我凭借这些难得的信息想象她的一天，晚上可以再次和她谈到这些。"

——阿丽丝妈妈

幼儿

提出更具体的目标：学习集体生活、独立、提高表达能力（语言，绘画）。对于较大的孩子，托儿所成为进入幼儿园的过渡。睡眠通常仅限于午睡，持续时间每个孩子都有区别。高度适中的用餐设施、多样化的膳食安排和灵活多变的烹饪方法，让宝宝的进餐快乐无比。这是一个进行"好好吃饭"主题教育的好机会，希望它将深深植根于孩子的行为中。下午加餐通常是庆祝的时间，庆祝每个节日和孩子们的生日（准备蛋糕、礼物等）。

给这个年龄的孩子准备的活动会更加丰富，如感觉统合训练、音乐、童谣、绘画"工作坊"、拼贴画、橡皮泥；圣诞节或嘉年华期间的节日准备；给父母做礼物；运动技能课程；庭院游戏（滑梯、带轮小汽车、三轮车等）；过家家，积木游戏……此外，托儿所还向外部开放，为大孩子组织各种外出活动：玩具馆、图书馆、演出、乡村和森林郊游、参观农场……父母方便时也会被邀请参加这些活动。

这是注册时要询问的一个问题，因为托儿所并不都有相同的处理方式。例如，有些会接受不具传染性的患病儿童，甚至同意接受在托儿所进行处方治疗。另一些托儿所的容忍度则较低。无论如何，万一孩子生病，必须有备选方案，这在头几年经常会发生。

如果宝宝生病了，请尝试休息1—2天，以便孩子可以待在家里。或者，如果可能的话，将其交给祖父母或一位育婴保姆，他们能在家庭环境中进行看护，监测体温并给他服药。当生病的婴儿或幼儿发烧时，他需要安静、休息和充足的睡眠，尤其是刚开始生病时。这些需求满足得越好，孩子就会越快痊愈。

其他集体看护机构

家庭托儿所是一种介于育儿保姆和托儿所之间的机构。它是由一个小团队（育婴师、儿科医生等）维护的育婴保姆体系，设立在某个私人公寓或属于市政厅的场所中。家庭托儿所负责招聘和培训育儿保姆、接待父母、提供房屋和设备。因为孩子很少，所以它比集体托儿所更灵活。从18个月大起，孩子们可集中进行小组游戏和睡醒后的活动，通常每周1—2天。

家长托儿所由家长负责安排，由他们发起创建、负责管理，并与专业人员合作。

公司日间托儿所一般位于父母的工作地点，并适应他们的日程安排。

临时托儿所的职责是在一段时间内——每月最多10天——接待2个月至3岁儿童的机构。每一家临时托儿所的接收方式都可能不同，包括接收年龄、作息时间表、入学条件等。有些甚至接收健康状况不佳或有残疾的孩子。对于某些孩子来说，临时托儿所是第一个能让他们与家人以外的人接触、学习逐渐分离的地方。

在家中看护儿童

由雇佣人员看护

一种解决方案是招募一个能到家里来照顾一个或多个孩子的阿姨。请确认她的人文素养、工作能力和健康状况，可以向她以前的雇主咨询一些情况。这个人将一整天照顾你的孩子，因此，认真了解情况尤为重要，尤其是雇佣后很难轻易辞退。最后，最好在你返回工作岗位之前让她到你家里，以便孩子能逐渐适应她，并让孩子感到阿姨已经获得你的信任。

在家中看护的优点是能够让孩子待在熟悉的环境中，但这对于一个家庭来说是一个昂贵的选择。因此，一些父母选择**共享看护**的方式，也就是看护者照顾两个家庭的孩子，两个家庭共同分担费用。看护者轮流到两个家庭中，每隔1周（或15天）轮换一次，或者留在其中一个家庭。这样孩子可以由同一个人照顾，有同一个玩伴，而且能经常待在家中。对于他和父母的工作时间来说，这很灵活。这种选择需要两个家庭之间相处融洽，因为任何压力或矛盾都会因地点或习惯改变而加剧。有必要在开始时就明确各自的义务和容忍度。

由父母或祖父母之一看护

孩子长期由父母或祖父母之一（育儿假期内）照顾的情况下，建议注意安排社交时间，让孩子与他人接触。办法有很多种，比如定期去游乐园和公园，与处于相同情况的其他家庭组织活动共度下午时光等。

多人看护时

例如，早上是爸爸或妈妈送孩子去托儿所，晚上来接的则是祖父母。有时候让年幼的孩子依恋多个面孔是很难的，接他回去时，发现他的目光从一张脸转移到另一张脸，这种现象并不少见，他仿佛在犹豫该找谁。让孩子能够安静地和家人重聚是很重要的，这样才能让彼此有时间互相了解，没有竞争或压力。

越来越独立

　　孩子很小的时候，父母会想象有一天他们基本能自己照顾自己了。但是，当孩子逐渐独立、具有一定的自主性时，父母又开始担心孩子可能很快就不需要他们，要摆脱他们了。这是毫无根据的恐惧，很长一段时间内，孩子还是很需要你，只不过方式不同。这种担忧会促使一些父母一直陪在孩子身旁，帮他做这做那。

　　阿米娜即将进入幼儿园的第二年。她的母亲总称她为"我的宝贝"，说很难想象女儿长大、升入中班。她预备每天提前半小时起床，给她穿衣服，而实际上阿米娜已经开始能自己穿衣服了，并希望证明自己可以在没有任何帮助的情况下把衣服穿好。

　　如果对孩子过度保护、过度帮助，那么孩子的学习能力和自信心就会受到削弱。不要对他束缚得太多，当然也不能放任不管。要陪在孩子身边、让他自己经历和体验，这也是能让孩子成长的学习内容。难点在于为孩子提供安全且有益环境的同时，给孩子留出空间，让他感到行动自由。

　　孩子通往独立道路上的另一个障碍是父母过于心急，他们觉得自己做事情的速度更快，既没有时间也没有耐心等待。你必须放手让孩子们去做，即使做一件事要花更长时间也没关系。孩子们会按照自己的节奏学习，催促没有任何意义。

利亚姆3岁，从去幼儿园的第一天起，老师就让他自己脱衣服，把背带裤挂到衣帽架上，自己穿鞋子，他的母亲塞西尔对此惊讶无比，之前她并未这样要求过。

"孩子在哪个年龄会做这个或做那个？" 父母们经常会问这个问题。下面列出了一些提示，但是，关键不在于列出一个严格而完善的清单。每个孩子不一样，他们都有自己学习的节奏。因此，不宜在孩子之间进行比较。

逐渐学会独自吃饭

- **4—8个月**

婴儿表现出很高兴用手碰奶瓶并触摸，稍晚时还会闻一闻汤匙，感觉它的存在。大约6—7个月时，他会舒适地坐在你的膝盖上，开始用杯子喝水，起初他会试探地在杯子边缘吸吮。8个月时，他能坐得很稳了，可以抓握物体。他喜欢坐在自己的餐椅里，很高兴能像大人一样坐在餐桌旁。

- **9—11个月**

知道握住奶瓶，会自己把它放到嘴里，吃完后再将其取出。你可以守在他身边，以免他喝得太快。如果递给他一块饼干，他会用五根手指握住，很高兴地吮吸，但会把自己弄得很脏。在这个月龄和这个月龄之上，宝宝喜欢用手抓着吃食物，不过会撒得到处都是……但是请感到欣慰，你的孩子的手部动作会掌握得越来越灵巧和精确！

- **12—14个月**

他把饼干夹在拇指和食指之间，会从嘴里拿出一个物体，你可以放心地给他喂面包丁了。他能认出不同菜肴，拒绝吃某些餐食。

- **15—17个月**

会用手指指出他想吃的东西，有时只是想尝一尝，然后放下。他可以双手握住杯子，尝试单独使用汤匙，不过经常将汤匙反握。

- **18—20个月**

会用勺子吃固体食物，能用一只手握住杯子，但经常将其打翻。一顿饭喜欢自己吃一部分，但吃一会儿后会感觉累，需要帮助。

- **21个月—2岁**

现在可以独自吃所有东西了，但还不太会保持干净，最好让他自己吃。这时他喜欢用小叉子插起小块食物。

- **2岁—2岁半**

进步巨大。在此之前，每餐需要消耗一条毛巾。现在直到用餐结束时，毛巾基本都能保持干净。

但要注意，孩子第一天吃得很好，第二天则可能掌握得差很多。这一方面和其他领域类似，不能一下子要求孩子彻底学会。

当想得到大人照顾时，他会假装不会独自吃饭，想让父母像对待婴儿一样喂他。此时不要以他长大了为借口拒绝，他可能是累了，或想知道你是否待在旁边。此外，喂完几勺后，他可能又想自己吃饭了。

他对习惯的喜好也体现在餐桌上：喜欢以相同的方式进餐，杯子、餐巾等物品总是摆放在同一位置。这方面的习惯和其他类似（例如，洗澡时的玩具或床边的毛绒玩具），这个年龄段的孩子喜欢找到自己熟悉的物品。

- **2岁半—3岁**

能很好地使用叉子。吃土豆泥时，仍然需要一把汤匙。想自己盛菜，你可以给他增加一些难度，让他自己去盛的话，他会感到无比骄傲！越早放手让他自己做，他会越快学会。许多方面也如此，在幼儿园，老师们会看到入园的孩子们迥然各异：一些机灵又自立，另一些则什么也不会做。

- **3岁—4岁**

从这个年龄开始，孩子能在餐桌上正确吃饭了，并且越来越熟练。但用餐时间不宜过长，有时他会感到自己吃饭无聊，希望得到帮助。在家里，他会利用这一机会；因为在学校食堂里，他必须独立完成……

- **4岁之后**

喜欢帮助摆桌子和准备饭菜（就像爸爸妈妈一样）。会使用刀（圆头或不锋利的）制作切片黄油面包或切奶酪。没有足够的力气自己切肉，要到6—7岁才能学会。

学会独自穿衣

孩子要花几年时间才能学会自己穿脱衣服，尤其是独自穿衣服（脱比穿容易）。每当取得进步时，他都会为此感到自豪。穿上外套，扣上扣子或拉上拉链，系好鞋带，都能让他感到巨大的满足。不要不让他自己穿，但是也不要要求他过早学会，这会让他感到为难。

即使孩子很小，给他穿衣服时，也要告诉他你在做什么。他会喜欢配合你穿衣服，如伸出一条腿。请按照他的节奏进行，不要催促他。

在孩子生命的**前6个月**中，你必须保持无限谨慎，因为他的身体对翻身和突发动作极为敏感，例如很多几周大的婴儿穿较紧的套头衣服时，会大哭，或者不喜欢窄小的、不好穿上的包屁衣。但是从6个月开始，随着颈部直立、开始独坐，一切会变得简单。

- **7—14个月**

他喜欢脱掉袜子，然后立即放到嘴里。接下来的几个月中，他会配合穿衣的过程，并提前做出相应的手势：1岁时，将手臂滑入为他拿着的袖子中；伸出腿，以便你给他套上裤子；伸出脚，方便你给他穿上袜子。

- **15—17个月**

外出时，他会做出戴帽子的动作；有困意时，会做出脱鞋上床睡觉的动作。他还不会戴上手套，但经常设法脱掉它们。虽然如此，在这个年龄，穿衣服时他也常常不配合。试着将孩子不喜欢的这一短暂时刻变成一个小游戏："咦，小手在哪儿？""这是脚！"

- **18个月—2岁**

能设法拉开拉链。

- **2岁—2岁半**

在这之前，即使他竭尽全力想参与，也需要父母给他穿衣服。现在，他开始想自己穿，但并不是总能成功：他会将双脚放在裤子的同一条裤腿里，把帽子戴反……

- **2岁半—3岁**

喜欢按照相同的顺序穿衣和脱衣。如果事先把扣子解开，他可以自己把衣服脱掉。他开始自己穿袜子和不用系带的拖鞋。

- **3岁—3岁半**

能在不扯掉纽扣的情况下解开外套扣子，自己穿上家居服或大衣，但还不会扣扣子。

如果家长要求，他会帮忙收拾衣服，用他的方式叠起来放好。

- **3岁半—4岁**

会独自脱衣服（如果这么要求他），但还不太会的是穿套头衫、穿袖子，尤其是扣纽扣。幸运的是，拉链比较容易拉开。

- **4岁之后**

几乎不需要帮助就可以穿衣服，因为他能区分背部和前襟了，会扣大颗按扣，正确戴帽子，戴上手套。系鞋带仍然有困难，要等到5—6岁左右才能学会。让他感到高兴的是，能自己选择要穿的衣服了。当4岁半的诺亚可以自己选择要穿什么衣服时，他选的是足球服……

如厕训练

你会在第4章中读到，18—24个月是学习如厕的合适年龄。但是，一个孩子2岁—2岁半才开始学习如厕，也并不因此就意味着滞后，每个孩子都有自己的节奏。有的孩子几乎马上就适应了如厕训练，晚上和白天都不用尿布了；其他孩子则需要更长的时间，中间会伴随有倒退期。感情生活在其中起着重要作用——无论是有新生儿出生，或家庭生活受到干扰，还是有其他事件发生。

如厕是分几步学会的：通常在控制膀胱排空之前先学会排空肠道；白天即使有尿布，他也会要求上厕所，但是夜晚仍然会尿湿。你的态度也会对学习进程产生影响，这取决于你的情绪是急躁还是放松：你若放松，孩子会学习得更容易、更快。

自主排便意味着：

- 意识到需要大便或小便。

- 能够等待满足需求。

- 能够寻求帮助使用便盆。

- 希望与父母、"保姆"分享自主排便的乐趣。

- 同意放弃舒适的尿布。

为此，必须：

- 脑和神经系统已达到一定发育水平，通常在18个月—2岁左右，在学会行走、上下台阶之后。

- 确保孩子的情感生活不受干扰，请参阅第4章。

帮助孩子的一些建议

- 观察孩子想要上厕所的信号：对于幼儿来说往往很紧急，有些孩子会蹲下来，另一些会拽内裤，或者身体左右摇晃等。

- 将便盆放在不起眼的地方（浴室或卫生间），方便取用，以防孩子将其打翻。对于孩子来说，便盆通常比卫生间的"简易马桶"更实用，后者会有些高，自己坐不上去。

- 每次用餐之后、上床睡觉之前，让孩子定时去使用便盆。几分钟后，如果他没有在便盆中排便，就不要坚持。不要把使用便盆变成一种威胁和侮辱。

- 孩子在便盆上坐好后，请勿干预。如果他看到你在等待结果，会感到紧张，什么都不做。

- 尊重孩子的隐私，让他独自坐在便盆上，按照他的要求提供帮助，尽快给他擦干净，倒空便盆。

- 逐步放弃使用尿布，给孩子穿内裤：尿布打湿后会保持温热的湿度，弄湿内裤比弄湿尿布更令人感到不舒服。由于害怕弄湿内裤不舒服，可能会促使他及时告诉你他要如厕。

- 从早上坐完便盆，穿上内裤开始，如果尝试成功，午睡后重新给他穿一条内裤。使用内裤标志着孩子在学会大小便过程中前进了一步，孩子感觉自己长大了一些，父母也会为这一进展感到自豪并觉得欣慰，尤其是快要上幼儿园时。

- 从孩子每次保持干爽直至坐上便盆，都要赞美他。这个过程不要要求过高，应该自然而然，不要一味强调：有些孩子对这种自豪感不太敏感，而且即使他们渴望成长，也同时希望一直做父母的小宝宝。

- 利用暑假，使这一学习过程变得更加容易，利用幼儿园开学及在幼儿园有新发现的契机激发孩子的积极性。

从2岁半—3岁起，小男孩可以站立小便；告诉他像爸爸那样做，可以方便如厕训练。**如果孩子拒绝使用便盆**，强迫当然毫无意义。只需停止便盆训练一段时间，然后再次谨慎尝试（每天仅1次或2次）。这是一个关乎耐心的问题：一定不要与孩子发生冲突，最重要的是不要将这种学习转变成相互对立。

孩子们会认识到如厕训练的重要性（太重要了！），以及这件事的挑战性和因此引发的父母的担忧。即使最后还要让孩子再用一段时间尿布，也必须设法让气氛缓和下来，不应仅仅关注眼前。

"2岁半的阿尔班在家拒绝上厕所，但在学校却很顺利。他会说：'我不想去。'还在地上打滚。我感到紧张、担心，3个月后他就要上幼儿园了。"

——玛艾娃

如果孩子已入托

教育态度、学习的年龄、宽容度家家各异。孩子完全能区别开托儿所和家中的不同习惯：他会区分生活场所。即使大班孩子的年龄并不相同，在托儿所进行如厕训练通常也安排在最后一年。托儿所配备有适合儿童身高的洗手间，孩子们会对此表示喜欢。

重要的是，你的要求与看护方式中的要求不能产生矛盾。一般来说，每个孩子都应该被个性化对待：生活老师应与父母探讨，尊重他们的意愿。同时，集体效应和模仿效应常常使孩子希望和别人做一样的事。

如果孩子是在其他家庭接受照顾，你们的要求也不要互相矛盾。你们需要比较各自的经验、及时反馈，并达成一致。

晚上应该让孩子起夜吗？

当孩子达到足够的成熟度时，他能自己上厕所。因此，没有必要让孩子起夜，起夜甚至有害，因为这不仅没有必要，而且往往会妨碍孩子再次入睡。许多孩子在2岁—2岁半时会自发学会夜晚如厕，一些孩子会稍晚一些；但5岁前不能认为是遗尿。有些孩子是通过午睡完成如厕训练的，午睡前学会上厕所，而后一觉醒来孩子的尿布还是干的，随后父母就不再给他使用尿布。

孩子憋尿或"忘记上厕所"时

大约3岁时，孩子完全被游戏、兴趣所吸引，有时无法意识到要上厕所，并且宁愿忍着不去排便，觉得上厕所会打断游戏。不要不断地提醒他"遵守命令"和制造一种无谓的对立（"去厕所""我不去"），我们可以借另一时间段向孩子解释排便的重要性，以及为健康起见，需要及时排出它们。有时让我们惊讶的是，孩子们仿佛能彻底理解对他的年龄来说具有难度的一些概念。

对于"忘记上厕所"的孩子来说也同样如此，因为他憋得太久了。我们可以向他说明白天及时排尿的重要性，并且这样也会让他觉得更舒服。

"你洗手了吗？"

如厕训练也涉及基本的卫生规则。通过向孩子解释双手会传播微生物，从而传播疾病（例如肠胃炎），可帮助孩子养成定期洗手的习惯。有必要提醒他们如厕后、就餐前、从公园回来后……都要洗手，让孩子从小就养成这些好习惯。

你的孩子长大了，他将很快进入幼儿园，这标志着一种全新的独立，一个社会化的阶段，向下一个阶段的学习又迈进了一步。即使直到那时孩子一直由育婴保姆或托儿所看护，所有的父母都会为幼儿时期的这一重要标志时刻的到来，感到异常激动。

探索世界

本章讲述孩子早期几年的成长阶段：宝宝感受如何？他想让你们为他做什么？你们可以为他做什么？……本章是本书的核心：逐月讲述孩子怎样与爱他的人、周围的人以及他爱的人建立联系；他的脑袋里、心里在想什么；是什么引导他与外界沟通、做出相应动作等。了解了孩子的喜好、需求，就能更好地理解他，并以正确的方式回应他，帮助他成长，在快乐中照料、养育他。

1天—1个月：最初的牵绊

"看到宝宝的瞬间，我有一种陌生感。他和我想象中孩子的样子不同，也不像那个在我肚子里扭动、回应我抚触的宝宝。啊！很快，他睁开了眼睛，认出了我，对话重启……"

有些许混乱、游离，又貌似清醒，这位妈妈所讲的感受在分娩时经常会遇到。即使在生产之前已经通过超声检查感知到孩子的存在，但几乎每个妈妈都会经历这种陌生感，迫切地想"认识他"。这就是为什么我们需要保护这种最初的联系、沟通：当妈妈把新生儿抱入怀中的时候，会感动于这种伟大的归属感，并产生一种期待已久的强烈的存在感。她会感受到这种关系重建后的延续；当妈妈将孩子送入爸爸怀中，爸爸也会和她一样，去探究、认识他们的孩子。

"孩子出生后，还未发育完全的小脑袋已经开始秘密地观察他周围的大人们。"

——儒勒·苏佩维埃尔

从交流到依恋

宝宝刚出生时，父母会很自然地将他揽入怀中，带着亲昵与温柔。此时的孩子是如此的弱小，需要依赖成人的照料，迫切地渴望与他人建立一种热烈、亲密、持续的关系。照料的持续和稳定存在能带给他安全感——儿科医生和精神分析专家称之为"依恋对象"。安全感与自然需求（饥、渴、睡眠）的满足有关，交流中建立的对他人和外界的共情能力也会影响安全感。

伯纳德·戈尔思（Bernard Golse）认为，在宝宝1岁之前，大人们必须要重视孩子的弱小和依赖。妮可·基德（Nicole Guedeney）内认为孩子对大人的依恋是一条极其重要的纽带。T. 贝里·布雷泽尔顿认为这种依恋感有助于建立孩子对大人的信任，当孩子长大后，更容易脱离父母实现独立。在孩子来到世界的前几个月，依恋感是他建立自信和对他人的信任的基础。

宝宝的"能力"

作为子宫生活的延续，自出生那刻起，宝宝已经准备好与迎接他的人建立联系。这是一个重要的能力：让关心他的人回应他的需求。在这个过程中，四种官能（味觉、嗅觉、听觉、触觉）都会发挥作用。宝宝有一种与周围的人沟通、交流的潜在天赋，而与父母的沟通就是起点。大人要不停地与他对话，爱抚他，与他耳语，对他微笑，教他说话。如果孩子发出声音，你要做出反应；如果他说话，你要回应他。当爸爸轻声地、温柔地和他讲话，稍等片刻（太小的宝宝需要一点儿反应时间），宝宝会有极细微的反应——眨眼、轻轻抬起嘴角，宝宝还会用他的小手紧紧地握住爸爸的手指。如此这般，爸爸难道不会被搅动心绪，更认可自己的角色吗？

宝宝的这些能力会给父母带来更多**共同的喜悦**，爸爸和妈妈也会对宝宝更加体贴。有人听他说话时，宝宝也会更积极地牙牙学语。每一个新动作、每一个爱抚都会给他带来不一样的体会和感受。即使是早产儿也是如此，虽然这些宝宝比足月生的宝宝更脆弱、反应更慢，但他们依然具有这种能力。

有些父母会不知所措。我想告诉他们宝宝已做好准备倾听他们的声音，他在等待着你们的回应，帮助你们进步。

有些人在求助中会埋怨自己笨手笨脚，这可能是孩子接受度低带来的挫败感。父母要了解孩子的敏感点，这有助于自己贴近孩子，给他关怀，与他交流。

在高质量的交流、互动中，父母和孩子之间有了牵绊，依恋之情也在孕育、发展。在最初的几天里，妈妈和宝宝要尽可能多地有肌肤接触，互相了解、互相适应，慢慢地达到和谐。这种建立联系的方式能让宝宝感到安心，让他从出生起就建立牢固的依恋和基本的安全感。

编织牵绊

你与宝贝的第一次交流发生在哪个特别的时刻？如果宝宝醒了，在喂母乳或者喂奶瓶的时候，以及接下来的时刻，通过动作、气味、嘴巴、言语和注视，都可以与宝宝产生交流。如果他睡着了，那就静静地看着他吧。

他在沉睡，很安静；他睡得太沉，以至于会让人不安；宝宝一动不动，让人不禁会去探探他的鼻息……宝宝也会有突然的转变：动弹、颤抖、做鬼脸、叹气、微笑等；是噩梦惊扰了他？他蹙额、皱眉、啼哭、低声嘟囔、吮吸拇指……这时我们会误认为他快要醒来，并想马上抱起他：不能这样做。我们将这个睡眠阶段称为快速眼动睡眠阶段，这时宝宝看似醒了，其实还在沉睡。他还不饿，那就让他继续他的梦吧；如果他真的饿了，他会通过大声啼哭来告诉你，直到需求得到满足。接着，他会继续沉睡，依次经历睡眠的各个阶段，然后就会突然醒来要喝奶——这才是我们等待的时刻，否则会打扰他的睡眠。宝宝在深度睡眠时抱起他，把他吵醒，这样养成的不良习惯，往往是入睡困难的根源。

宝宝靠近乳房或乳头时会因为兴奋而着急。看似脆弱的宝宝会用力地吮吸，直到筋疲力尽，心满意足地合上眼睛，嘴角带着幸福的微笑，表情安逸。吃完奶之后，有时候宝宝会很快地再次入睡，有时候他也会清醒一会儿，这真让人高兴呀。他的表情很灵活，他好像在注视着你，等着你做个动作、说几句话。如果得到想要的回应，他会动一下身体，眨眨眼睛，似乎想更进一步地探究面前的面孔和声音。有那么片刻，他会表现得像被完全吸引。如果他累了，他会转过头，好像在说："好了，我不想再玩了……"这时候要尊重他的意愿，等到宝宝愿意的时候再和他重启对话。

当妈妈见到可爱、机灵的宝贝的时候，挂在嘴边的都是一些亲昵的词汇："我的小仙子""我的心肝""我的小可爱"等，或者是一些完全自创的词，但都饱含深情与温柔。最初的几天里，宝宝的苏醒状态不会持续太久。慢慢地，他们专注事物的时间会变长，通过眼神、言语、动作、抚摸、歌唱，交流范围不断扩大。我们会关注孩子的每一个变化，宝贝的表现力越来越丰富：会发出新的音节，醒着的时间越来越频繁，他在寻找（"他一定是在找我"），他在扭动身体，他好像笑了……我们会七嘴八舌，猜测其中的秘密。

牵绊每天都在变强烈。误解和泪水在所难免，要学会自我调节。"是孩子成就了母亲。"请记住朱利安·德·阿朱利亚吉拉（Julian de Ajuriaguerra）博士的这句名言。

爸爸和宝贝

在有关交流的内容中，你看到更多的是"妈妈"这个词。当然，从最开始她就是那个享有特权的人，原因显而易见：怀孕、分娩、哺乳，她天然地就更靠近宝宝。

但是，还有爸爸。孩子还未出生，他就因即将成为父亲而心潮澎湃。当他在超声检查的屏幕上看到孩子的影像时，激动不已：这跳动的心脏、舒展的四肢都在告诉他——孩子真真切切地存在。有时候他会参加一些有关分娩准备的培训。有的爸爸还会醉心于抚摸胎教，如果宝宝回应他的声音或者触摸，他便会感动不已。许多爸爸会陪产，还会亲自剪断脐带，第一时间护理宝宝，与宝宝进行肌肤的接触。在孩子眼前，爸爸可以通过动作、照顾宝宝的日常生活来表达自己的感情。给宝宝换尿布、给他洗澡、抚摸他、和他对话，渐渐地，爸爸自然会在宝宝心中占据一席之地。

现在，等到孩子会走路或者会说话才开始照顾孩子的爸爸越来越少。在孩子幼年时期，有些爸爸是因为害怕新生儿太脆弱，有些则感受到了作为父亲的重担，想要逃避。如果遇到这些情况，妈妈和周围的人可以帮助爸爸在这个三口之家中找到自己的位置，让他找到照顾孩子的乐趣，给他爱和安全感。

需要补充一点，在生命的头几年，宝宝通常生活在一个女性居多的环境中：妈妈、女保姆或者女托儿所助理，然后是幼儿园女老师。在孩子生命早期，能有一个男性出现，这对他非常重要。

官能的觉醒

宝宝的官能在胎儿期就已经慢慢觉醒，现在，它们已经跃跃欲试了。为了便于理解，这里将分开介绍各个官能。但是要记住，孩子对周边环境的认知，以及由此引起的情绪变化是各种官能共同作用的结果。

视觉和注视

当妈妈、爸爸问"他在看什么"时，他们内心的想法是："他在看我吗，他认识我吗？"是的，从出生的那一刻，你们的宝贝就能清楚地认出你们：你们唤他，不停地柔声低语，听到你们的声音，他会转头、睁开眼睛。可以说他的第一眼与你们的声音密切相关。他会被你们的面孔吸引，目不转睛地盯着看几秒钟，然后来来回回重复几次，成功建立联系。当你们把孩子抱在怀中，如果在他眼睛 20 厘米的距离处，他就可以看到你们的脸。他还不会调节视线，超过 50 厘米的距离，新生儿就会看不清，但是在这个距离之内，他可以模仿你们的表情：如果你们向他吐舌头，他也会吐舌头。

起初，宝宝会通过对比来识别事物（即他先看到脸和头发的分界线、眼睛和嘴巴），会更容易识别圆形的东西，而不是平面的。总之，他已经"被设定好"要先看脸。但是，视觉并不是出生时发育最好的官能，听觉、嗅觉等其他官能在子宫内已经发育良好：你们的声音、你们的气味会帮助他认识你们的脸。所有的知觉联系紧密，很难剥离其中任何一种。

关于视觉，需要补充一点：新生儿能区分明亮和黑暗，阳光直射时他会闭上眼睛，昏暗时会睁开眼睛。不要让太强、太近的光照射他。如果有闪光灯，他会闭上眼睛。从出生起，他就能区分黑与白，他会被闪亮的东西吸引。

宝宝的视觉发育很快。1 个月时，宝宝能够将视线固定在物体上；3 个月时，视线能够追随物体移动；4 个月时，能够辨别三原色；6 个月时，能够建立立体感。妈妈和孩子之间要尽早建立眼神交流。人们还没充分认识到初期眼神交流的重要性。英国著名的儿科专家、精神分析学家 D.W. 温尼科特（D.W. Winnicott）认为孩子"在母亲注视他的眼眸里看到自己"。当宝宝注视着妈妈的时候，他像是在"照镜子"：通过妈妈的动作、表情体会她的感受。这也是他与外界交流的开始。

听觉

宝宝在出生前已经有了听觉。在《法国洛朗斯怀孕宝典》一书中我们已经讲过，许多人也对此做过研究。产前听觉测试经常会用到乐曲《彼得与狼》，小说家弗朗索瓦·韦耶尔冈斯笔下的小主人公也提到过这首歌：

"妈妈刚刚又给我听了《彼得与狼》！她知道现在几点了吗？她想让我安静点儿，所以就用这首我已经听得滚瓜烂熟的乐曲来烦我。小猫是单簧管，爷爷是巴松管，猎人的枪击声有定音鼓、大鼓。'阳光明媚的早晨，小彼得打开了花园的栅栏……'不一会儿，大灰狼就会捉住鸭子，一口吞掉。我讨厌听这个故事。他们把我当什么人了？这是给小小孩听的音乐。"（《一个婴儿的生活》）

宝宝出生时听觉已非常敏锐，他会去寻找熟悉的妈妈的声音。他还记得出生前偏爱的乐曲，只需要几天的时间就能从众人中分辨出妈妈的声音。而且，宝宝可以通过语气区分不同的情绪——快乐、愤怒、悲伤等，前提是需要使用妈妈所说的语言。

味觉

出生后，新生儿会通过面部表情的变化表达对不同味道的感受：尝到甜味，他会笑；如果是咸味，他会蹙眉。通过各种实验，研究员博努瓦·沙尔（Benoist Schaal）发现，新生儿认识并且偏爱羊水的味道，和妈妈的初乳的味道。如果是用奶瓶喂奶，需要几天的时间才能让他喜欢上喝奶瓶里的奶。

嗅觉

长久以来的研究表明婴儿的嗅觉发育得很早，这对婴儿识别母亲、相互建立依恋关系具有重要作用。博努瓦·沙尔发现从第三天起婴儿就可以辨别母亲的气味，这一发现可能具有治疗价值。该研究员称一个马赛的精神科医师曾用带有妈妈味道的物品抚慰孩子，解决睡眠问题。将妈妈用过的手绢放在枕头边，一些孩子不需要安抚就能安睡。同样，闻到妈妈乳房的气味，听到她的声音或感受到她的心跳，新生儿便会平静下来。对不熟悉的人的味道，宝宝也会很敏感。

触觉

新生儿对他人的触碰很敏感。有些动作会使他平静，有些则相反，会让他烦躁。通过孩子表现出来的高兴和不满，父母能很快地理解他的喜好。通过观察孩子的表情、动作，

1天—1个月

新生儿的姿态

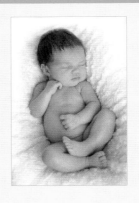

宝宝的腿和胳膊向身体蜷曲，与子宫内的姿势差不多。出生前被子宫围绕、包裹，这限制了他的活动。缺少了束缚，有些新生儿不太适应外部世界的广阔空间，他们可能会一通手舞足蹈，寻找支撑点。如果感觉到被抱起，他们会变得安心、平静。以前，包襁褓也是一种安抚新生儿的常用方法。

条件反射

如果你去碰宝宝的手，他会攥住你的手指。新生儿的力气可以大到使自己的手指发白。他又找到了熟悉的动作—在子宫里时抓脐带的动作，这也许就是为什么在他稍微长大后喜欢抓握橡胶长颈鹿的脖子……

脚底也有同样的条件反射。

新生儿会有多种条件反射：如果你支撑着他用脚站立，他就会尝试走路；如果碰碰他的嘴唇，他就会吮吸，等等。

医生会根据这些条件反射判断孩子反应是否灵活。

手张开还是攥紧，身体放松还是蜷缩，父母能够明白孩子的反应，比如：刚开始帮妈妈学习喂奶的时候，如果用力把他的头按到妈妈的胸口，这会让他很难受。相反地，宝宝会喜欢靠着人，喜欢被轻轻地抱在怀里。通过细致的观察，研究员们发现婴儿对周围人的情绪有多么敏感。

孩子皮肤、触觉的敏感度可以追溯到出生前：他碰撞子宫壁，感受到包裹他的液体；他的手已经很灵活了——紧握手指、张开手指、搓手，在最终分娩时，经历强烈、反复的宫缩后，他才会降生。当他被包巾或婴儿背带包住，被大人带着爬楼梯、散步时，他会找到与出生前似曾相识的感觉。

我们都知道，除非是特殊的医学原因，在孩子刚一出生时不能把他和妈妈分开，称体重和其他问题都可以延后。将新生儿放在妈妈的肚子上，皮肤贴着皮肤，大多数新生儿会本能地去找乳房。很快，爸爸也可以抱起宝贝，向他传达爸爸的温柔与热情。

依恋问题

如你所见，在不断的相处过程中，依恋产生并逐渐加强，多数时候都是令人开心的。但是，问题随时可能出现，影响父母和孩子之间最初的牵绊。

● 妈妈见到孩子时的陌生感有时候会持续很久，她会问自己："我忍受不了孩子的哭声，我该怎么和他相处？"她可能会情绪激动，甚至会"感觉受到攻击"。

● 有时候宝宝觉醒得慢，没有预想得成熟。夹杂着不安与失望，父母不禁会问：他为什么还不会抬头，为什么总是吐白沫，为什么总是哭？有些宝宝经常哭闹，这会让周围的人恼火。宝宝睡眠太多也不一定是好事，因为这会让妈妈失去一些建立亲密关系的机会。

● 抑或是妈妈不愿意给孩子换尿布，那种气味让她犯恶心；她会将孩子扔给爸爸去照顾，将夫妻间出现的矛盾归因于孩子。

● 妈妈有时候会情绪低落，对孩子一点儿也不感兴趣，不愿意照顾他。她极度怀疑自己的能力，感到孤独无助，而孩子会选择用睡眠来逃避妈妈的这种状态。这有可能是产后抑郁的延续，甚至是怀孕后期未被察觉的产前抑郁的延续。

在以上几种情况中，父母不能够接受宝宝，没能和宝宝建立同理心；宝宝只能通过啼哭和闹觉来表达不满，大人因此更加烦躁，引发恶性循环。

一些父母希望忍过最初的几天或几个星期,宝宝就会快速成长,能按时睡觉,按时喝奶,不再哭闹,但是这种情况极少,父母会因此失去耐心。父母应该明白:婴儿需要时间去适应新的生活,在安静的环境中一点点地找到日常生活的节奏。

经历过紧急剖腹产或难产后

如果计划好了要进行剖腹产,妈妈就会有充分的时间做准备,主要是良好的心理建设。但是如果遇到紧急剖腹产,或者说分娩遇到困难,需要一些特殊处理,妈妈们就会有一种挫败感。她们会因为自己没能自然分娩而产生负罪感,感觉自己之前想象中的美好的生产体验被剥夺了。"我生孩子的权利被剥夺了""我的身体抛弃了我",有些妈妈会这样想。通常,她们会被迫与孩子分离,这使得她们更加沮丧、懊恼,她们应该适时地将孩子交给亲人照顾。她们可能体会不到做母亲的感觉,有些妈妈甚至担心宝宝是否还会亲近她们。

如果经历了难产,不要迟疑,**去询问为你接生的医生**:了解发生了什么,明白你所经历的事情的意义,这有助于你克服困难,避免陷入无止境的悲伤中。向伴侣倾诉,他可以帮助你投入到母亲的角色中;如果孩子住院,不在身边,他可以给你讲讲宝宝的近况。爸爸也会有倾诉的需求:他的内心感受,收到手术通知时的恐惧,独自一人在手术室外等待消息会造成巨大的孤独感和压迫感,等等。

不要忘了宝宝在子宫内的生活和出生后的生活是有**延续性**的:他在你的肚子里度过了生命最初的几个月,在此期间,他不断发育,听到过你的心跳、你的声音,还有爸爸的声音。你和他一起在家里、在马路上溜达,你和他一起入睡、一起苏醒,他陪伴了你的美梦,你给了他庇护。当你将他揽入怀中,即使经历过分离,他仍会找回熟悉的印记。此时,你就会意识到出生之前建立的依恋没有被斩断。

如果宝宝有畸形

无论出生之前有没有检查出畸形,这个打击对父母来说都是巨大的。他们会经历寝食难安的时刻,整个人充满焦虑:他们的孩子的不同、其他人的目光、将要面对的治疗、或许还要担心长辈们的情绪。妈妈会有负罪感,她会害怕甚至排斥见到孩子;爸爸的处境也会很艰难,他需要安慰妻子,如果宝宝被转到了别的科室,他要去探望,还要通知兄弟姐妹和其他亲属。幸运的是,在今天,父母们不再是孤军奋战,会有接受过专业培训的生产、新生儿陪护团队给他们提供帮助,给他们提供有针对性的、有效的建议,帮助父母与孩子共同面对和解决问题，有效建立最初的亲子关系。

互相帮助，互相关心

遭遇困难，会影响父母享受初为人父、人母的喜悦，宝宝也要忍受痛苦。这种情况下，不要硬撑，应及时向育儿专家寻求帮助和建议：

- 家政钟点工可以减轻父母的体力负担。

- 保育员可以到家里来提供建议。

- 儿科专家可以帮助你理解发生了什么，必要时会建议咨询心理医生。

- 与其他父母交流、分享，尤其是孩子有相似缺陷或疾病的父母。

如此，面对困难，父母们不再是孤军奋战。这些困难很可能使他们产生负罪感，变得尖锐，厌恶世界。今天，我们意识到越早发现问题、面对问题，父母们越容易战胜困难。这是早期产前检查（在怀孕期间进行）和产后回家关怀计划（帮助妈妈们进行产后恢复）的目标之一。

延迟、困难并不意味着无法建立依恋。最初的几周是相识、探索的阶段，有利于情感关系的建立。但是依恋建立的过程是漫长且多变的，需要拥有充足的耐心。

什么会让宝宝开心？

他喜欢和你在一起，喜欢躺在你的怀里，躺在爸爸的怀里，他会觉得自己处在一个充满爱、尊重和互动的环境里。

- 他喜欢喝母乳、喝奶瓶里的奶，喜欢大人给他换尿布、洗澡。

- 沐浴更衣后，听到你和他说话，他会摆动胳膊、晃晃腿；如果他高兴到手舞足蹈，说明他喜欢别人分享他的快乐。

- 他喜欢你的声音，喜欢你的抚摸。

- 他喜欢安静，喜欢柔和的光线。

- 如果孩子"身体紧绷"，攥紧拳头，或者不停地扭来扭去，轻轻地摩挲他，轻触或者轻轻地拍他，把他抱在怀里哄一下，让他平静下来。你会发现，他很享受这些，你也一样。

在这个阶段，养育者和孩子会相互影响：焦躁的孩子会刺激到照顾他的人，安静的孩子则会令人感到放松。如果孩子哭闹不止，一定要克制自己保持冷静，这种平静也会传达给宝宝。

什么会让宝宝不悦？

- 饥饿和口渴，穿得太多或太少，衣服太紧，松紧带太紧。

- 抱他的方式让他没有安全感。比如，只抬着胳膊，没有托住屁股。

- 把他吵醒或是不让他睡觉：婴儿需要别人遵循他的节奏。

- 难以接受的行为刺激，比如把他抛向空中。此外，这个月龄是"婴儿摇晃综合征"的多发期。

- 烟味和噪音（房间里来来往往的走路声、大声的说话声、收音机的声音、电视的声音、吱呀响的门）。

有读者问我们是否能用闪光灯给宝宝拍照，答案是可以，但是要慎用。一般来说，要尽量避免对宝宝的视网膜造成重复的刺激（这也是为什么我们建议给婴儿戴太阳镜，儿童也是如此）。

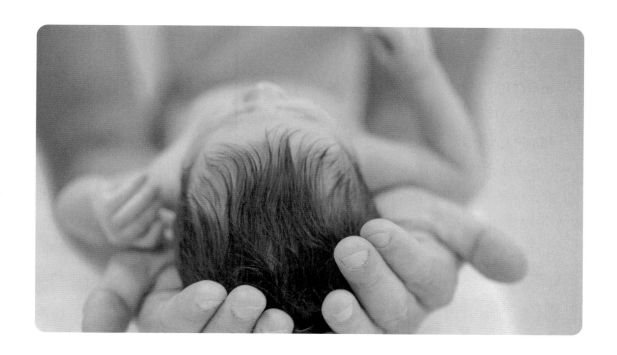

如果你的宝宝是早产儿

如果宝宝早产，父母们会有很多疑问，有时候也会忧心忡忡：宝宝会被转到其他科室吗？和宝宝分开后我该怎么办？如果宝宝离开我们，怎样建立依恋关系呢？宝宝将会怎样成长？早产会留下后遗症吗？

如今，医务人员也很关注这些问题，接受的培训也越来越到位：他们能很好地照顾早产儿，在医疗和心理上给宝宝提供关怀治疗。

早产的四个等级

如果妊娠时间少于8个半月（闭经37周），就一般被认为是早产。

晚期早产儿： 在闭经第34—36+6周出生。

中期早产儿： 在闭经第32—33+6周（妊娠7—8个月）出生。如果低于35周，宝宝应该和妈妈一起转入配有新生儿科的产科，或者直接转入新生儿科。一般来说，在第

35—36周早产问题较少。大多数情况下，宝宝还是很脆弱的，但是他可以待在妈妈身边，儿科医生会定期检查。

极早产儿： 在第28—31+6周（妊娠6—7个月）出生。宝宝出生后须转入新生儿重症监护室接受特殊护理。

超早产儿： 28周（妊娠6个月）之前出生，需要马上转入新生儿重症监护室。

一般来说，孩子越接近足月出生，后续问题越少。其实，在妊娠满9个月（闭经36周）时，宝宝的重要生理功能（呼吸、消化、神经）已发育成熟。早产儿的发育水平不及足月生产的婴儿，因此，他会有发育不成熟的表现，胎龄越少，发育越不成熟。

- 呼吸问题很常见。有时候需要借助插管。有两种药物对于改善呼吸预后很有帮助：分娩前给妈妈静脉注射皮质激素；转到重症监护室后给宝宝用表面活性剂，促进肺成熟。
- 早产儿还不会吮吸，不会协调吞咽和呼吸。这也意味着在34周之前需要插管喂食。
- 在最初的几周，需要做脑电图和核磁共振，检查神经系统是否有异常；如果是极早产，则更应重视。
- 其他消化、肝脏、肾脏或免疫系统的病症则需要接受相应的医学检查。

今天，**医学的进步**使得这种不成熟的发育可以得到治疗，至少部分可以治愈，并减少各种后遗症。医学研究也在继续前行，以期让过早来到世间的孩子得到更好的照料。数据显示在25—31周早产的孩子的存活率有了明显提高。

早产儿的护理

重症监护室

极早或超早产的婴儿，或者有特殊健康问题的婴儿会在重症监护室治疗一段时间。爸爸妈妈们不要被这个字眼吓到，这通常只是因为宝宝还不能自主呼吸，需要一段时间的特殊护理。

在宝宝转科室之前，儿科的医务人员会把孩子抱到妈妈跟前（爸爸行动比较方便），如果不方便挪动宝宝，会让妈妈到他身边。妈妈可以利用这个珍贵的时间看一看、摸一摸自己的宝贝。如果情况不允许，医护人员可以给妈妈拍一些宝宝的照片，将妈妈的一些贴身的东西（手绢等）带给宝宝，帮助他们之间保持联系。

接下来的几天，如果重症监护室就在妈妈分娩的医院，妈妈可以很容易地见到宝宝。但是，更多的情况是，只有在一些大城市才会有这类特殊科室，这样妈妈就只能忍受舟车劳顿了，等到她的健康状况允许，就会安排看望宝宝。在此期间，爸爸是联络的纽带。他可以去看望宝宝，记录他的成长，了解治疗进度，更重要的是他可以触摸暖箱里的小手，告诉他妈妈虽然不在身边，但依然爱他，然后向妈妈讲讲宝贝的趣事，给她看宝贝的照片。

　　通常，爸爸妈妈们对新生儿重症监护室并不了解，想象那里仿如一个虚幻的世界：长明的灯光、呼吸和心跳监测仪的警报声、喂食、测体温……小小的婴儿被放在铜墙铁壁般的透明暖箱中，仿佛置身于不可及的世界，医护人员在其间穿梭，进行一系列复杂的护理。现实与他们的想象相差甚远。事实是：新生儿科的医护人员尽量营造一种环境，以适应新生儿的敏感性和发育要求；他们将宝宝们放在小暖箱里，尽量降低音量和周围的光线；他们会参考最新的研究成果——如NIDCAP（新生儿个体化发展照顾及评估方案），给早产儿制定护理方案，也会借鉴其他操作治疗方案，尽量减少宝宝的痛苦。

　　"宝宝出生的第一周，我和他有了美妙的交流。小小的他身上还有插管，还在打点滴。当我轻轻抚摸他的时候，他笑得像个天使。我抱起他，放在我的胸口，贴着我的心脏，我感受到了他轻柔的呼吸。"

——蒂奥（早产两个月）的妈妈

　　所有的护理人员都明白小宝宝有交流和爱的需求。每个人都会花费很长时间和爸爸妈妈沟通，他们会捕捉宝宝意识到爸爸妈妈在身边时的微小的反应：动一下眼皮、一个放松的表情、试探性伸出的手指。宝宝知道爸爸妈妈在身边，能够识别他们的声音和爱抚，对他们的味道很敏感。有了护理人员的帮助，即使宝宝在暖箱里，爸爸妈妈们也可以触碰、抚摸他们的宝贝，给他换尿布。如果有可能，我们建议宝宝和爸爸妈妈跟宝宝有肌肤上的接触：宝宝只穿尿布，后背裹着毯子，放在妈妈胸前，然后是爸爸，宝宝会闻到熟悉的味道，听到心跳声。在照顾宝宝时，爸爸妈妈们也要观察宝宝的行为和进步，这样你们也会成为越来越合格的父母。

新生儿科

宝宝好转后，或者宝宝的早产程度较低，就会被转入新生儿科。每个医院都有这个科室，爸爸妈妈们也就更容易见到宝宝。转移到新生儿科是一个很重要的标志：宝宝可以自主呼吸了，更独立了。即使宝宝还在打点滴，还插着鼻饲管，父母也可以和宝宝有肌肤的接触。宝宝躺在温暖的臂弯里，平静、放松，消化能力也会逐步提高。

母婴科

有些儿科会设立这类科室，同时接诊宝宝和妈妈。宝宝住院的时候，妈妈可以陪同。暖箱通常放在妈妈的房间，妈妈可以给宝宝洗澡，喂母乳或者奶粉。可以躺在床上，和宝宝有肌肤的接触。这样，不需要和宝宝分离，还可以与宝宝联络感情，妈妈们因早产而产生的精神创伤也得以治愈。她们会熟练掌握这些特殊护理技巧：喂食量、给宝宝养成在餐点醒来的习惯、监测体温、皮肤护理等。有了这些技能，宝宝出院后，她们也能应对自如。

有时候，一个妈妈很难抽出几周的时间专门照顾宝宝，尤其是当家里还有其他孩子的时候。如果你办不到，或者家附近没有这样的科室，那么妈妈（以及爸爸）一定要和宝宝保持密切的联系：与护理人员协调时间，自己给宝宝洗澡；算好时间，在宝宝的就餐时间赶到；如果想知道宝宝的消息，即使是晚上，也不要犹豫，马上给护理人员打电话；偶尔晚上你也可以去看看宝宝的睡眠情况。要迎接宝宝回家时，也要和宝宝提前做好情感沟通。

早产和创伤

不与早产儿分离可以很大程度上减少早产创伤的风险。事实上，几年前，有调查显示这种风险在早产儿中的发生几率远远大于正常婴儿。之所以出现这种现象，普遍认为是因为早产儿更脆弱，要求更高，会引起妈妈的紧张情绪，妈妈会因为未能足月分娩，因为自己吸烟或工作太拼而感到自责、内疚，初当妈妈的幸福感被剥夺。

如果妈妈能够参与到宝宝的护理中，把分离当作恢复健康的必要过程；同时，爸爸也能够积极地参与到宝宝的成长中，尽早贡献力量，父母和宝宝之间也会建立起深厚的情感联系。当宝宝回到家时，妈妈不会再像之前一样，不愿靠近宝宝，充满焦虑、排斥和冷漠。在此，我们要感谢新生儿科的专家们做出的贡献。

给爸爸妈妈的帮助

如果宝宝早产，大多数父母会感到焦虑和自责：在最初的几天，害怕孩子有生命危险，担心孩子有缺陷（有些缺陷在刚出生时医生检查不出来），担心自己搞不懂孩子的表达；孩子如此脆弱，与他们期待中的样子完全不同，他们却不能给他温暖；没有体会到期待的幸福感，反而满心忧愁。

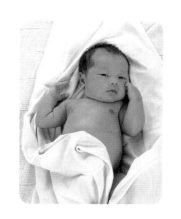

大多数新生儿科的医生会建议爸爸妈妈寻求心理医生的帮助，借机倾诉自己的困惑，对自己照顾好孩子的能力产生信心。在出院之前，可以做一个布雷泽尔顿新生儿行为评定。这样，父母会对孩子的能力有信心，也更相信自己能够理解孩子。回到家后，育儿护士会来到家里给你提供帮助。定期医疗回访是为了了解爸爸妈妈们的感受，护理人员的作用就是帮助爸爸妈妈们直面困难，尽早感受到新生命带来的幸福感。

接早产儿回家

当父母掌握了护理技巧，对自己、对宝宝有了足够的信任，接宝宝回家也就顺理成章了。但是，要注意宝宝还是很脆弱的，或者说还处在"恢复阶段"。如果还是不放心，爸爸妈妈们可以这样想：医生已经允许宝宝出院了，说明宝宝的健康状况良好，即使体重刚刚达到2千克。当然，如果你有任何困惑，可以立即向照看过宝宝的护理人员求助，而且要和保育员保持联络，他们知道如何更好地照顾低体重的婴儿。遇到问题，最好请教专业人士，亲戚朋友们并不总知道如何正确护理。宝宝回家8天后，最好约一次儿科医生，做一下检查，让自己也安心。

瓦伦丁刚出生的时候状态很不好，奶喝得很少，但是医生认为他可以出院回家了。他的妈妈说："当我抱着他踏上台阶的时候，他在襁褓里动了，睁开了眼睛；当我像怀孕时一样，每上一层楼停下来喘一口气的时候，他格外专注；当我累了，坐下来，打开客厅的收音机，心情愉悦，瓦伦丁在我怀里就会特别兴奋；我试着给他乳头，他就开始吮吸，我的奶水很充足。看来他很开心能够回家。"

把孩子接回家后，通常爸爸妈妈们会用自己的方式庆祝孩子的出生：他们会通知亲朋、准备蛋糕、分享这个消息。宝宝会逐渐融入爸爸妈妈给他营造的温馨、有爱的氛围中。

前几个月的医学监测

如果宝宝是极早早产儿，那么就需要非常密切的医学监测。宝宝需要接受定期的临床检查，监测其发育情况，听力检查尤为重要，而且在前两年，还需要进行一到两次的视力检查。如果发现有发育迟缓的情况，则需要接受治疗（如语言和运动康复治疗）。

一些专门的儿童和妇幼医院可以做此治疗，并帮助教爸爸妈妈给孩子进行护理。如果不是极早早产，建议在宝宝出生的第一年做一两次复查就可以了。今天，有了越来越专业的医疗团队给宝宝们保驾护航、儿科医生也会针对饮食、疫苗接种的问题给父母指导，宝宝的后期发育也需要格外注意。

在头几个月，如果宝宝有发烧、咳嗽、憋气的情况，一定要及时就医，此时宝宝的肺部还很脆弱。

早产后的几个月

在第一年，甚至更久的时间里，爸爸妈妈们始终会有疑问：我的宝宝会有早产后遗症吗？他的发育会正常吗？他能赶得上吗？追赶速度取决于宝宝的病史、出生月龄、在重症监护室待的时间长短，以及他自己的适应能力。每个孩子都是不同的，发育情况也各异。极早早产儿在出院后会成为重点跟踪对象，程度较轻的早产儿则不会，但是也会被重点关注。

从出生日起计算的年龄，和真实的发育年龄会有偏差。真实的发育年龄称为校正年龄。医生通常会参考宝宝的校正年龄来评估他的发育情况，如果是足月生产的孩子，校正年龄就是他的真实年龄。在前9个月，这个差距会很明显，但是当宝宝开始学走路、学说话的时候，差距会迅速缩小，不存在落后的问题。下一个重要的阶段就是上小学，学习读和写。

在此期间，要相信孩子，相信他自身极强的适应能力，在综合团队的助力下，一定没问题。有了综合团队的帮助，孩子会具备很强的接受能力。

1—4个月：第一次发声，第一个微笑

自第1个月始，所有的宝宝都可以识别阴影、光线、轮廓、脸颊和几种特定颜色。宝宝会不停地看他感兴趣的事物，直到累极了才会闭上眼睛；他能看到一切：小床的边缘、头顶上晃动的东西、他的手、散步时路边的树叶等。通过不断地视物，宝宝的表现力也越来越好。大约第3个月的时候，他的眼睛会变色，变为最终的颜色。此时眼里还会有新东西：眼泪，真实的眼泪。

"儿童通过微笑认出他的母亲。"

——维吉尔

当宝宝能够转头的时候，他会努力去探索四周的边界。但是面对同样的刺激，不是所有孩子都会有如此积极的回应，不同的孩子对周围相同事物的敏感度是不一样的。这并不能说明反应较慢的宝宝的能力觉醒度低，他也许会在其他方面表现得更优秀（走路、说话等）。宝宝认真观察周围的人，认真审视每一张脸，突然间就会有一个重大事件发生：某一天，在他观察的所有"目标"中，他会对其中的一个表现出更多的兴趣。这个"目标"发出的声音勾起了他许多美好的回忆。他会一直盯着这个人。说不定哪天，奇迹就会发生！

这张脸凑到他眼前，宝宝好奇地打量。这张脸的嘴唇在动，眼睛在眨。宝宝试着做相同的动作。对面的人会大笑、欢呼。宝宝笑了，妈妈也笑了。

是谁先开始的？谁也说不清。我们可以把它叫作"模仿反馈"。对妈妈、爸爸来说，这种体验简直太幸福了，这不是孩子第一次笑，但却是第一次向他们微笑。

从第一次微笑到开口说第一句话，需要等待几个月的时间。没关系，这期间还有其他"交流"的方法：咿咿呀呀地发声、大笑、发出几个音节、音乐、歌曲等。除了父母，宝宝周围的其他人（哥哥、姐姐、育婴保姆、生活老师等）也可以和他进行这种对话，他们也可以成为宝宝信任的依恋对象。

生活步入正轨

在1—4个月的时候，家里会变得安静许多，因为孩子的哭闹减少了，睡眠也规律了。宝宝哭闹总是会让爸爸妈妈警觉："发生了什么？太热了，饿了，还是肚子疼？"他们有时候也会厌烦："够了，你太烦人了。"妈妈会质疑自己照顾孩子的能力。

哭闹是宝宝交流、表达自己感受的方式：周围太吵了，他想让人抱抱，他睡不着……"我们的小罗拉快4个月了，如果把她放在床上，她就会大闹。我在想她是不是开始闹脾气了。我要'修理'她吗？"

再强调一遍：**宝宝没有闹脾气**，等孩子两岁了我们再谈关于"脾气"的问题。他只是在表达他的不满或不适，他需要有人帮助他适应新的生活：当他在子宫内的时候，需求都能被及时满足，想睡觉的时候就能睡觉。他才刚刚脱离这种生活模式。在这个阶段，宝宝最需要的是安抚。

慢慢地，宝宝哭的次数越来越少。有些宝宝每到傍晚的时候就会哭，这让爸爸妈妈很头疼。这种情况一般在3个月的时候就会消失，因为这时胀气、腹痛的症状会消失。消化功能也有改善：基本不再吐奶、回奶，一部分原因是宝宝吃奶不再像刚开始的时候一样大口猛吸，如果吸奶太快，则会吸入更多的空气。他开始能够安静地等到餐点（有时候早晨还是会哭），能够轻松地找到乳头或奶嘴，享受喝奶的时光，不再呛奶。

3—4个月的时候，宝宝能区分日夜了，由几乎整日的昏睡状态慢慢转变为拥有真正的睡眠、真正的苏醒，尤其是在黄昏的时候。他们的睡眠时间变长，睡眠次数变少，轻度睡眠转变为深度睡眠，其中好几个小时的深度睡眠是在晚上。

哭得越来越少，睡眠质量越来越高，吃饭也越来越好，3个月的宝宝已经找到了一种平衡状态。而且，当睡醒的时候，他会对周围发生的事情产生兴趣。

"图式"

这个时候，宝宝的生活被安排得井井有条：吃完饭换尿布，换好尿布就午睡，然后是出门遛弯、洗澡，然后又开始重复，每次都是相同的动作，同样的人。通过场景的不断重复，宝宝会感觉到自己处在一个亲密、稳定的世界，一个温暖的家庭里。亲人的关心，需求得到及时满足，有利于孩子安全感的形成，并对今后其他能力的塑造有帮助。这种坚实的基础，D.W.温尼科特称之为"持续的存在感"，可以帮助孩子（包括他长大后）克服他所遇到的各种分离和变化。

让·皮亚杰（Jean Piaget）（儿童心理学之父，儿童认知发展领域的奠基人之一）将这些场景称为"图式"：对于五六周大的小婴儿，人和物体就像一块画布上的点和色彩。但是这些点和颜色在不停地移动：这些图式是运动图式。当然，在最初的几天，婴儿无法区分这些东西，这需要时间，但是，慢慢地他能够区分不同的事物，并且产生不一样的感受。

哺乳图式：妈妈的怀抱、乳房、体温，吃奶的乐趣——远不止消解饥饿的快感；接下来是"对话"，妈妈带着微笑和宝宝对话，他会咿呀作出回应。

奶瓶图式：爸爸来了，宝宝马上就知道要找到合适的姿

> **让·皮亚杰**
> **（1896—1980）**
>
> 瑞士生物学家、哲学家、儿童心理学家，通过观察儿童写了大量的著作，如《教育科学与儿童心理学》等。让·皮亚杰的教育理论改变了我们的认知和教育方式。他的著作是我们学习和研究取之不尽的源泉。

势；宝宝吃饱了，在这个宁静的时刻将会有新的交流。

洗澡图式：流水的声音，享受温热的水浴，洗完澡后，全身赤裸，高兴到手舞足蹈。

外出图式：打开门，妈妈穿上外套，爸爸准备好婴儿车，车子很舒服地摇晃，听到马路上的声音，花园里的树叶在随风摆动。

托儿所或"保姆"图式：早晨醒来，妈妈叮嘱保育员；晚上，"阿姨"向爸爸讲述宝宝一天的经历。

宝宝对稳定的需求

对于这个阶段的宝宝，生活意味着围绕着相同的人群的一系列图式；这些图式按照已有的习惯，以同样的节奏发展，成为宝宝的习惯，也是稳定的标志。宝宝也会知道一天中

1—4个月

手

宝宝开始能松开拳头，控制自己的手，把手放在眼前，长时间地玩手，活动手指，到处摸、抓、挠。如果看到有东西靠近，他就会很兴奋，想伸手去够。但是如果他学会了抓小床前的横杆，他就会把摇铃扔一边，不会再去捡。

抬头

宝宝趴着时，会用力抬头，脖颈已经发育稳固。当他躺着的时候，如果有人托起他，他就能抬起头。能够控制头部是一个重要阶段，会影响后续的重要发育：宝宝会对周围的事物感兴趣，因为他可以看到全部或者几乎全部的东西。这是心理专家和儿科医生所说的精神运动发育得很好的事例：宝宝抬头是因为想看东西，他可以看东西了是因为他能抬头了，这是密不可分的。

趴

趴的姿势是一个很好的精神运动刺激：当宝宝醒了，要时不时地让他趴着，和他玩一会儿。宝宝的眼睛会随着眼前人的走动而移动，面部表情越来越丰富。

会发生什么，放心地等待着他的餐食——当然前提是他不是特别饿，因为他知道饭马上就来了。如果这些标志被破坏，习惯被改变，宝宝就会陷入混乱、不安。所以，不管宝宝的一天怎样度过——每个人都有自己的生活方式——尽量不要有太多变数。比如：

- 不要总是更换照顾宝宝的人。

- 给宝宝营造他自己的一方小天地，大小无所谓，哪怕是用屏风隔开的一角。

- 洗澡和外出要有规律，不要太着急。

如果别无选择，只能由多个人照顾宝宝——祖母、保姆等，那么要避免照顾者之间产生矛盾。当然，每个人都有自己和宝宝沟通、照顾宝宝的方式。如果这些人能够和谐相处，宝宝就会感到安心，更容易建立自己的坐标系，适应生活。当然，随着孩子慢慢长大，他的性格也会逐渐显现，会喜欢并主动寻找新鲜事物。但是，现在他还需要规律生活。

如果必须要有变化，比如宝宝断奶、妈妈重返职场，则需要提前做好准备。宝宝需要一点儿时间适应变化，你也可以更好地规划，帮助宝宝过渡。很重要的一点是，宝宝需要在一个让他感到安全的环境下适应新习惯，接受分离。如果在生命最初的几个星期，宝宝没有生活在一个稳定的环境中，那么之后照顾孩子的过程不可能是平静、安逸的。

断　奶

有些妈妈（尤其是要重返职场的妈妈）会选择在1—4个月这个阶段断奶，所以我们在此处展开这个话题。断奶的时候，一些妈妈会很高兴，因为这意味着她们离正常的社交生活更近了。还有一些妈妈有条件，也愿意继续母乳喂养，但是她们会迟疑，担心时间久了孩子会更难脱离母乳，这种焦虑完全没必要。没有哪个确切的时间点会比其他时间更容易断奶，一些孩子会很自然地从母乳过渡到奶粉，他们会觉得奶粉让自己满足、安心。

如前文所述，从母乳过渡到奶瓶喂养要循序渐进，随机应变——根据需要再给予几次亲喂，还要有耐心。

断奶对宝宝来说是一次巨变，他需要时间适应。从降生的第一天起，吮吸就是他获取快乐和安慰的源泉。在这个阶段，他还不会坐，手也不灵活，他的所有活动乃至进步都是围绕着嘴巴展开的：首先是吃奶，然后还有呼叫、微笑、发声、喊叫等。乳房创造了一种亲密的、肉体的连接。当宝宝吃奶时，肌肤相触的时刻，围绕着他的是母爱的味道。

当妈妈决定要断奶时，爸爸是重要的盟友：支持妻子的选择，帮助宝宝转移注意力，告诉宝宝还有爱他的其他亲人在身边，能够照顾好他。而且，断奶对孩子的成长是有积极作用的：促使他依赖其他人，拓展其他空间。孩子需要一定的适应时间，到了这个阶段，他会找到自己的平衡点。

有时候断奶对妈妈也有难度：她害怕孩子就此脱离她，或者她还没做好准备。有些妈妈甚至会像孩子刚出生时一样感到沮丧。这都可以理解，断奶是一次新的分离，也会引起激素紊乱，这些负面情绪也很容易勾起妈妈的一些久远的回忆。其实断奶可以循序渐进，可以偶尔喂喂母乳，直至完全断掉。

重返职场

产假在产后几个月就结束了，如果可以，妈妈们会等到宝宝4个月或者再大一点儿的时候重返职场。她们觉得宝宝两个月的时候还太依赖她，而且"融合"期还太短。实际上，4个月的时候，宝宝的精神运动发育程度已经足够让他更容易地承受分离了。我们也会在下一阶段（4—8个月）探讨妈妈重返职场的问题。在第三章中，我们详细介绍了三种不同的照看模式，以及如何选择照看模式。在此，我们着重介绍一下需要采取的预防措施。

育儿专业人士越来越懂得体谅父母的感受，帮助妈妈克服与宝宝的分离之苦。现在，托儿所和保育员会给一段适应期。比如，宝宝每次只待2个小时，每两天去一次，这样持续1周。第一次的时候，建议爸爸妈妈和宝宝一起去，让宝宝熟悉新面孔、新环境。

许多爸爸会送孩子去托儿所或者去接孩子，借此，他们也参与了孩子的日常生活。爸爸分担了接送孩子的任务，也减轻了妈妈的负担。

一定要提前和孩子说明这些变化。用他能听懂的、简单的语言告诉他，为什么要把他交给父母之外的人照看，告诉他谁将照顾他，怎么照顾。也许你会想："但是他听不懂这些。"对此，我们并不完全确定，而且不论怎样，这样做为孩子进行了情感铺垫。爸爸妈妈和宝宝分享自己的见闻也是很好的习惯。在这种对话中，他们也能感到放松、安逸。正如弗朗索瓦兹·多尔多（Françoise Dolto）（著名儿童精神分析学家）所说：与孩子对话，能避免偷懒，能陪伴孩子，这种轻松的交流对所有人都有好处——说话的人和倾听的人。

当然，说话时要轻声细语，不能粗暴，不能让孩子觉得乏味。

交流和互动越来越丰富

让·皮亚杰认为在3—4个月时，宝宝的精神运动发育主要依托于"循环反应"。在宝宝一出生开始，偶然间看到的一个动作让他感到高兴、引起了他的兴趣，他就会去不断重复。

"初级"循环反应，即对自己身体的偶然发现：宝宝找自己的拇指，找到后高兴地吮吸，当他需要的时候还能再次找到。发声也一样：突然有一天，他发现他可以用嗓子发出声音，这使他很得意，并且发现只要他愿意，还可以重复发声（而且，不断重复发音不止让宝宝开心，也会吸引周围人的注意）；以及，他的手可以随意地挪动。

这就引入了**"二级"循环反应**：同外界的人或物的互动。微笑就是一个很好的例子，本节开头已经讲过。看到大人微笑，宝宝就会模仿做出相同的动作，或者宝宝先露出微笑，大人给予回应。宝宝拍打挂在眼前的玩具，玩具就会摇摆发出声响，出于好奇，他会重复拍打，然后意识到是他自己让玩具晃动的。

通过这些新的互动，宝宝了解了自己的身体，明白了自己对人和物的影响。他开始学会用一种方法达到某种目的：做出一个动作引起一种反应。这是感觉运动智力的觉醒。在这个阶段，宝宝既没有掌握语言，也看不懂文字，他的智力通过感受因果关系而得以发展：他会依靠感知和运动，以及动作的协调，但是还不具备心理活动或思考能力。宝宝在这一阶段的进步来自模仿、重复和发现。

感觉运动智力和情感是紧密相关的。当宝宝玩手、用嗓子发音时，他希望爸爸妈妈也能参与进来。汤姆3个半月，盯着自己的手摇晃，他的爸爸一边模仿他一边唱着著名的小木偶之歌（"这样动，动，动起来，小木偶们……"）。汤姆又晃起小手，爸爸模仿他，柔声唱着"转三圈，然后藏起来！"汤姆哈哈大笑。大约在4个月的时候，宝宝会第一次哈哈大笑，和我们分享他的快乐。同样，在宝宝学说话时，当他牙牙学语的时候，他希望得到爸爸妈妈的回应。这是充满欢乐的游戏时光，温馨、愉快的氛围能让孩子感受到家的温暖，并产生归属感，在安全感中成长。

1—4个月时，交流内容越来越丰富，有如下原因：

● 宝宝看到新面孔，周围的环境更复杂，听到的声音也越来越多。

● 睡眠时间减少，醒着的时间越来越长；学会微笑，学会抬头，会做各种动作，开始牙牙学语，对周围发生的事情感兴趣。

精神生活的产生

我们在生命早期经历的感受、情绪，看似已被遗忘，但却是我们性格形成的基础，日复一日，会成为我们情感深处最隐秘的部分，西格蒙德·弗洛伊德（Sigmund Freud）（心理学家，精神分析学派创始人）称之为**潜意识**。弗洛伊德发现人在大约5岁的时候，会慢慢丢失对前几个月、前几年发生的事情的有意识的记忆。比如每个人都会有这种经历，当妈妈说起他出生时的事情时，他完全记不起来。妈妈只能想起分娩这

> **了解更多**
>
> 有关潜意识的书里，西格蒙德·弗洛伊德的《精神分析引论》比我们想象中的更容易读懂。
>
> 在《倾听，成就孩子健全人格》一书中，克劳迪娅·M.戈尔德博士通过众多案例告诉我们，孩子日常生活中的问题（腹痛、睡眠、哭闹、发怒）主要是因为他们的情绪没有得到及时的安抚。

件事，却不知道宝宝当时的感受。同样，有谁还记得吃母乳或者喝奶粉时的快乐，学会走路、学会上厕所的过程？我们的精神生活植根于潜意识，潜意识由被我们遗忘的各种事件组成。这种现象普遍发生在我们四五岁的时候，弗洛伊德及后来的精神分析学家把这种现象称为"婴幼儿遗忘症"：婴儿或幼儿曾体会过的强烈情感渐渐地被隐藏、压抑，甚至因为文化、教育的原因而被抑制。

我们在探索、获取新事物时，自信或胆怯的表现方式；我们在情感交流、言语沟通甚至饮食上表达满意或不满的方式；我们面对挫折的反应、情绪管理的方式、应对焦虑、寻找快乐的方式以及我们的防御机制的形成等，都与童年生活经历有关。

比如这位父亲不愿留他的孩子住院24小时，即使要做的检查都不复杂，住院部对访客开放，环境也让人十分放心。他解释道："只有确保我能陪他入睡，我才会把他留在那儿。我知道他会很好，他比我坚强。在我很小的时候我曾被寄养在托儿所和别的家庭，这让我想起小时候的这段经历。"

我们无从得知成年后有哪些行为是受生命的前几个月、前几年的经历影响，这些经历的作用机制是如此的微妙。但是，当我们成为父母后，前几年的重要性就愈发明显：我们的孩子激活了那些被我们遗忘的记忆，记忆在不知不觉中"觉醒"。当年的孩子、曾经的父母以及和他们度过的那些年共同造就了今天的我们，环环相扣，密不可分：从父母那里，我们接受教育、形成价值观、获得爱……当我们成为父母后，我们会使用（或不使用）父母教给我们的东西，作为教育孩子的参考。

宝宝还不能安排、控制、理解的事情将会被"雪藏"：愉快和不愉快，满足和失望，快乐的或不幸的经历，期望落空或被满足。从最开始，潜意识就是我们性格形成的基础。

1—4个月的宝宝喜欢什么？

- 被你抱在怀里，或者被抱着溜达，这会让他感到安心、快乐。
- 把他放到床上时，动作要缓慢，说话要轻柔。
- 吮吸：乳房、安抚奶嘴、自己的拇指、放在他手里的拨浪鼓等。
- 看：围着他的人、自己的手、脚、俯身在摇篮前的爸爸、其他小朋友、挂在他床上的运动的物体等。
- 用微笑回应另一个微笑。

- 模仿面部表情：微笑，动嘴巴等。

- 第二个月末的时候，会翻身，不停地发出"啊哦"的声音，不断地重复他听到的音节，并希望得到回应。

- 倾听别人的声音。

- 偶尔听八音盒。

- 当他睡饱醒来的时候，想换个姿势。如果他不喜欢趴着（趴一两分钟后就会烦躁、哭闹）的话，可以从第1个月的时候每隔几分钟就换个姿势，让他慢慢适应。然后，从第2个月起，在宝宝睡饱醒来的时候，让他趴在垫子上和他玩一会儿。这样他就会慢慢喜欢上这个新姿势。

- 喜欢偶尔躺在小躺椅上，参与家庭生活。

- 大约3个月到3个半月的时候，宝宝会学会大笑：克莱蒙斯看到他的哥哥格里高利做鬼脸的时候哈哈大笑。

- 在睡觉前，要让他平静、安静下来。

宝宝不喜欢什么？

- 去托儿所，换保姆等。

- 早晨，当他的爸爸或妈妈送他上育婴保姆家里或托儿所的时候，如果动作太快，他会陷入混乱，他更喜欢由一个人慢慢"过渡"给另一个人。

- 如前面章节所述，他不喜欢嘈杂，也不喜欢睡眠不足、粗暴的动作、不整洁的床、新面孔和人员的更换，等等。

4—8个月：最初的家庭活动

在宝宝成长的每个阶段，我们都会觉得他进步很大，但是，4—8个月的时候，宝宝的进步可称惊人。4个月的时候，"小"宝贝躺在他的小床上，吮吸手上的东西，看他周围的事物，但是睡眠依旧很多。8个月的时候，"大"宝贝学会了触摸、抓握，每天都有好几个小时的时间在玩儿，用炯炯有神的眼睛看着周围的人和事。

"我从未发觉我的手竟如此大。"

——保罗·瓦莱利

探索和进步

在4—8个月时，宝宝开始学习用手。这个时期的"抓握"对孩子的一生都至关重要。起初，他会通过手认识自己的身体：他会这样认识自己的脚、头发、生殖器官。当宝宝把脚丫子放进嘴里的时候，是多么兴奋呀！弗洛伊德是第一个强调这个发育阶段的重要性的人，他将之称为自体性欲——探索自己身体带来的快感。

通过认清轮廓，分辨"里面"和"外面"（吮吸手指，触摸脚丫子），宝宝开始建立儿科医生和心理医生所说的身体图式。周围的人通过对话帮助宝宝认识身体（"你的小鼻子在哪儿呀？你的手呢？这是你的脚丫子……"），这个认知的过程需要在一个温和的环境下进行，让宝宝能够感觉到爱。同时，身体图式也会构建出"身体的潜意识意象"（弗朗索瓦兹·多尔多的观点），每个人身上的这种情感意象将会影响一生。

宝宝通过手认识自己的身体，当他的手碰到照顾他的人的手指时，他会很开心。再过一段时间，宝宝会向靠近他的人伸出手，张开双臂。

他可以用手触摸、投掷、牵拉、抛丢、摸索、发出声响，以此为娱乐；把身边能拿到的东西都放进嘴里。在很长一段时间里，嘴巴都是孩子认识世界的最重要的途径。当他吮吸手指或其他东西时，就会感到放松。

把宝宝放在你的腿上，或者把他放在高脚椅上，对着桌子，他就会去抓桌上的小玩具，由于他还不能很好地判断距离，所以会先挠几下，然后再尝试着抓。如果给孩子一个新玩具，他就会忘记其他的。如果玩具掉到地上了，他也会忘记。所以，父母们都会捡起玩具再放到他眼前，当他看到玩具的时候，就记起来了；如果把孩子放在地上，他就会爬着去找玩具。在认识到"客体永久性"（即使个体不能知觉到物体的存在，它们仍然是存在的）的过程中，感觉运动智力在发挥作用。

在4—8个月时，宝宝会慢慢发掘**其他身体姿势**。让他按照自己的意愿摆姿势，不要迫使他做不会的动作。而且，不建议家长教孩子坐，要让他自己摸索。有些家长会过多地介入，让孩子掌握坐姿，当然，用这种方法让孩子学会坐也不会有问题，对脊背也不会有影响，宝宝也不会有恐惧心理，但是，如果宝宝不能独立坐起，不能自己改变姿势的话，他就只能保持静止。为了保持坐姿，他全身的肌肉会紧绷，这样他就不能全身心地投入到对周围事物的探索中，他会不敢动，而且会焦虑不安。这个时候，如果宝宝想抓东西的时候摔倒了，是没有办法独立再坐起来的。最好还是让他躺着或趴着玩耍。

宝宝躺着的时候最自在。观察一下他是怎样翻身的。比如，他手上抓着一个物体，如果物体掉在他的头的一侧，为了看到、拿起它，他就会翻身。这个动作并不容易完成，需要循序渐进：他先要学着转动肩膀、躯干，然后是腿，最后翻过身，肚皮趴在床上，抓起玩具继续玩。当孩子学会翻身后，他会很喜欢在床上、毯子或被子上打滚。

● **要经常把宝宝放到活动围栏里或游戏爬行垫上**：他会喜欢更宽敞的空间，没有高度限制，也不局限于挂在床前的玩具。当宝宝还不能自己翻身的时候，要帮助他变换姿势趴着或躺着。5—6个月的时候，宝宝喜欢站在大人的腿上，在大人的帮助下轻轻地上下跳动：他能感觉到脚底有支撑，并乐于玩这个游戏。同样地，当你要把他从床上抱起来时，你也可以扶着他站着，让他练习站在垫子上。他会发出爽朗的笑声，他的快乐也会感染到你。但是不要勉强他，否则会适得其反。

● 如果你不想把宝宝放在垫子上太长时间，你可以把他放在**躺椅**上，但不要经常这样做。比如，如果你要做饭，可以把他放进躺椅里，并安顿在身边。让宝宝待在狭小的躺椅上太长时间会阻碍他探索自己的身体。另外，他躺在躺椅上也不方便玩玩具，因为抓在手里后会很快扔在地上，他得等着爸爸妈妈把玩具捡起来给他，这个时候的宝宝还不会自己玩。

● 宝宝开始能够**区分不同的人**，了解每个人的特点、声音和味道，以及怎样称呼他们、与他们交流。慢慢地，他会根据不同的人做出不同的反应：和保姆、哥哥、父母在一起时的行为方式是不一样的。这个时候，我们会经常发现宝宝对每个人微笑，看到陌生人时会吃惊或者有一点儿不安，甚至会转开头。在下一个发育阶段，我们会发现这种反应——看不到熟悉的人的时候会害怕，"认生"也是一种进步，是必不可少的一环。宝宝

会意识到自己和别人是不同的，是一个不同的、稳定的个体，他也会了解到自己的性格。

● 心理学家认为，宝宝看到**镜中**的自己时的态度也能反映出他在发掘自己、认识自己和他人容貌的过程中经历的不同阶段。

3个月时，如果把他放在镜子前，他会表现得事不关己。

6个月时，如果你抱着他第一次站在镜子前，宝宝会大吃一惊，他会猜测你和镜中的面孔的关系。如果你开口说话，他的眼睛会在镜子和你的嘴唇间来回移动，不明所以，满脸的疑问：为什么这边有一张爸爸的脸，那边还有一张？但是，这个时候他还没意识到他镜中的脸和他自己的关系，即使他会对着对面的脸微笑。宝宝很早就开始认识自己和他人，但是构造完整的认知体系则需要很长时间：大约要到18个月才能完成。

● **口语**——即使只是无意义的音节，也意味着宝宝开始发展语言能力，这代表了小小

4—8个月

抓住物体

宝宝会慢慢学会抓住别人递给他的物体——用右手或左手，因人而异，然后用四个手指握紧。

手臂伸直，像抓猎物一样，把手伸向物体。他能把一只手上的圆环递到另一只手上，并紧紧地攥着，但是有时候圆环也会掉落。

发掘自己的身体

把鞋脱掉后，他把自己的脚放进嘴里，然后大笑：他喜欢吮吸，他发现了一个能够吮吸的新物体、一个新游戏，就像他发现、玩弄自己的手、头发、耳朵、其他身体部位一样。

的进步。这些进步将在未来的发展中发挥它的价值和作用，也是未来学习词语的基础：在7到8个月的时候，宝宝将从简单的发声过渡到音节。"m"变成"妈妈"，"p"变成"爸爸"。大人们根据宝宝的发音赋予其含义。

宝宝发出音节时，不要置之不理，要给予回应，给予这个音节一个含义。这将对宝宝今后语言的丰富程度产生深远影响。

● 时间一点点过去，宝宝会越来越喜欢这种与人分享的快乐，越来越沉迷于探索。同时，周围的人也会以正确的方式满足他的需求，给孩子的情感世界打开一扇大门，这一切都在再平常不过的日常中悄然发生：他饿了，就给他喂奶；尿了，就给他换尿布；哭了，就安慰一下他；睡不着，那就哄他入睡；他咿呀说话，他笑了，那就耐心倾听，以微笑回应。

总之，宝宝是从他身边的人和照顾他的人那里获得需求的满足、感受到快乐。在需求—满足的循环中，宝宝对身边的人产生了依恋，依恋进而转化为对自己、对他人的信赖，让他感受到足够的安全感，从而能更好地接受分离。

分离：做好准备，付诸实施

通常，妈妈们都会选择在这个阶段回归工作。接下来的内容，我们会探讨一下这个话题：在这个阶段，会有生活习惯的改变，也可能有另外一些原因，比如搬迁、休假、实际困难、住院等，使得父母不得不把宝宝交给另外一些不那么亲近的人照看。

起初，有些宝宝会很难适应，表现为吃得少、睡不安稳，也可能会暴躁易怒等。

每个宝宝的反应取决于他的性格，以及分离时的具体情况。如果分开时能照顾到宝宝情感上的脆弱点，几天之后，他就可以吃得好、睡得饱，重拾笑容。

即使在分开的最初的几天，宝宝和爸爸妈妈们会有一点儿不适应，也不能不管不顾地就此放弃；这种方法既不可行，也不值得鼓励。要学习以积极的心态面对分离——精神运动发育的每一次进步都意味着脱离前一个阶段，向着自理迈出新的一步。

出生时，宝宝离开了子宫内的世界；学走路时，宝宝学着放弃四脚爬行。所有的改变、放弃都会被因此而获得的新发现所慰藉。宝宝会发现，他自己可以独立存在，即使没有爸爸妈妈在，他也可以自娱自乐。但是，我们也应该做一些预防工作，以防本应该让宝宝感到充实的经历变成痛苦的回忆。

需要做的准备工作

不论出于什么原因要分开，最重要的是，要给每个人**充足的时间**做好心理准备，慢慢接受。爸爸妈妈需要作为桥梁，让宝宝熟悉即将要照看他的人。在新环境中，要让他的玩具、玩偶和心爱之物陪着他。要嘱咐照看宝宝的人，对宝宝不要太过宠溺，也不要让宝宝的生活有太大改变（比如尝试拿走安抚奶嘴）。现在不是合适的时机。

父母不在期间，最好是由**同一个人**照顾宝宝。D.W. 温尼科特认为："发自内心的照顾才是对婴儿真正的照顾。在照顾婴儿时要全身心投入。"本书中我们也借用了他提出的两个概念："持续的存在感"与"过渡客体和过渡空间"。

和宝宝分离时，**要提前告诉宝宝**将要发生什么：用简单的话向他解释，并明确地和他说再见。请注意：一定不能在他睡觉、一无所知时离开。

当爸爸妈妈回来后，宝宝可能会面露困惑。如果宝宝没有"热烈欢迎"他们，有些爸爸妈妈会惊慌、失落；通常宝宝会转过身，像是表达对他们的怨恨。这种情况时有发生，这表示宝宝已完全适应了另一张面孔，并且依赖这个照顾他的人。所以，当爸爸妈妈晚上去育婴保姆那里或托儿所接他的时候，他会有如此反应。这是可以理解的，宝宝在努力适应新的面孔、新的环境，他需要时间去完成过渡。T.B. 布雷泽尔顿认为：父母不在期间，孩子会尽力克制自己，忍住眼泪。父母回来后，他就会感到安心，释放自己的情绪。

这种情绪会伴随他的整个幼年时期。蕾雅两岁半，与祖父母一起待了几天，晚上回到父母家，她一言不发；时间不早了，她就睡觉。第二天，环境、气氛都变了，蕾雅开始不好好吃饭，拍打汤碗里的勺子，而且越来越不像话。最后爸爸妈妈忍无可忍大声训斥她，蕾雅开始号啕大哭。此时爸爸妈妈意识到他们不在身边导致她焦虑不安，于是就开始轻声安慰她。

如果不得不突然分开，比如住院，那就需要做一些特殊的预防工作。

照看孩子时的其他准备工作

前面的内容讲了分离，原因有多种，但在这个阶段，最常见的原因是妈妈要重回职场。此时，爸爸妈妈们将面对许多问题：把宝宝交给谁、宝宝将怎样度过一天……等等。本章，针对孩子情感发育和精神运动发育的问题，我们会着重介绍需要采取的预防工作，以帮助孩子和父母能够经受住这种变化。

- 宝宝在新的生活环境中需要一段**适应时间**。通常需要在产假结束前几天开始准备。

- 与托儿所或育婴保姆建立**紧密的联系**，这一点很重要。要让宝宝感觉到安全，他需要感受到一种延续性。询问宝宝的胃口、睡眠，他的进步，他的特殊需求或者他遇到的困难；交流宝宝在家里的行为举止。要花时间与照顾宝宝的人沟通、交流。

- 尽可能地参与到宝宝的重要改变中。如果在托儿所或育婴保姆那里已经学过了，那么在家里的时候和宝宝再重复一遍（比如，第一次用勺子，或第一口蔬菜泥等）。他会感觉在照顾他的人那里和在父母这里是有**一致性**的。

- 抓住一切机会陪伴孩子。不仅要关注陪伴的时间，陪伴**质量**也很重要。尽量做好规划，提高陪伴质量。

- 一定要关注、适应**孩子的节奏**。阿里埃尔从托儿所回到家时，她很累，想要睡觉。但是爸爸妈妈一整天没见到她了，想和她玩儿，不让她睡觉。于是阿里埃尔就不爱吃饭，烦躁，哭闹。爸爸妈妈意识到应该观察她的需求，并满足她。此后，阿里埃尔回家后，他们就会让她睡觉，有时候是小憩一个小时，有时候会睡到第二天。现在，爸爸妈妈可以在早晨的时候和宝宝尽情玩耍啦。另一个宝宝则正好相反，从育婴保姆那里回家后会很高兴地做自己的事情。还有的宝宝会喜欢长时间泡在浴缸里，或者和爸爸妈妈玩耍。

- 有些妈妈会因为要把宝宝交给别人照顾而忐忑不安。"莉莉马上4个月了，我也要

重新工作了。她会和育婴保姆度过很长的时间。她会不会忘了我是她的妈妈？我害怕她在新环境里什么都不懂。"——有位读者这样问。

请放心：不要忘了，孩子在子宫内的生活和他出生后的生活是有连续性的：在妈妈的肚子里，宝宝度过了生命最初的几个月；在这里，他渐渐发育，听到爸爸妈妈的声音；在这里，他睡了又醒了……这种出生之前就建立的联系是独一无二的，不会因为他被另一个人照顾就被剪断。现在和将来，你和他的爸爸都会有时间陪伴他，给他温柔、关爱。在这个阶段，宝宝处在一个感觉和情绪的世界中，还不需要"理解"，只需要周围的大人能给他安慰和安全感。

8—12个月：躺、坐、很快就能站立了

　　将孩子的成长按年龄段划分，探讨孩子在每个年龄段的特点，这种划分似乎有点儿武断；同样，孩子7岁懂事，18岁成年，这种说法更武断。

　　不是每一个孩子都在某个特定时间学会说话，或者在同一时期长出第一颗牙，但是，我们需要一些锚点来评估孩子的成长发育。我们不要严格地去卡数据，而是将其作为参考，灵活运用。不过，在发现孩子有明显的生长延迟时，就需要咨询儿科医生。我们可以把极限值范围内的数值作为标准。你可能已经注意到了，我们不会用4个月、8个月或12个月的孩子这样的表达方式，而是说4—8个月、8—12个月的孩子，同样，当我们介绍每个阶段发生的事情时，我们会从这个阶段的初期、中期和后期说起。孩子之间的差别很大：有的18个月会说话，有的15个月，有的24个月。这些差别一方面是因为生物遗传，另一方面是因为环境影响。习得本领的过程是循序渐进的，可能需要几个月的时间就学会走路，或者几年的时间才学会说话。

智力和其最初的表现

1—4个月的时候，我们会注意到宝宝感觉运动智力的觉醒，及其和情感发育的紧密联系。随着月龄增加，宝宝面对一个客体时做出的动作和反应也会映射出智力发育的历程和不断的进步。以上内容可以总结为"客体和我"。实际上，在与客体的关系中，宝宝会表达出自己的各种感受，让我们感知到：在抓住、松开物体时表现为开心；学不会新动作时则表现为伤心或者愤怒，但是他表现出来的韧性也会让身边的人惊叹。

进步历程的**第一篇章**：我们先来复习一下。

第1个月，宝宝只能分辨在他旁边活动的人和物体。

1—4个月时，四处张望，能够看到所有东西，这给他带来更大的快乐。在这个阶段后期，他开始尝试去抓住物体，但不会成功。

4—8个月时，他就能抓住物体了。当有人拿着一个物体凑近他时，他就会尽全力去抓住它。如果抓住了，他就会长时间地抚摸它，或者放进嘴里吮吸。

8个月时，宝宝的感官已经能够让他全面地认识物体：用眼睛看到颜色，用手摸到形状和大小，用嘴巴尝到味道，用鼻子闻到气味。慢慢地，他会熟悉周围的物体，先认识这些物体，而后熟悉它们。但是在这个阶段，对宝宝来说，消失的物体就不复存在了，他不会再去找，比如掉在地上的勺子、藏在毛巾下面的玩具。

此时，进入智力发育的**第二篇章**：8—12个月是很重要的一个阶段。实际上，在大约8个月时，宝宝会第一次去找掉在地上的勺子或者被藏起来的玩具。同时，在这个时候，宝宝会发现游戏的乐趣：当他把东西扔到地上时，既是为了玩乐，为了观察（看看东西掉在哪儿了），也是为了和照顾他的大人建立联系。这不是故意惹祸：他刚刚学会认识到"客体的永久性"。

尼古拉斯9个月，他的妈妈用一个小球和他玩。当尼古拉斯看别处时，他的妈妈把球藏到了被子下面。尼古拉斯转过头时，发现球不见了，他错愕地看着妈妈。迟疑了一会儿，他开始掀被子，掀开一角，再掀另一角。掀开第三个角时，他发现了小球。他拿起小球，递给妈妈，一脸得意，仿佛在说："看，我多厉害！"此时，一旁的哥哥说："他真聪明！"是的，尼古拉斯刚刚通过自己的手部动作表现了智力的觉醒。

8—12个月，宝宝会有更多显示智力觉醒的行为。亚历山大10个月，已经能够抓住电视遥控器了，他随便按了一个按钮想看看能不能把电视打开。他已经意识到了按钮和遥控电视间的联系，但是他还太小，按不对地方，于是很快就放弃了遥控器。爸爸意识到不能再把这个东西放在他的视线范围内了。

玛蒂尔德11个月，高兴地发现她能够抓住漂亮的粉色发梳了，她开始试着给自己梳头发。姐姐范妮走进了房间，玛蒂尔德发出"咿呀"的声音想叫住她，但是没有得到回应。之后，玛蒂尔德还会找她的发梳，并且能够找到，这表明她没有忘记它——记忆力也是智力的一个方面。

安妮11个月，把玩具往地上扔，1次，5次，10次……每次妈妈都会把玩具捡起来，有时候也会不耐烦；但是她没有注意到孩子每次扔玩具时的方式是不一样的，她每次都会观察玩具掉在什么地方，就好像是在验证万有引力定律。

在宝宝成长过程中，他会先成为牛顿（8—12个月，发现万有引力），然后成为尼采（2岁—2岁半，开始表现自己的力量和权力意志），最后成为笛卡尔（3岁左右，意识到"我思故我在"）。

"躲猫猫，在这儿哪！"

宝宝会逐渐发现，他喜欢的人跟喜欢的玩具一样，消失了会再出现。这个时候，他知道即使看不到爸爸妈妈，他们依然存在。这就是为什么当他们离开的时候宝宝会哭，这也是为什么宝宝爱玩捉迷藏游戏：当孩子发现玩具或人不在视线范围内也仍然存在时，就会去找。"躲猫猫，我在这儿哪！"在这个全球性的经典游戏中，我们很少有人意识到这是孩子智力发育的表现。

当一个熟悉的、给他安全感的人从视线里消失时，宝宝会惊愕，甚至不安、悲伤。但

8—12个月

他的快乐：从上往下扔东西。当他抓住一个物体的时候，抓得并不稳当（因为他还不能很好地判断物体的大小），但是食指已经很灵敏了，能拿起很小的物体，甚至是面包屑。

能够独自坐下，可以坐很长时间。他也可以不摔倒就弯腰抓住一个物体。

这是学习爬行的阶段。看到自己喜欢的东西，宝宝会伸手去拿。如果还是拿不到，他会想办法靠近：用肚子往前爬，侧坐着往前挪，倒退，或者用后背蹭着挪动。前进的方式不重要，重要的是宝宝有一个目标，并且达成它。慢慢地，他就会学会用四肢爬行，并能到达任何地方。

然后，他会尝试着站立，并最终学会站立。所有的努力都是为了拿到或看到自己喜欢的东西，以及不在能力范围内的东西，这也是学习走路的准备工作（一般到一岁才开始学会独立走路）。

是"躲猫猫，我在这儿哪！"会让所有的小朋友开心大笑：让他安心的人，或者掉落的毛绒玩具又出现了。在不产生焦虑的情况下和宝宝玩这个游戏，锻炼宝宝学会等待，预测重逢的能力：让他参与到游戏中，藏在垫子下面；他预感到如果他突然发出笑声，另一个人也会哈哈大笑。

但是要注意，如果在游戏中由宝宝来找人，这个月龄的宝宝情感是很脆弱的，我们不能打碎他对我们的信任。儒勒的妈妈走出房间："躲猫猫，我马上就回来！"然后她接了一个电话，好久都没回来。儒勒不安地看着门口，开始哭泣。幸好，姐姐过来了，把他心爱的毛绒玩具递给他。宝宝会走路后，"躲猫猫"的游戏会变成捉迷藏，也会更精彩，在今后的生活中给宝宝带来欢乐。

"好样的！"

在"躲猫猫"的游戏中，我们会很自然地用"好样的"来夸赞宝宝，以至于我们忽略了"好样的"也是宝宝成长过程中的一笔很重要的财富，同时也证明了智力、情感和环境三者是紧密相连的。维克多·雨果曾写道："当孩子出世时，阖家鼓掌欢呼……"当宝宝抓住一个物体，或者他开始爬行、站立的时候，我们会高兴地为他鼓掌。宝宝模仿我们欣喜若狂的状态，用一只手去拍打另一只手，这一切会让他周围的人欣喜、感动：这是一个共享奇迹的时刻，没有这个时刻，在探索的道路上，孩子就无法建立对自己、对他人的信任。借此，我们今天所说的自我意识和自尊也得以建立。

这种快乐还会培养宝宝惊讶的能力，以及给自己、给别人带来惊讶的愿望。如果这些能力能够牢牢地扎根，将会在他的一生中滋养他求知的欲望、自我激励的能力、为他人的成功鼓掌的能力，以及认可自己的成功的能力。

从牙牙学语到开口说第一个词，从打手势到开口说话

实际上，在这个时候，宝宝只会说（通常情况下）一个词，这个词就是爸爸或妈妈。某一天，宝宝会突然发出两个音节，周围的人听到后会欣喜不已，并会赋予这个音节含义，在上一阶段，我们已经探讨过这个话题。

宝宝刚出生时，会啼哭，但是声音不是很悦耳；然后吃奶的婴儿开始牙牙学语，会乐此不疲地发出一些声音，语言学家将这些声音称为音素。在宝宝的世界里，不论何种文化

背景，这些音素都是统一的。宝宝不会立即模仿他听到的声音，他会先享受自己发出声音，感受喉咙的振动，即使自己听不到也没关系；即便是聋儿在最初的几个月里也会发出咿呀的声音。

　　4个月左右的时候，从咿咿呀呀发声开始进入下一个阶段，语言学家称之为"前语言阶段"。这个时候宝宝还不会真正的模仿，但是研究人员发现宝宝的音调变化会接近他所听到的声音。宝宝周围的大人起了很重要的作用，是他们让宝宝从简单的发声到发出音节，然后会说词语，最终掌握一门语言，即"母语"。在交流过程中，大人为宝宝发出的音节赋予意义。正因为如此，不同语言国家的宝宝会很早就记住那些有意义的、能让他们交流的声音，也正是这样，宝宝学习发音的过程早早就开始了，这也决定了不同语言之间音调的千变万化。

　　在不断的发音练习中，宝宝会不停地就他所听到的声音进行变化。他会先尝试发出辅音"be-be, ba-ba"，之后的某一天，我们会听到他发出"ba-ba"或"ma-ma"的声音。这是多么大的惊喜：仅仅两个音节，即使吐字不清，也足以让爸爸妈妈们欣喜若狂。专家解释说这纯属偶然，不论是"ba-ba"还是"ma-ma"，和"da-da""ta-ta"一样，没有更多的含义。但是很快，他发现这个发音会让周围的人开心、微笑，慢慢地，他就能明白这两个音节和他的妈妈、爸爸、阿姨或"保姆"之间的联系。然后，他会不断重复这个音节，果不其然，这会给其他人带来巨大的快乐。而且，他还会发现这些音节在呼叫、引起注意时很有用。但是要注意，不论宝宝是先说"ba-ba"还是先说"ma-ma"，都不表示他更喜欢谁，只是在于"b"和"m"哪个更容易发音。如果你的宝宝到了9—12月龄还不会重复音节，那就需要咨询专家了。

　　一般来说，宝宝在18个月的时候能够掌握6—8个词语。人需要通过模仿听到的各种声音来学会说话。但是，目前宝宝还不具备这个能力。他掌握的第一个词语将起到极其重要的作用，而且这个词语将会被赋予多重含义："我想要妈妈……妈妈过来了……看到妈妈好开心呀……"

在此期间，肢体交流和面部表情会发挥巨大作用，常用的"用指头指"将变成"要这个"，撇嘴摇头将变成"不要，不"。不要人为地加速学习词语的过程：所有的专家〔从雷恩·斯皮茨（René Spitz）到鲍里斯·西瑞尼克（Boris Cyrulnik）〕都强调过肢体动作的重要性，肢体动作在人类交流的起源中发挥了重要作用。

手语

手语是教给听力障碍人群的。受此启发，现在手语也被应用于听力正常的婴儿身上，甚至在孩子学会走路、说话之前就开始应用。

这种学习方法的参与者称宝宝很快就能学会表达自我，而且表达准确；大人则可以更准确地理解他的意思，并快速、准确地回应他。手语创造了一个安静、轻松的环境，让大家在愉悦的氛围中度过一段默契的时光，而且手语还可以激发孩子的智力潜能。

很多专家持怀疑态度：这难道不是一种过度刺激吗？在同一个环境中已经有很多刺激了，为什么还要再加一个？为什么费这么大劲，只为扫除婴儿不被大人所理解时的短暂沮丧？更何况大人们一时间也理解不了。这种沮丧情绪很可能会参与促进孩子的心理成熟；同时，孩子和大人调节适应对方的过程也能促进他们的沟通。

手语教学的成功案例也受到质疑。不过，我们认为，人们经常忽略孩子们做出的肢体动作，而过度依赖口头表达，这也许是因为在孩子的集体和家庭生活环境中，充斥着各种对孩子毫无意义的嘈杂的声音；而手语教学中安静的环境能使孩子感到放松，并带来另一种"聆听"。一些托儿所会接收有听力障碍的父母或孩子，里面的工作人员都会手语，这些托儿所可以证明这点。但是，我们是否必须借助这种手段，才能给孩子提供这种安静的环境？我们追求的不是不让孩子说话，而是在肢体表达和语言表达中寻找平衡点。

克服"认生"：一个新的进步

在这个阶段，如果宝宝来到一个陌生的地方，他会惊慌、不安。如果一个他从未见过的人要抱他，他会转身拒绝。这种"认生"可以表现为简单的回避或转移视线，如果太过害怕，则可能会导致情绪的爆发。雷恩·斯皮茨，伟大的精神病专家、精神分析学家、儿童成长研究领域的先驱，将这种现象称为**分离焦虑**。不熟悉的环境会引起孩子或多或少的不快，有时候这种焦虑会出现得更早，早至6—7个月的时候，有时候会出现在孩子学走路的阶段。这种焦虑可能会在孩子心里留下印记，表现为：当孩子面对变化时，比如换了一个新老师，会产生害怕的情绪。

今天，只要做足了预防工作，这种影响就会被减轻，比如，宝宝会慢慢接受去托儿所、去育婴保姆家里，还可以带着自己心爱的安抚毛绒玩具，安抚玩具起到了"过渡客体"的作用。

过渡客体

当宝宝睡不着的时候，累了的时候，不愿意看到妈妈或照看他的人离开的时候，他会紧紧抓住他的玩具熊，即使玩具熊的毛已经掉了，已经走样变形。一个破破烂烂的毛绒玩具，甚至一块布头，他都会视为珍宝。

起初，玩具熊只是宝宝抓在手里的一个物体。渐渐地，玩具熊就承载了他的各种情感和感受："它属于我；我选择了它；你们要把它留给我；我喜欢它；我会竭尽所能保护它；有了玩具熊，当大人们离开时，我就不会孤单了。"D.W.温尼科特将这个物体称为"过渡客体"，他认为："它表示孩子从与妈妈融合的状态转变为妈妈作为外部的、独立的个人的关系状态。"

此时，**安抚毛绒玩具**就成了宝宝日常生活的一部分，它被作为出生礼物赠予宝宝，成为一个至关重要的客体。学校里甚至都会给安抚玩具安排位置：宝宝可以把它带到幼儿园，但是要放在"玩具之家"里。它的作用如此重要，所以如果孩子没有特别钟爱的玩具，父母甚至专家们都会感到惊讶。的确，有些孩子有极强的安全感，他们不需要玩具慰藉，所以也就没必要硬塞给他。对他们来说，有大拇指就够了。即使没有毛绒玩具，大拇指也能满足他吮吸的需求。

宝宝在面对未知时的谨慎、恐惧意味着什么？

首先，宝宝能够认出他熟悉的面孔和日常生活的环境，所以他会因为新事物的到来而不知所措。考虑到这个发育阶段的特殊性，托儿所会等到宝宝10个月大以后才会给他们更换组别，而且这个过程应该是循序渐进的。

接下来的反应并不代表一种退步，而是一种进步：宝宝开始意识到自己和其他人的区别，能够区分已知和未知的事物，他已经养成的并依然在坚持的程序和习惯会让他感到舒适，这给他带来似曾相识的安全感。没能按照习惯发生的事情会使他感到不安：为什么爸爸没有像往常一样晚上来接我？为什么托儿所里多了个新宝宝？为什么我的床被换了位置？在之前的段落中，我们也讲过变化是不可避免的，为了避免宝宝产生恐惧情绪，带给他安慰，需要事先向他解释要发生的事情，然后帮助他更好地适应。

这种意识是社交分化和情感分化启蒙的基础；社交分化和情感分化能够让宝宝在面对诱惑时做出选择，在面对机会时谨慎思考。

宝宝会建立自己的防御体系，这对他今后的生活至关重要：他会知道对未知的事物要保持谨慎，接受必要的束缚，懂得什么是危险的处境。这样，在进入社会后，他就能学会把握必要的亲密度，和需要遵守的界限。

> **安全感**
>
> 因为有你的爱、你的关心、你的轻声细语、你的照料和你的耐心，你的宝宝在第8个月前会感受到一种安全感。他会对自己和其他人建立一种信任，这种信任会缓解分离带来的焦虑，以及未知带来的恐惧。参见第5章相关内容。

站起来，像大人一样……

慢慢地，宝宝学会用四肢爬行，然后学会跪立，抓着椅子或床沿站起来，不需要大人的帮助就能站稳。直立是人类特有的姿势，学会了直立，他就可以尝试自立了。有时候我们会感觉宝宝在退步，其实，宝宝一直在取得新的进步，他所获得的东西最终都会转化为进步。

8—12个月的宝宝喜欢什么？

- 有观众。他舒服地坐在椅子里，参与到家庭生活中，时而会哈哈大笑，如果有人被他的快乐感染到，他会重复大笑。通过发出声音或动作，他会指出自己想要的东西；如果给了他不喜欢的东西，他就会摇头或摆手。

- 吸引不停走动着的大人们的注意，还会竭力去触碰他们。

- 和爸爸妈妈、哥哥姐姐、其他亲人在一起时，他喜欢玩木偶人、躲猫猫、捉迷藏的游戏，喜欢用手说再见，喜欢鼓掌。当他学会爬行的时候，如果有人在他后面假装要抓他，他会特别高兴。在条件允许的情况下，尽可能地和孩子共享游戏时光。

- 如果能给他一个有趣的东西，在大部分的时间里（非常愉快的时光），他会自己玩耍。他喜欢用铅笔或勺子击打桌面，喜欢摇晃能发出声响的事物——他喜欢晃动钥匙。在某些时刻，情况则相反，他会特别渴望哥哥姐姐或同龄人的陪伴，而且会很开心有他们的陪伴。

- 洗澡的时候手脚并用，大力拍打使水花四溅。吃饭时，他会玩弄自己的杯子和盘子，尝试着自己用勺子吃饭，如果没能成功，他就会用手抓。

- 啃咬一切能拿到的东西。奥斯卡在玩妈妈身后的头发时，想去咬妈妈的脸。"淘气鬼，住手"，妈妈一边说着一边递给他另一个东西让他咬。尽管感到意外，妈妈并没有训斥他，但是让他明白了这种行为不可取。在这个时期，啃咬是一个经常性的动作。等到稍大一点儿，啃咬就会有另一种含义。

- 在托儿所、在育婴保姆家里，探究和他一起在垫子上爬行的其他宝宝的脸。他会去触碰小伙伴们的头发、手和嘴巴；但是如果碰到了他们的眼睛，就会引来反抗。

- 在爬行过程中，抓住能抓到的所有物体。如果找到的东西让他感到好奇，他就会坐下来，长时间地摆弄。

- 这个月龄的宝宝需要大量的运动，就像在前几个月时需要足够的睡眠一样。如果你不令他感觉被抛弃了，他会很乐意待在围栏里面。但是很快，他会更喜欢出来。偶尔也可以把他放在围栏外，他会抓着栏杆站起来，去抓围栏里的玩具。

• 要给他准备足够多的玩具，但是一次不必太多：如果他有兴致，他会喜欢去摸、吮吸、摆弄玩具，或者把它们藏起来。摆放在房间正中央装满玩具的篮子并不一定会引起他太大的兴趣。

镜子。大约8—10个月的时候，宝宝会把手伸向他在镜中的影像，触碰到硬硬的镜子后，他会惊讶不已；他仍旧觉得他看到的是另一个宝宝，还会想要去触碰他，但是却摸不到他，这让他感到很意外。1岁时，如果他在镜子中看到爸爸，他会仔细端详，然后转头看向"真"爸爸，对着两个人都喊"爸爸"。他开始学习识别不同的人，并意识到人的永久性，他发现同一个人可以站在镜子前，也可以出现在镜子里面。要消除孩子脑中的混乱，这很重要："这是我的镜像，你看。"（弗朗索瓦兹·多尔多）这时他还认识不到镜子中的孩子是自己，不过快了。在下一阶段中，孩子就能认识自己的名字了。

他不喜欢什么？

• 突然发生的事情，发出噪音的东西（比如家用电器：吸尘器、食品搅拌器等）；电钻或风镐的震动声会让他感到害怕；这些声音也会引起鼓膜疼痛。

• 等待用餐。

• 改变他的一些习惯。

• 把他交给一个不认识的人照顾：单纯的害怕会发展成惊恐。

• 把他一个人放在餐盘前。

现在，你知道了一个8—12个月的孩子在想什么，知道了他喜欢什么、不喜欢什么。但是，这不是一件简单的事情——在一天之中，宝宝会有截然不同的态度和行为举止，有时候会需要你的帮助，有时候想自己完成。从这个阶段开始，表面上看起来截然相反的两种趋势会在宝宝身上共存，但是这也符合人类的天性：既渴望新事物，又不想做出改变。

宝宝1岁了！ 对你来说，这是激动人心的时刻，会让你回想起孩子出生的时刻。对宝宝和整个家庭来说，这第一根蜡烛代表了一个节日。但是，在宝宝的成长过程中这还不是最有意义的阶段。我们总希望宝宝在1岁时能学会所有本领，尤其是学会走路：耐心一点儿吧……每个孩子都有自己的节奏，学习走路和学习上厕所一样，要一步步来。

12—18个月：学会走路，学会说"不"……很快就会说"是"

    这个阶段最关键的成就就是学会走路。当宝宝自己迈出第一步的时候，会让人感动不已。有时我们会觉得宝宝学会走路是一瞬间的事；其实，宝宝迈出的这"第一步"是长时间积累的成果。接下来几天宝宝走路的方式往往取决于前一阶段的铺垫：有一些会"摇摇欲坠"，摔倒，然后又开始四脚爬行，重新尝试站立，这通常是因为宝宝自己迈出第一步时，大人过多或过早地干预。也有的宝宝则很快就能走稳。

    从"抓着围栏的横杆站起来"到"松开爸爸的手独立行走"，通常需要3—4个月。中间会有状态的起伏：有时候进步明显，有时候则很难站立。宝宝投入了巨大的热情来学习走路，以至于在其他方面几乎没有进步，尤其是语言方面。

    1岁的时候，宝宝说出第一个词语，语言开关似乎启动了；12—18个月的时候，好像又停滞了。比如，有些宝宝之前会说"xi"来表示"谢谢"，现在却不说了。爸爸妈妈们会觉得宝宝忘记怎么说话了，其实他只是把精力放在了其他事情上。

1岁的时候，宝宝的睡眠很好；但是当他开始学习走路的时候，睡眠质量就会有起伏。在他的成长过程中状态有起伏是很正常的：当一个孩子在某一方面取得进步时，其他方面的进步就会停滞甚至会有退步。

宝宝学会独立行走后，在一段时间内，他似乎就不学习新本领了；其实，他把所有东西都记在心里了；新学到的本领会在不久之后展示出来。而且，从2岁—2岁半会有一个大飞跃：宝宝会在语言上取得巨大进步。

学习走路的阶段

12—18个月，大多数宝宝都会在这个阶段学会走路，专家们将这个阶段称为"敏感

12—18个月

手的独立
他的两只手开始互为独立，互相协作。

会翻看书
他会翻看一本书（也会几本书一起），用食指指着里面的图片。当他看够了，就会把书扔到一边。

给一个物体
他可以递给别人一个玩具，还没学会抛球，知道怎样将一个小物体放进大的里面，会试着用立方体堆一座塔，但没能成功。

第一步
走路时，双腿岔开，上半身前倾，双臂展开保持平衡。他还不会转弯，而且经常会摔倒。会爬着上楼梯。在椅子上已经能站起来了，还会尝试爬向其他椅子。

期"。但是，还是那句老话，每个孩子都是不同的个体。补充一点：学会走路的年龄与智力发育无关，但是却同抓握能力关系重大。

"敏感期"

这个概念是由玛利亚·蒙台梭利提出的，指的是儿童最容易掌握新知识的年龄。所有的习得都有一个敏感期：走路、语言，以及后来的阅读和计算。对于语言来说尤其明显：孩子可以轻松地学会母语，但是一个成人就需要花费几年的时间、付出巨大的努力来学会一门外语，而且很难会说得像母语一样好。

敏感期还有多种称谓。米里亚姆·戴维（法国精神分析学家、精神病专家）称之为"增殖期"，让·皮亚杰称之为发育的"阶段"，雷恩·斯皮茨称之为"组织期"，而T.B.布雷泽尔顿将其称作"触点"。在敏感期内，孩子会统筹、丰富习得的本领。比如从简单的发声到发出音节：音节不是发声的拼凑，是掌握语言的基础。再比如人和物的永久性：孩子知道了即使他看不到它们，它们依然存在，于是就会不断地"练习"让他们消失、再出现。学习走路时，要先学会抬头，脚底有足够的支撑力，能够借助支撑物保持站立，然后从一个支撑物走到另一个支撑物。但是，走路不是这些能力的简单的叠加，它需要将这些能力进行高度统筹——孩子生命中的一个新篇章即将开启。正如让·皮亚杰所言："在我看来，在各个阶段，重要的不是时间上的年龄，而是连续性：需要经过这个阶段才能进入下一个阶段。"可以理解为：不能破坏这种连续性，不要让孩子越级学习新本领，要让他按顺序经历各个敏感期。

但是，要注意，如果在学习过程中孩子没能完全掌握新本领，他会变得脆弱，会因为一点点挫折就放弃，甚至会退步

蒙台梭利教育法

从医学院毕业后，玛利亚·蒙台梭利对儿童精神病学产生了兴趣，于是决定研究儿童教育。她创造了一种教育方法：让儿童各按自己的需要自由活动，使性格得到充分发展，尊重他们的成长节奏。直至今天，这种教育方法在很多学校（蒙特梭利学校）依然受用，而且还持续影响着众多家长和教育工作者。

到一个让自己感到更舒适的状态。如果这种情况发生，那就让他"喘口气"，给他充分的信任；同时，当他重新尝试的时候，要给他鼓励。

学习走路

学习走路首先要学会保持平衡，然后是学会行进，这个过程并不是没有难度的。如果孩子摔倒了，不要每次都去扶他，他自己用力重新站立会锻炼他的肌肉。不要让他从高处跌落，如果他碰撞得不严重，那就没有大碍。摔倒、用手撑着站起来、然后再摔倒，这是一个学习的过程，其他习得的过程也一样。比如学习说话，他需要不断地重复相同的音节；学习抓握，需要好几个星期的练习。你对孩子能提供的帮助就是理解他的努力，不要过多地干预，孩子需要向自己证明自己可以做到，这会带给他信心。

有一个方法有助于孩子学习走路：让孩子在公园里推着小推车走，在屋里推椅子走。他还可以推玩具，比如小搬运车。在他开始走路的时候，轮流牵住他的手帮助他保持平衡。

在托儿所时，也会有刺激孩子学步的事物，有各种玩具供他们玩耍，例如小梯子、小桌子等。他们会模仿周围比他大一点儿的孩子的行为，保育员知道每个孩子学会走路的时间不同，所以不会催促他。

学会走路会改变你的孩子

他曾经需要完全依赖于周围的人，现在，不需要请求任何人，他就能看到他感兴趣的、好奇的事物了，而且每天都会有新的发现和体验。他会变得活泼好动，且异常忙碌，似乎永不知疲倦。

学会了走路，孩子会真正地意识到他可以征服"四肢爬行"之外的空间：能够站立了，他可以够到以前只有大人能碰

🔍 **重要提示**

12—18个月对所有孩子来说都是一个"动力"期。如果你的孩子在18—20个月的时候还不会走路，那就要看医生了。有些父母会认为他们的孩子是因为"懒惰"，就放任他了。不！这个时候，一定要找到原因（参见第6章）。

到的地方。

学会走路是孩子认识身体的又一个重要过程。当他跌了一下，或者碰到家具时，这种疼痛体验会让他产生边界意识和危险意识：18个月时，遇到桌子他知道躲开了，因为撞到桌子会疼，也知道远离发热的散热器。

随着与身体有关的体验越来越多，他会对此越来越感兴趣：18个月—2岁的时候，如果发现手臂上有一个小水泡，他就会一直盯着看，还会好奇于绷带有神奇的魔力，能够将碎片"粘"在一起。但是当水泡干了，皮肤脱落时，他就会大哭，觉得身体的一部分离开了他。一道抓痕、一滴血都会让他感到不安，这时周围的人不要小题大作，可以温柔地平息这场小小的事故。

其他发现

12—18个月的时候，宝宝会像玩拼图一样，把他周围的所有物体都放在一起，试图找到他们之间的联系。突然有一天，他就会把最小的方块放到最大的里面。后来有一次，他把一个圆环套在了一根杆上，尺寸正好合适，而之前他一直是把圆环放在杆的旁边。如上文所述，让·皮亚杰把这个阶段（从出生到18个月）称为智力的"感觉运动阶段"。

实际上，正是通过游戏的方式认识物体，宝宝才学会解决问题，比如镶嵌、堆放等。

14个月的时候，艾格郎汀在一个垫子上看到一部电话，她想拿起电话，但是够不着，她拉了一下垫子，发现电话也靠近了，于是她就一直拉垫子直到能拿起电话。她拿到了她想要的东西，而且发现了"置于其上"和"往身边拉"之间的关系。

艾玛17个月大时，和她妈妈一起待在儿科医生的等候室。她想要喝奶，但是众目睽睽下，她的妈妈不好意思从包里拿出奶瓶，因为她觉得她的女儿年龄有点儿大了。妈妈把包放在了长椅下面，艾玛够不到，她就扯包带，包靠近了，艾玛拿到了奶瓶。

几个星期过去了，**体验越来越丰富**，也越来越复杂。蒂姆在18个月的时候终于解开了困扰他许久的谜团：怎样让这个盒子播放音乐。他按了收音机上所有的按钮，直到那一天，音乐响起——他找到了方法。

之后的18—24个月将是探索期。在这个阶段，宝宝走路已经很稳，没有什么东西能够阻碍他的好奇心。他每时每刻都会有新的发现，智力发育将完成一次飞跃。2岁的时候，语言将闪亮登场。一步步学会的词语将打开孩子的心智：智力发育的又一个新阶段开启了。

"不！"——
用几个词表达所有意思

布瓦洛曾说过："经过深思熟虑的观点能被表达得很清楚，合适的词句自动就会到来。"12—18个月的孩子并不认同这位诗人的观点：他明白很多事情，但是掌握的词汇却很少。保罗15个月大了，只会说四五个词语；但是当爸爸让他拿床上的红色手绢时，他会走到床边，拿开枕头，拿起红色的手绢（不会碰黄色的），然后得意地把手绢递给爸爸。像这样的例子我们还可以列举很多。

宝宝在语言方面进步不大，是因为在这个时期，走路占据了他的精力。他会使用自己掌握的几个词汇尽力让别人理解自己，配上手势和表情，这些词可能会有多种用意。比如，遇到不高兴的事情时，他会噘嘴，或者用手做出拒绝的手势。一般来说，学会一两个词语后，他就能学会说"不"，之后会变成"不要"。

在这个月龄，"不"是宝宝学会的几个词汇之一，这个词更容易学会是因为在宝宝开始学习走路、探索的时候，大人们对他说的更多的是"不"，而非"是"。但是"不"有一个特殊的重要性，雷恩·斯皮茨认为"不"在性格发育中是一个重要的"组织因素"。我们会在后文中详细介绍。

一般来说，在这个月龄，理解先于表达，因为父母会经常评价他们的孩子的言行举止。听一下这位爸爸在给他的小家伙洗澡时说的话："拉斐尔，过来，洗澡水准备好了，看看，小鱼和小鸭子在等你了……"吃饭时间到了，这位妈妈会说："不要着急，你的饭马上就好。哦，这是有小猫的漂亮盘子！看看这只小猫。还有一把勺子……等一下，我去拿一个苹果，这个苹果好红呀……"等。宝宝很喜欢听到这样的话，对他来说，这就像一首乐曲一样。宝宝不仅喜欢听爸爸妈妈说话，也很喜欢他周围说话的人。慢慢地，他会记住几个词；听得次数多了，他就能明白什么是"猫""苹果""菜泥""洗澡""睡衣"……然后他就能将这些词对应到具体的事物上。宝宝学会几个词语后，我们要多让他和周围的人沟通、交流。

当宝宝拍打、掐、咬……

仅学会几个词语，远不够让人理解他的悲伤、紧张、沮丧、不满。宝宝会用激烈的反应来表露自己的情绪：愤怒、攻击性的行为、拒绝的动作或其他的反抗方式，但是父母往往很难看明白。"我的儿子15个月了，他性格温和，但会有一点儿易怒，会因为各种原因拍打东西：因为想玩，有人惹恼他，或者小伙伴拿走了一个玩具，等等。我们和育婴保姆都会告诉他这样做不好，是错误的，不能再这样做了，但是他还是会这样做。""阿加特16个月了，如果我们禁止他做某件事，把他抱在怀里解释原因时，他就会掐我们的脸。"

宝宝可能还会咬东西，这是长牙时期自然现象；在8—9个月时，咬还会有另一层含义。这应该是一种防御体系，尤其是和其他小朋友在一起的时候（在小公园，在托儿所，等等），他会觉得不舒服。但是宝宝咬东西也可以借此"卸掉"大人带给他的紧张情绪：在托儿所，保育员要把纪尧姆和其他小朋友放到桌子前，会突然拿走他手里的玩具。宝宝会沮丧、愤怒，但不敢冒犯这位成年人，只能转向隔壁的小朋友并咬他。这种行为，对于我们成人来说很好理解，比如：我们会向上司献殷勤，服从他的命令，如果他训斥了我们，我们会将紧张、不安的情绪发泄到家人身上；遇到堵车时，我们会用过激的词语或粗暴的动作来发泄情绪。在接下来的几个月，你的宝宝会越来越多地用语言表达他的感受，而不是手势。

在这个月龄，宝宝激烈抑或有攻击性的反应也预示着他进入了一个新的成长阶段：他发现自己有对抗、显示权威的能力。他在显示他的独立性和他的性格。此时，孩子需要你帮助他学会掌控自己的情绪，和他说话时语气要坚定但不失温柔，这将会帮助他慢慢地学会用词语表达感情。用简单的

重要提示

面对孩子的攻击性行为，不要以暴制暴（通过咬他、掐他"来告诉他这样做是不对的"），这样会让孩子觉得自己的行为获得认同，并继续模仿。不要失去理智，大声责骂或惩罚孩子。要保持冷静、平和、有爱的心态，营造一种有边界的生活环境。有这种行为的孩子通常比较活泼好动，但是他经常会受到很多束缚，人们忽略了他还是个小孩子。

词语告诉他要遵守规则（"不能做伤害别人的事情"），问题解决或危机过去后，要安抚他，不要失去耐心。慢慢地，孩子会意识到权威是属于你的，而不是他的——这会让他感到安心。

更喜欢爸爸还是妈妈？

"我们的儿子10个月了，特别喜欢爸爸。他爸爸一走进房间，他就会马上爬向他，如果我抱着他，他就会用力挣扎爬向他爸爸的怀里（如果我阻止他，他就会哭闹）。这让我很难受。"

"我们的小莉露15个月了，当我的丈夫要抱她的时候，如果我在旁边，她就会大哭，直到我抱过她。有时候，当他走近想抚摸她的时候，她会推开他；她有时还会拒绝爸爸喂饭。我的丈夫感到很受伤。"

"雅德18个月了，非常依赖我的怀抱，如果我在家，她就不愿意让爸爸照顾她。如果她要抱抱而我没有抱她，她就会激烈反抗。周围的人告诉我这是因为孩子太任性了，要批评。我并不认同这种说法，但是我也不知道该怎么应对。"

许多父母都会遇到这种情况，宝宝偏爱爸爸妈妈中的一个。这可能有许多原因（爸爸的职业；有些被我们忽视的事情，但是宝宝却记住了……），也有可能宝宝在出生后的前几个月处在一个过度紧张的环境中，给这种反应早早地埋下了隐患。比如，孩子同时受到爸爸妈妈的过度关心，不知道该转向谁，不得不尽可能地做出一个选择；当他们还很小的时候，曾经被人抱得太紧，或者闻到了体臭味或烟味，引起过不适，并留下了不好的印象。

不论怎样，学会说话后，这些反应都会减轻：孩子2岁左右的时候，就会用短句表达自己了，在许多情况下，我们都可以用语言和他交流，安抚他。此时，**一定要尊重孩子的行为**，要冷静、平和、尤其重要的是，要尽量弱化令人不快的事件，提醒自己事情只会持续一会儿，情况并不严重，既不涉及权力关系，孩子也不会有负罪感或觉得被抛弃了。

在之后，俄狄浦斯情结出现时，对父母其中一方的偏爱会表现出来，但偏爱的性质是不一样的，它是模仿的一部分，也反映出每个孩子区别于其他孩子的特质。

快乐和游戏

● 1岁—1岁半的时候，宝宝会喜欢**动物**，并对其产生浓厚的兴趣：从鸡到牛，再到狗、猫和马等。

● 他喜欢玩**沙子和水**，父母可能会感觉不太卫生。这首先是因为孩子的动作还有点儿笨拙；其次是他还分不清脏和干净。所有玩水的活动（倒水、装满、再倒光等）在这个阶段都是很有必要的。水能对孩子起到镇静效果；父母拿着漏斗、瓶子和他一起玩，能让他感到放松，很容易也能锻炼他集中注意力。水不仅是一种自然元素，也是生命的起源，是人类生命之初生活的第一个地方。水具有流动性，阻力小，易让人感到安心——对于孩子来说，洗澡的乐趣不仅仅是变得干净，也是因为能在水中玩乐，放松身心。这种快乐将会伴随我们一生。

玩水的用具很简单：将三四杯水倒进一个小盆里，给他海绵、漏斗、口杯等；或者倒进澡盆里，给他小塑料瓶、餐杯等。宝宝会不断地填满水再倒空，借此，他也能很容

易地理解水的消失和再现：这就是我们在8—12个月时讲到的客体永久性。

● 孩子对一件事会有惊人的韧性，比如，当他想把一块积木放进另一个里面时；同时，他也会经常换花样，如果有足够的玩法，他可以玩很久。他喜欢捏橡皮泥。他会堆起一个塔，然后推倒，这会让他感到高兴。在这个阶段，他开始学会搞破坏。

18—24个月：沉浸于探索的乐趣

现在，宝宝学会了走路，他会在获得这个期待已久的进步后停滞不前吗？这显然低估了他超强的活力和他想看到一切、尝试一切、研究一切的欲望。以前，他只能摸到手边的东西；现在，他可以触摸到他看到的一切，左边、右边，高处、低处，能触摸到所有地方，多么令人高兴啊！这个阶段的孩子一刻不停：他会爬上椅子、沙发，差点儿掉下来；他会爬到床底下去捡球；打开门，打开灯，拉开抽屉，拿出一只口红；他会把椅子推到橱柜旁去拿果篮里的苹果，也许篮子掉了，孩子也摔下来，手里还拿着苹果。有什么关系呢？他会重新爬起来。他拉着小卡车，拽着娃娃的头发往前走……

"……一刻也停不住，到泥巴中打滚，起来后顺手在鼻头上抹一下，远看都看不出他的五官，鞋都磨破了……在菜汤里洗手，笑着吃东西，吃着东西笑……"

——拉伯雷

但是，要注意，他也可能会拧开漂白剂的瓶盖或打开安眠药的药瓶，会把发夹插到插座里，把面包片从窗户扔出去，还会伸头去看看它落在什么地方了。

这一系列操作会弄出很大动静，还会把家里弄得乱七八糟，但是这根本不会影响到孩子的兴致。我们会觉得他永远不知疲惫。然后，突然间，一点儿声音都没有了。此刻的安静似乎比刚才的动静更让人不安：我们赶紧跑过来，发现孩子精力耗尽，趴在地上睡着了。

如果家里有一个会走路的、有点儿闹腾的孩子，那么不一会儿，家里就会像打过仗一样乱。这个阶段的孩子也不都是好动的，有些会很安静，尤其是女孩。但是，这本应是"孩子好动"的年龄段，如果孩子到了2岁还极其安静，总是待在角落里而不去发掘新事物，家长不应沾沾自喜，反而应该感到不安。

渴望冒险，需要安全

不论是在家里，还是在育婴保姆家里或托儿所，孩子总是喜欢乱动东西，到处乱跑。我们应该怎么办呢？一律禁止还是听之任之呢？两者都不可取。第一种情况与孩子必然的成长趋势相悖：爬行、发现、探索、触摸和奔跑能够促进感官、肌肉和智力的发育。如果房间里没有东西、没有家具，他就搞不了破坏，但是他的智力、肌肉发育会停滞。相反的，听之任之则会很危险。

我们的建议是创造一个**"有安排"的、自由的**环境。在托儿所这很容易办到，因为里面的一切都是为孩子定制的，玩具和家具都是根据他们的身高与需求设计的。在家里则比较难，为了让孩子远离危险，楼梯和窗户要安装栅栏，插座要有保护盖等。

易坏的家具要藏好，壁橱上的小摆件、危险的物品要放到宝宝够不到的地方，这样，你的宝宝就已经最大限度地远离危险，可以放心玩耍了，但也不能完全放任他一个人玩。要留心，不要离他太远，要能随时看到他。我们不可能考虑得面面俱到，孩子的想象力是无穷的，但是，也不要每隔两分钟就过来告诉他："注意，别伤到自己！"在探索的过程中，他需要自由的感觉，他需要通过自己的尝试去了解他能做到或不能做到的事情的极限。让他去冒险，这会让他变得自信。在这个阶段，冒险就是自己在小椅子上爬来爬去，独立打开一个瓶子，简而言之就是，他需要知道他招招手或喊一声，照顾他的人就会出

他能握住铅笔了（用左手还是右手无所谓），垂直在纸面上，画出杂乱的线条。他还没有金钱概念，会把纸币揉皱、撕碎，从中获得乐趣，就像他在纸上乱写乱画时一样。

他喜欢拉着玩具走。

手的灵活性

宝宝能够握住勺子和杯子了，但是吃饭时还是会弄得满身都是。而且，吃饭时会发出声响，喝水时，在两口水的间歇，他会深吸一口气。

敏捷的身体

奔跑能带给他极大的乐趣：他喜欢有人追着他跑，也会经常撞到家具上。撞到后，他会一边大哭，一边拖拽、拍打物体。他会用脚踢球、倒着走、扶着栏杆上楼梯、拉着大人的手下楼梯，这些都是在这个阶段习得的。

发现的乐趣、搬运的乐趣

此时，他的手和腿已经足够支撑这个小探险家去尽情玩耍了。

玩水的乐趣

也是在这个阶段，宝宝开始喜欢玩水。他会打开所有他能看到的水龙头（要注意水泛滥成灾和热水水龙头）。他会不厌其烦地把水从一个杯子倒到另一个杯子里。当你的孩子玩水时，不要只留下他一个人不管。与水有关的活动都需要有大人在场。

现，但不会一直站在他身后。而且，他偶尔还会回头确认一下大人就在那里，安心了他就会继续忙他的。他还会呼叫你，向你展示他的新发现，或者是寻求你的帮助。

几个月下来，或者更久，对冒险的渴望和对安全的需求就在宝宝心里扎根了。安全感是父母带给孩子的，同时也要记住孩子的好奇心是无止境的，他的想象力是巨大的，会帮助孩子战胜恐惧，但是他还没有危险意识，奇怪的味道和难闻的气味还不会让他感到不适。

在这个探索阶段，有必要花时间用简单的词语告诉孩子什么是被允许的，什么是被禁止的，什么是危险的：他自己是猜不出来的。以**善意的关怀**为出发点，给孩子指定边界、范围，在这个范围内，他可以自由活动，体验各种感觉，学习各种本领。但是，不要给他太多要求或者催促他，他需要时间去消化、理解这些繁复的规则。

如果有一天他做了一件"蠢事"，不要有过激的反应。你的怒火会让他不安，让他感到恐惧。在这个年龄段经常被指责的孩子会经常哭，他会觉得自己总是犯错，这会剥夺他的自信心。而且，在这个阶段，孩子因为机智，或者因为一个新发现而做出的动作经常会被父母们误认为是蠢事。一个孩子挪开家具去找滚到底下的球，这不是蠢事，这是机敏。他打碎一个物体，可能是因为不灵巧，也可能是因为同时在干几件事——边走边玩，抑或是因为事与愿违，一生气就把东西扔在了地上。

大人们应尽可能地让孩子去做到动作的极限，满足他的好奇心和意愿，让他发挥新本领，探知自己的极限。但是也要在恰当的时候保持冷静、提供帮助、做出补救。

阿娜伊斯正在与一只上发条的小兔子玩。她的爸爸在一旁工作，他每隔一会儿会过来上一下发条，小兔子动起来，女儿高兴极了，于是他又走开了，让女儿自己去探索。

请放心：正在探索和经历这些的孩子正走在成长的路上，他会慢慢学会修理、整理和尊重……但是他需要一点儿时间。

说"不"，说"是"：反抗、强迫、选择

在1—18个月期间学会的几个词语中，我们已经注意到"不"字有很重要的作用。但是很快，宝宝就会知道说"不"的另一层含义，而不仅仅是对周围人言行的重复和模仿：这是人格形成的基础阶段。

如果孩子做出反抗举动，说明他正在学习表达他心里所想，原因也许是周围人造成了他的挫折情绪，不管周围的人是大人还是孩子。鼓励他进行相关的表达和交流，孩子的自信心将得到加强。重要的是要让这种新的习得方式充分发挥作用，同时，孩子的攻击性行为经常也会惹恼我们，让我们失去耐心。

怎样表现父母的权威成了一个棘手的问题：在进行必要的限制和给予孩子反抗的自由之间很难找到平衡点。有些父母会要求孩子绝对服从；那些不想难为孩子，总是做出妥协的父母，通常是因为不能经常陪伴孩子而产生负罪感，抑或是他们压力太大，太过焦虑；还有些父母是因为身心俱疲，不想再制造麻烦。

但是，到了孩子会说"不"的阶段，父母还是有必要建立一种积极的、安全的权威，让孩子既接受父母适当的威严，也理解自己"至高无上的权力"是有限度的，孩子既能适度做出反抗，又能完成自我构建。在第5章的权威部分我们会详细探讨这个问题。

在接下来的几个月，孩子将学会说"是"。此时，爸爸妈妈们就可以这样设问了："你想要的是这个苹果，是吗？"

"宝宝语"

孩子们在这个阶段会大量地使用动词。这些词语是表示动作的，孩子在如此好动的阶段理所当然地就会喜欢用动词，比如宝宝前面走，爸爸走，等等，之后会出现表示人物和时间的词语。现在，短句中基本上只有一两个词，大多数是动词，比如：爸爸瓶子开开。在之前的阶段中，对他来说词语就是句子。

再比如：宝宝不会发"汤"的音，也许会发出一个错误的音代表"汤"，但是他明白这个音指的是我们在吃饭时喂给他的液体。不要重复这个错误发音，也不要让他跟着念正确发音（这样没有任何作用，还有可能会使孩子气馁，甚至口吃），应继续说"汤"的正确发音。慢慢地，孩子自然而然地就会正确发音了，因为学习语言最重要的是模仿和词汇的选择。

"宝宝语"一般会从1岁半持续到2岁，但是如果爸爸妈妈们为了更好地被理解而像宝宝一样说话，这个期限会延长。如果大人模仿孩子，词语发音刻意不标准，在很长一段时间内，孩子也会继续不标准的发音。爸爸妈妈们都知道，面对一个婴儿时，要模仿

"宝宝语"重复他的"咿呀"声和他发出的呢喃语音，但是18个月—2岁的孩子是不一样的：他需要不断练习发音，他会对周围事物的名字产生兴趣。当他听到新词语时，他会很兴奋，甚至会着迷。

比如费利西满22个月之前，如果哭闹，只需要说"沙拉"就能止住她的眼泪，引起她的兴趣。和孩子说话时，不需要像文学作品一样复杂，但是不要借着"让孩子能听得懂"的借口去简化语句。

每个孩子都会发明属于自己的情感词汇，这我们不要干预。对本杰明来说，"小熊熊"不是一只熊，而是他的伙伴，软软的，味道很好闻，没有它他就无法入睡。每个家庭都会有自己的专有词汇，这是一种情感财富，我们在以后的岁月里还会经常聊起这些词语："你还记得吗，你会说我的'衣衣'代替我的'衣服'？"这些词语的意义重大，创造了一种情感默契。有些孩子则恰恰相反，他们特别喜欢发比较难的音。比如加斯帕德20个月，在厨房里高兴地喊出"机器"，走到客厅，又骄傲地说"壁炉"。

如厕训练

18个月—2岁的时候，宝宝的肌肉逐渐发育成熟，学会了很多表达自己的方式。比如，现在他已经学会了爬楼梯，很快就能学会下楼梯了。如果想"憋住"，或者是"用力"（指小便或大便），就需要足够发达的肌肉，我们都知道在学会走路之前，宝宝无法控制自己的括约肌，也就无法自如地进行如厕训练。语言方面也一样：宝宝开始学说话了，就能更容易地要求便盆。即便语言表达还不够好，他也能通过手势让人理解自己的意图，比如揪自己的短裤，或者扭来扭去。

和所有的本领习得一样，学会自主控制括约肌都需要前期各种本领的积累。每次给他换完尿布后，宝宝都会感觉很舒服，在他享受这种舒适时，如果能有语言上的交流，将会强化这种感觉。同样的，刚学会坐和站立时，许多孩子就愿意在便盆上坐几分钟，当然，一天中的其他时间可能还是包着尿布。

过了18个月—2岁这个时期，大小便相对就没有这么频繁了，也就更容易规范如厕训练了。

另外，如果爸爸妈妈们能够温柔一点儿，一切将会很顺利：宝宝变得爱干净了，还会和周围的人分享这种快乐，他们自己也会很满意。

几种困难。有些父母太心急了。一些父母太严厉，如果孩子学得慢了就会训斥孩子。一些父母在清理孩子的马桶时会恶心、不适。还有些父母会把马桶放在家里的正中央，孩子端坐马桶之上，大人们则在一旁津津有味地期待着。这种做法是不恰当的，宝宝大小便时的隐私和羞耻感需要得到尊重。

宝宝可能会有过激的反应。他可能会继续尿床，或者干脆憋着，长此以往，上厕所就会变得越来越痛苦，还可能造成慢性便秘。

有些孩子可以接受在马桶里小便，但是坚持在尿布里大便，不愿意用马桶。这种现象较常见，原因多种多样，他可能是害怕失去自己身体的一部分，不愿看到抽水马桶带走自己珍贵的、重要的东西。我们太重视宝宝第一次在马桶上的大便，会给他表扬，就好像这是一件礼物一样……也许有必要给宝宝解释一下：为了保证身体健康，我们吃的东西不能都留在身体里，需要排出一部分。如果问题依旧，请咨询儿科医生或心理专家。精神分析学家认为，在这个成长阶段，大便对孩子而言有多重意义，这个阶段属于肛欲期。让宝宝有平稳的心态很重要。

学习上厕所的过程中可能充满各种困难，因为这不仅仅涉及教育问题，更是一个情感问题。今天的父母们能够更客观地看待孩子的不同性格和习惯，托儿所、保育员和育婴保姆也都懂得协同父母进行渐进式学习，并因材施教。一般来说如厕训练不要早于2岁，除非孩子提前显示出这种意愿。

换大床

你的宝宝已经能够翻越婴儿床的围栏，是一名熟练的杂

◎ 需 知

不同的孩子，学会上厕所的时间有早有晚。一定要尊重孩子自己的节奏，不要拿他和哥哥姐姐或周围的孩子做比较。有些孩子到了两三岁才能学会独立如厕，不要心急。

技老手了。所以，他现在需要一张没有围栏的床。应选一张矮一点儿的床，为防孩子跌落，可在床边铺一张毯子或塑料软垫。在床的一边也可以安上可拆卸的矮护栏。医院的儿科也会为18个月—2岁的孩子换床。

孩子们会很喜欢这个变化，他们也很喜欢睡前的阅读和亲昵时光。这个时候，孩子可以自己下床了，爸爸妈妈们要想想怎样度过每个夜晚的睡前亲子时光。

在这个阶段，每个孩子都会意识到自己孤零零地睡在自己的床上，而他的爸爸妈妈则是两个人，他会想办法分开他们：这意味着俄狄浦斯情结的萌芽，他的心情会比较复杂，有一点儿孤单和悲伤，又有一点儿嫉妒和逆反。可以在白天找一个放松的时刻慢慢和他解释，告诉他爸爸妈妈晚上要睡在一起，其他小朋友也是这样的，因为他们已经长大了，而且这样也有利于他的成长。他也许会一个人打开、关上自己够得着的灯，不要恼火，请理解孩子。孩子在做一些看起来不可理喻的事情时，请爸爸妈妈冷静、平和，信任他们，并且能温柔地把他们送回床上。

"前几个晚上都很顺利，但是不久之后我们的女儿就不愿意自己一个人睡了，她会起身，过来叫我们。我们试着给她读故事、唱儿歌、听音乐，但是一旦停下来，她又会从床上下来。当我们表现得严厉一点儿时，她就会哭闹、烦躁不安。我们也曾尝试着让她在之前的旧婴儿床上睡，但是她不愿意，而且之前的旧床也相对危险了，因为她可以爬出围栏……"

——露西（2岁）的爸爸妈妈

他喜欢什么？

- 自己吃饭，还会用勺子拍打，使汤四处飞溅。
- 把东西塞到地板缝或锁孔里。
- 说"不"，坚决地表达拒绝，但是有时候也只是为了逗乐。在这个阶段，家长可以通过转移孩子的注意力来达到目的。比如：他不想脱衣服，你就走到窗前，说"啊，这辆蓝色的汽车好漂亮呀，还有一只胖胖的灰鸽子，一只褐色的小狗"。宝宝就会跑过来看向窗外，他一旦忘了刚刚的拒绝，就会愿意脱掉T恤换上睡衣。

- 与大人的要求反着来，故意使坏。

- 爸爸妈妈没要求的时候，他也会过去抚摸、拥抱他们。

- 扮小丑取悦他人。

- 和上一阶段一样，他喜欢模仿大人。罗马妮2岁了，总是把妈妈的记事本扔到垃圾桶里，因为她经常看到她的爸爸妈妈往里面扔纸。

- 希望别人能很快地理解他心里所想。这并非易事，因为他有明确的喜好，但是词汇量却有限。

2岁的孩子会在6个月内收获满满。在过第二个生日时，孩子双手变得灵活，身体变得敏捷，他知道怎样让别人理解自己，更会社交了。2岁的时候，延迟发育通常都得以弥补。除了常规发育的宝宝（6个月时出第一颗牙，12个月时迈出第一步，2岁时说第一句"话"），也会有一些个别现象：有的9个月的时候就会走路了，也有最晚的到18个月的时候才迈出第一步；有的小姑娘在两个月大的时候就能认出周围的人，也有4个月的时候还不会笑。所有这些孩子都是正常的，简单来说，他们的体质、气质和生活环境是不一样的，所有的习得不会都在同一时间获得。孩子在2岁时都会学会一样的本领，只有一件例外，就是语言：同样的月龄，有的孩子学会了20个词语，有的则学会了50个。

2岁—2岁半：语言的爆发期

2岁—2岁半是介于"好奇宝宝"、爱惹祸的时期和固执、挑剔期（2岁半—3岁）之间的稳定、平衡期。

2岁—2岁半期间，因为宝宝表达能力更强了，他更会社交了，更容易被理解了。现在，他最感兴趣的事情就是说话；同时，和上一阶段一样，喜欢不停地动手动脚。能够准确地认出人和物后，他就想要给每个人或物贴一个标签。想要知道物体的名字，他就会用食指指着它们问"这个呢？……这个呢？……"大人告诉他后，他就会不停地重复。然后向另一个人问同样的问题，再听一次这个新词。自己重复、让别人重复，这就是孩子学习说话的方式。

凡是有助于丰富词汇量的方法都可以尝试。说出他认识的人的名字，列举他的玩具、小伙伴们的玩具，指着他周围的玩具说："雷奥的汽车……阿丽亚娜的积木……"指出东西的物主："妈妈的书……爸爸的鞋……"在孩子的逻辑里，他不喜欢看到东西易主。米克2岁半，看到他的奶奶戴着妈妈的丝巾，就会很生气。他会列出他吃过的、能记起来的所有食物的清单，包括中午的、晚上的、昨天的。他会细数认识的人：阿姨、爷爷、奶奶……他想知道每个人的位置：爸爸、姐姐、和他玩耍过的朋友、和他一起在托儿所待过的小宝宝。语言会帮助他表达。马修的妈妈想拿走他手里的裁纸刀，但是他紧紧地攥在手里："我的，我的。"他所说的一切都显示出他想融入、探索、认识这个世界的强烈愿望。独处的时候，他会重复学到的词语，还会评价一下自己做过的事情。

马克西姆正在玩小汽车，听听他在说什么："前进吧，车车……（小汽车停下来了）小淘气！……啊哟！……"他把小汽车扔向空中，汽车摔到了地上。马克西姆捡起它。"可

2岁—2岁半

画画

双手协作——一只手按住纸，另一只手握着铅笔——在纸上不停地画圆圈，像画一只蜗牛。如果孩子惯用左手，说明他的脑功能侧化已开始形成，不要纠正他。

有插图的书

通过看图片，孩子可以认识杯子、玩具熊或球，还会得意地展示给别人看。他会一页一页地翻看。

模仿

孩子喜欢沉浸在自己的世界中模仿爸爸妈妈做事，或模仿他们的动作。他会给他的玩具熊或娃娃喂饭，把毛绒玩具抱在怀里摇晃。而且，他很喜欢模仿熟悉的动作：转动门把手假装自己在开车。

运动机能和灵活性

现在，孩子能够左右转头看东西。他会用手抛球，用脚踢气球。当他坐在地上想站起来时，他会先向前弯腰，屁股用力，然后抬头。他喜欢从到椅子上或台阶上蹦下来，前提是有人扶着他。

怜的车车……不哭不哭……"他抱着它:"睡觉觉吧,车车……"他把它放在了架子上。

经常和其他人或娃娃、毛绒玩具对话,有助于语言的进步。词汇量越来越丰富,孩子就能更轻松地表达自己,慢慢地,就会脱离婴儿语言。

- 首先是表示关系连接的词语的使用:"……的""给……",孩子会在不断的提问和总结中学会使用这些词。他现在会说"罗瑞特的娃娃""马蒂斯的汽车",他还会很高兴地学着说听了上百遍的话,例如"一勺给爸爸,一勺给妈妈……"

- 突然有一天他就会掌握副词:马上、现在、那么、一起、也、立刻等。第二天,代词也就出场了。而且,他经常会用两个主语:"夏洛特,她很聪明。"

- 动词占多数:能达到90个,甚至100个。

- 当然,在学会的词语中会有一些词发音不准确。数量并不少,或是因为孩子一些发音没有学会,或是因为模仿不到位。

- 之前学会的"爸爸来汽车"变成完整的"爸爸来车里","妈妈穿着一件蓝色的大衣出门了"。注意观察,每个词都用得恰到好处。

在6个月里,语言进步神速!

你的孩子会渴望学习新词语,并不断地重复,他对你和他说话的方式、语气、语速(对小朋友来说通常有点儿快)、音质也很敏感。学习词语很重要,但是,保证孩子**交流的愿望和乐趣**同样重要。第二年会决定孩子未来语言表达的水平,这取决于语言学习过程中的人际关系和情感要素,以及积累的词汇量。

语言和环境

差异首先是因为个人素质的不同:有些孩子说话或走路都很早,而有时候,说话早的孩子不一定走路早。在同一个家庭中,这种对比尤其明显:姐姐1岁时可能会说5个词语,而弟弟1岁半时才会说两个。

但是个人素质不会决定一切,环境影响也很关键。要想让孩子学会正常说话,需要给他一个充满爱和理解的环境,要让他听到别人讲话,并和他进行对话,回应他的问题,认可他的努力,要体贴他,说话时发音要标准。很显然,当我们这样和孩子讲话:"去洗洗手,然后过来帮我摆餐具……太棒了。赶快坐下。小心不要烫着!……好极了!你能像大人一样吃饭了。"他会比只听到以下语言的孩子进步更快:"喝汤……尿尿……快点儿……

你太不知羞了！洗洗手，快点儿！……还有点儿脏！……你把餐巾弄脏了，罚你不能吃甜点！"要对孩子说高质量的话，尤其是说话时要有亲切的口吻，要有理解和鼓励……要给孩子时间去接收信息，之后他才能做出回应。不要过度刺激，也不要做无用的重复。

在一些机构中，如果工作人员不和孩子们对话，孩子可能会封闭自己，变得沉默寡言，而如果在家里同样很少有人和他说话，情况会更严重。心理学家发现有些孩子语言发育的延迟是因为周围环境的冷漠，这也是造成孩子读、写困难的原因。

当你发现孩子已经到了语言敏感期，就要经常和他说话，而且发音要清晰，要有耐心——这并不容易办到。如果他已经掌握了每天都能听到的词语，那么就教给他新的词语，扩大他的词汇量，这将会促进他的智力发育。

语言、智力和情感

在这个阶段，需要通过学习词语促进智力发育，也需要营养保证身体发育。

好奇心、理解力和记忆力

孩子会不停地提出问题，即使他已经获得过类似的答案。他的好奇心是无穷的。他想知道物体的名字，就像当初他想看到它们、触摸它们一样。有好奇心是正常的，而发育延迟或有智力缺陷的孩子会缺乏好奇心。当他指着一个物体问："这个呢？……这个呢？……你看到了吗？"我们要告诉他这个物体的名字，并向他解释："这个是吸尘器，是用来除灰尘的。"然后，即使我们没有特意向他演示，他也会看到我们插上插座，按下按钮，然后挨个房间打扫。不久之后，对孩子来说，"吸尘器"就不仅仅是一个新词语了，还是一台会发出声响的白色、绿色或其他颜色的机器，大人推着它在房间里做家务，吸尘器工作的时候，我们要打开窗户，诸如此类。他的词汇量不仅添了一个新词，还会记住与"吸尘器"这个词相关的所有内容，例如动作、场景、环境等。

每次遇到相同的场景，孩子会问出同样的问题。好奇心促使孩子不断地问："这个呢？……这是什么？……"理解力能让孩子明白大人给出的解释，记忆力能让他记住这个词以及和这个词相关的内容，例如环境、场景，等等。

通过不断进行这种练习，孩子的头脑会越来越聪明，反应也会越来越快，因为孩子的：

- **好奇心**在增长：随着年龄的增大，孩子会有越来越多的问题。
- **理解力**在增强：孩子学会的词语越多，他就能越好地理解大人的解释。
- **记忆力**在提高：练得越多，记忆力越好，这是其众所周知的特点。

每天，孩子的词汇库里都会增加一个或几个词语，他的知识面也随之扩大。但是，智力和情感是不可分割的。根据弗朗索瓦兹·多尔多的观点，所说的一切的前提是要有一个孩子可以信任的环境：语言环境不应该服务于成年人的心理，而是"孩子的真实感受"。

有了这个前提，孩子的智力会得到充分开发。孩子开始对更复杂的事物、奇怪的词语感兴趣，他开始尝试未知的场景，会把它们和已有的经验做比较，然后得出结论。

欧仁想和新玩具一起睡觉。他的妈妈不同意，把玩具拿走放在一个柜子上。欧仁什么也没说，等到妈妈离开了房间，姐姐也睡着了，他起身拿起玩具。第二天，他的妈妈发现玩具就放在他的枕边。而且，欧文发现，当妈妈说"晚安"后，就不会再回来了，姐姐睡着后就听不到走动了。于是他总结出："要想满足我的愿望，只需要等待一定时间即可。"他能自己想出办法了，这是一个巨大的进步，以前，他只知道伸手要。

根据经验，智力已经进入思考阶段

回顾一下智力的快速发展历程。1岁的时候，看到柜子上的东西，宝宝找不到任何方法去拿到它。18个月时，他能推来一把椅子，站在上面去拿到东西，但是如果有人阻止他，他还想不到可以等一下再去达成自己的目标。现在，他有足够的耐心想到一个办法达到自己的目的，而且，寻找方法时，他不会再碰运气，而是会认真思考。

孩子掌握了语言，智力也会得到快速发展。语言将会成为优先使用的表达方式，让·皮亚杰称之为"新的心理意象"，即能够用心智复盘一个物体、一个人、一个场景。掌握了语言，孩子就能够在空间上和时间上组织这些场景。

比如，西蒙和小猫玩耍时遇到了一些问题，小猫不听他的指挥，于是，西蒙拿来一个毛绒动物玩具，给它起和小猫一样的名字，一边和它对话，一边随意摆弄它。这是一个具象的游戏，即使时间上有延迟（小猫不在），空间上有差异（这个游戏发生在家里的另一个地点），在日常生活中，在其他情形下，孩子也可以玩这个游戏。

语言会加速心智和思考能力的发展。在某一个情形下学会的词语，孩子能够准确地运用到其他场景中。只有当事情发生在他自己身上时，西蒙才会说"掉落"这个词。到了2岁的时候，如果妈妈掉了一个勺子，西蒙会说："勺子掉了。摔碎了吗？啊，没有，没摔碎。"

智力发育也激发了某些能力：

● **有自己的主意：** 正如我们上文所见，欧文等到姐姐睡了才会去找玩具。

● **能够理清两件事的顺序：** 伊莉娜27个月时，明白"要说晚安和躺下睡觉""取下餐巾和离开桌子"。先做一件事情，再做另一件，这已然是一种时间先后意识。

● **观念联想：** 玛丽打完疫苗后没有哭，所以妈妈给她奖励了一个棒棒糖。两天后，她对妈妈说："再打一次针吧，再给一个棒棒糖。"

智力和语言是相互关联、同步发展的，我们不能撇下一个，单独讲另一个。尤其是这个阶段，孩子的语言每天进步飞快。

为了便于理解，我们列举出了孩子在这6个月内几个能够**习得**的本领：

● 2岁时会说自己的名字，2岁半时会说"我"。

● 语句精进：开始使用未完成过去时态；也会用否定句，使用方式有时会出乎意料，比如，"爸爸不让拉斐尔睡觉"。

● 用词精准，会使用"太""一点儿""足够""同样""更多""更少""许多"（这个词他很早之前就会了，这往往是最开始学会的几个词语之一）。另外，我们观察孩子所学到的这些语言本领，能够发现，往往他最感兴趣的不是事物的名字而是它们的存在本身。

"我的！这是我的！"

孩子变得自私、自我了吗？不是的！大约2岁时，孩子学会说自己的名字；2岁半—3岁期间学会说"我"；在这两个阶段之间，会有一个与语言发展有内在联系、持续较长的阶段，在此期间他会学会说"我的"。这一语言上的习得是性格形成中的一个重要阶段。从第9个月开始，他开始学会站立，明白人的永久性，即使这个人消失了，他还是会回来，他也有了自我意识，能把自己和其他人区分开。现在，他可以用语言来表达了，于是不论在何种情境下，都会使用、甚至滥用"给我"：比如亚当会用"我的"或者"这是我的"来强调他的每一句话。"过来穿上你的夹克再出门。""它是我的。""舀一勺给我。""给我！"

在这个阶段，需要帮助孩子建立起对自己和对他人的信任。如果在这个阶段，孩子把所有的东西都拿给自己，大人们要表示理解和尊重，这一点很重要。如果一个2岁—2岁半的孩子不愿意让出玩具，就说他"自私"，这种道德评判会让孩子焦虑不安。其实此时应该优先帮助孩子强化一种意识：在让、给、分享之前，他要先满足自己，才能学会分享。在小公园和小朋友玩耍时，或者在家里和兄弟姐妹在一起时，如果强迫他让出手里的玩具，这会引得他哇哇大哭，引起他深深的不解和反抗。对孩子来说，"让"就意味着和某物彻底的分开，他不会想到还会还给他，因此，交换物品的行为则更容易被接受，因为孩子交换回了某样东西。到了3岁之后，孩子们才会更容易学会分享。

游戏：几点意见

- 即使是在这个"我的"的敏感时期，孩子也不会孤身一人。他会注意看，然后观察他的小伙伴、同学们正在干什么，受到启发，然后模仿，丰富自己的游戏内容——即使他没有真正地分享。这是"平行游戏"阶段。

- 这个年龄段的孩子一起玩耍时，可能会相互较劲、斗嘴；完全不理会游戏规则，会爆发争执。不要试图以成年人的方式介入他们的活动，孩子们往往很快又一起愉快地玩耍了。

- 如果你的孩子不想，不要强迫他和其他人一起玩；如果他想，就让他参与进去。这也是托儿所的做法。

- 在这个阶段，孩子最希望的社交生活是和自己的哥哥姐姐以及大人们一起，因为他可以向他们问问题。这是他喜欢的方式。

- 如果哥哥或姐姐因为2岁的弟弟妹妹玩不了规则复杂的游戏而被惹恼，你要和他们解释："这不是因为他不喜欢你，或者不想和你玩，他还太小，还无法理解你这个年龄的游戏。"

- 他不愿意让出自己的汽车？不要生气。他正在发掘哪些东西是属于他的，哪些是属于别人的。他不愿意和自己的玩具分开，这很正常。

- 如果他一个人安静地待在角落里自言自语，不要总是打扰他，他正在聚精会神地天马行空。

- 他想要更多的自主权：他开始学会自己脱衣服了吗？给他鼓励。他想帮忙做家务？给他一个刷子、一块抹布、一把扫帚，给他演示用法。如果能帮到忙，他会感到很自豪。

- 他开始唱歌、跳舞。他用耳朵听，然后模仿大人说话的方式，以期取得进步。他会唱

出带有专属含义的音节，这些音节的节奏和音调正是他所听到的内容。对一个发音延迟的孩子来说，这个旋律是一个吉兆：证明孩子能够听到并且能模仿，这也是语言学习的基础。

● 通常，在2岁—2岁半时，**男孩和女孩的游戏类型**差异会越来越明显，在这个阶段，孩子模仿成人的方式越来越细致、高级，他会向与自己同性别的人靠近。一般来说，小女孩喜欢照顾玩偶，给它们洗澡，哄它们睡觉，带它们散步，给它们训话。小男孩则更喜欢有引擎、能发出声响的玩具，比如：汽车、飞机、卡车、拖拉机、推土机等。不过这个年龄的孩子都需要有感情、有爱的游戏，这样能使他们认同围绕着他们、让他们安心的大人：男孩和女孩在一起时都喜欢照顾毛绒玩具，过家家的游戏可以玩很久。有些小女孩也可能会更喜欢小汽车或飞机，而不是玩偶。在托儿所，孩子们会很容易表现出自己的喜好，因为在托儿所，所有人都有同样的玩具。

理解新出现的恐惧

在这个阶段，即使是最大胆的孩子，也会有新的、不同寻常的事情让他们感到害怕，如：夜晚、黑暗、下雨、发动机声、某些动物或是某些人等。我们发现，这些恐惧是伴随着获得新的认知、成长中的进步产生的，但是孩子还不知道怎么正确地面对它们。当然，如我们所知，这些恐惧也是一种进步，但是还未发挥作用。孩子需要先战胜它们。

孩子通常会通过养成习惯和仪式来战胜恐惧和不安。在餐桌上，如果挪动他的杯子，或者给他一条新的餐巾，他会拒绝。睡觉的时候他会尤其挑剔：椅子上衣服的位置不对、是否要关门、走廊上要有一个小夜灯、或是难舍难分的玩偶——每天晚上他都会上演相同的一幕。

每个孩子都有自己的**习惯和仪式**，这使得他们能从白天的兴奋状态过渡到晚上的安静状态。习惯，也是认识世界、了解世界的一种方式，要尊重孩子的习惯，这正如睡觉之前大人们通常会需要读一份报纸，整理一下房间，听一听短新闻等等。如果孩子睡觉时间变晚，需要更长的时间入睡，是因为他知道夜晚会终结这充实的一天。他疲惫又亢奋，感觉一旦自己入睡，就会被抛下，这一整天的发现还没来得及整理、回味。当爸爸妈妈离开后，这种恐惧则会转化成焦虑：孩子意识到他又要自己一个人睡了，而爸爸妈妈则会在一起。他感觉自己被孤立了。

可以通过讲一个他喜欢的故事，让孩子有一个情绪过渡；或者如果他想，那就把门开个缝，走廊里留一盏灯。但是不要把他抱到你们的床上睡觉：需要帮助他慢慢地适应一个人睡觉。

"他的改变太大了！"孩子在2岁—2岁半这个阶段，这句感叹比其他任何年龄段都要真实。学会说话完全改变了他的生活和眼界，因为学会了语言，他才能够融入大人的世界。以前，只有爸爸妈妈或亲人才能听得懂他咿咿呀呀的发音。现在，他的词汇量越来越大，越来越容易被理解，可以与他人进行交流了，比如：在商店里，他能够回答问题，也能提出问题。询问、解释、接收、回应，有了这些新本领，能让他在2岁半—3岁时获得更大的自信和从容，偶尔，如果别人回答得慢了他还会生气。这是孩子迈向独立的一个新标志，对此，他非常开心、满意，就像当初学会走路时一样。走路和说话让他成为人群里的一员。

但是，不要拔苗助长，不要给他太多不符合他年龄的责任和选择。他还是个小孩子，他有这个特权。

2岁半—3岁：感受到自己作为人的存在

这是这个阶段的一个重大事件，这将影响到孩子甚至你的一生。他先发现妈妈的存在，然后注意到还有另外一个重要的人——爸爸。现在，他意识到自己作为一个独特、唯一的个体而存在。慢慢地，他会明白自己在这个家庭中的位置。这不是一夕之间的发现，这种习得都是循序渐进的。但是，正是在2岁半—3岁之间，一个孩子会意识到自己是一个独立的个体，不同于妈妈、爸爸以及周围的人。

大约3年前，他还是一个新生儿的时候，他还没有存在意识，他还认不出你，不知道他正在凝视的手是他自己的，当他听到有人叫他的名字时，还不知道那是在叫他。

"但是，当我思考、回忆的时候，我感觉我就是我。"

——莫里哀

现在，他知道了，他是你的孩子，他是一个男孩或女孩，他有金黄色或黑色的头发。

不断重复"我"和"不"正是对这种存在意识的强调，显示自己的不同。"我"表示作为主语的孩子："正在和你说话的我，正在听我说话的你，是不同的个体。""不"表示一个明确的拒绝，也反映出孩子的成长。"我"和"不"明确显示了他在成人的世界里所处的位置。当他说"我是个大人了"，说明看到自己所有的进步，他感到很满意。

多种进步

孩子不断地了解自己的身体和身体的能力。他的智力在增长，语言表达越来越精准：

● 他能够理解简单的解释（用他能够听懂的语言）；他能够回忆起一些事情（"你回忆一下，我们在奶奶家的时候"），表达他的选择（用"不"和"是"）。

● 他知道自己的名字，还会重复说。

● 他会问许多的问题。

● 他会唱歌。

● 他开始能够区分过去、现在和将来。

● 他开始有了数量概念："许多""不太多""更"等。但是，在这个阶段，他还搞不清数字的意义：他会像唱儿歌一样数出1、2、3、4、5……但是大约4岁的时候他才会数出4或5个物体，5岁的时候大约10个，6岁的时候大约15个。

孩子希望能够参与到家庭生活中，比如帮忙摆餐具；他开始喜欢和别的小朋友一起玩儿。

孩子和镜子

从8个月时认识到自己和别人的差异，到3岁时完全认识自己，孩子走过了多么漫长的道路！

孩子在面对镜子时的态度也反映出认识自我的过程。满18个月之前，他不知道镜子里的婴儿和他自己的关系。大约18个月时，他才意识到他看到的影像（让他困惑已久）和他自己是同一个人。这个发现让他欣喜不已，他会站在家里所有的镜子前，扮鬼脸、做出各种动作。2岁半—3岁的时候，孩子会特别喜欢照镜子，通过镜子认识自己。到了3岁，对他们来说，镜子就不再神秘了，但是会在一生中起到重要作用：每个年龄层的人都会照镜子。通过镜子认识自己是一个巨大的进步：孩子认识了一个完整的自己。玛蒂尔德2岁半了，平时都穿裤子，今天，她的妈妈把她夏天的衣服拿了出来，给她换上了连衣裙。玛蒂尔德花了好长时间抚平裙子上的褶皱，撩起裙摆又放下，看着镜中的自己，满意极了。不仅仅只有女孩子会这样，男孩子们也会在镜子前做出各种动作，打量自己。托马斯3岁了，很喜欢他的新牛仔裤，他在镜子前扭来扭去，想看看后面的样子。

除了镜子，孩子还能通过照片认识自己的形象：2岁半—3岁的时候，他就能认出自己了。在此之前，他能够认出其他人，现在，他会说："这是我小时候。"他知道自己的名和姓，能够记住自己的地址。他不仅会说"我"，还会说重读词（注：法语语法中表示强调）的"我"："我，我是一个大人了。"

但是，有时候，孩子说"我"的时期比较晚。这是因为大人们在和孩子讲话时习惯用第三人称指代自己，比如"爸爸做这个或那个"，之所以这样说，是因为大人们认为这样能和孩子更好地相互理解。孩子自然会模仿这样的表达方式。

从"大我"到"小我"

"我"的发现是渐进的过程，我们会发现孩子学习动词词形变化的方式。他会先从"给我"和"不要"学起，他大约2岁的时候，你曾无数次听到这种表达方式，通常还会加上自己的名字。这是他建立自我认同的开始。然后，他会学会使用第二人称："这是给你的。"他甚至还会知道加上名字："这是给你的，妮娜。"

从十分具体的重读词"我"，到有点儿抽象的"我"，需要6个月：到了三四岁，孩子进入幼儿园学习动词词形变化时，这一习得将会发挥巨大作用。从"我"到"你""他""我们""你们"——孩子在3—5岁时取得的进步如此之大！"我们"尤其重要：当孩子意识到自己在"我们"之中，自己属于一个团体，一个家庭、学习、同学的小集体——这是他学习融入社会的一个新阶段。

学会"我",认识自己,都是一个渐进的过程,和学习走路、说话一样,有的早一点儿,有的晚一点儿。比如双胞胎中学得较慢的那个孩子,会在认识自己的过程中因为双胞

2岁半—3岁

灵活性

现在,男孩女孩们学会了搭建一座房子,一座小桥。拿笔时不再是握拳状,而是用前三个手指头形成一个镊子的形状,而且会越来越灵活:从乱写乱画到画出接近圆形。很快,在下一个阶段他就能学会画闭合的圆了,乱涂之作会变成真正的画作,还有涂色的乐趣。

运动机能

在此之前,孩子上楼梯时,双脚会在每一级台阶停留;现在,他能够双脚交替上楼了。他学会了用脚尖走路、双脚离地跳。小女孩开始学跳舞、旋转。

孩子学会骑平衡车,并会摆出各种姿势。

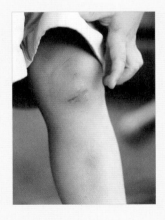

他还不能很好地控制姿势,车速过快时无法及时刹车,很有可能会摔伤,然后大哭。庆幸的是,摔伤时,通常会有爸爸妈妈在。

有人帮他解开扣子后,他可以自己穿衣服、脱衣服。他会自己把鞋摆好,但是经常会搞错左右脚。

胎中另一个和自己相似的长相而产生认知混乱：我们两个人长得好像，为什么其他人不像？这种认知能力的发展也取决于孩子的成长环境：他需要一个**稳定的、有刺激的、有爱的**环境。

稳定的：如果人、环境、事物不停地变化，孩子就无法获得令他安心的参照坐标，从而也就无法认识他人、认识自己。

有刺激的：孩子是从各种物体上获得体验，一点点认识自己，从而学会走路、说话（如果他对面是一个有耐心的、有趣的对话者）。

有爱的：只有让孩子感觉到被爱，他才会平稳地度过过渡期（断奶、上厕所等）和情感爆发期。他人慈爱、赞赏的眼神会帮助孩子建立良好的自我形象和自信。

反抗和暴怒

有人会认为，认识自己后孩子会乖巧一点儿，恰恰相反，他一点儿也不"理智"。当孩子躺在地上打滚哭嚎，或者不愿意多走一步路，还说不清原委时，哪个家长不曾束手无策？

维奥莱特不想吃饭，不想睡觉，她不再说是，而是一直说不："你想玩玩具吗？……出门？……洗澡？……"得到的回答总是："不！……不！……"但是她接下来的大喊大叫解释了一切："我自己！我自己！"

孩子说"不"是因为他想在没有别人帮助的情况下自己决定做什么，比如选择洗澡的时间、自己脱衣服。但是，他还不能独立（像大人一样）完成，因此需要我们的帮助。他感到无奈、沮丧，这就是他不悦的原因。他发现自己是一个个体，这让他有了独立的愿望，但是，他发现自己还是需要大人的帮助。这就是丹妮尔·拉波波特和简宁·雷薇所说的**"请帮助我独立完成"**的阶段，这句话是一个大一点儿的孩子对玛利亚·蒙台梭利说的："请教我独立完成。"他们把这句话用到了小一点儿的孩子身上。

孩子会在两个矛盾的愿望之间纠结：出门和待在家里，或是"我既想又不想"。

所有的父母都会遇到这种情况：试图说服、安抚一个在做思想斗争的孩子，他既想说"你走吧"，又想说"不要丢下我，关心一下我吧！"

孩子之前也遇到过这种左右为难的情况，但是这一次尤其严重，他的无助、沮丧情绪会爆发，变成愤怒。放宽心，愤怒也是孩子成长的一部分。有了你的帮助、安抚、耐心和劝说（你能明白他的眼泪），他会茁壮成长的。不要担心这种行为会持续很久，从3岁开始，孩子的语言表达能力会越来越强，哭闹和发怒的时长和程度都会降低，而且，他慢慢地会更好地表达自己的想法。

正如他会在两个矛盾的选项之间纠结一样，他也有能力让自己变得时而可恨、时而可爱。他可以在上一秒暴跳如雷，甚至动手打人；但是下一秒，又会变得温柔可人。

"遗憾的是我走了，但是庆幸的是我离开了。"

——4岁的克莱蒙在离开时说

安德鲁不想离开澡盆："我还想待一会儿。"一会儿他又说："但是，维吉妮会把晚饭全吃掉的。"

孩子的情绪多变，做事情也一样，玩一个玩具10分钟就会把它抛开。他会安静地待在一个角落里，然后突然故意弄出很大的声响。有那么几天午睡会睡好久，有时候只会迷糊10分钟。某一天，他吃饭会狼吞虎咽，第二天又会挑三拣四。而且，一般来说，他不再喜欢吃婴儿的辅食（菜泥、肉泥、酸奶、水果泥），会主动要大人吃的食物（如：牛排、炸薯条），如果给他肉酱，他会说："太美味了！"在穿衣方面，他不再喜欢之前一直穿的套衫。某一天，他会尿床，像婴儿一样说话；第二天，又能准确无误地表达自己的意愿。总之，他正在脱胎换骨，迎来他的第一个叛逆期。

这种情感波动会持续几天、几个星期或几个月，每个孩子的情况不同，有时候，只限于发两到三次脾气，但是，不论哪种情况，不论危机持续时间短或长，都会给周围的人造成困扰。而且，孩子似乎能感觉到大人和他之间的关系发生了变

化，他会想尽办法吸引他们的注意力，引发双方对峙。他会去摸土，想看看"不"会不会变成"不，不行""不可以"或者最终变成"是"。他会试探父母的弱点，以便知道"他们的底线在哪里"，并总结出哪些事情是被禁止的、不可能的，而哪些事情是被允许的、可行的。

孩子很快就能明白，要想得到糖果，需要向姥姥哭5分钟，向保姆哭10分钟，向妈妈哭15分钟，但是面对爸爸时，哭是没有用的！

该作何反应

● 如果孩子对你提出不合理的要求，不要大发雷霆，要坚决地说不。如果你应允所有的事情，他很快就会迷失自我。孩子需要我们给他设置界限，下一章（谈权威的部分）我们会探讨这个话题。

● 相反地，如果在小公园里，他想自己跑跑、转转，你只需要保证他在安全范围内即可。

● 他想自己盛菜？给他演示一下做法。他想系鞋带？那就给他时间。他会勇敢尝试，也许会失败，那你就帮帮他。如果因为你觉得他不会，或者因为你赶时间而替他做所有的事情，他就无法亲身体验自己的极限，也无法取得进步。

● "看，我成功了！"克莱蒙斯3岁，兴奋地向奶奶展示她成功地把所有的俄罗斯套娃嵌套在一起，没有任何事情能让她如此开心。这个年龄段的孩子以及更大一点儿的孩子都很享受自己独立完成一件事情，但是，大人们却经常过分紧张，总想替他们完成。

● 当他说"是我的！是我的！"这绝对不是自私——与长大后会出现的自私不同，我们已在前一阶段讲过。孩子这样说，是因为他在众多词语中学会了"我"，这是他成长过程中的重要一步。我们可以对他说："是的，这是你的，拿好了！过一会儿，你可以给你的小伙伴，她会拿你喜欢的东西和你做交换。"

● 他总是说"不"：不要担心，他这样做不是因为不听话或故意气你，只是想证明他的存在，证明他有自己的喜好和思想，他有能力自己做决定。如果从他学走路、到处乱碰、跑跑跳跳开始，你就总是向他说"不"，会让他以为说"不"是大人的特权，他长大后，就会喜欢和周围的人说"不"。

● 为了避免对峙局面，可以转移他的注意力，给他讲个故事，但是要赶在他哭或发怒之前，否则，他什么都听不进去。

比如：

"——阿尔巴，过来洗洗手。

——不。

——好吧，我们先给你的小熊洗洗手吧。你是不是从来没见过一只熊洗手？过来看看……"

方法有很多（不止有十种办法）：

"当你还小的时候，你不喜欢洗手。我就会这样做……"

阿尔巴很高兴自己被看作一个大人，于是毫不犹豫地伸出手。

从现在开始，我们可以对他简单地解释一下：在小公园玩耍之后要洗手，是为了防止把脏东西吃进嘴里，或带进食物里；我们可以让他看看手上的脏东西，这样他会有更具体的感受。如果突然有一天孩子特别任性，家长不要有过激的反应，他只是正在经历一段艰难的时刻。

如厕训练：续篇

我们已经在18—24个月这个阶段探讨过这个话题。但是，孩子身上没有生物钟，不可能到了时间就能学会上厕所、有些孩子到了两三岁的时候才能学会。即便是为上幼儿园考虑，也不能催促他，以免因此引发矛盾。

安东宁快3岁了，是一个乖巧的孩子，每天都生活得很开心。入园的日子临近，他还没学会上厕所。他很清楚父母在期待着什么，但是却一直抗拒。有一天，他刚上完厕所就尿床了，他的妈妈对他说："你在耍猴儿呢。"到了晚上，洗澡的时候，妈妈听到他在唱："耍猴儿，耍猴儿……"爸爸妈妈选择了克制、冷静。开学前几天，安东宁学会了上厕所。他对爷爷奶奶说："我长大了，我再也不需要穿尿布了。"

沉着、安静的孩子

性格的差异会表现在方方面面：一些孩子生性好动，似乎永远不会累；另一些却更喜欢安静。爸爸妈妈们希望自己的孩子能够安静地玩耍，不要惹祸，但也不禁会问：将来，在这个并不总是温柔的世界，这种内敛的性格会不会成为一种阻碍，导致他不能找准自己的位置？

和其他小朋友一起玩耍，孩子能学到人性格的多样性，明白其他人也不全是友好的、温柔的。这种在玩耍中获得的认知能让他在一段关系、一个团体中找准自己的位置，学会怎样与某些人——不是全部人——建立联系。

如果你的孩子没有过来和你告状，也没有哭，或表现出害怕、生气、沮丧的情绪，那就不要干涉，不要命令他（"要保护好自己……不要做……"）——当然要留意他的举动，远远地看着他。现实生活中的各种经历会帮助孩子形成自己的性格。

但是，他可能会因为被别人冒犯而向你寻求帮助。如果是这种情况，必须要理解他的恐惧，并批判一下这种鲁莽的行为，告诉他这种事情是不可避免的，帮助他适应这种情况（找另一个游戏让他玩，告诉他暂时放弃是为了更好地回归，等等）。如果他感觉到你和他是一条心的，对他充满信心和关爱，他会获得安全感，并自己找到开解的办法。他会慢慢找到恰当的距离，建立起自己的活动范围和朋友圈，也会知道保护自己、避免一些状况发生。其实，沉着、安静的孩子常常是伟大的观察者：当他们受到其他人的攻击时，会盯着对方看好久，但不会想要以牙还牙，或模仿这种行为。有时候，他们甚至会慢慢成为安静的领导者，用自己的方式建立威信。这种孩子往往会受到其他小朋友的喜爱，被幼儿园老师赏识，引起其他家长的注意，甚至羡慕！

你的孩子马上就3岁了：现在，他需要更少的保护、更多的独立。要让他知道你不会再把他当小婴儿一样看待了，而是一个正在长大的小姑娘、小伙子。

"我们的女儿2岁半了，我们经常带她到小公园玩。当看到她被其他比她大或同龄的孩子'攻击'时，我们会很担心：他们抢在她前面滑滑梯；把她从秋千上推下来，夺走她的玩具。我们应该怎样保护她，让她学会自卫？"

——一位妈妈

3—4岁：一个重要阶段

在之前的时间里，孩子收获满满：学会表达各种感情，从微笑到生气，到沮丧、开心等，体会到发现世界的快乐，取得了语言的进步，因为做自己喜欢的事情而兴奋，培养了对自立的渴望。3岁时，孩子在各个方面都有进益：身体灵活，说话流利，能与周围的人顺畅沟通。发展心理学的先驱之一阿诺德·格塞尔认为，3岁是幼年的成年年龄，这一阶段的孩子会充满想象力，有各种疑问，对其他人越来越感兴趣，开始上幼儿园——这是孩子生命中的一件大事，我们会在本章末进行详细讲解。

"他问起每件事情的缘由，总想知道为什么。"

——阿米欧

爱问"为什么？"的年龄

从出生开始，你的宝贝就对他人和外部世界表现出兴趣，这正是他觉醒的基础。现在，在这个新阶段，他的好奇心会被激发，进一步希望理清他所发现的事物的缘由。他会向周围的人提问，然后也会自省，这是这个阶段的一个突出特点。

这个新阶段发展的基础是智力的增长、性格的建立以及对自己和他人的信任，这个阶段将会持续较长时间：大约两年时间内，孩子会不断地问你问题，逐渐明白"为什么"和"因为"之间的逻辑关系，进而获得满足。

不要因为他的追问不休而不耐烦，也不要回答所有的问题：没有必要逢问必答，可以慢慢培养孩子的好奇心和想象力，让他自己体验探索的乐趣。

但是，如果孩子向你提出了一个有关存在的问题（比如关于他的出生），或者问了你一个秘密，大家想向他隐瞒但已成既成事实的困难（妈妈生病了，爸爸不再住在家里了，等等），你应该回答他，当然，要顾及他的敏感和脆弱的感情承受力。如果你让他感到不快，他可能就不会再问你问题了。这种信任很重要，因为这个阶段的孩子不止会口头提问，他的疑问还可能表现为：睡不安稳、焦虑、反常的叛逆等。

"——过来，纳迪尔，我们要回家了。
——为什么？因为马上要到洗澡和晚饭的时间了？
——为什么？因为马上要天黑了？——为什么？……"

对其他人感兴趣

3岁之前，虽然知道在父母之外还有"别人"，但是好奇心转瞬即逝，孩子们不会过多关注别人，他对每天都能见到的亲人更感兴趣。**到了3岁，他们对他人的兴趣会大增。**他们会不断地追问，急切地想知道他们之间的关系，他们也会想了解有关人际关系的问题，包括大人和小孩。"皮埃尔叔叔是谁的哥哥？""玛米努是你的妈妈吗？"然后，孩子会发现他的爸爸是一位男士，他的妈妈是一位女士，就像他在街上见到的男士和女士一样。

在与爸爸妈妈、爷爷奶奶、哥哥姐姐、邻居以及朋友的相处中建立的安全感会帮助他适应社交关系，愿意沟通和分享。以前，他总是说"我自己"，现在，我们时常会听到他说"我们俩"。他想帮忙铺床、叠自己的睡衣、摆餐具或撤餐具、做饭、晾衣服或清空洗碗机。他会征求别人的同意，经常会问："这样做可以吗？"

3岁，是友谊萌芽的时期，我们在托儿所或幼儿园可以观察到这一点。早晨到达学校时，那珍和卢卡斯都很开心：他们惦记着对方，如果有一个人没来，另一个就会很沮丧。虽然认识了其他人，但是，在他所认识的人中，他最关注的仍然是他自己。这似乎与他新出现的社交性相矛盾，其实不然。3岁时，一个孩子会说："我想某某陪我玩。"6岁时，他会说："我想和其他人一起玩。"3岁时，社交性和自我主义并行不悖。

3—4岁

掌握各种动作

孩子学会了掌握平衡，同时做多个动作也不会乱。他走路时的平衡感已经和成人一样，会扶着扶手下楼梯（但是下楼时双脚依旧会在每一级台阶停留）。

孩子开始学会刷牙，并为此感到自豪。通常情况下他是在托儿所学会的。

孩子会把一个杯子倒满，但水不会溢出。会在纸上画叉号。

知道了周围人的代际关系后，他会想理清与自己有关的。他会问："我没出生的时候，我在哪儿？"而且会因为自己没出现在爸爸妈妈的合影里而感到讶异。他会开始对婴儿、动物的出生感兴趣，会问这方面的问题。有时候看到一个孕妇，他会问妈妈她是否给他喂过奶。这种对别人的兴趣、与外界建立联系的愿望，说明3岁的孩子已经完全做好上幼儿园的准备了。

想象力

3岁，也是充满想象力的年龄。孩子经常要求讲个故事才肯吃饭。在这个阶段，我们应该经常给孩子讲故事，讲许多故事。同一个故事他会要求反复地读，直到烂熟于心，还会假装自己在读故事，对他来说，这是他了解故事里英雄们的曲折经历和特别之处的最好方式。

好故事

读故事或讲故事最好的时机是晚上。爸爸或妈妈白天的时候都太忙了，晚上，终于有了闲暇时间坐在床边。阅读的时光是一场期待已久的父母亲和孩子之间的约会，是一段独属于你们两个人的时光，可以帮助孩子入睡。如果他察觉你想走，他会要求你再讲一个，以便拖延分离和睡觉的时间："就一个，最后一个！"适时告诉他这真的是最后一个了，今天已经结束，应该美美地睡一觉，明天会有新的故事。

想要更多的故事，为什么不自己编呢？随便一个人物、一个情节都可以编成故事。"曾经"或"从前"都是万能公式。"曾经，有一个穿绿衣服的女士在街上遛一只黑色的狗……""曾经，一只猫追着一只鸽子跑……""从前，一个小姑娘走到了森林里……"然后，你自然而然会编出下文和结局。孩子是很好的听众，他会听到目瞪口呆，相信、接受所有的故事，并由衷地赞叹。当然，一定要顾及孩子的理解水平，不要触犯他的敏感之处。

孩子喜欢的故事

- 情节要简单。既要让孩子听得懂，又要有逻辑，还要有一点儿悬念："突然，有人敲门……"

- 最后，坏人要受到惩罚。孩子还经常会问里面的人物："他是好人吗？他是坏人吗？"

- 故事中可以偶尔出现一个逗趣的人物来缓和气氛。

- 我们可以给某一个人物设置口头禅。这可以给故事增加记忆点。
- 受欢迎的元素：地上走的、天上飞的、道路、火车；让人害怕的大型动物，鳄鱼、河马、狮子等；可爱的小动物；传奇英雄等。
- 孩子们喜欢故事中的小孩或弱者成为胜利者，或者一个小孩挽救了危局。弱者陷入了危险，强者战胜了困难，这是永恒的故事话题。

孩子也喜欢自己编故事。角色都是现成的，有毛绒玩具、玩偶等。孩子会给它们穿衣服，洗澡，喂饭，哄它们睡觉，给它们讲故事，还会惩罚它们。

幻想伙伴

当玩具、物品和他自己的探险经历满足不了他的想象力时，他就会想象出一个伙伴，和他谈天说地。这个忠实的朋友要么是一个调皮鬼，做了他做过的所有蠢事：打碎盘子，把手指插进果酱里，顶撞爸爸；要么是一个忠诚的朋友，分享他的生活，和他一起出门、一起玩耍。

戴尔芬曾虚构过玛德莱娜和雅克，这两个人物时时刻刻陪伴着她。当她坐公共汽车时，会给他们留个座位，如果有人要坐下，她会大声喊叫。当她不想睡觉的时候，她会说玛德莱娜不困；当她不饿的时候，会说是因为雅克吃太多了。

有些爸爸妈妈会因为孩子的幻想伙伴而忧心忡忡。如果这个伙伴只是游戏中陪孩子玩耍的朋友、同学，并不会让人担忧，如果他占据了孩子的全部精力，成为他的生活中心，孩子因为他而忽略了身边的人，丢弃了心爱的玩具，这则会让人忧心。帮助孩子忘记这个虚幻、专横的朋友的最好的方法就是给他找一个真正的朋友。而且，当孩子想象出一个幻想朋友时，往往是他到了上学的年龄：他需要同伴了。

在其他情况下，如果孩子需要一个幻想伙伴，可能是为了填补某种缺失，消灭一些焦虑，或者解决一个冲突。

孩子真的相信这个幻想伙伴的存在吗？或多或少相信？戴尔芬有时候会忘记玛德莱娜和雅克。爸爸有时候会戏弄她，惊呼："瞧，他们今天不在吗？"戴尔芬马上就会补充道："他们上学去了。"到了某一个时间点，戴尔芬会醒悟，玛德莱娜和雅克只存在于她的幻想中。当孩子们大一点儿，大约五六岁的时候，这个幻想伙伴会从他们的生活中消失：也许是他们完全忘记了这个伙伴，也许在提起时他会说"这是我小时候的一个朋友"。

想象和现实：奇妙幻想

众多专家，如让·皮亚杰、索菲·摩根斯特恩（也是一位精神分析学家），都向我们介绍过会出现在这个年龄的奇妙幻想。通过幻想，孩子能够融入这个世界，让自己变得强大、无所不能。在他的奇妙幻想中，他能够达成所愿，阻止不愉快的事情发生，这样慢慢地，不需要物理干预就能解决问题。克洛伊看到客厅的窗帘在移动，这让她感到很害怕，于是她幻想出一个故事：一个小朋友过来和她聊天，但是她必须得回家了，因为家里有妈妈在等她。

有了奇妙幻想，孩子往往能战胜现实中的无助。不要忘了在面对周围世界时，孩子是多么的弱小：爱丽丝梦游仙境时会变得忽大忽小，也正是在向我们讲述这种感受。

在这个年龄段，孩子的幻想是有边界的，不会与现实混淆，他能够**从幻想中回到现实**。阿尔本照看他的玩具熊时，会给它喂饭；担心它冷，会给它穿上外套。晚上，妈妈对他说："小熊累了，先让它睡觉吧。然后你去上厕所。"阿尔本却回答说："它不会累，因为它是用布做的。"卢卡斯3岁，坐在澡盆里，一边玩毛巾手套一边自言自语地说："这是一只小兔子，好可爱呀，它在森林里跑来跑去。这是一只螃蟹，藏在沙子里。螃蟹这样夹人。"转过头又对爸爸说："你知道吗，这不是螃蟹，这是毛巾手套。"劳拉4岁，和妈妈在家里玩，她扮演医生，让妈妈躺在床上，给她做检查：她敲了敲妈妈的膝盖看看膝跳反应（"一点儿也不疼，不要哭，你长大了"）。然后她想给妈妈量体温，一直在配合游戏的妈妈拒绝了她。劳拉意识到了边界，她说："这只是个玩笑，装装样子就行。"

看来孩子没有被自己的幻想迷惑，也没有沉迷于那些童话故事。他究竟信不信呢？答案是：是，也不是。成人也会有这种体验：在电影院里，我们被主人公的不幸打动，电影结束，我们会回到现实，评价电影中的情节"很不错，演得很好"！到了这个年龄，孩子也能和成人一样分清故事和现实，能更好地理解两者的相似之处。有时你不希望被别人看出你哭过，孩子也不想：比如丽萨扮演一个商人，正在与一个客人热烈交谈，丽萨告诉客人不能碰这些陈列的水果……她正玩得投入的时候，此时，丽萨的妈妈进来了，她马上就停了下来。按照她的性格，她可能会表现出生气或局促不安，因为在扮演游戏时被撞了个正着。

有时候孩子的想象力太丰富了，当他说实话的时候，我们会不知道该不该选择相信他。比如他说："我看到一个警察追着一位先生在跑。"不论这是真是假，先让他描述一下细节，不要着急让他回到现实，或者向他解释，也不要认为他是在说谎话。孩子今后需要这种幻想能力，他也会知道其间的界限。

孩子话

3岁意味着更好的理解力、更多的疑问、更完整的语句、更丰富的词语和逻辑关系。孩子的话总是出乎意料，让人想记下来，其中的大多数，与其说是来自丰富的想象力，不如说是这个年龄的孩子思考和看待世界的方式。

这种思考方式是怎样形成的？他们会模仿大人的思考方式，然后加入自己的内容。大人是怎样回答孩子的问题的呢？几乎所有回答的开头都是"是用来……"或"就像……"

是用来：解释一个物体的用途。比如："发动机是做什么用的？是用来让汽车行进的。电是用来做什么的？是用来照明的。"

就像：借一个孩子已知的物体解释他未知的物体。比如："直升机是怎样的？就像飞机一样，但是没有翅膀，它有螺旋桨。"

孩子不断地听到各种解释，"是用来……""就像……"，就学会了用这两种方式来解释周围的事物：通过用途和通过类比。

他会像成年人一样使用类比的方法，但是他类比的两种事物往往是我们想不到的。大海，是一个大的泳池；小石子，是一个坚硬的果核；汽车，是一架不能在空中飞的飞机。

孩子也有自己的笛卡尔式的逻辑、推理方式（著名的儿童逻辑）。他会记住他听到的内容，然后从中得出结论。比如，他问"小牛的妈妈是谁"，大人回答说"母牛"；"小鸡的妈妈是谁？""母鸡"。根据这些，他得出结论：水的妈妈是水龙头！

孩子话的有趣之处在于孩子会将词语变形。安东尼5岁，听完宝宝出生之前的故事后，说出"精子的"（注：他是想重复意思是"精子"）。

还有一些孩子，既不模仿大人，又无逻辑可言，他会说一些完全无厘头、令人费解却又带有诗意的话，因为这样的表达方式会给他带来快乐。他会找机会去使用这些表达，即便这句话和你、和他没有任何关系。

贾斯汀听哥哥讲过南方古猿，她很喜欢"南方古猿"这个词，于是就会随时引用。而雷奥会在所有的句子里加上"猪猪"（你好，猪猪；谢谢，猪猪；我想画一只猪猪），对于这个词制造的效果他也很满意……巴普蒂斯特曾听到电工说起他的一个同事"这是我哥们儿"，然后就记住了"我哥们儿"，在之后的很多年里，这个词的意义就是所有让他感到高兴的人。

阿诺·德隆举了一个小男孩的例子，他说自己的名字叫"路易布"……看见老师不停地对他说"路易不要！"之后，他明白了，小男孩是个小淘气包，总是手脚不停，老师总对他这么说，所以他自创了这个词。

孩子的词汇越来越丰富，而且学会了使用形容词。通过使用形容词，孩子的批判意识得以发展，有了表达个人见解的能力。当爸爸让4岁半的西塞尔喝咳嗽糖浆的时候，她对爸爸说："这太恶心了。"于是爸爸让她用吸管喝，西塞尔笑着说："你真爱开玩笑。"当卡布西娜躺进暖和的羽绒被，或是回到爷爷奶奶家时，她会说："太舒服了。"她喜欢这个词，既是因为这个词本身，也是因为它代表的含义。

当孩子使用时间词汇或副词时，说明他已经能够区分昨天、今天和明天。当我们说"昨天晚上"，他就能明白这是指过去发生的事情。他会问："是不是该……"当我们说"明天"，他知道这是指即将要发生的事情，但是他还分不清明天和半个月后的区别。他会使用条件句了。他说："如果我乖乖听话，那就给我一个惊喜。"

3 岁：一个美好的年纪

看着可爱的女儿、帅气迷人的儿子，有些爸爸妈妈会感慨："啊！如果能一直这样就好了！"但是这和成长是矛盾的。孩子不会一直四脚爬行，他会学会站立、走路和奔跑。在不同的阶段孩子会克服不同的困难；每克服一次困难，就会进步一点点；当然，这中间也会有间歇期。

3岁是孩子性格发育的关键阶段，因为这个时候他的各个方面都有了很大进步。

- **身体上**：运动机能更加稳定。3岁的孩子，手、脚已经很灵活了，他能够轻松地做出所有的动作，甚至身手敏捷。如果我们花时间教他怎样用一把小勺子撬开带壳的溏心蛋，然后蘸着面包吃，或者自己穿衣服，他轻易就能学会。

- **智力上**：他的表达能力越来越好，这促进了与周围的人的关系。以前，如果我们理解不了他的意思，他就会生气。现在他已经能掌握所有的智力表现了：记忆力、理解力、逻辑能力、意志力和想象力。

- **情感上**：不愿长大和动身探险之间的纠结会减少，他已经找到了两者兼顾的办法。

上学是孩子需要跨越的又一级重要台阶，就像断奶、学习如厕或初次分离时一样。现在，他能更好地控制自己的负面情绪了，也更听话。他会观察他人的反应，尽量让别人满意。他变成了我们可以牵着手一起散步的小伙伴，可以互相答疑解惑。所以，有些人会把3岁称为"感恩的年龄"，之后就会是"懂事的年龄"，和青春叛逆期"不懂事的年龄"。

3—5岁：俄狄浦斯情结

如我们所知，从3岁开始，孩子就意识到自己作为一个独一无二的个体的存在，并渴望获得认可。反映在语言上，就是在语句中强调"我"。他发现了两性的差别，并开始与朋友们玩"角色扮演"的游戏，游戏中，他们可能变成妈妈、爸爸、男医生或女老师。他会想办法引起父母中异性的一方的注意，并向其示好。

这个年纪的小男孩会对母亲有极强的占有欲，希望获得母亲更多的关注、亲昵和亲吻。如果她和他以外的人讲话，他就会捣乱。父亲变成了他的"竞争对手"，他会排斥他，也会尽力模仿他。

小女孩开始依恋父亲，喜欢依偎在他的怀里，想尽各种办法吸引他的注意。正如父亲对小男孩的意义，母亲既是她的"竞争对手"，又是她的榜样。

通常，女儿对母亲、儿子对父亲会非常挑剔，甚至会有攻击性的行为，但往往是半开玩笑半认真的。即便如此，也要多鼓励父子间和母女间的互动，以便让孩子能对父母中同性的一方产生认同感。有时候，孩子会千方百计地阻止父母单独相处，他会想办法把他们分开，一旦看到他们在一起，就会扑向他们怀里，置身于他们中间。到了晚上，孩子便会上演一出大戏，他不想爸爸妈妈过二人世界，自己却形单影只。他们通常会要求讲故事："再一个，再讲一个吧。"莱娜央求妈妈："我想让你陪我，我不想你去找爸爸。"

孩子会慢慢意识到自己和父母之间的关系不同于他们三者彼此间的关系：父亲和母亲之间有浓情蜜意。孩子会发现妈妈不是只会和他一起，爸爸不只属于他，他有属于自己的时间，父母也会度过没有他的二人时光。这些发现会让孩子很受刺激。父母的床、他们的房间是他们的专属领域，在父母的这种亲密关系中，他完全是个局外人。

孩子会寻找面对爸爸和妈妈时自己的定位，是他们给了他陪伴，让他明白父母关系、亲子关系的差别。比如：大人们之间可以以名字或外号互相称呼，这并不意味着孩子也可以这么称呼大人。

这就是如今被父母和教育家们熟知的**俄狄浦斯情结**，这是弗洛伊德根据俄狄浦斯的神话故事创造的术语，描述的是孩

俄狄浦斯的传说

像众多滋养着我们的神话故事一样，俄狄浦斯的传说是每个人内心情感的象征。在希腊神话中，俄狄浦斯出生之前，一则神谕向他的父母——底比斯国王和王后预言，他们的孩子将会杀掉父亲，迎娶母亲。为了避免预言成真，俄狄浦斯被遗弃了。他被一个牧羊人所救，后被科林斯国王和王后收养。他慢慢长大，并不知道自己的出身。成年后，他来到底比斯，经历了各种曲折，杀死了自己的亲生父亲，迎娶了母亲。没有人知道：神谕已经兑现了。

子所经历的一种复杂的情感状态，父母们也会有所察觉：3 岁和 5—6 岁的孩子会想赶走父母中同性的一方，而独占另一方。

但是，他无法赶走爸爸妈妈，所以只能打消取而代之的想法。他会下意识地压抑自己的情绪和强烈的情感，最终"忘记"它们。弗洛伊德将这种常见的、人类独有的现象称为"婴幼儿遗忘症"。

一个重要阶段

孩子会想出各种诡计来破坏爸爸妈妈的二人世界，这会使他经常背负负罪感和无力感。这也就是为什么孩子会觉得自己被抛弃了，经常做噩梦，还会出现语言退化：说话没那么流利了，经常需要安抚，想回到自己是世界的中心的那段时光。

这个困难重重的阶段至关重要：想变成"情敌"的样子，于是女孩模仿母亲，男孩模仿父亲。孩子有了性别意识，明白自己是一个男孩，或是一个女孩，男女是不同的。每个人都在各自的文化熏陶中成长，在众多游戏中选择自己所爱，这些因素也都对性别认同的形成大有助益。

有些孩子在经历这个阶段时几无波澜，很容易就能接受这种分享；有些孩子情感更丰富，很难跨过这道坎儿，有时候甚至会仇视全世界。但是，不论是否有困难，每个孩子都会经历这种复杂的心态转变，这段经历很关键，会构建一个人的性格，决定与他人的关系质量。

当孩子发现爸爸和妈妈之间的特殊关系时，他会明白周围的其他人也一样。在此之前，孩子一直以自己为中心，一切以自己为主，至此，他明白了自己不可能永远是所有人关注的焦点，其他成年人都有相互间的关系，爸爸妈妈也有他们的二人世界。成功度过这个阶段后，孩子也就脱离了"自觉无所不能"的幼年时期，进入到心理学家所说的潜伏期（7—12 岁），孩子会变得更加沉稳，不会再担心失去父母的爱。

几个建议

• 如果孩子调皮捣蛋，口头训斥或体罚只会雪上加霜。如果他想要更多的爱，那是因为他需要，因此，父母不应吝啬于向他表达爱意。另外，不要觉得克制父母之间的亲昵就可以帮助到孩子，到了这个阶段，爸爸妈妈应教孩子尊重父母之间的关系：孩子并不能为所欲为，尤其是没有权利总是介入到爸爸和妈妈之间。

• 如果你是暂时不被偏爱的那个人，最简单的方法就是假装什么都没发生；如果你是被偏爱的，那就多给另一方表现的机会，比如，你可以说"赶快去抱抱妈妈"，或者"爸爸有一个去野餐的好主意"。

• 在这个年龄，孩子可能会认为上学就是要把他和他喜欢的人分开，这会引起他的逆反反应，坚持要留在你们身边。要认真对待孩子的反应。如果家里刚好添了一个新弟弟妹妹，孩子反应强烈，可以考虑推迟入学。学校里有很多新鲜事物和玩具，往往可以帮助孩子走出困境。

从孩子3岁开始，父母们就应考虑和孩子一起洗澡或在他面前裸体是否恰当。

3岁的孩子喜欢什么？

• 和年长的孩子玩耍。年长的孩子可以组织游戏，能找到适合每一个人的角色：诺伊3岁，开着一辆汽车（他的玩具小自行车），姐姐在指挥交通，让行人们（毛绒玩具）安全穿过马路。

• 开始喜欢和同龄的孩子玩。妮娜在小公园的时候喜欢和其他小女孩一起滑滑梯或是玩玩偶。

- 3岁，通常是第一次举办生日宴的年龄。孩子的理解是邀请朋友们来庆祝一件快乐的事情，大家一起玩耍。

- 观察马路边或工地上有大吊车的施工现场。孩子还会喜欢宠物的陪伴：猫、狗、鸟、鱼等。

- 瓦伦丁3岁，喜欢说恭维话。他对奶奶说"你这双红色的鞋真漂亮"，或者"我很喜欢上奶奶家"。他发现让别人高兴了他自己也很高兴。

- 画一些奇怪又经典的人物：眼睛紧挨着耳朵，人物的头部则像胚胎时候的样子，心理学家将这种人物称为"蝌蚪人"；他很快就会画花朵、树、房子和太阳。给他准备好纸和彩笔，以免他画到墙上。

你的孩子要上幼儿园了。当你看着你的小伙子喋喋不休，你的小女孩聪明伶俐，几乎无法想象不久之前他或她还是一个躺在摇篮里，万事都依赖别人的小婴儿。但是，不要觉得你的孩子已经长大了：他离懂事的年龄还差得远！童年早期的学习场所叫"幼儿园"，不是没有理由的。

👁 小贴士

3—4岁

在这个阶段，可以教孩子开始重视自己的身体和隐私。可以利用洗澡的的时光告诉孩子他的身体属于他自己，任何人都不能碰，他可以用毛巾手套自己打肥皂洗澡（当然，需要一个大人看护）。

幼儿园

"'我在学校里学会了唱歌。'孩子们喜欢唱歌，每天都很快乐。他们会对着飞翔的鸟儿大声地歌唱，向云和风吐露自己的心事。在轻松自在的氛围中学会了新知识，每个人都自豪极了。"

—— 法国诗人玛瑟琳·代博尔德–瓦尔莫

幼儿园带给孩子一个家以外的新世界，但不会代替家的位置。配备了专业知识和热爱的老师们，将会激发孩子的智力，拓展他的想象力和社交能力。

在家和学校之间

幼儿园完全是为孩子们量身定做的：有专门的玩耍区，房间里的家具都是按照他们的身高制作的（置物架、衣帽架、储物柜等），有各种各样的玩具，所有这一切，营造了一个轻松、愉快的氛围。这里还有沙箱和洗手盆，有需要照料的动物、花草，娃娃屋，一切都有家的氛围。

幼儿园是适合孩子的地方，那里有园长、幼儿园老师、生活老师。生活老师会帮助老师，做好对孩子们生活层面上的照顾：准备早点、午睡和休息时给孩子们脱衣服或穿衣服、在进行容易弄脏衣服的活动时给孩子们穿上围裙，等等。幼儿园会制定上学和放学时间表和纪律守则。每个孩子都有自己的桌子和画笔，他们将学习灵活地使用自己的双手、眼睛、耳朵和嗓音。

上幼儿园的好处

幼儿园是男女混合的，在这里孩子可以找到同龄的朋友，这是一个属于孩子们的世界。这里有家里没有的玩具、有集体活动、还有专门设计的教学游戏。

在幼儿园里，也可以学会用语言而不只是手势来清楚地表达自己：叙述事件，形成观点，向老师表达诉求（比如上厕所等）。而且，孩子的词汇也会越来越丰富。

幼儿园中语言能力欠缺的孩子比我们想象的还要多，因为他们在家里的时候，很少会被鼓励勇敢地表达自己。正如一位幼师所说：我们很快就能区分哪些孩子经常在家被训斥"闭嘴"，哪些被鼓励"讲吧"；哪些孩子的家人重视语言教育，哪些孩子则没有这个运气。

如果能给这些孩子机会，引发他们的兴趣，他们很快就能和其他孩子一样流利说话，这对今后学习阅读能力的培养也是不可或缺的。

幼儿园会开发新游戏。每个游戏都会提前试验，以便挑选出孩子们最喜欢的游戏，包括黏土、木偶、绘画、彩色贴纸等，还会有老师在旁指导、鼓励孩子们。如果学校里配备了电脑，孩子们也可以接触到计算机知识。课堂教学辅以教学软件，可以让孩子们得到课本上没有的体验。

幼儿园也会教孩子们克制自己、集中精力。当老师要求把黄色的贴纸贴在图里时，这意味着：孩子需要听到老师说的话，理解然后执行。刚开始的时候这并非易事。

幼儿园会"激发潜能"。在这里，孩子要学习适应社会生活，会变得独立。老师不会只盯着一个孩子，所以孩子需要学会自己穿衣服、整理衣服，还要学会等待。这也会减少孩子对家人的依赖。

孩子也会学习与其他孩子、大人协作，渐渐融入集体当中。这一点尤其对易怒、腼腆、好斗的孩子大有益处：当多人一起玩游戏时要遵守游戏规则，当老师或其他孩子讲话时要安静倾听。

需要做的准备工作

上幼儿园可能会使孩子产生疲惫感：很早就要起床，所有人的行动必须一致。如果孩子上午想睡个回笼觉，他是没有办法在学校这么做的，只能躺在教室的角落里，因为老师没有办法让他一个人待在宿舍里。

幼儿园要想办法减少园里的嘈杂声和人数。班级人数太多的话，即使做了最充分的工作准备的老师，也无法按照计划完成教学任务，无法充分照顾到每个孩子——而孩子们真正需要的，就是老师能够充分照顾到每一个人，因为他们还如此弱小。

如果你是孕妇，并且条件允许的话，在怀孕期间就尽量把老大送到幼儿园，避免让他觉得你是因为生产而把他送到幼儿园。如果条件不允许，而你的孩子对新生儿的醋意很大，可以变通一下，给他办理入园手续，但是推迟几个星期再让他入园。幼儿园园长通常能理解这类情况。如果孩子出于某些原因（生病、家庭变故或其他）被迫离开过你和家人，那么，在上幼儿园之前需要填补他的情感空缺，让他获得心理平衡。

食堂

有些孩子忍受不了食堂里众多孩子的嘈杂声。一段时间后，如果你的孩子还是无法适应，可以让他到育婴保姆或另一个小朋友的家里吃午饭。如果想让孩子更好地适应在食堂吃饭，可以锻炼他在吃饭时独立完成一些事情（独自吃饭，打开酸奶盖，等等）。如果孩子有食物过敏或糖尿病，需要提前告知园长，园长会安排"个人定制"，让食堂根据他的饮食习惯准备午餐。

接送孩子

越来越多的社区（甚至私人机构）会组织到学校接送孩子（还会组织下午茶和各种课后活动），这样就把孩子的在园时间拉长到了从早上8点到下午5点。但是对初入园的孩子（中午要在食堂吃饭的孩子）来说，一整天的时间太长了，如果有可能，刚入园的一段时间，尽量不要让孩子待一整天。如果有育婴保姆，或邻居、祖父母有时间，可以偶尔去学校按正常静园时间接孩子。

第一次开学

开学之前要在家里和孩子探讨上学的事情，根据孩子的性格和敏感度来给他做心理建设。

有些孩子会对自己将在幼儿园里得到"提升"表现出兴趣，可以这么跟他谈："现在你长大了，你要上幼儿园了，你会有像你哥哥姐姐那样的朋友，老师会教你画画，你画给我们看好不好？"

另一些孩子会比较喜欢听别人告诉他幼儿园就是一个玩耍的地方（这也是事实）："你会有新玩具和书，你会听到好听的音乐；可能还会看电影或木偶戏。"当然，一定不能恐吓他，比如："你听着，幼儿园老师会收拾你的……如果你不好好吃饭，就会把你扔在食堂里。"

很多幼儿园在6月份的时候都会组织开放日：未来的小小学生们可以认识一下老师们，也可以到处参观，探索园方给他们准备的装备和玩具。蕾雅2岁半时，在参观过幼儿园之后，她就再也不想回托儿所了。

开学会持续2—3天，小班的孩子们不会同时入园，这可以让他们慢慢适应新环境。

孩子哭了怎么办？

开学那天，父母两人，或至少其中一人要亲自送孩子上幼儿园——即便之后都是奶奶或育婴保姆负责接送。如果你离开的时候孩子哭闹，这是正常现象，但是你要坚决地离开。如果你留在那儿，孩子就会有指望（你也会心软）。

你离开后，孩子会被新鲜事物分散注意力。放学的时候，你们应该去接他。孩子刚上幼儿园时，亲自接送很有必要。孩子要开学了，爸爸妈妈们会很激动，就像过节一样，会给孩子买新衣服和新用具，这也是孩子成长过程中的一个重要阶段。即便孩子之前交由他人照料，幼儿园也会使孩子更加自立。

如果半个月后，在你离开时孩子仍然哭闹，那就需要老师给予指导了：这有可能是因为孩子上学的时机还不成熟；如果是这样，园长会建议让他稍晚一点儿再入园。

你的孩子好像完全适应了？那太好了，但是你要做好准备，通常开学后3个星期或1个月左右，孩子会再度发难。一天早上，在没有任何征兆的情况下，孩子在出门时泪流满面，也许是做了噩梦，也许是他因为感冒在家里待了一两天，第三天就不想起床上学了。这是怎么回事呢？一般情况下，前半个月或1个月，孩子在幼儿园受到新鲜事物的诱惑，并且拥有与其他小朋友玩耍的快乐，以及像大孩子一样上幼儿园的自豪感，但很快，他可能就要被交给其他人接送去上幼儿园；在众多的小朋友中，他也会有些许的失落感；也许是因为自己或别的小朋友被小小地惩罚了一下而耿耿于怀。不论出于以上哪种原因，孩子会突然间明白上幼儿园之后他不再拥有的东西：舒适的生活习惯、在育婴保姆家里或托儿所的小团体、和妈妈在一起的休闲时光，于是落下令我们措手不及的眼泪。

其实，只需几个星期，孩子就可以适应幼儿园的生活。不过在这段时间内，我们需要做一些准备工作，让孩子不会感到与之前的生活割裂，比如：尽可能多地亲自接送孩子；如果他在幼儿园吃午餐，那就给他准备丰盛的晚餐；要让他知道你对他在幼儿园的事情很感兴趣，要倾听他讲话，保管好他带回来的作品。就像学说话和走路一样，在爱和鼓励中，孩子的好奇心和热情会生根发芽，茁壮成长。

与学校保持密切联系

爸爸和妈妈一定要参加定期举行的家长会议。父亲也应参加：大部分幼儿园教师队伍都是女性居多，和家庭一样，父亲作为男性角色不宜缺席。如果孩子在幼儿园里有奇怪的举动，或者有一些小烦恼，老师都可以帮忙解决。通过和老师交流，可以知道孩子取得的进步、遇到的困难，也可以帮助老师更好地了解他。

去过托儿所的孩子的适应情况

这些孩子已经适应了别人的陪伴，所以更容易适应幼儿园的生活，但是两者还是有差别的。托儿所里的"大孩子"最多有12到15个，但是在幼儿园的小班里，一般都会有30个孩子；而且，托儿所里的时间是有弹性的，但是在幼儿园，需要准时到校；在托儿所，孩子们会玩"小宝宝"的游戏，但是在幼儿园都是教学用具。所有这些都造成了孩子生活环境的改变。

上幼儿园的年龄

大多数孩子会在3岁时入园。那么，2岁入园可行吗？原则上这是可行的，因为有的幼儿园可以接收这个年龄的孩子，前提是有名额。如果孩子的生日是12月31日，在入园日（一般是8月底）还不满3岁的话，幼儿园没有义务必须接收他。我们不建议让孩子2岁入园，目前幼儿园的设计不适合这个年龄：人数太多，房间布置也不适合，尤其是不适合睡眠。2岁的孩子经常需要在白天睡觉，这需要长期开放的休息室。

孩子在6岁之前上幼儿园都不是强制性的，一旦登记注册了，就要按时去；有些时候可以灵活处理，尤其是第一年上幼儿园的时候。

幼儿园的教学安排

幼儿园所有的活动安排都是基于孩子的全面发展，包括运动、感觉和认知等方面。语言能力会得到极大的重视：掌握丰富、完整的语言是幼儿园教育的首要目标之一，这是今后阅读和写作能力的基础。

老师会按照时间顺序组织活动。生日是学习数学的机会（蛋糕上有几支蜡烛？要发几个盘子？）。孩子度过的每一个月、每一个季节都可以让他们感受到时间的流逝，各种节日（春节、儿童节等）相应的庆祝活动可以丰富每个学年的活动。

各种各样的活动都是围绕着给孩子们制订的教学计划展开的。在学年开始的时候，老师会组织家长们一起开会制订计划。会议期间，老师们会介绍课堂上的一天，告诉家长应如何配合。例如，准备一些课堂活动要用的废物利用的材料，参与一些校外活动，等等。每年的侧重点是不同的。家长们一定要参与到老师组织的家长会中，孩子们也会对家长表现出的关注格外敏感。

在幼儿园的一天

孩子们上午8点20分—8点40分到校，可以自由活动到9点左右。然后，所有人就要回到各自的班级，到老师身边集合。之后就是点名：谁来了？谁没来？一共多少人？大家会一起看日历：今天是几号？这周有谁过生日？并在日历上标出自己的生日。如果小朋友愿意，可以让他们讲一下在家里是怎样庆祝生日的，或者讲别的事情也可以。这是一个锻炼自我表达的机会。最后，老师会开始上午的活动：写字、书法（大班的孩子）、画画、贴纸、泥塑、图版游戏，等等。

在课间休息之前，通常会给小班的孩子加餐，有水果、奶酪等。课间活动后（30分钟），孩子们会借助相应的器材开展运动课（体操、舞蹈、形体等）。下午，小班的孩子们会先午休，醒来后会有手工课；大班的孩子的活动丰富多彩，有手工、运动、唱歌、音乐、书法，等等。

通常在15点—15点半会有30分钟的课间休息。16点的时候，孩子们会集合在一起分享一下自己一天的收获，然后就是期待已久的"父母时刻"！

幼儿园的每一天程序都是一样的，这有利于帮助孩子确立时间观念（每天早晨的仪式：点名、看日历；吃完甜点后是课间休息等）和空间概念（比如，在同一间教室跳舞）。

小班

小班接收的是3岁的孩子，偶尔也会有2岁的。在这里孩子们要适应没有家人陪伴的生活，学会和同龄人相处，度过愉快的幼儿园时光。最初的活动设计也是基于这个目标。老师会帮助他们一点点地学会独立，包括自己脱衣服、穿鞋。在集体游戏、共同完成任务的过程中，孩子们会逐渐融入集体。

老师们会通过各种运动（攀爬、跳、跑、跨等）、跳舞来增强孩子的身体素质；通过手工制作、泥塑和穿线锻炼孩子的灵巧性，也会让孩子们接触不同的材料，如胶水、颜料、沙子、黏土等；通过给孩子讲故事、唱歌来丰富他的词汇，以此来提高他们的表达能力。孩子也开始学习数数，上楼梯的时候喊"1、2、3"。"我3岁了"，他会伸出指头说。这个时候也可以让孩子用铅笔、毡笔在纸上写写画画。

中班

中班接收4岁的孩子，目标仍然是激励他们，丰富其表达方式。活动内容不变，但难度升级了：体育锻炼需要协调各种动作，难度更大了；拼贴、拼图、镶嵌时需要双手更灵活。规范笔法、姿势，为今后写字打好基础。

当季的水果、鲜花，参观博物馆，旅行都可以成为交流的话题。语言能力方面，孩子会很容易地记住听过的诗句或歌曲。老师会让孩子们将物品按类分组，以此来进行数学启蒙。

大班

幼儿园大班要为小学一年级的课程打基础；幼儿园大班、小学一年级和二年级构成了"基础学习阶段"（小班和中班属于"早期学习阶段"）。

孩子们开始学习阅读和写字，但并不是填鸭式教学，而是让孩子们在写字与阅读中找到兴趣和快乐，比如：老师会把歌词抄在黑板上，让孩子们边看歌词边唱歌。然后老师会读黑板上的歌词，孩子们也会饶有兴致地跟读，从而认识里面的字词，和老师一起看画册的时候，孩子们听到、理解一个音节后，会在句子中找到对应的词语，这些听力游戏会给阅读打下良好的基础。教学计划的重点依旧是数学启蒙（物品分类）和语言能力锻炼（听故事，回答问题）。当然，孩子一天中大部分时间还是耗在画画、音乐和体育锻炼上。

年终评估

每一年年末，幼儿园都会对孩子的知识、技能做一个评估，并与家长进行沟通（但不是强制性的）。与小学里的评分体系不同，这是一张表格，列出孩子掌握了哪些知识、未掌握哪些，或者正在学习哪些。

老师们可以根据评估手册，对教学活动做出调整，以适应孩子的能力，帮助孩子更好地进步。但是有些家长会觉得评估内容太过详细，尤其是幼儿园最后一年的评估：给5—6岁的孩子做如此详尽的评估为时过早，这会给家长们带来很大的心理负担，这些评估词汇会让他们焦虑不安，尤其是涉及孩子在集体生活中遇到的困难和挫折时。

在焦虑之前，要先明白每个孩子都有自己的成长节奏，他们的进步是循序渐进的。

如果有焦虑，首先要和幼儿园老师交流，一起探讨怎样帮助孩子。也可以咨询儿科医生或心理医生，寻求他们的帮助。当然，他们通常会建议几个月后再复诊。

孩子上大班后，如果父母发现孩子有说话或发音的问题，那就需要与老师商讨是否需要进行语音矫正，越早治疗，孩子进入一年级后就越轻松。

几种困难

从来不提幼儿园里发生的事情

这并不意味着孩子在幼儿园里不开心，有可能他觉得这是他的私人领域，这是他保护自己领地的方式，或者他本来就是一个情感不外露的孩子。遇到这种情况，首先要和老师确认孩子一切都好，然后要尊重他的隐私。

孩子对任何事情都不感兴趣，也不参与

他在小班的时候，也许还太小；等他长大一点儿，已经习惯了你在身边无微不至的关心，当他自己在幼儿园的时候，焦虑、惶恐，什么也不敢做，也不敢和其他小朋友玩；或者他身体不太好，无法忍受教室里的喧闹和躁动，只能封闭自己；也有可能这是他吸引老师注意力的方式，以上都是可能的因素。

不要在孩子面前强调和夸大这种情况，应试着和老师沟通，找到解决办法。比如，如果孩子自理能力较差，可以建议家长们先让孩子做他力所能及的事情，例如系鞋带、把毛

绒玩具放进书包里、或者书包里不再放毛绒玩具、早晨在家以及在学校里自己穿衣服，等等。

自我封闭的孩子有可能存在视力或听力不佳的情况，应咨询医生，给孩子做视力或听力检查。

跳级

有些孩子会"跳过"一年的幼儿园，提前一年上小学一年级。如果孩子已经具备了一定的读写能力，家长或老师可以提出跳级申请。

有些孩子早熟、稳重，在五六岁的时候就能学会一年级的知识。但是如果孩子要跳级，一定要充分了解孩子，避免拔苗助长。

最好咨询一下心理医生，综合其他因素判断孩子是否达到跳级的要求。孩子必须能够准确地分辨左右，具备一定的书写能力。其实，智力早熟并不意味着书写能力早熟，加强书写能力的锻炼可以起到帮助作用。

而且，孩子必须要有一定的社交和情感成熟度，但是实际情况并非总是如此。有些孩子智力上早熟，但心智仍然处于幼儿阶段：他们更喜欢幼儿园里的游戏和自由发展，而不是小学里比较拘束的教学方法。社交能力也是一项重要标准，即有能力用适当的方法融入同龄人的圈子里，并交到朋友……这也是幼儿园里锻炼的主要能力之一。有些早熟的孩子可能会有社交障碍。

所以，对于解决早熟的孩子在班级里的困境，跳级并不总是理想的解决办法：也许可以给孩子提供一个更有刺激性的学习环境。这就是为什么在做出跳级的决定前需要和老师、父母、校园心理医生（测试孩子的智力成熟度）以及儿科医生等多方进行商讨。

> **🔍 重要提示**
>
> 如果孩子生活中发生重大变故（比如父母离异、亲人患病等），一定要告诉老师。同样地，如果你的孩子在校外接受了治疗（心理医生、正音治疗等）也要告诉老师。老师和父母之间建立良好的信任关系，将有助于孩子的成长。

惯用右手还是左手?

在没有人为干扰的情况下,怎么确定孩子是不是左撇子?1岁—18个月,孩子都是两手并用。直到2岁半—3岁的时候才会出现偏向性,有的孩子要到4岁才会确立。脑功能侧化,即孩子使用优势脑的方式,会慢慢形成。在鼓励孩子使用左手之前,首先要确认孩子确实是左撇子,可以通过观察他用哪只手开灯、开门作为参考。在照顾孩子时,尤其是上幼儿园之前,我们要照顾孩子偏爱使用左手的习惯,以便他能灵活地使用左手,比如,把他要用的东西(勺子、铅笔等)放在他的左侧。

但是也不要过于紧张,孩子需要时间去选择自己的偏爱侧。在幼儿园,孩子在4岁之前老师都会任由他自己选择。

一般来说,惯用左手的孩子,脚和眼睛也是如此,但是也会有例外。比如:一个孩子是左撇子,但是右眼是主视眼,那么他的大脑偏侧性就是混乱的。这可能会引起阅读或书写(听写,甚至于抄写)困难,颠倒字母或音节。上了幼儿园大班后,我们可以咨询相关医生寻求帮助。

如果左手和右手都能灵活使用,那么孩子写字时就要做出一个选择,尤其是两只手写字都不灵活的情况下。如果有疑惑,建议咨询心理学家或精神运动训练专家,通过各种测试帮助孩子选择优势手和正确的写字姿势。

如果你的孩子不能上幼儿园

有些情况会耽误孩子上幼儿园:健康问题、长时间出行、出国等。爸爸妈妈们会担心他们的孩子是否会"落下学习",以后还能否补上。幼儿园的第一年(小班)的学习重点是社交、自立、课堂纪律以及个人活动和集体活动,幼儿园的最后一年会着重为上小学做准备。统计显示,从没上过幼儿园的孩子会比较难接受一年级的课程。上幼儿园有利于养成孩子的性格，让孩子适应社会生活，而且幼儿园还可以提供有利于孩子成长的各种教具。所以，如果你的孩子满3岁后无法上幼儿园，那你就要想办法促进孩子的成长**觉醒**。

　　莱昂没有上过幼儿园，但是他的每一天都是丰富多彩、充满活力的。他和爸爸妈妈一起参与到家庭生活中，陪他们一起去市场，这也让他有机会提出各种问题（水果、蔬菜、鲜花、鱼的名字，以及它们的颜色、形状、气味）。他也因此认识了各个行业的人：邮递员、屠夫、修鞋匠等。他在家里学习套叠、拆开、拧紧和拧出等动作。所有这些都让他变得更聪明，并使他掌握各种基本概念。莱昂也会把所学灵活运用：摞起一套平底锅，把勺子、叉子放在一起等。总之，他会观察大人的行为，然后进行模仿。即使刚开始他会有些笨拙，也要鼓励他继续。

　　在**语言**学习方面，关键不是要学习有难度的词语，而是首先要和孩子对话，丰富他的词汇，花时间和孩子进行简单的对话。话题很容易就能找到，可以一起看画册，一起谈论外出、散步时的所见所闻，等等。读书和讲故事可以促进孩子智力觉醒，激发他的好奇心，让他感受到阅读和写作的乐趣，有利于更好地掌握语言。

关注**音乐**：幼儿园里，音乐的角色在教学中是很重要的，孩子们可以跳舞、唱歌。

关注**朋友**：通过社交，可以认识各种不同的人，孩子将因此想要去模仿，想要做得和其他人一样好、甚至更好。即使你能给孩子无微不至的关怀，也取代不了同龄人的作用。抓住一切机会扩大他的朋友圈——可以邀请小公园里的其他小朋友，也可以向社区咨询是否有亲子活动中心。

茁壮成长：教育

上一章讲了成长的几个重要阶段。了解孩子的变化和独特性对孩子的成长大有裨益，这也是尊重需求（Esteem needs）教育的基础。在与孩子的日常相处中，父母将充满喜悦和惊喜，也会有很多新发现。面对孩子成长中存在的问题，我们应做何反应？什么是最好的教育方式？爸爸妈妈总是对这些问题疑惑不解，甚至不安。我们希望能在本章借助众多案例，解答这些疑惑。

今天，成为父母意味着什么？

孩子在期待中降生，夫妻转变为父母，二重唱自然也就过渡到三重奏。夫妻二人都会面临日常生活习惯的改变、最初几周的疲惫，以适应孩子的节奏，满足他的需求；渐渐地，每个人都会找到自己在照顾孩子时的位置，互为补充，相互扶持。

"随着孩子的到来，我们首先感受到了巨大的喜悦和自豪。随之而来的是一种新的归属感——组建家庭的喜悦、即将到来的责任，以及未知的为人父母的角色。"

——一位读者告诉我们

这个过程需要一点儿时间，也需要自我调整和相互妥协。妻子生产后，有些丈夫在家庭中时常会有一种被遗弃的感觉：吉尔由于工作原因经常会出差，妻子生产期间，他才得以从工作中抽身。妻子经历了剖腹产很疲惫，产房里只有她和刚出生的孩子，在产褥期这个敏感的阶段，她容易被丈夫极小的要求激怒。吉尔因此感觉自己格格不入，这种感觉并不奇怪，很多父亲需要几周的时间才能建立深厚的父子关系，并且找到夫妻二人合适的相处模式。每个妈妈或多或少都会因为新生儿而产生过度焦虑，这使得她们将全部精力放在孩子身上。如果爸爸事先知道这一点，遇到这种情况时，就会更容易接受，因为他知道这是暂时的。随着时间的推移，爸爸、妈妈、孩子三人都会找到一个平衡点。

等这段时期度过，夫妻二人应考虑享受二人世界和亲密时光，这点格外重要。有时候，孩子会带给父母巨大的幸福感，以致父母忘记了曾经独属他们二人的幸福，整个人被孩子占据，夫妻关系被削弱，从而引发生活中的矛盾。马修出生的时候，他的妈妈没有想到自己的生活会发生如此大的改变，以前她是个工作狂，习惯于将工作带回家里。正在休产假的她产生了一种矛盾的心绪：马修的到来带给她巨大的幸福感，但同时也产生了一种孤独感——她的丈夫已经快速回到了工作岗位。

育儿过程中，夫妻二人会经历各种美好，也要一起经受挫折和分歧，双方应就这一切积极沟通，这有利于情感沟通，尤其是可以缓解压力。不要担心倾吐困难会引发夫妻矛盾，使孩子的爸爸感到失望：说出想说的话能够缓解紧张情绪和焦虑、减少压力。经过不断地调整、摸索，一个新生命的到来往往能加深一个男人和一个女人间的爱恋和羁绊：孩子是彼此水乳交融的果实，是他们爱情的结晶，他们因为孩子的到来而互相感激。

作为母亲

新手妈妈需要协调职场女性的身份和妻子、妈妈的身份，找到一个新的平衡点。她们通常需要调整日常生活规律，以更好地适应孩子的节奏。成为妈妈不会只有岁月静好这一种体验。经历了新生的喜悦后，会有一段难熬的日子需要面对：缺少睡眠、孩子哭闹、父亲缺席等。

作为一个"合格的妈妈"，需要关心孩子的需求，帮助孩子进步，关注孩子的成长；同时也需要接受现实，认识到现实和理想是有差别的：一个难哄的孩子会给父母制造麻烦。有了客观的认识，也能更好地保护女性的夫妻生活和自身的欲望。不必强求自己做一个无可指摘的"完美"妈妈——这会减少很多压力和紧张情绪，有利于和孩子相处。

孩子的出生，尤其是第一个孩子，会打破个人和家庭的平衡。最初的几个月之后，有必要进行调整，找到让每个人都感到舒适的状态。斯蒂法尼已休完产假回到工作岗位，并重新开始上弗拉明戈舞蹈课；卡洛琳娜则选择回归家庭……一个孩子的出生通常也意味着夫妻双方需要考虑重新进行任务分配。

职场中的妈妈，家里的妈妈

产假结束后，你将要重回职场，此时，我们希望给你一个建议：你的宝宝刚出生，你才刚开始了解他，如果可以，请给你和他6个月的时间，来享受你们之间最初的情感连接。这6个月将是你们分享、沟通的特殊时光，你将见证宝宝对新事物的探索和每天的进步；当你或者别人和他交流时，通过观察，你将发现他的敏感点。这段时间的共处既能坚定你作为母亲的身份，孩子的生命也可以平稳"起步"。而且，前6个月是宝宝成长的一个重要阶段：他开始会抬头，会坐；别人偶尔扶着他站立，他会很高兴。在此期间，爸爸妈妈和宝宝也可以慢慢适应托儿所（在法国，孩子出生3个月就可以上托儿所），与育婴保姆逐渐熟悉。

如果你的物质条件和工作（有些妈妈的职场压力太大，以致她们不敢延长产假）允许，不要急于上班。如果你能休这段产假，一定不会后悔的。当你恢复工作后，不要忘了孩子仍需要爸爸妈妈花时间陪伴——你们陪伴的时间越多，孩子就会越幸福。

有些妈妈生了宝宝后还必须面临繁重的工作负担，也许是夜班工作、时间不自由、每天都要来回奔波通勤，等等。她们想多花时间在孩子身上，但是却办不到，她们因为要挣钱，常常如履薄冰，怕丢了工作。有些妈妈并不想辞职，但是又别无选择，因为请保姆太贵了。

还有些妈妈会选择停薪留职，在家里照顾宝宝，见证他的成长。这种情况有时也会招致误解："你不工作吗？"其实，妈妈在家里，可以更自由地支配时间，安排宝宝的起居。对宝宝而言，这意味着不再失眠，不用去托儿所。但是有时候全职妈妈也会感到孤单无助：朋友们都去上班了，家人离得远，没办法时常过来帮忙看一下孩子；而且，长时间不工作，将来会很难再次适应职场生活。

作为父亲

有一些针对爸爸照顾孩子和分担妻子家务情况的定期调查。调查发现，家庭中育儿任务的分配往往是不均等的：爸爸们非常乐意冲奶粉，送宝宝去托儿所，陪宝宝玩耍；但是，很少有爸爸愿意做家务、夜里起床照顾宝宝。今天，仍然是妈妈们承担了照顾宝宝的大部分的责任，要做到"北欧式"家庭责任分担，任重道远。不过，我们要保持乐观的心态：现在，越来越多的爸爸都会参与照顾宝宝的日常起居，对他们来说，家庭生活很重要。为了宝宝和妈妈们的幸福，希望爸爸们能主动承担起育婴责任。

曾经，传统观念认为爸爸应该扮演权威、严肃的角色，而妈妈则更加感性、宽容。现在，每个人的定位不再像之前那么刻板了，有些爸爸在面对宝宝的时候会感到困惑，找不到自己准确的定位：如果太亲近，感觉像是取代了妈妈的位置；如果太严肃，又担心影响与孩子的情感沟通。不用紧张，只要父子之间多沟通，根据实际情况做出调整，一定能找到美好的相处模式：在父亲的权威和宝宝需要的信任之间找到平衡点。

劳伦很喜欢照顾5个月的埃洛伊兹。"她还是个小婴儿，"他的妻子说，"让我来。"劳伦就被安排去托儿所接埃洛伊兹，他会尽可能地给她准备晚餐。他的妻子也渐渐地接受了这种分工，作为妈妈的压力减轻了。布鲁诺每天下班回家后都会花时间陪伴2岁的亚历克斯：读故事、玩游戏、聊天。亚历克斯越来越享受这些时光，他每天晚上都不想回到自己的床上。妈妈则开始慢慢地给他立规矩，要求他按时上床睡觉。

当爸爸妈妈分开时

现在，离婚和分手现象越来越普遍，对所有人——父母和孩子来说，这都是一种需要克服的困境。这种情况下，父亲的角色尤为重要。

当一对夫妻分开时，大多数孩子，尤其是年龄尚小的孩子，大多会判给妈妈，这也符合传统的生育观念，而且大多数情况下都是妈妈兼顾工作，甚至放弃自己的事业来照顾孩子。

而且，离婚或分手后，很多父亲会出于各种原因（距离远、物质困难、心理脆弱等）很少或不再见他们的孩子。很多调研报告揭示：父亲的缺失是那些判给母亲的孩子不得不面对的不公平待遇。今天，父亲的探视权也逐渐得到了更好的保护。

教 育

　　一般情况下，如果我们喜欢曾经接受的教育方式，我们也会按这种方式教育孩子；反之，如果我们有不美好的回忆，则会摒弃这种方式。今天的教育会以心理学和精神分析学为辅助，从出生起，孩子就被视为一个完整的人，需要得到尊重和重视，但是这并不意味着他来到这个世界就是个完人。正如弗朗索瓦兹·多尔多所言，婴儿是一个发展中的人。在感受快乐、满足和探索的过程中，以及经历束缚、限制和挫折后，孩童的性格得以逐步构建。

　　今天，家是一个民主的地方，每个人都有自己的话语空间，想要协调好孩子的自由成长、必要的约束、舒适感以及个人价值观和家庭观念的传递等问题，并不是一件易事。不过，普遍适用的基本准则是：要多听听宝宝的心声，而不只是让他服从。同时，应让宝宝从小就参与到家庭生活中，比如帮忙收拾玩具、整理房间；稍大一点儿，可以让他摆餐具。从他很小的时候就要让他明白，一天中有些时间是属于爸爸妈妈的，他不能随意介入。

养育孩子，就是帮助他成长为独立的人，让他能够获得并发挥身体上、精神上和智力上的能力。首先要帮助孩子建立情感上的安全感，要倾听他的需求，然后他才能慢慢脱离父母。

经历了出生、断奶、上学的过程，宝宝慢慢学会独立。宝宝学会了自己走路，就不再需要搀扶了。几乎不会说话的时候，他就已经会大喊："我自己来！"就像爸爸、妈妈或姐姐一样，他也想自己独立完成一件事，但是有时他会高估自己的能力，也不明白为什么大人执意要帮他：他想自己拿叉子，不需要大人的帮助；他想自己穿衣服，想自己选择洗澡的时间……"这由我来决定"，2岁半的亚瑟对妈妈说，因为妈妈说他不能自己开冰箱拿甜点。

挑剔、反抗、流泪并不是任性，而是宝宝性格形成的必经之路。这期间，爸爸妈妈们会遇到让他们束手无措、心力交瘁的局面。但是，不要听之任之而不去管他，宝宝需要你，需要感受到你的爱，也需要你给他立规矩。这些行为背后往往是对长大的渴望，日复一日，这个愿望会促使他不断进步。陪伴宝宝寻求独立需要时间，但我们并不总是有时间（尤其是早晨）：等待宝宝自己系衣服扣子的时间往往比我们系的时间长，要耐心等待，让他自己尝试。宝宝每次成功独立完成一件事情时，都会很开心，这意味着他在成长。

无声的教育

自生命的前几个月始，宝宝就会在潜移默化中受到教育，并不只是言语才有教育意义。宝宝身边发生的一切都是他生活环境的组成部分，也将影响他性格的形成：父母、家人的谈话、争吵、沉默、悲伤、大笑，我们发的脾气，或者表现

出的倾听、体贴、沉稳等态度……父母、亲人处世的方式、生活方式、举止、品味和关怀，都会影响到孩子，这也是一种情感和文化的传承。从最平常的举动到最重要的品质：诚实、尊重、宽容、关心他人等。

孩子好像没有在听，其实他什么都记住了，并有自己的感受。在个人、夫妻或家庭发生"动荡"时，一定要做好预防工作，保护好孩子。

安全感

安全感，顾名思义，就是除了喂孩子吃、喝，保护他远离灾祸和疾病之外，也需要有责任感、能保护他的和蔼的亲人陪伴他成长，倾听他的内心。物质安全是生存的必需品，但是还远远不够。

小婴儿被突如其来的响声吓了一跳，本能地躲进你的怀里；走路不稳的小朋友，走进儿科诊所之前紧紧地攥着你的手；小男孩第一次滑下滑梯之前一直在搜寻你的目光；小女孩一遍遍地确认放学时你会来接她……他们在寻找什么？无论何种情况，父母的出现都会给他们勇气，带给他们挑战新事物的力量。

3岁的塔拉看到家里堆满了搬家用的纸箱，"我会一个人留在这栋房子里吗？"她问爸爸，爸爸当然会反复回答以消除她的不安。

对安全感的需求涵盖了各个方面，不论是身体上的还是情感上的。它主导了孩子的情感架构，是孩子成长和发现世界的基础。信任父母，信任父母给的爱，他才会对自己有信心，去承受生活中的改变和分离。

过度保护

为了获得安全感，孩子需要父母，需要有规律的生活，需要感受到父母的存在，但是保护应适度，不宜过度。爸爸妈妈们本能地就想保护自己的孩子：他还这么小，看起来如此脆弱，需要完全依赖于别人。当他哭闹、意识不到危险和禁忌的时候，我们总想介入。每个父母都担心自己的孩子出事：他睡着的时候，我们会确认他是否呼吸顺畅；最轻微的发烧也会让我们焦虑不安；我们害怕他会跌倒、出事，所有父母都经历过这种担忧。但是，随着孩子一天天长大，父母应学会克服这些恐惧。孩子每时每刻都被关注着，一举一动都被看成可能的危险时，大人的焦虑会压垮孩子。

面对过度保护，孩子会有不同的反应：或者封闭自己，什么都不敢做，害怕新事物、害怕改变，甚至害怕有趣的东西，比如新游戏；或者变得烦躁、易怒，反对大人进行任何干预，即使是合理的干预。遇到这种情况，父母会说："他什么都不听，我们总不能放任他为所欲为吧。"但是他们没有意识到这一切正是因为他们自己什么都不让孩子放手去做……

我们养育孩子的时候，尤其是养育第一个孩子、缺乏经验的情况下，需要一定的时间才能找到合适的教育方法，给予孩子适度的信任。但是，如果你的孩子符合上述一种描述，你需要反思一下，并问自己一个问题：你是否对他过度保护了？问问自己，你这样做是因为这对孩子很好，还是因为自己的焦虑？

父母总是有负罪感怎么办？

父母总想给孩子最好的：所有的爱、悉心的照料、足够的激励。他们会竭尽全力，只为满足孩子最小的愿望，希望孩子能一生顺遂，无灾无难。但是现实就是这样，生活中总会有大大小小的困难。"我们是不合格的父母吗？"他们不禁会问。

一旦出现问题，父母们便会内疚，甚至绝望。他们害怕自己做得不够好，怀疑自己的能力，这种感觉会因为孩子一些本能的反应而愈加强烈：和育婴保姆一起、在学校和小朋友玩的时候都很乖巧，但是在家里却总不听话（尤其是和妈妈在一起的时候）。孩子有如此反应也是在试探你，因为你是他最深的依恋。

因为对孩子的爱太深，父母们常常会有负罪感，尤其是妈妈。举一个妈妈的例子：她失手把3个月的宝宝跌进了洗澡水里，这让她无比地内疚、自责。事情发生得太突然，她还来不及反应，只几秒钟，这个妈妈就把宝宝从水里捞起，先将他紧紧地抱在怀里，然后给他裹上了浴巾。经历过这种恐惧感，她意识到婴儿的脆弱，自己今后应更加小心。

父母既不是全能的，也不是完美无瑕的。他们要处理生活中的各种状况和意外，还要面对孩子在不同阶段的需求、脾气和要求。当你对自己抚养孩子的能力产生怀疑的时候，请告诉自己：做父母从来都非易事，这是一个不断学习、不断调整的过程。如果需要帮助，可咨询婴幼儿专家，或者寻求托儿所的帮助，也可以和其他父母交流，分享经历。你会发现每个人都会遇到困难，但困难是可以克服的。

权威：恩威并施

在向孩子表现出威严的一面的时候，有些父母会有顾虑，担心对孩子太严厉，孩子就不喜欢自己了。我们认为：父母对孩子的威严，是孩子的后盾，能够帮助他成长；随着孩子慢慢长大，这种威严可以规范他的言行举止。但是，一些父母认为从孩子出生后的头几个月就要树立威严，这样孩子才会有"教养"。我们认为，权威不宜过早确立，也不能不分时机，宜根据孩子的年龄，见机行事。立规矩不是一蹴而就的事情，需要不断地重复、解释。

孩子从几岁开始需要管教？

在1岁，甚至稍大一点儿的时候，小朋友理解不了什么是管教。这个时期最关键的是他需要我们满足他的要求：哭的时候抱抱他，害怕的时候哄哄他，帮他捡起他扔掉的或够不到的玩具，或者帮助他找玩具等。

我们要在快速回应和学会等待之间找到平衡：当一个五六

个月的宝宝在饭点之前突然想要喝奶，我们可以安抚他一下，给他一个玩具，分散他的注意力，让他学会耐心等待。忍受失望、学会等待、预判他人的反应，这是一个漫长的学习过程：宝宝需要几个月的时间才能理解当他喊人的时候，不会立刻有人出现，但总会有人来，这需要等待，这时他会意识到他可以自己安抚自己，自己玩耍。这就是为什么有规律的作息、吃饭是如此重要。

从18个月开始，当宝宝学会了走路，学会了说"不"——这是学习自立的开端，他就需要大人给他立规矩，树立威严，培养他的危险意识了。有些危险，孩子自己是意识不到的：例如不能碰灯泡，不能把手放进门的合页里，不能靠近插座，不能爬桌子，过马路时要牵着大人的手，不能碰洗衣机上的按钮……要想让孩子远离危险的事物，不能只告诉他"这个不能做，那个不能做"。处于模仿阶段的孩子喜欢以自己的方式参与到日常生活中：可以让他帮忙整理衣橱、做家务、给花园里或阳台上的花花草草浇水，把家里常用的东西当玩具（塑料瓶，旧手机）等，不论是家长还是孩子都会享受这样的亲子时光。

亲子关系：必要的威严

父母的角色包括给孩子树立一个框架，并在这个框架内给孩子无微不至的关心，让他安全地长大。孩子天生就没有拘束：如果放任不管，他会吃掉一整盒巧克力糖，每天晚上都到爸爸妈妈床上睡觉，未经允许就玩手机等。如果大人不加以阻止，不立下规矩，孩子将来就会我行我素，很难学会与他人分享、沟通，也得不到别人的尊重。

艾力4岁了，是家里的独生子，也是第一个孙子，父母和祖父母都很宠爱他。但是他很难适应幼儿园的生活，也很难融入集体。在家里，艾力也变得愈发暴躁。咨询了儿科医生后，父母幡然醒悟：不能再听之任之了。他们决定不再无底线地满足艾力的愿望、答应他的要求，他们开始慢慢给他立规矩，艾力也慢慢明白不是所有事情都是有求必应的。他逐渐明白相比于让自己陷于混乱和疲惫，控制住怒气更能让自己舒适、安心。

向孩子说"不"，就是教他同周围的人一起成长，建立自己的性格，这样的前提下，他可以特立独行，表达自己的情感和愿望。说"不"，也是让孩子学会延迟满足，或转换自己的愿望，让孩子学会思考和创造，找到替代方案。如果他每餐只想吃意大利面和火腿，而爸爸妈妈说："不行，不能每顿饭都吃一样的东西。"孩子就会尝试其他食物、其他口味……长大后，他也可以从容面对生活中的两难，做出满意的选择。如果父母能取得孩子的信任，能花时间照顾、陪伴孩子，那么当他们说"不"的时候能更容易被接受。如果孩子能感受到爱，如果他能明白不是所有事情都会被否定，如果周围的人能关心他的进步，他就会慢慢明白对他的严格要求是为了帮助他成长，而不是为了刁难他。

在长大的过程中，孩子需要理解为什么有时候成人会要求他这样做，有时候又不能这样做。根据孩子的理解能力（2—3岁间变化很大），**在向孩子解释时**，家长需要耐心抽出时间，告诉他这样做的意义。这种教育方式能够让他在将来遵守规则："我们不能玩钥匙，如果你把钥匙丢了，我们就回不了家了；如果我们去小朋友家里，走的时候不能把玩具带走，因为娃娃不是你的，是劳拉的；爷爷走的时候，我们要和他说'再见'，爷爷会很开心，你也会开心；你也喜欢别人对你说'你好''谢谢'。"你要耐心地、坚定且平静地告诉他，不能打开洗碗机的门和垃圾桶的盖子，不能跳到客厅的沙发上。

孩子会逐渐适应生活中的规则，他也会学会控制自己以适应周围的世界，然后，他也会有自己的原则、界限。一定不能让幼年的孩子觉得他和父母是平等的关系：教会孩子尊重代际差异也会让他有安全感。孩子需要感受到父母是他可以依赖的成年人，当然父母也要以温柔和富有幽默感的方式对待孩子。

顾及孩子的年龄

大约2岁的时候，孩子会反抗，说"不"，也会不断试探大人的威严，并试图确立自己的威严。这个年纪，他已经有了一定的独立性（尤其是运动方面）和能力，他感到自己处在一个被束缚的世界，父母总是阻碍他去探索、发现。于是他会说"不"，但还不至于引发冲突。这个短暂的叛逆阶段在

🔍 重要提示

有的父母会混淆威严和发火。威严，是指做决定时坚定、坚决，沟通时不大声斥责，不带有紧张情绪，也没有粗暴的动作，它可以灵活应用于各个年龄层。当话语中不表现出刚才这些会令孩子难堪、羞辱的情绪和动作时，反而会更容易让孩子接受。

他的性格构建和形成的过程中会起到重要作用。不要和这个年龄段的孩子形成一种对抗关系，也不要平等地对待他，尤其是向他解释他难以理解的问题时。父母不需要对自己的每个决定都做出解释，有时候只需平静地说："就这样，不讨论！"有时候，你也可以"曲线救国"："穿上外套才能出门，看这是你喜欢的那件，帽子上还有小毛绒狗熊"；"过来洗澡了，我们一起准备要用的东西吧，香皂、毛巾手套、毛巾……"

雅辛3岁，入睡从无困难，但自从妹妹出生后，他每天晚上睡前都会上演一出"戏"。达娜4岁半，每天早晨上学的时候都会哭闹。她非常爱奶奶，但是奶奶生病了，她知道，爸爸把她送到学校后都会去看望奶奶。我们首先要理解孩子为何有此反应：雅辛是想和妈妈多待一会儿；达娜也许是想和爸爸一起去看望奶奶，或者希望爸爸能告诉她奶奶的近况。但是，理解并不意味着妥协，一个简短的说明、一个简单的解释往往就足够了。珍妮2岁，不停地敲姐姐的房门想要进去。"艾米丽想自己玩儿，不要打扰她，过来，我们一起看书吧。"爸爸对她说。

随着孩子慢慢长大，父母展示权威也并非易事，有时候会想要放手。要有耐心——这是作为父母最重要的品质之一，不断地重复命令，即使反复说同样的事情会让你感到疲惫。这些都是必要的提醒："到睡觉的时间了，已经很晚了……你说'你好'和'谢谢'了吗？你刷牙了吗？"孩子学习任何东西都需要循序渐进。

惩 罚

我们认为惩罚这个词不应该出现在婴幼儿的育儿书中。其实，只有当小孩子明白要为自己的行为负责时，他才能理解惩罚（也许是因为不听话、叛逆、行为乖张）的含义。有了责任感，就意味着进入了理解阶段，即因果关系阶段。孩子能够明白事情或好或坏的源头，即导致这个结果的原因。

这是一个漫长的阶段，孩子从5岁起才会开始明白"为什么"和"因为"之间的逻辑关系，理解事情和事件的起因，自己领悟到什么是"懂事"。

如果我们考虑到孩子尚且年幼，自然就会宽容以待，因为孩子的天性如此，他们情感脆弱，即使明令禁止仍然想要去探索，遇到挫折时则容易崩溃。

诺埃米3岁半，她用铲子打阿克谢尔，因为阿克谢尔想拿走她放在沙堆上的桶，小男孩的妈妈没有理会他们，诺埃米的妈妈不愿意看到他们吵架，就惩罚了诺埃米，夺走了她的铲子，更糟糕的是，还把她的桶给了阿克谢尔。诺埃米大声喊叫，她的愤怒已经转化为悲伤，因为妈妈根本就不了解情况，还在训斥她："你让我很丢脸，知道吗？"妈妈竟然把她当成了五六岁的孩子那样训斥，除了羞辱和惩罚女儿，她似乎想不出其他办法。幸运的是，阿克谢尔的爸爸远远地目睹了这一切，他走过来安抚诺埃米的情绪："诺埃米，阿克谢尔已经有铲子了，还想拿走你的桶，真是不应该！不要给他！"气氛马上就缓和了。

许多父母对惩罚的合理时机缺乏了解，我们认为对两三岁的孩子进行惩罚并无用处，且为时尚早。萨莎2岁半，不想洗澡，还躲了起来，妈妈非常恼火，于是罚她站墙角。范妮在托儿所的时候，有几个小朋友在安静地玩游戏，她却一直过来捣乱，因此受罚。其实，萨莎的妈妈本可以说："好吧，你今天晚上不洗澡，明天就没时间洗了，就不是香喷喷的宝宝了。"对于范妮，也许我们可以给她别的玩具，或者帮助她融入这个小团体。

对年幼的孩子要求太苛刻，往往是因为父母意识不到孩子的理解能力有循序渐进的发展阶段，学会分享和服从对他们来说也并非易事。如果孩子不"服从"，有些父母几乎下意识地就会想到惩罚，而其实年幼的孩子要做到"明白"必须遵守规则，需要心智的足够成熟。

树立孩子的对错意识是一个漫长的过程。立规矩并不意味着要"惩罚"孩子，而是要向他解释家庭生活、集体生活和社会生活中涉及的规则、权利、义务和职责。

等到孩子大一点儿，如果多次提醒和警告后仍不改正，那就需要惩罚他，比如隔离他一会儿。孩子可能会哭、会大喊、发泄愤怒，但是他也会明白他越界了。这个决定会帮助他长大，并意识到大人作为保护者、教育者的角色。

不要羞辱孩子

3岁的纪尧姆在公交车上抠鼻子，妈妈感到很难为情。她没有悄悄地帮他擤鼻涕，而是打掉他的手说："不要把手指头放进鼻子里，大家都在看着你呢。"纪尧姆的脸都红了，他很羞惭，低下了头。众人纷纷向这位妈妈投来谴责的目光，这下轮到她如坐针毡了。

今天是索尼娅的4岁生日，朋友们都来到她家里玩。索尼娅不想让出玩具娃娃的小推车，妈妈掺和进来，允许孩子们玩。然后，她当着同学的面训斥女儿："你已经长大了，要学会分享。"索尼娅感觉受到了侮辱，躲在一个角落里赌气，不愿意再和朋友们玩耍。生日宴搞砸了。

羞辱孩子，就是在贬低他，让他不能做自己，还会让孩子觉得自己一文不值。如果孩子总觉得低人一等，他很可能会养成偏激、自卑的性格。他感受到的蔑视会让他失去自信，也会对羞辱他的人失去信任。

我们反对任何形式的日常教育暴力，不论是言语上的（羞辱、吼叫、伤人的话、威胁等）还是身体上的（粗鲁的动作、耳光等），这些行为都会给孩子带来伤害，破坏他们的自由和自尊。暴力不是权威。打耳光、打屁股无非是让父母发泄了怒气，却让孩子看到了一个失去理智、令人不安的大人。

他不知将来，只知现在

孩子出生后，会在日常生活中形成自己的节奏，很多活动都有时间标记（吃奶，睡觉、醒来、活动等）。这种节奏的把握将构成时间体验的基础。但是，婴幼儿还无法判断时间。当我们对他说"马上你就有巧克力糖吃了"，或者"明天去坐旋转木马"，小朋友能理解"巧克力糖"和"旋转木马"，但是对"马上"和"明天"却没有概念。婴幼儿只会关注"此时"和"现在"。不要忘了，我们成年人才是擅长预期的。

艾琳娜2岁，正在忙活一桩新工作：她把所有摆在床上的毛绒玩具都拿了下来，摆在自己周围和地毯上。到上托儿所的时间了，艾琳娜却坚决反抗。"我已经说了很多遍了，你现在必须去托儿所。"妈妈带着怒气说。小女孩开始哭泣，她觉得自己被"现实"情况抛弃了。看到她伤心不已，妈妈冷静下来："这些毛绒玩具真漂亮，不需要再整理了，它们会等你回

来的。"用孩子能够听懂的话和他交流，可以避免失望和眼泪。请牢记：当孩子还小的时候，只谈论眼前的事情。

如果遇到孩子生命中的重大事件（比如去托儿所、与父母中的一方分开等），则要告知孩子，用他能够理解的话和他解释，让他做好准备面对不寻常的生活。但是，过多的解释和说明也是无用的，因为孩子还理解不了。

时间观念习得较慢，会随着语言的学习而获得。有了语言，孩子们才可以给活动排序，判断现在、过去和将来。莱昂快3岁了，对他来说，"昨天"就是几天前、几个星期前已经发生的事情的总和："我昨天和伊万一起玩了。""昨天，妈妈给我买了凉鞋。"3—5岁的时候，他们开始学会描述自己的经历。"今天下午，我在院子里摔了一跤，现在还有点儿疼。"孩子一天天长大，他会渐渐地明白有些事情会稍后到来，可以愉快地耐心等待。"今天晚上奶奶会来家里，我们要一起给她铺床，换一个漂亮的枕头套。""明天学校要组织郊游，我们会准备一个蛋糕。"

性生活的秘密

我们通常所说的性教育，不仅应该包括告诉孩子他是怎么被怀上的、是怎样出生的，也应该重视孩子的情感维度。因为在孩子看来，情感与父母的爱情生活密切相关，这也是他存在的起源。即使被冠以"性教育"之名，最重要的还是要让孩子感受到爱、温柔和尊重。

首先要帮助孩子认识、认同自己的性别，不论父母之前是想要男孩还是女孩。

孩子很早就会对自己的生殖器官产生兴趣，会去看、去摸。我们知道男孩和女孩的性器官是不同的，男孩的是明显可见的，女孩的则自己看不见。在之后的几年，以及青春期前的这段时间，我们都应认真看待有关孩子性别教育的问题。

孩子在幼儿园或育婴保姆家里和其他小朋友相处时，或者在家里与异性孩子玩耍时，都会发现不同性别的人之间的人体构造差异。大约2—3岁的时候，孩子会表现出对性的好奇心。此时，不要阻止他去探索，要帮助他培养羞耻感，给他设定界限。在孩子好奇探索时，一定不能让孩子觉得羞愧，不要羞辱他，使他产生犯罪感。不幸的是，这种情况时有发生。当孩子探究、触碰自己的生殖器官时，大人要告诉他不能在公共场合做这种动作。

在很长一段时间里，**手淫**一度被认为是有害身心的。值得庆幸的是，今天，出现了一个有关性欲的不同观点：手淫是成长的一部分，在生命的前几年，这是孩子探索自身亲密关系的一种方式。但是，如果一个2岁或稍大一点儿的男孩或女孩过于频繁地手淫，可能是因为他或她内心极度的紧张和冲动没有得到缓解，在这个年龄，孩子的性欲并未表现为生殖器形式，如此他的兴奋无法得到真正的纾解。此时，家长应咨询心理医生，他们会找到这种行为的根源，并建议孩子适当地克制，家长要适当地干预。

关于羞耻感，我们要补充一点：成年人的性欲不能侵犯孩子的世界，我们要保护他们远离周围人露骨的言行、电视画面或父母的亲密行为，这些都有可能让孩子精神受创。

对父母、年长者等亲近之人的模仿和认同，会帮助一个小男孩慢慢长成一个男人，一个小女孩长成一个女人。心理分析学家认为，这是孩子成长的一个重要阶段，如第4章所言：孩子成长的过程就是在不断地模仿大人，向大人靠近。

性欲，其实质是男人和女人之间存在的一种爱恋关系，孩子通常是通过自己的爸爸妈妈第一次发现这种关系。要告诉他最初让爸爸妈妈走到一起的是爱情，告诉他爸爸妈妈是怎样认识的，包括他们曾经想拥有一个孩子的愿望，以及他们生活在一起的快乐。但是要视情况行事，最重要的是解释要符合孩子的年龄和理解能力，不要长篇大论，不要空讲道理，这只会让孩子焦虑不安。

孩子的疑惑

怎样进行生命"奥秘"的启蒙？渐渐地，孩子会有疑问："为什么我和弟弟不一样？""小孩都从哪里来？""出生之前我在哪儿？"或者是像这个4岁的小男孩一样，说出："当我还是个婴儿的时候，我是个女孩。"孩子看到一幅画，听到一个词，看到一个怀孕的老师，或者与哥哥聊天的时候，都有可能问出性和性器官相关的问题。家长可以借着给出这些问题的答案，帮助他们更详细地了解人体构造的差异；等他们稍大一点儿，就可以告诉小女孩、小男孩，让他们认识能够生育孩子的器官。

孩子对性的好奇心是健康的：这表明他对生命和周围的世界有更大的好奇心。

重要的是：

● 尊重孩子的年龄、理解能力、情感的脆弱性以及他的生活方式。孩子刚上托儿所、或者他是独生子，这些都会导致他接收的意象和信息的不同。

● 等待孩子展现好奇心或是提出疑问。但是要注意：如果你的回答让他感到不适、逃避、敷衍，他很可能会藏起好奇心，不再发问。

● 不要给出错误的答案，因为日后很可能被拆穿，而孩子上当一次就不会再信任你，也不会再向你提问；但是也不要借由一个问题而长篇累牍地讲述孩子根本没问的问题。

● 不要借口"你还太小"，或者"你不懂"来逃避问题：每个年龄都能找到合适的解释方法。如果限于家长的教育程度或文化水平，你被难住了，或者问题让你猝不及防，只需说："稍后再回答你，我需要一点儿时间考虑。"这样你就有时间思考答案了。

● 借助某个问题，我们可以告诉孩子：不能和爸爸妈妈，也不能和哥哥姐姐结婚。在大约3—4岁的时候，我们就要告诉他：任何人，包括家人，都不能对他有某些动作和举动；这样，孩子在生活中面对各种情况时，这种性侵的预防意识将会被唤醒并发挥作用。

● 此类主题的儿童图书不少，根据不同年龄配有插图，书中包含提问和注解，可以和孩子一起阅读。

婴幼儿的性欲

这种表述也许会让你震惊。性欲似乎是离孩子最遥远的词，通常我们认为它指的是成年人之间的关系，是为了追求感官上的愉悦。但是，如果我们把性欲这个词用感官欲望（是性欲的一部分）来代替，就可以更好地理解了：从孩子出生那一刻起，我们就经常观察到孩子在体会到感官上的愉悦之后的表现。味觉、触觉、嗅觉，以及轻摇、爱抚、轻声低语，都会给刚出生的孩子带来强烈且安心的感觉，喝奶时的表现尤其明显。随着孩子慢慢长大，他会体验到身体上其他愉快的感觉。

性欲不是成年后才获得的，它萌芽于感官欲望，会有多种表现形式。和智力一样，性欲也会慢慢苏醒，经历多个阶段。如果一个婴儿在填满、清空一个瓶子，我们会夸他聪明，因为他知道做加减，这种感觉运动智力正是形成思维、心理表征、观念的基础。性欲也是一样的，只是它在儿童身上的表达或表现形式是不一样的：此时的性欲还没有达到青春期的成熟度，但是它已经出现了，这也是成年人性欲的起源。

"他恋爱了！"

加布里埃尔5岁，他的妈妈送他去上学。刚进校园，他就遇到了萨布瑞娜。妈妈听到一位同学这样说："他恋爱了！"加布里埃尔脸变得通红，妈妈则假装没听到。几天之后，这位妈妈突然和她的儿子聊起萨布瑞娜：她喜欢玩什么，她也在大班吗，等等。借助很自然地聊起这个小女孩，妈妈向加布里埃尔传达了一个信息：她理解他的感受。

我们要尊重孩子们的感情、小秘密，以及孩子们之间的知心话；他们会因此确立自己的性格、品味和魅力。童年时的爱恋是成年后情感冲动的基础。

家　庭

　　今天的家庭生活与前几代人的截然不同：当下社会的结婚率降低，离婚率升高，导致许多单亲妈妈独力抚养孩子。社会上存在各种各样的家庭形态，其中也有重组家庭。

第一个孩子

　　虽然家庭环境各不相同，家中的长子性格却往往相似：性格稳重，有时容易焦虑，甚至有一些排外的表现。这是为什么呢？因为我们在养第一个孩子的时候，不会像养第二或第三个的时候那样轻松。养第一个孩子的时候，我们会尝试各种教育理念，总结经验，严格地执行书本上的建议。

　　养第一个孩子的时候，我们会害怕一切：担心他太热、太冷、掉到地上……于是我们小心翼翼地保护着他，同时也迫切地希望他长大。孩子刚上幼儿园，我们就在考虑他的未来了，满脑子都是焦虑、理念和规划，我们没有时间"享受"抚养他的快乐。而孩子呢，被我们催促着快快长大，他几乎没有时间感受作为孩子的快乐。

当弟弟或妹妹到来的时候，他是多么的不安！他，曾经是家里的中心，现在突然就被"罢免"了。他变成了"哥哥""老大"，我们很快会把照顾"老小"的责任托付给他。这就是为什么他小小年纪就如此稳重！

所有这一切都是不可避免的，父母已经在尽力承担起照顾孩子的所有责任，我们再苛责他们，也是不公平的。但是，我们看到好多父母会后悔养育第一个孩子的时候太死板。

我们常说，第一次做父母的时候，要尽量减少紧张情绪。教育理念是必需的，但是在实际应用中要灵活，要试着让自己更放松一点儿。

什么时候告诉孩子有新生命到来？

对孩子来说，面对任何改变都需要帮助他提前做好心理建设，弟弟或妹妹的到来对他来说将是一个大事件。

在有具象的事实之前，没必要过早地预告新生命的到来。等到孕相显现，妈妈的肚子变圆，就可以告诉"老大"这个消息了：一个父母想和他分享的天大的好消息。直截了当地和他说明情况，他会感受到父母对他的爱。

接下来的日子里，可以借由日常生活中的一些事情提起这个新生命，当然，不要太频繁。这样的机会包括：可以是一个老师怀孕了，幼儿园或托儿所的一个小朋友刚刚有了或者马上要有妹妹了；也可以利用其他机会来聊聊这个新生命，比如，当孩子听到你接了一通电话，知道你要去做超声检查或者要去产科建档后。

在接下来的几个月，也要不断调整应对策略，以适应孩子的年龄、敏感度和理解能力。孩子越小，越没有时间观念：他分不清"马上""明天"和"立刻"所代表的时间意义。渐渐地，新生命的存在会从视觉和听觉上体现出来，他的存在变得越来越真实：因为他的运动，妈妈的肚子也跟着动，还能听到小宝宝的心跳声，爸爸妈妈做了越来越多的准备工作迎接他的到来……你可以和孩子一起看这方面的书——在书店或图书馆，你们可以共同选择图书，这样沟通会更顺畅，也有利于孩子表达自己的感受。

要尽力理解孩子的反应。孩子会感觉到这件事情的重要性，他会对妈妈表现出攻击性，但不会一直持续。"她是个坏妈妈，我更喜欢你。"3岁的阿丽安娜对奶奶说。他也可能会向小伙伴或玩具发泄，甚至会直接攻击妈妈的肚子。当妈妈的孕相刚刚开始显现，当第一次给新成员置办东西，孩子会或多或少地有过激的反应，这是在怀念他的婴儿阶段，他对那段时光仍旧有记忆。这段记忆会在5—7岁的时候被抹去，成为我们的潜意识。

借助你和孩子的亲密时光，心平气和地与他谈谈，给他看照片，帮助他冷静下来，不要让他的正常反应转化为嫉妒。告诉孩子当时你也是用同样喜悦的心情等待他的到来。你的爱、你的关心会向他表明他在爸爸妈妈的心中始终占有重要位置。

> ### 帮助你家老大
>
> 如果两个孩子的年龄差为3岁或以上，要把他当大孩子对待。比如：妈妈照顾小婴儿的时候，爸爸带他出去玩；和往常一样去见他的朋友们，或者比他大的孩子。当然，也可以反过来：爸爸在家照顾小婴儿，妈妈带着老大出门，陪他玩，听听他的心里话，和他聊聊天，给他爱抚。

兄弟姐妹之间：嫉妒和竞争

当你沉浸在新生命降生的喜悦中，也要考虑一下你家老大会做何感想。有些孩子会自然而然地接受这个新状况。巴斯蒂安2岁半，刚有了一个弟弟。"再见啦，儒勒！"早晨要去上托儿所的时候他对弟弟说。他很喜欢看他喝奶，抚摸他，在马路上帮忙扶着婴儿车，一家人其乐融融。

要不断地向孩子传达你的理解和爱。对大多数孩子而言，一个新生命的到来意味着他不再是大家关注的焦点，如果孩子还小的话，这就有可能引起他的焦虑，我们会误认为这是嫉妒。其实，这是羡慕、失望和胆怯的表现，而不是竞争意识，竞争意识会在之后出现，在三四岁的时候转化为嫉妒。

面对孩子的过激言行——在接下来几个月的时间里有的孩子会斩钉截铁地说："我不喜欢这个小宝宝，能把他扔了吗？"不要放大孩子的这种行为，也不要训斥他，但是要关注他的一举一动。如果他态度慢慢缓和，那就没问题了。看着所有人都对新生儿关爱有加，他就会想，如果他也像这个小婴儿一样吸手指、尿裤子，是否也会被喜欢。你应告诉他，当他是个小婴儿的时候也得到了同样的照顾、关心和赞美，你们一起度过了那段美好时光，而且他有想重温那段时光的想法是很正常的。

正如精神分析学家伊莲娜·阿莱和伯纳德·蒂斯所说，老大会有这样的想法，"到我了，我也想重新感受同样的事情、同样的关心"。孩子的这种诉求表达出来的，是希望得到父母重视的情感需求，不要将其与嫉妒和兄弟姐妹间正常的竞争混淆。要理解老大痛苦的原因，保证给他足够的爱，不要为了给新生儿腾地方而让他换房间。如果在你生产期间他正好入学，一定要注意他的表现。

如果老大想找人陪他玩游戏却没有得到回应，就很容易爆发问题。可以给他看自己婴儿时期的照片，帮助他理解现在的情形，如果在妈妈妊娠期间父母能够体谅孩子，孩子的焦虑会大大地减轻。竞争是一种习惯和自然反应，也有其意义：可以丰富兄弟姐妹之间的关系。在每天的家庭生活中，小一点儿的孩子经常会嫉妒大一点儿的孩子，因为总是由哥哥或姐姐先尝试新鲜事物：从理发到上学的书包。他每次都会因为这些新情况而烦恼，也正因此，他才会慢慢进步。通常，我们对老小的要求会比较低，让他承担更少的责任，但是他也会如愿去经历哥哥或姐姐经历过的事情（做家庭作业，上舞蹈课、柔道课，等），所以，他也会更聪明、更伶俐。

最后，我们要了解同性和异性孩子之间的竞争是不一样的。当兄弟姐妹之间发生冲突的时候，父母应根据每个孩子的年龄、性别和家中排行给予其帮助和调解。

独生子女

这类问题现在比较常见，因为夫妇生育年龄越来越晚。在我们看来，问题的焦点在于想再要一个孩子的强烈愿望，和接受也许不能再生育的现实之间的落差。不应将这个重担压在已有的孩子身上，这是夫妻、父母的责任。

作为独生子女，在成长过程中，父母和周围的人的陪伴方式会影响孩子的现在和将来。确实，同样是与妈妈亲密无间，并得到爸爸独一无二的关怀，对受到过度保护的一个小女孩或小男孩的意义是不一样的，可能会影响他与别人交际的能力。婴儿出生后最初几个月接收到的信息内容至关重要：给他足够的情感安全，认真感受他的需求、愿望和欲望，这些都会影响他日后的成长。

"我39岁了，有一个3岁的女儿。我经常会有再要一个孩子的想法，我的丈夫不愿意。虽然他也很享受做爸爸的感觉，但他认为我们都不年轻了，应该把精力放在抚养这个孩子上。我既担心将来会后悔没有再要一个孩子，又害怕如果有了弟弟或妹妹，我们的小阿黛尔会不开心。"

——阿尔宾娜

双胞胎

当父母得知他们将拥有一对双胞胎时，他们的心情是矛盾的，也伴随着喜悦和紧张。同时迎接两个新生命当然会很开心，尤其当这是他们期待已久的孩子时；遗憾的是，他们无法体会到只有一个孩子时与他建立的特殊的、强烈的情感。拥有两个孩子的喜悦、发自内心的骄傲、面对即将到来的责任的不安，孩子出生后将要面临的翻倍的工作——因为要迎接两个

孩子，双胞胎准爸爸和准妈妈要做更多的工作与物质准备。这一点容易理解，双胞胎的诞生会引起生活的巨大改变。分娩之前要考虑许多实际问题和财政问题：要搬家吗？要不要换一辆大一点儿的车供全家出行？而且照顾一对双胞胎也需要更多的时间和精力。为了不把自己搞得太狼狈，产假结束后，父母们一定要寻求家人、朋友或社会服务团体的帮助。孩子们的出生体重通常会比较轻，喂食需要付出许多额外的精力，而且还是一下两个！但是，等到克服了前几个星期的困难，生活步入正轨，父母就会收获双倍的快乐。

"一个家庭一下子获得了两份温柔。这些辛苦都是值得的！"

——萨伊达

两个人的世界

养育双胞胎时，一定要关注他们之间的特殊关系，最常见的情况是：双胞胎中的一人很少会独处，所有的活动、经历、探索，另一个都会参与、分享，既是观众又是同谋。两个孩子有时候会亲密无间，当我们喊其中一个时，两个人都会同时应答。他们也会互相起代号。有些双胞胎之间会互称"你们"，因为大人经常会同时这样叫他们。许多双胞胎之间会有自己的暗语，其他人理解不了，而且有些暗语会一直用到他们成年，专家们将这种语言称为密码。他们相互理解，互为补充，互相满足需求，不需要像非双胞胎的孩子一样努力理解别人的话或者努力让自己被理解。而这样的成长经历产生的结果是：双胞胎通常说话都比较晚，如果父母不多加注意的话，还会更晚。

有时候双胞胎不太合群：每时每刻都有一个游戏伙伴和可以相互理解的聊天对象，双胞胎接触外界的需求比其他孩子要低。

在他们自己的小团体里，双胞胎分工明确。他们很早就会分配任务，充分利用各自的长处：一个更强壮，另一个更聪明；一个负责"外部"联络（比如他来回答别人的提问），另一个负责"内部"事物（分配玩具）。有时候角色也会反转。如果是异性双胞胎，女孩通常是领导者。

但是，每个人都是独一无二的

双胞胎二人之间的相似以及二人的小团体都会令父母和周围的人感到惊奇。我们通常会认为双胞胎中的一个是另一个的复制品，二人互为灵魂伴侣，两个人完全相似，生活方式也完全相同，这种观念深入人心。但是，孩子并不这么认为：他还不知道自己的样貌呢，他要到很久之后才会借助镜子、照片或影像认识自己的样貌。所以，在头几年，他并不知道他的孪生兄弟与他相像，从在子宫内，从出生起，他都认为自己和另一个人是不同的，直到2—3岁，甚至更晚，双胞胎才会意识到两人的相似性。

在打基础的前几年，孩子们已经建立了自己的性格基础。他们的"我"和其他人是不同的，他们通过"反作用力"来相互成就，比如二人每天的相互联系，包括相互模仿和相互刺激。很快，你会发现在某些领域，双胞胎中的一个会控制另一个，在其他领域则被另一方控制。因此，每个人都会形成自己的性格，生活方式也会彼此不同。所以，如果父母们已经了解了很多这方面的相关研究，现在应该明白：不要鼓励双胞胎之间相互模仿、相互依赖，而是要让他们发展自己的个性和独特之处。

雷内·扎佐（伟大的心理学家，对双胞胎在头几年内探索、建立的二人世界做了大量研究）在自身研究的基础上，归纳、统一了前人的观点：每对双胞胎从出生起就应该被父母和周围的环境区别对待，这有利于形成自己的个性和独立性。正是由于周围环境的影响，自出生起，每个孩子都被当作一个完整的人对待，从而形成自己的性格，不会活得"和另一个一样"。但是，有一个不可改变的事实：随着时间的流逝，由于他们相似的基因，孩子们之间会形成团结、互助、互补的观念，这也会伴随他们的一生。他们之间的亲密度、经历的事情、不同的命运，尤其是在生命的前几年父母对他们的培养，都会影响双胞胎彼此关心的程度和性质。

实践

以下是几条帮助双胞胎宝宝个性化成长的建议，前提是要尊重他们相互之间的依恋。

● 选择发音和首字母不同的名字。避免相近的名字：蕾雅—蕾拉，诺一—诺雅，塞西尔—奥黛尔等。尽量叫每一个孩子的名字，尽量不要用"双胞胎"这样的称呼。也许周围的人会用这种称呼，但是至少父母不能用。

● 尽量给他们穿不同的衣服，因为总是穿一样的衣服不利于区分他们。同性别的双胞胎通常会穿着一致。新生儿的衣服，最简单的办法就是选两个颜色。这样可以在你犯糊涂的时候帮助你区分他们。这也可以帮助到其他人，他们往往比你更难区分他们。

● 孩子出生后，可以让他们互相靠近，这是他们在子宫里时的状态；如果你的孩子要在暖箱或新生儿科待几天，看护会把他们挨着放进同一张床上，不要感到惊讶，他们会平静下来，互相触摸，找到对方。医生会建议你在家也这样做。等到时机成熟，你可以把他们放到不同的床上，偶尔也可以放在不同的房间。

● 在他们很小的时候，就给他们玩不同的玩具，并且给每人准备一个抽屉，放自己的玩具。

● 从最初的几周开始，就可以给每个孩子安排和爸爸妈妈独处的时间，让他们有更私人的接触，刺激他们去表达。

● 要避免爸爸总是照顾其中的一个，而妈妈照顾另一个（经常会有这种情况发生）。每个孩子都既需要爸爸又需要妈妈。

● 不要给每个孩子一样的微笑、一样的玩具、一样的饼干。应该从小就培养他们有不同的目标和特别的兴趣。当父母一起照顾其中的一个孩子时，他们会担心另一个孩子不开心。请放心，这样做，孩子们反而学会了等待，而且明白"每个人轮流着来"的道理。

● 从3岁开始，就可以尝试着将双胞胎分开一小段时间：比如，去朋友家玩一下午，去爷爷奶奶家度过一个周末。

● 幼儿园通常是他们学习分开行动的理想的地点和时机：不再一直黏在一起，会交到自己的朋友（即便我们发现双胞胎经常会有共同的小团体）。如果家长希望、老师同意、幼儿园有条件，可以从小班开始将两个孩子放在不同的班级，或者也可以等到中班或大班。双胞胎不一定有一样的优势脑：如果一个惯用右手，一个惯用左手，也不要感到吃惊。

● 孩子一天天长大，他们的性格也会逐渐显现。需要注意教育方式，比如如果一个做事比较慢，不要催他，而是要帮助他（穿衣服，停止玩游戏等），也不要打乱另一个的节奏。

收　养

在当下的社会，人们对领养的认知还停留在生物学上的血亲不对等，许多人还是认为它比血缘关系低一等，这也导致了有些养父母不会全身心投入地照顾孩子。养父母要体会到做父母的感觉，也要让孩子感觉到父母的爱，这一点很重要。领养了孩子后，一定要告知孩子他的来历。婴儿从出生起就能感知情绪，虽然听不懂，但也能明白哪些话与他有关。如果在孩子很小的时候养父母就能勇敢地告诉他，这比等他长大后再说更容易让他接受。你可以和他一起读收养方面的书，看他之前的照片，让他觉得你们可以解答他的疑惑。这样顺其自然，便可水到渠成。

被收养时孩子年龄越大，他之前的经历就越多。了解、尊重他的过往，才能更好地理解孩子，以及他可能会有的痛苦或焦虑。通常，养父母不敢和孩子提起他的亲生父母，害怕孩子因此疏远自己。事实证明，大多数情况下，亲生父母对孩子的影响很小。所以，试图抹去他们的痕迹只会引起麻烦。

孩子会需要一点儿时间来适应新家庭：新的环境、习惯、声音、气味、亲昵关系，一切都是新的。有的孩子被收养时可能还需要接受治疗，这可能会引起孩子和父母的焦虑，但是很快，他就会融入新家庭，被所有人——祖父母、朋友、邻居接纳。如果哪天你的孩子遇到挫折，不要把问题归咎于领养，所有的孩子，无论领养与否，都会遇到问题。

重组家庭的核心

经历了分手、离异之后，爸爸或妈妈会有想重组一个家庭的想法。5岁的露易丝就希望她的妈妈能找到"一个恋人"，尤其是在和妈妈离婚之前，爸爸就很少出现。没多久，露易丝就接受了家里的新成员，以及对方每隔一周来一次的儿子。

而7岁半的亚瑟却不接受除他爸爸之外的男人和妈妈一起生活。他一回到家，就会搞得家里鸡犬不宁——他不想妈妈组建另一个家庭。

在重组家庭中，有的孩子与家人相处融洽，有的却完全相反：不愿意分享房间、玩具和日常生活。纳蒂亚完全接受妈妈再婚，但却不愿意与新爸爸的女儿共用一个房间。

后来他们生了一个宝宝，纳蒂亚和他共用一个房间，事情才得以解决。

但是，一个新生命的到来也可能会激发已经平息的矛盾。孩子的内心深处，甚至潜意识中希望爸爸妈妈能复合，新生命的降生让孩子不得不面对另一个家庭形成的既定事实。他可能会对爸爸或妈妈及其新配偶甚至新生儿表现出有攻击性的行为，而且经常会压抑自己的情绪。一味地溺爱他是解决不了问题的，而是应该理解他、帮助他，让他表达自己的真情实感。

状况多种多样，我们不可能面面俱到。**以下是几个重点：**

● 在相互接受的过程中要有耐心：成年人和孩子之间的"相互接受"，需要时间，循序渐进。每个人都需要时间相互了解，建立感情。佐伊爸爸的新妻子没有孩子，佐伊很快就接受了她，但是看到父女间的亲密互动，她的继母会难过，觉得自己像个外人。爸爸意识到了这个问题，就尽可能地让佐伊和他的妻子相处，让她们互相了解，培养感情。有时候，新爸爸或新妈妈会过于理想化，想要和孩子有情感互动，但是孩子并不愿意，这也是沮丧和压力的根源。

● 给孩子预设时间点，让他能够预见即将到来的变化，并能够承受这些变化。这样就能够避免分离的痛苦，轮流住父母家的时候也不会感到太拘束。阿娜伊斯3岁，她还太小，无法理解周末和假期轮流住父母家这件事。每次维克多——她的新爸爸的儿子来家里的时候她都会闹脾气。她的妈妈给她画了一个日历，维克多要来的日子都贴上了他的照片。看着日历，阿娜伊斯就知道维克多什么时候会来。而维克多再来的时候，也不会觉得自己像个外人。

● 态度和方法要柔和，避免产生教育上的矛盾和冲突。6岁的伯纳德在笑嘻嘻地讲刷牙的事情："在妈妈家，妈妈说牙刷应该是干的，这样刷才更有效。但是爸爸每次都会问我'你把牙刷打湿了吗？'"不一会儿，伯纳德就哭了起来。儿科专家认为这种教育矛盾背后隐藏的是双亲之间的深层矛盾，这种矛盾可能解释了伯纳德的入睡困难。

- 不要哄骗他，或者刻意表现得像个"好朋友"。孩子不是那么好骗的，感情的建立是需要时间的。

- 尊重孩子的依恋之情。父母离异后，孩子会因为自己喜欢上另一个人而产生负罪感，从而经历一种"忠诚冲突"。这时候需要安慰安慰他：你喜欢爸爸的新妻子，并不意味着妈妈在你心里和生命里的地位就消失了。

单亲妈妈抚养的孩子

许多妈妈会选择单独抚养孩子，原因有很多：离婚后，爸爸会慢慢地甚至突然间就疏远他们，或者只会偶尔出现一次。也有的妈妈在知道自己要单独抚养这个孩子后依然把他生下来。还有其他一些更少见、更棘手的理由（父亲去世、患病等）。因此，与孩子谈起他的父亲的方式也应因情况而异。以下是普遍适用于各种情况的建议。

"我的儿子5岁了，一直不愿意去他爸爸家，他觉得爸爸太严肃了——我也这么认为。多亏了儿科专家的鼓励，我和我的前夫探讨了这个问题，现在，他们会定期见面。"

——阿加特

每个孩子都会想念爸爸

虽然他在你和孩子的生活中缺席，也没有物质上的贡献，但是他仍然有举足轻重的地位。和你一样，他是孩子降生的根源。父亲的身份是既定事实，所以，这个男人无论于母亲而言还有没有情感牵挂，对孩子来说都很重要。

如果爸爸出现了，孩子就会很高兴，不论妈妈高兴与否。所以，即便是被丈夫遗弃，对其有很多的不满，想要远离他，抑或是两人互不往来，妈妈也应给孩子树立一个良好的父亲形象。如果爸爸在孩子的生活中缺席，或者妈妈闭口不谈爸爸，可能会引起严重的后果。这样一来，寻找爸爸的愿望可能很早就会植根于孩子心里，并将伴随他的青少年和成年时期，在成长过程中的每个阶段他都会有此疑问，需要获得答案。对于父亲，如果孩子感受到的是母亲的怨恨或失望、痛苦以及矛盾，那么他会通过母亲的这些表现，自己塑造出一个从未见过或很少见到的父亲的形象，并对男性整体产生一种抗拒或恐惧情绪。也有可能，他会对父亲或周围其他人的父亲产生一种迷恋或强烈的好奇心。妈妈可以通过和孩子进行简单、真诚的沟通帮助他克服这些困难，不但不能掩盖真相，还应用孩子能接受的方式实事求是地告诉他，如此，孩子才不会背负心理压力，也不会因为这些问题而影响到他的生活和人际关系。换言之，孩子有权利知道他的爸爸是不完美的，但是这不是孩子的错，而且这些问题也不应该干扰到他的日常生活和未来。

寻找平衡

妈妈的本能反应就是要弥补因前夫离开而给孩子造成的缺失，以致易和孩子之间形成一种过度保护、专制的关系，这会阻碍孩子获得独立的能力。从一开始，托儿所、街区临时托儿所就会让宝宝与其他孩子接触，让其他人来照顾宝宝，之后，上幼儿园，各种各样的活动会扩大孩子的视野，妈妈和孩子之间也会形成更均衡的关系，他的生活也会向外扩展。

当妈妈独自一人抚养孩子的时候，她要承担两个人的责任，任务会更加艰巨，树立权威，尤其会是个问题。孩子会自然而然地去试探妈妈的耐心，还可能变得很挑剔。不要气馁，要不断调整战术，恩威并施，你们之间的关系就会逐渐明朗。如果孩子感受到关爱，并且妈妈把他的生活安排得井井有条，那么他也会像他的同龄人一样，在进步和退步的交替中茁壮成长。

单亲爸爸抚养的孩子

爸爸单独抚养孩子的情况并不常见。爸爸单独抚养孩子的原因有很多，例如：妈妈离开，离婚时的司法判决，疾病抑或是死亡……

这和单亲母亲的情况一样，也会有各种问题：磨合期间的矛盾、孩子自我封闭、局促不安或攻击性的言行、抑或是理想化。答案也是一样的：扩大家庭和朋友圈，多与其他家庭往来。不论是男孩还是女孩，女性和母亲的形象对他们的成长都很重要。

雨果的妈妈在他6个月的时候就离开了，她想改变自己的生活，彻底切断了与父子俩的联系。雨果的爸爸请求一位好朋友的妻子做他儿子的教母。这位妻子也是一位母亲，她经常接送雨果上学，邀请他一起度假或外出游玩。她的善良并不能替代妈妈在雨果心中的地位，但是她给他塑造了一位良好的母亲和女性形象。

今天，我们可以稍微客观地评价由爸爸抚养的孩子。有些人会惊讶于父亲们在日常生活和情感生活中展现的能力，可能是因为他们忘了这些爸爸也曾是孩子，妈妈的教养在他们身上留下了烙印。

祖父母

祖父母在家中享有重要地位，他们在孙辈的日常生活中起到了重要作用。他们会陪孩子去托儿所、学校、小公园。孩子生病或不上课的时候，他们会来帮忙；辅导孩子写作业时，他们比父母有更大的权威和耐心；他们会和孙辈玩角色扮演游戏，或是一起踢足球……除了这些日常贡献，一种微不可察但极其重要的纽带正在建立：祖父母将孩子们的现在和家族的过往完美地串联在一起。

"和我说说妈妈做过的蠢事，还有你是怎么惩罚她的？""爸爸呢？他的成绩真的一直都很优秀吗？"得知爸爸妈妈也曾经历过他们的年纪，也有过童年，孩子们高兴极了。

讲完了家长里短，还有神话故事和历史传说，以及各种各样的讲不完的书和CD，爸爸妈妈们每天忙忙碌碌，往返于家和工作单位之间，没有时间顾及这些。

当夫妻离异，或者家庭重组时，祖父母也可以成为孩子的依靠和支撑。他们了解这个家庭的过往，代表着稳定和长久。这也可以给孩子们以安慰，帮助他们在新家中从零开始。

但是，除了这些积极因素，还要注意一件事：祖父母要避免插手爸爸妈妈的事情，有时候也要懂得保持沉默！不要总是反对爸爸妈妈们的教育理念，这不利于他们树立父母的权威。这不妨碍祖父母自己立规矩，尤其是在祖父母自己家：他们可以在爸爸妈妈床上蹦蹦跳跳，并不意味着在祖父母床上也可以。

以上所说的祖父母都有大量空闲时间，但是有一些祖父母时间较少，他们要工作，参加各种活动、旅行，不能花太多时间照顾孙子孙女，他们的孩子的压力就会比较大。

如果祖父母很少有时间看望孙子孙女，或者住得比较远，可以给他们写信、打电话或发短信，偶尔也可以寄个小礼物，总之，一定要保持联络。即便比较忙、距离太远，或者不得不因此改变自己的习惯，祖父母也要尽可能多地去看望自己的孙辈们。在这个家里，祖父母们的地位很重要，要利用好。

祖父母不经常来或者不来看望孙辈，有可能是因为和儿子（或女儿）或儿媳（或女婿）的关系不好。他们会感到伤心、难过；他们会认为自己的血缘被斩断了，无法传递上一辈爱、家族故事和人生经验。他们因此郁郁寡欢，无法看着孙子孙女长大，享受不到天伦之乐，无法重温自己孩子童年时的美好时光。

情绪和行为：孩子的性格

自 信

宝宝通过照顾者的目光、声音和动作，每天都在鼓励、保护和安慰中成长。他们会通过各种表情和动作表达自己的需求、惬意或不适：吃完奶后会很放松；被抱起来后会很满意；如果他饿了，想要爱抚，或者身体不舒服，他就会大哭大叫。

在与宝宝相处的过程中，你很快就能理解他的需求，渐渐地，也能判断出他的情绪：有时候是令人不安的情绪，比如悲伤、不安、回避、厌恶、消极；有时候是令人开心的情绪，比如高兴、愉悦、好奇、惊讶，并由此做出正确的回应。这是孩子获得安全感的基础，也会让他对自己有一个正向的认知。他会意识到自己需要依赖他人，而其他人也依赖他，他会因此表达对生活的积极愿望，和探索世界的愿望。

他会慢慢意识到自己是独立于亲人的一个完整的个体，也会建立起对自己和他人的信任。孩子慢慢长大，他会明白他的所思、所感和所为对周围的人很重要，我们会见证他茁壮成长，形成自己的性格。

2岁的艾莉兹喜欢去小公园玩，但是每次到了小公园，她都不愿意离开妈妈。妈妈没有烦躁不安（比如告诉她："如果你不玩，以后咱们就不来了。"），而是泰然处之。她知道女儿在观察之后才会有所行动，就不去催促她，她会一点点地鼓励女儿，给她自信："看，玩滑梯多有趣呀，你滑得太好了，棒极了！"应任由孩子自己去从一而终地完成一件事，不要替他做事，也不要替他说话，这才是帮他。

如果周围的人没有给予孩子信任，或者需求没有得到恰当的回应，有些孩子的情感和人际交往会变得很脆弱。他们很容易心理受挫，害怕不成功，变得胆怯，会开始怀疑自己的能力和实力，形成消极的自我认知，对自己和他人的信任也会降低。

5岁的马特奥总是自己待在操场上，不敢参与到游戏中。在家里，他永远不满意自己画的画。他对爸爸说："我真是一无是处。"有一天，他的幼儿园老师想出了一个好主意，她把马特奥的画张贴出来，并向马特奥和他的爸爸妈妈夸赞了这些画，由此，产生了积极的连锁反应。

但是鼓励孩子，肯定他的能力和进步，并不意味着要把他捧成"大明星"。一味地表扬孩子或者过度表扬并不利于孩子获得自信，反而会适得其反。当他离开家庭生活圈，他不会受到同样的关注，也理解不了为什么自己不再是世界的中心（即使他做出一些蠢事试图引起大家的注意）。在融入团体或交朋友的过程中，他可能会屡屡受挫。

攻击性：阶段还是信号？

在孩子成长的头几年，当他无法用语言表达自己的感受时，会表现出一定的攻击性，这是正常现象，是孩子在展现他的性格，表示自己内心的沮丧或不悦。

举个例子，雷奥和奥斯卡很快适应了集体生活，学会了分享玩具和来自大人的关注。而爱丽丝的妈妈则拒绝满足她所有的愿望，爱丽丝对此做出了激烈的反抗。

"2岁的雷奥和托儿所里的一个小男孩大打出手……"

"奥斯卡22个月，在小公园的时候总是和其他小朋友起冲突，回到家里会乱扔玩具，还会打我……"

"爱丽丝15个月，当我去育婴保姆那里接她的时候，或者我拒绝她的要求时，她就会打我，挠我的脸。"

"我试过所有的办法，严肃教育、站墙角、耐心解释、无视他……但是收效甚微。"

——爸爸妈妈们写给我们的信

孩子每次跨越成长的重要阶段时都会有这种反应：抗拒、愤怒、拒绝服从等，这些都是成长过程中建设性的、重要的表现。

一定不要用强硬、严肃的态度回应他，这是一个成长的阶段。而且，如果家长反应太过强硬，反而会引起孩子的逆反心理。

要营造一个利于成长、安全的生活环境，制定规矩和禁令：一个有攻击性的孩子通常是一个自觉受到了情感虐待的孩子。用简单的话语告诉孩子，爸爸和妈妈理解他生气或伤心的原因；同时也要有轻柔的安抚动作，这并不会让你失去威严。这样，孩子也会明白父母是在为他着想。总之，要宽容地对待孩子，以便化解矛盾；同时，也要表现出必要的坚决态度。随着孩子一天天长大，他会学会用语言表达自己的情绪。

如果仍有攻击性怎么办？一般来说，随着孩子的成长，攻击性会降低。但是如果孩子仍然有攻击性行为，且在任何情况下这都变成了他的一种交流方式，这代表了一种情感障碍，也是在向爸爸妈妈发出警示。不要抱怨"我的孩子真讨厌"，而是要反思引起这种暴力行为的原因。原因会有很多：是因为父母太严厉了？他是想引起漫不经心的妈妈或是忙碌的爸爸的注意吗？是因为父母的争吵让他不安了吗？是因为嫉妒吗？是因为父母之前对他百依百顺，他现在有了更过分的要求吗？父母是否应做出改变？是因为模仿了父母、哥哥姐姐、托儿所其他小朋友的攻击性行为吗？是对他周围存在的行为的复刻吗？

孩子特别喜欢模仿大人，心理分析学家称之为**"对施暴者的认同"**。玛尼爱拉不喜欢她的妹妹，在妈妈怀孕的时候，她会去打妈妈的肚子。妹妹出生后，她的行为愈发暴力，爸爸妈妈惩罚她，不让她靠近妹妹。在面对同伴和毛绒玩具时，玛尼爱拉也变得很粗暴，她会用同样的动作回击爸爸妈妈（打手），还会使用同样的词语（"够了""你真坏"）。小姑娘觉得自己被父母冒犯了，所以她模仿他们以自卫，她还会把这种攻击性转嫁到别人身上。在这种反应刚萌发时，玛尼爱拉的焦虑和悲伤没有得到安慰。在这里，爸爸可以扮演一个很重要的安抚、鼓励的角色。

孩子也会模仿**荧幕中**的暴力行为。如今，我们都知道这种画面的影响。一个家庭中，小孩子有可能会和大人们看同样的节目。当孩子对同学做出攻击性的举动时，注意此时他的用词和动作：他通常会模仿给他留下深刻印象的动画片或电影。因此，要让孩子远离这种类型的电视节目，并限制他们观看电视节目的时间。

不论是何原因，孩子的攻击性都是一种**内心痛苦**的外在标志，一定要设法找到原因。和孩子聊聊，但是单纯地讲道理是无法让孩子改正的，当他做出某个举动时，他需要的是爱，而不是被否定。如果你无计可施，可以请教儿科专家，如果儿科专家也无能为力，那么就带着孩子，父母三人一起去请教心理学家或儿童精神病科医生。

面对孩子的这种反应，我们也应该反思是否自己给孩子施加的压力太大，是不是因为孩子还太小，无法承受目前的时间和行程安排，以及过早的起床时间。其实，这种生活模式也是我们这个社会施加给孩子的暴力。反思孩子的攻击性问题，也是在反思我们自己，反思我们给他安排的日常生活是否合理。

自我攻击

9—10个月的时候，婴儿会产生一种强烈的攻击性，但是他还无法将之外化，于是会作用到自己身上：他会用头去撞击床上的横杆、地面和墙（可能会受伤），剧烈地摇晃婴儿床的床栏，无法平静，还会啃手指等。这些行为是他在向自己发泄自己的压力。可以向儿科医生或心理医生咨询，帮助孩子放松、解压。

任　性

　　孩子2岁—2岁半之前，我们不能随意下判断，说他们任性。但是，我们收到的很多父母来信里，关于越来越小的孩子的"任性"问题日益增多。"马蒂斯1个月大，他不愿意待在躺椅上，每次都会哭，直到我抱起他。这是任性吗？""我们的小伊娜（10个月）越来越任性了，每天晚上当我们把她放在床上时，她都会哭闹。"

　　不，一个小婴儿是不会任性的：他除了哭没有别的办法来表达自己。婴儿是很脆弱的，他要完全依赖他的亲人、照顾他的人。马蒂斯不想自己一个人躺在躺椅里，他想要抱抱，被抚摸，伊娜则是在表示她不想和爸爸妈妈分开，想要得到安抚。当大人及时满足小婴儿的需求时，并不会给孩子养成我们常说的"坏习惯"；相反地，经过前几个月的相处，孩子会慢慢形成对他人和自己的信任。

　　"2岁的克莱蒙大声尖叫，因为你刚刚要求他去洗澡。"
　　"2岁半的鲁伯娜在跺脚，因为你不同意她看第三集动画片。"
　　"3岁的奥宾在超市的地上打滚，因为他想让你买一辆小赛车。"

一个混乱的阶段

　　孩子任性会让父母很头疼，甚至会因为激烈的"争吵"而引发祖父母、邻居，甚至陌生人的谴责。

　　首先，要理解你的孩子。在育儿过程中，相比于孩子引起的怒火、焦虑，更多的还是岁月静好的生活体验。超市里每一样东西都很诱人（糖果、小玩具等），而且都摆放在他能够得到的地方，所以孩子也许会受到诱惑去拿；或者是你的女儿因为不能看动画片而大喊大叫，这不是因为她脾气不好，而是花花绿绿的荧屏太容易令孩子上瘾了。

　　放宽心，每个孩子都会任性，这是他们成长过程中一个正常现象。学会走路和说话后，孩子就获得了自理能力与各种技能，这会让他觉得自己是无所不能的。他会视自己为一切的中心——这是这个阶段的正常反应，不愿意别人反对他，他会试探周围的人，看看他们的界限在哪里，这就是为什么当我们不满足他的愿望时，他会有任性的行为。反抗父母会让孩子觉得自己是一个主体，这个说"不"的阶段对孩子来说是一个具有建构意义的阶段。他在学习用自己的方式和掌握的技能来表达想法、情绪和愿望。相反，如果这个年龄的孩子非常乖巧听话，那倒是应该更让人不安。

怎样应对任性？

要在第一时间去了解发生了什么。孩子在街上突然不想走了，也许是因为他的新鞋不合脚，也许是因为你走得太快了，也许是他看到了一只让他害怕的狗……他现有的词汇不足以表达所有的感受，所以他才会哭闹。孩子会焦躁、跺脚、在地上打滚……那就让他表达自己的怒气。和他说这些是没有用的："你这样真是太可笑了！""不要再哭了！""你不觉得丢人吗？"……

太小的孩子根本听不进道理。孩子不开心了，他有权利表现他的不开心。要告诉他："我理解你现在很生气，但是我无能为力，你要自己平复心情。"你还要让孩子明白，规矩是由你来制定的，但是你也能理解他的情绪。说话时要温柔而严肃，你的冷静（并不容易做到）会帮助他平息怒火。等到他情绪略微缓和了，你宽慰的话语和温柔会有助于终结这次危机。

所以，在面对孩子的任性时，**要记住这些**：

● 暴躁易怒的情绪是会传染的。孩子可能感觉到你的焦躁，即使你并不是针对他，他也会觉得与自己有关，于是冲突就开始了。事情不总是以这种方式发生，但却经常这样。

● 愤怒会不断升级。孩子不听话，你给他指出错误，他开始不讲理；于是你训斥他，他就发火；你又冲他发火，他便大声叫嚷；你也大声叫嚷，他开始大吼大叫。尽量避免这种连锁反应。

● 沉默和冷静有助于平息矛盾。孩子生气了，如果我们不回应他，他不会叫嚷太久。隔离的作用也一样："如果你想叫嚷，回你的房间去叫。"

选取孩子不任性的时候，告诉他：所有人，甚至"大人"都有要遵守的规则或履行的义务。不一味地满足他的需求，有助于让他接受父母设定的规矩框架。3—4岁的时候，可以让孩子参与决定与他有关的事情，征求他对某些事情的意见："红色和蓝色的衬衣，你更喜欢哪一件？"尊重女儿想剪短发或留长发的想法。孩子也想拥有话语权，他想成为家里重要的一员，他有这个年龄的思维方式。

如果任性一直持续

随着孩子慢慢长大，在你的帮助下（理解、安慰，不随便妥协），孩子就不会那么任性了。但是如果他还是经常发火，这样的情形越来越剧烈且经常出现，就有必要反思一下这是为什么了。他的日常生活是否有规律，是否有规矩？他的睡眠足够吗？上学是不是太累了？他是不是想引起你的注意，因为你没有太多时间陪伴他？是不是因为你太严厉，要求太高？他是在嫉妒哥哥姐姐吗？你是不是太紧张或者保护过度了？你平时也会大喊大叫吗？同样，第三方（儿科医生或心理医生）的建议也许会有帮助。

好动的孩子

许多婴儿在出生后的前几周会表现得烦躁不安、手脚乱舞，之后就会慢慢地放松、安静下来。他们会在活动时间和休息时间之间找到合适的节奏。但是有些孩子在给他穿衣服的时候会扭来扭去，洗澡的时候会溅得水四处都是，不停地变换姿势，当他们长大一点儿后，这些孩子会较早学会爬行、站立，喜欢触摸一切东西：他们有自己探索世界的特殊方式。大约18个月的时候，这些孩子会变得好动、冒失、"烦躁"，因为这种孩子通常精力比较旺盛。

对这种好动孩子的认可度取决于周围环境的容忍度。有些父母乐于看到孩子的这种表现，有的父母尚可忍耐，但有的父母则不堪其扰、忧心忡忡。等到上学了，精力旺盛的孩子容易出现注意力不集中、行为冲动、不听从指挥的问题，进而导致他们不被老师和同学接受，甚至遭到排斥。

千万不要忽视**电子产品**对孩子造成的的注意力不集中的不良影响。周围的人都认为4岁的亚尼斯是一个烦躁、多动的孩子，一个游戏只能玩几分钟，听不到大人对他讲话。但是，当妈妈给他放他喜欢的动画片时，他会一动不动。因此，她就越来越多地借助电子产品来让他平静下来。但是这个方法只会使情况恶化：孩子在荧幕前待得越久，就会越依赖外部的刺激来集中注意力，没有了荧幕，亚尼斯就会变得"无药可救"，如果一个孩子无法通过自身的力量找到刺激源，他的焦虑就会因无聊而泛滥。

给周围的人制造麻烦的孩子也会因为自身的挫败感而感到痛苦，这种痛苦又会加剧孩子的乖张行为，他们需要帮助。这个时候就需要求助专家找到孩子多动的原因：是因为焦虑，缺乏情感安全？还是因为孩子适应不了现在的家庭生活环境和节奏？或是因为某些健康问题？对于有些孩子来说，如果没了父母或学习的压力，问题会自然而然地消失。比如当他们和祖父母在一起时，祖父母家里有花园，有时间和他们一起玩家庭游戏，或者一些新奇、有趣、闲适的游戏，问题就会自然消失。有规律的生活、多做体育锻炼、严格节制看电视的时间，都是有效的办法。

"你说谎！"

在4—5岁这个年龄段，我们不能把孩子的行为定义成说谎或偷盗。正如我们在上一章节谈到的，这是一个充满想象的年纪，孩子对想象中的世界和现实世界的边界的认识是模糊的；孩子会想象，会对事实进行加工，但不会撒谎。

贾斯汀4岁，睡觉之前，她用小剪刀剪下一缕头发。第二天妈妈看到后，既震惊又后怕，于是问她发生了什么。贾斯汀意识到自己做了不该做的事情，就瞎编说她的好朋友来看她了，她们玩了理发师的游戏。看到妈妈的反应，贾斯汀知道自己做了一件蠢事，她编了一个逻辑不通的故事给自己找一个"出口"，但是这并不是撒谎，也无关道德问题。

如果孩子拿了一个不属于他的东西，这也称不上偷盗。5岁的瓦伦汀看到妈妈放在床头柜上的金手镯，就把它放进了自己的书包，送给了幼儿园老师（老师马上给他的妈妈打了电话）。

如果因此而惩罚孩子，给他冠以说谎或偷盗的罪名，会引起孩子的不解，令他丢失对自己和大人的信任，甚至会刺激他再次做出这样的行为。让·皮亚杰最先确立了道德判断的起始年龄：5—7岁。这不是说在这个年龄之前我们无须教育孩子什么事被允许、什么

事被禁止、什么是好的、什么是坏的，只是不应该过度强调这些事情。

孩子间的争吵

争吵会引发大声叫嚷的行为和紧张、焦虑的情绪，会搞得家庭生活乌烟瘴气。父母在各自的童年都经历过同样的情形，现在又不得不复盘这些争吵。有些人会说："太恐怖了，我会控制不住自己，像我母亲当初一样大声叫喊，而我对自己的孩子也做了一样的事情。"

人与人之间有意见不合是很正常的，对孩子来说，争吵是正常社交，是与他人关系的组成部分之一。仔细观察他们，你会发现争吵、斗嘴是一种正常的表达方式，就跟示好、交流一样。

但是如果争吵变成了孩子唯一的行为方式——在与他人的相处过程中，没有温柔，没有分享，也没有团结，那就需要多加注意，并咨询儿科医生了。如有必要，应咨询心理医生。

大人应介入孩子的争吵吗？通常，孩子的这种行为是为了吸引大人的注意，独占爸爸妈妈。开始时，我们可以表现得冷静克制，让孩子们自己去解决分歧，但是如果孩子们自己解决不了，并开始在行为上攻击对方，大人就应介入，但是要注意几点：

- 不要模仿孩子们的语气（比如大声喊叫等），因为这只会让气氛更紧张。
- 尽量理解每一个孩子的想法，引导他们说出想说的话。
- 想办法分散孩子的注意力，把他们分开。
- 不要给大一点儿的孩子"施压"，而只满足小一点儿的孩子的想法。

最后，也要考虑到孩子的年龄。在一些敏感时期（当孩子说"是我的"），孩子不愿意让出手里的东西是很正常的表现。我们要给孩子这个权利，可以尝试着和他们商量，用另一个东西做交换。

孩子发育过早

有些孩子会有发育延迟现象，有些孩子则会发育过早。如果孩子发育过早，应关注并尊重这一现象。

在上一章节中，我们已经学到了孩子各个发育阶段的标志点，能够更好地回应孩子的需求。但是，有时候很难评估婴儿的能力觉醒时间，因为在整个成长过程中可能会出现个别能力发育过早的现象：有些孩子的发育过早体现在语言上，有些是运动能力，还有的是感觉运动智力（孩子明白动作和其后果间具象联系的能力）。如果对孩子的状况感到担忧，可咨询儿科医生或者专家（心理医生、正音科医生、精神运动训练专家等），他们会对孩子做出正确的评估。6岁前儿童智力早熟度的测试称为韦氏学龄前儿童智力测验（WPPSI），由心理学家进行测评。

无论如何，都不应催促孩子提早发育，不要让早熟成为关注的焦点。比如，2岁的达米安认识各种颜色，语言进步神速，并开始能够做出一些有逻辑的推理，很显然，他是个早熟的孩子。在面包店里，妈妈试着教他做算术，让他数泡芙的数量，并区分哪些是咖啡的，哪些是巧克力的。排队的人中，有的人饶有兴致地观看，有的人则感到恼火。在这种情境里，达米安不再是一个陪着妈妈购物的小男孩了，他成了一个要不断炫技的小大人。

日常生活

谈话，交流，沟通

沟通的需求至关重要，这是一种人类与生俱来的需求。不管在哪个阶段，孩子都需要被人倾听，需要有人和他说话。但是不能为了说而说。

弗朗索瓦兹·多尔多是第一个关注与孩子"有效交谈"的科学家，她讲了一位妈妈的事例，这位妈妈知道应该与孩子交谈，但是她混淆了"说话"和"与之对话"的含义："她对我说她不停地和孩子说话，但是她说得越多，孩子越不愿意看她，最后孩子一眼都不看她了。她很伤心，她不断地和孩子说话，是不想被别人指责说她不和孩子说话！有一天，她反思自己：'我对他说话，我一直和他说话，只是我的嘴在说话，我早就厌倦了，他也是。'于是，我对他说：'我不停地在说话，但是你早就厌烦了，是吗？'这么长时间以来他第一次看向我，我也意识到他是对的。'如果我们少说点儿话，也许就会更好地面对对方。'她说得很对，我们不能为了说话而说话，尤其是当我们累了的时候，或者是我们在一心二用做其他工作的时候……"

交流的过程也包括手势、眼神、微笑和倾听，这是一种乐趣，一种对孩子恰如其分的关心。交谈可以发生在共读故事书、讲故事、一起散步、一起看一场演出，或者回答孩子好奇的问题的时候。与孩子交谈、沟通也是一种关心，是尊重他、陪伴他成长的一种方式。

适合孩子年龄的谈话

有些父母会用孩子理解不了的话和他解释、对话。克洛伊8个月大，由一位育婴保姆照看。每当保姆照顾其他小孩时，克洛伊都会"大发雷霆"。"我和她解释过很多次，阿姨不可能每时每刻都只照顾她，但是没用。"她的妈妈说。克洛伊还太小，理解不了这些解释，反而会增加她的不安。她需要的是有人温柔地回应、并理解她的愤怒：愤怒的原因既是因为伤心，也是因为她觉得在众多孩子中她是"唯一的"。而18个月大的亚瑟的反应则是在妈妈来育儿保姆处接他时就号啕大哭，不肯让妈妈抱（而这一整天他都很乖），在回家的路上他还会一直哭。"我和他说过很多遍我的工作，他这样让我很难过。"他的妈妈说。和克洛伊一样，亚瑟也听不懂这些解释。和许多孩子一样，他不得不面对生活中的现实；对他而言，和妈妈分开并不是一件容易的事，当他再次看到妈妈时，他会激动又难过，他需要理解和安慰。我们并不是建议不要和孩子解释，而是建议家长要用孩子能懂的语言和孩子交流，鼓励他说出他的感受，告诉他我们理解他的心情；同时，家长也要努力去共情孩子的感受，告诉他：分别很难，但是我们很快就会再见的。

家中的隐痛

一些家庭会向孩子隐瞒家中悲伤的、令人蒙羞的或犯罪的旧事，例如曾经有孩子去世、亲人自杀、养子或私生子、重病、监禁……如果大人没有在事件发生时或刚刚发生后就告

 小贴士

了解更多

当孩子询问有关存在的问题（比如关于他的出生）、一个秘密；或是他感受到的某种压力，一定要回应他——当然，前提条件是要考虑到他的感情成熟度。如果孩子没有得到回答，或者感到窘迫或禁忌，他就不会再问问题了。

诉孩子，事后，这件事会埋藏在他心底的最深处，很难再说出口，这个秘密就变成了饱含深意的沉默，秘密守的时间越久，就越难以再进行分享。但是，选择不说，只是在自欺欺人，觉得这件事能瞒过自己最亲近的人。"飘荡在孩子房间里的幽灵"，美国著名的心理分析学家塞尔玛·弗雷伯格这样形容这种家庭秘密；即使隐藏了这些秘密，成年人也会在不经意的举动和反应中露出马脚，孩子能察觉得到，但是理解不了其中的含义。

比如，一位妈妈在小公园里和另一位妈妈闲聊，她们的女儿们在一旁玩耍。突然间，她心乱如麻，情绪低落：她意识到，如果她的大女儿还活着的话，正在和她的女儿玩耍的小姑娘应该和她一样大。又如，一位爸爸正领着他4岁的儿子盖尔悠闲地散步，突然间却推开了他。原来这个孩子是他的继子，是他妻子和别人生的儿子，他刚刚有一刹那间突然觉得盖尔长得特别像他的生父。再比如一位年轻的小伙子皮埃尔·奥利维尔，他的家人一直叫他奥利维尔，但是他从来不敢问原因，也不敢提出反对意见。事实是，奥利维尔是他爸爸的名字，皮埃尔是爸爸的弟弟的名字，但是在他出生时就去世了；他的爸爸再也无法说出这个名字，这个名字总能让他回想起失去亲人的痛苦。

当某种隐痛一直困扰着父母，孩子能够感觉得到，还会认为有事瞒着他。他会认为自己是这种困扰的根源而感到内疚，也可能会因此缺乏安全感，例如，如果一个妈妈从来不提她的第一个孩子被他人收养了，那么后面的孩子也可能会无意识地感受到并受到影响，表现为言语障碍、焦虑等。

应根据孩子的年龄、理解能力、保守秘密和消化秘密的能力，选择说出秘密的时机。并不需要和盘托出，交代太多细节，也不要经常提起，但是要让孩子明白父母或祖父母的遭遇与他们无关。在孩子的人生中，有些事情不应该由他们来承受，但是应告诉他们，让他们知道等到他们长大了，就可以独立思考这件事情。

疲惫的妈妈，筋疲力尽的父母

成为父母意味着在一天内要兼顾很多：照顾孩子、做家务、忙于工作。有些时候还会有忧虑、情绪起伏、体力不支，即便如此，在孩子面前也应表现得从容、耐心。有些新手父母几天下来就已经筋疲力尽，要做的事情实在太多了。妈妈们通常会承担大部分的家务工作——各种研究已证明这点。

孩子出生后，父母们要面对宝宝难以安慰的啼哭，这会让他们疲累、焦虑。虽然成为父母是期待已久、梦寐以求的理想时刻，但孩子的降生、宝宝的无理要求、无法制止的哭泣等，都让父母们不得不面对失衡的现实。爸爸妈妈会觉得：我想象的育儿可不是这样啊。我们已经在第3章讲了宝宝的啼哭问题，希望能有所帮助。

孩子慢慢长大，会变得更加自立，也会提出自己的反对意见，面对他们的各种要求，父母们有时候会近乎崩溃。每个人对孩子行为的容忍度是不一样的。有些父母会更容易焦虑，夫妻间也会在教育问题上产生分歧。

如果孩子的行为让你失去了耐心，如果你生气了，该怎么办？首先要告诉孩子，他已经触碰了底线（或者是你能容忍的限度），然后直接告诉他："我累了，不想再听你唠叨。我需要时间冷静一下。就一会儿，马上，我们再继续。"态度要坚定，即便孩子还在闹。但是不需要给他解释太多，尤其是2岁之前的孩子，他们还理解不了。

也许这个时候，夫妻双方需要做一张时间表，分配各自的任务，协作育儿。已经到了上托儿所的时间了，2岁的卡米尔却全身扭来扭去，不想换衣服，妈妈快生气了，喊来丈夫。两个人一致认为以后早晨要多预留一点儿时间。同样，如果到了晚上孩子不想去睡觉，那就尽量提前上床时间，延长睡觉之前的阅读和亲子时间。

有一种老生常谈，是说爸爸们在家基本没用。有些爸爸根本意识不到妈妈们一天做了多少工作，而女性们也常常不愿意将工作假以他人，担心别人做得不如她们好。这是一种常见的反应，但是为什么不让自己轻松一点儿，接受事情由别人来做，但是做得略有不同呢？不论家庭生活面对何种情况，夫妻间多多交流、沟通总是有益的。

如果你无法压制自己的怒火，如果你的愤怒在不断发酵，可以找儿科医生咨询，他可能会建议你去咨询心理医生，帮你找到原因并解决问题。

孩子也有私生活

国际公约正式规定了儿童享有的众多权利：被爱，被尊重，接受教育，被抚养，上学等，这是一个巨大的进步。但是除了上面列举的权利，我们还想再加一条：拥有梦想、秘密、隐私的权利，即私生活。于我们而言，孩子从很小的时候就应享有私生活的权利。他会放空自己，会做梦，我们不应该无端地打断他，孩子们理应拥有享受自己这一段无所事事的时光的权利。有些人认为这没有用，但我们也可以认为这是促使孩子心智成熟的一个因素。他拥有一个秘密，家长为什么非要知道？这也是一种自立的表现，他想像父母一样。

隐私，是一种完全私人化的，通常向别人隐瞒的事情。有些父母不能接受孩子关上自己的房门，他们认为孩子把自己关在房里的行为是在隔绝和孤立父母，于是就门也不敲地突然闯入。在这种情况下，家长往往没有明白一个道理：孩子关上门是因为他需要确认这个别人给他的空间确实属于他，所以才会这样做；要尊重他的行为，进房间之前先敲门。同时，家长也应该教育孩子，不敲门不能进父母的房间。

还有其他很多需要尊重孩子私生活的事例，例如，孩子收到了一封写了他名字的信：即便他还不识字，这也是他的信，应该由他自己拆开。私生活中的一切都不能被分享……需要特别提醒的是，即便对于婴幼儿，我们也应尊重他们对于隐私的需求。

懂得掌握分寸，尊重他人，是理性生活的必要手段；养成尊重别人隐私的习惯永远都不嫌太早。

"蕾雅5岁了，每次洗澡的时候她都不喜欢别人看着她。我非常理解，所以当我的婆婆觉得她小题大作时，我很恼火。"

——一位妈妈

羞耻感

不管愿不愿意，现今，我们的眼睛和孩子们的眼睛都不得不持续受到裸体的冲击——在电视、杂志、广告牌上出现的裸体。因此，和孩子们讨论羞耻感显得尤为重要。这不是一种过时、守旧的观念，这种本能的感情会出现在我们的成长和教育过程中，当下的家长很难在前几代人的"掩盖一切""全都可耻"的保守观念和"暴露一切""允许一切"的无限开放观念间找到平衡点。

羞耻感，首先是指当我们被别人看到自己的裸体，或者看到别人的裸体时一种本能的尴尬的反应，也可以指不愿意表达的某种触及心底的事情，或是不想让别人知道的经历。4岁的阿克塞尔对同学诺一有好感，她的父母知道了这件事，就用他们俩的事打趣，但是没意识到这让女儿很受伤。

孩子是怎样获得羞耻感的？ 一直到2岁，小孩子都喜欢不穿衣服；在海边玩耍，他们会脱掉泳衣，或者根本就不愿意穿泳衣。但是慢慢长大后，有些孩子会懊悔当初被拍了裸体照片，要求家长把相册或客厅里的裸体照片拿走。

羞耻感会从2岁半—3岁开始显现，主要受到孩子的性格和家庭环境影响。5岁的阿波琳娜如果不穿游泳上衣就拒绝去泳池，而她的姐姐在她这么大的时候从来不会因此感到尴尬。

同时，这个年龄的孩子已经开始意识到自己的性别了，他们会对男孩和女孩、大人和小孩之间的生理构造差异产生兴趣。面对孩子的提问以及他们的行为时，父母们要掌握好分寸。客厅里有客人，5岁的马克斯光着屁股在客厅溜达，客人们都尴尬不已并窃窃私语，爸爸不慌不忙地把他带进房间，并告诉他长大了就不能这样做了，然后给他穿上了睡衣。

尊重孩子的羞耻感，就是不要做出让孩子感到尴尬的行为。比如，孩子到了2岁半—3岁，就不建议大人和孩子一起洗澡了。有些人误认为如果我们毫不避讳这些，就可以消除孩子过度的羞耻感，这种看法是错的。经历了青春期，之后就成年了；许多年轻人会说父母那些毫无羞耻感的行为深深地伤害了他们，或者让他们产生了负罪感。

我们的社会经常意识不到身体和情绪是不可分割的。对孩子来说，身体不是一种医学或科学意义上的解剖实体，而是由自己所见以及他人的看法所引起的感受的集合。孩子们的感受需要来自成年人的温柔呵护和尊重。

挫　折

父母经常会害怕孩子遭受挫折，担心孩子有情感缺失，担心这些会阻碍他的成长。一些重大挫折会给孩子造成伤害，不利于孩子的成长。正如上一章节所讲，这种挫折会造成恶性循环，剥夺孩子温柔、开放和自由的品质。

但是照顾孩子的需求和情绪并不意味着要立即无条件地满足他所有的要求；恰恰相反，孩子需要慢慢领悟不是所有东西都属于他。抚养孩子的过程中，应该逐渐让孩子学会延迟满足，而不是不惜一切代价取悦他。必要的挫折会帮助孩子探到他更广阔的边界，体会到等待的乐趣，也学会预期。

挫折是一种体验，能帮助孩子自我建设，变得独立，通过自我调节找到抵消不快的办法。当然，前提是不能频繁遭遇挫折。

有些东西会比其他东西更有吸引力，比如**电子产品**（电视、游戏机、平板电脑等）。孩子无法克制自己去玩电子产品，如果遭到阻止就会引起他强烈的挫折感，甚至会发怒。我们不建议用奖惩的方式，这会让他们觉得这件事比其他事情更有价值。我们建议从一开始就要给孩子设定清晰的界限，让孩子知道电子产品不是为了无聊解闷而设的。经历这种挫折很有意义，这会让孩子不得不自己想办法解闷，因此也会接触到更丰富多彩的活动，比如做游戏、阅读、画画等。

如果你拒绝孩子继续坐旋转木马的请求；如果你告诉孩子该从澡盆里出来了；如果因为家里来了客人，你要制止孩子把玩具拿到客厅……借着这种种要求，你是在给他建立一个必要的框架，让他把家规和教养记在心里；要懂得让孩子与你保持一定的距离，让他获得成长的必要空间。同样地，也要给孩子表达挫折感的权利。

双语现象

如果父母双方国籍或语言不同，抑或是国籍相同但住在国外，他们会纠结该用哪种语言和孩子说话。

我们建议父母们使用最得心应手的语言：大多数情况下是母语，也有可能是后天习得的语言，或是居住国的语言。最重要的是，和孩子讲话时要"真诚"，因为我们在和孩子说话的同时，也在向孩子传递词汇、语法，以及我们的爱和文化。如果孩子在学习第一种语言时享受到温馨的环境、恰当的刺激和丰富的措辞，那么他很容易在家庭之外学会第二种语言。当他与外界（街区临时托儿所、托儿所、学校等）接触时，会以令人难以置信的速度学会居住国的语言。孩子刚到学校时可能会经历一段沉默期（持续几个星期），在此期间，他会通过手势和微笑与他人沟通。要顺应这个阶段，不要给他压力。

有些父母为了让孩子尽快学会居住国的语言，选择在家庭环境中停止说母语，这种做法是不对的；恰恰相反，应该让孩子继续听、说父母的第一语言，这样，他会掌握所有知识（语言的复杂性、词汇的使用等），然后将其转嫁到第二种语言上，这样就更容易学会第二种语言。

一般来说，当我们和双语环境下成长的孩子对话时，他能够在两种语言中自由转换，这对他来说轻而易举，我们有时候甚至会觉得他在玩游戏，掌握两种语言让他很得意。双语儿童拥有两种思维方式，能够用具有同等价值的文化语言来表达自己，这使他更加具有创造力，性格更丰满。

几种困难

- 夫妻二人可能会在双语教育问题上产生分歧。比如，爸爸和妈妈都更想选自己的母语；或者是妈妈觉得爸爸的母语太难学了，她和孩子永远都不会去这个国家，所以学了也没用；或者是爸爸听不懂妈妈的语言，当母子交流时感觉自己被孤立了，抑或是父母中的一人反对双语教育。为了避免这种问题，我们建议在孩子出生之前就讨论双语问题，并做出选择。

- 还有人会遇到这种问题：孩子的母语被父母中的一方、家族或社会贬低，甚至被当成阻碍，孩子就失去了学习这门语言的动力。

所以说，孩子的母语被大家，尤其是被学校认可，成为孩子的优势，这很重要。老师们发现，孩子的母语越丰富，第二种语言进步就越快。

越来越多的孩子在**多语种**的环境中成长，孩子会听到两种以上的语言，这不会造成特殊问题。孩子能够掌握让他与周围的人进行沟通的所有语言。根据实际使用需求，各种语言的掌握程度是不一样的，在双语环境中，每种语言都要有足够的练习机会，才能使孩子获得进步并将其掌握。

双语的特点

说两种语言的孩子开始时会出现混淆现象，但这不是因为孩子产生了思维混乱，有些孩子从来不会混淆。孩子发生语言混淆的原因有很多，例如：在一种语言中孩子没有掌握某个词语，或者一种语言中某个词语更容易发音，或者孩子更喜欢某种发音。在多语环境中成长的孩子，如果大人混合各种语言（这在双语环境中很常见），孩子也更容易接受这种方式。从3岁开始（这取决于孩子本身和环境），孩子一般都能在两种语言间自如切换。

过早的双语教育不会引起语言发育延迟，双语宝宝语言学习的进度和单一语言的孩子是一样的，各个重要阶段（说第一个词语、两个词的短语等）出现的时间也是一样的。如果孩子说话延迟，不要归因于双语教育，要去别处找原因。

与同龄的单一语言的孩子相比，双语孩子每种语言的词汇量都要低一些，这有可能被认为是一种发育延迟。这是正常现象，因为双语孩子会在不同的情形下获得相应语言的词汇，比如，洗澡时和说西班牙语的妈妈在一起，户外玩耍时和说意大利语的爸爸在一起。如果按总数计算，他的词汇量和同龄的单一语言的孩子是一样的。

礼　貌

长久以来，我们一直强调严格的教养方式，却忽略了礼貌的重要性，今天，我们意识到了礼貌对我们言行的重要作用和意义。如今，礼貌成了幼儿教育工作中的重要内容之一，这很棒。即使年龄很小的孩子也会被教导要关心他人、彼此友善。玛利亚20个月大了，会很自然地说"谢谢"，也喜欢别人对她说"谢谢"。渐渐地，孩子们会学会了等待轮流玩滑梯，在爸爸妈妈打电话时不随便打扰他们，在大人聊天时也不会刻意吸引他们的注意力，让自己成为焦点。孩子们会因为尊重他人而获得内心的宁静，这也是他今后将掌握的生活礼仪的基础。他们会发现吃饭时不说话，在桌前端坐而不是东倒西歪的，会让所有人都更加愉悦。教育并不仅仅是让孩子学会礼貌，不过一个"有教养"的孩子会引起所有人积极、愉快的反应，他自己会最先感受到这种快乐。

脏话

孩子们很早就会意识到有些词是不能说的，但是大人们却没有被禁止使用这些词，这会让他们觉得说脏话是一件有趣的事。只有当他们经常一起玩耍的小团体或周围的成年人中有人说脏话时，他们才会记住这些脏话。他们会重复听到的词语和句子，模仿爸爸或妈妈在开车时不经意间脱口而出的脏话，训斥自己的毛绒玩具或玩偶。

有时候说脏话会帮助孩子们发泄教养要求他们克制的情绪。我们都知道小点儿的孩子说"粑粑"的时候可开心了；孩子们实际上是在借此发泄他们在学习上厕所，或者体验到羞耻感的过程中积攒的愤懑，以此获得快感。说脏话带来的满足感会让人冲破各种禁忌。4岁的佐伊从学校回来后对妈妈说："说'他妈的'是不对的，但是阿克塞尔说'他妈的'，克莱蒙说'他妈的'，娜塔莉也说'他妈的'……"

作为孩子学习礼貌和教养的过程的一部分，我们认为不应该放任孩子说脏话，要告诉他们即便是大人也不应粗鲁无礼。我们应该慢慢纠正他们——尤其是在上幼儿园之后，让他们知道伤人的、不合时宜的谩骂与脏话的区别；告诉他们，出于礼貌，我们不能说脏话。

总希望更快一点儿……

当下，父母的压力越来越大。但是，日常生活中的压力——急匆匆地把孩子送去托儿所，赶紧去赶公交车，因为上班不能迟到等，并不是唯一的原因。一方面，心理学知识改变了我们对孩子的看法：他比我们想象的更聪明，他的生活环境更加有刺激性，各种游戏和活动不断给他带来刺激；另一方面，现在的父母更加迫切地希望孩子能够尽快进步：他们会和朋友家的孩子做比较，如果孩子1岁的时候还不会走路，他们就会焦虑；他们希望孩子能学会很多词汇，能更快地学会说话，希望孩子聪明伶俐，能提早入学。

为什么要如此纠结于时间的早晚和长短？每个孩子都有自己的成长节奏，要尊重他的成长速度。在本书中，我们一直在反对当今的一种趋势：以远超其年龄的方式对待孩子。请让孩子保持属于他的年龄段应有的样子：他既不是一个小少年，也不是个小大人。许多父母给我们写信抱怨："3个月的罗曼很任性；7个月的诺埃米反抗我，我觉得她在藐视我；18个月的麦雅不听话。"但是3个月又不是3岁，7个月或18个月还远远不够7岁，还不到讲道理的年纪。某些教育要求用在某个年龄段是有益的、必不可少的；但是运用在更低的年龄段则会伤害到孩子。抚养孩子是要根据他的实际发育水平帮助他成长，而不是把他想象成超过他年龄的样子。

孩子需要时间形成自己的性格，建立对自己和他人的信任，适应外部世界的规则，获得自立能力……成年人经常会忘记：需要遵循孩子的成长规律，每个孩子都需要安静和幻想的时间，不要催他。童年转瞬即逝，让孩子充分享受人生的开始吧，不要剥夺了他的快乐。

颂扬耐心

对孩子耐心，不是意味着过度关注他的错误言行或反抗行为，而是要给他时间，让他自己及时认清错误。成人不应过度介入，但要给他帮助。生活中向孩子重复命令时，比如："到睡觉的时间了""放学回来不要把衣服扔在地上""要和阿姨说再见"……不要让他产生逆反心理。

这个浮躁的世界不断要求我们做得更好，我们却似乎忘了耐心的好处：花一点儿时间去"等待"，心平气和地投入到一件事情中，抑或是独处片刻。不仅对孩子要有耐心，对自己和周围的人也要有耐心。回顾一下你曾经不耐烦的时刻，通常都是因为日常琐事，有时候甚至会是在你无意识的情况下。在

许多的"太多的"

今天的孩子要面对太多的刺激、太多的不耐烦、太多的解释、太多的玩具、太多的能力要求……父母自己也可能成为"过量"的受害者。太多的建议和鼓励，可能是来自于无底洞般的教育支出的大环境，也可能是来自太多的家庭和社会文化要求：社会要求孩子是完美的，家长也不能逊色。了解这些过量的事实，并保持警惕，能够帮助家长轻松地面对孩子和自己。

日常生活中，如果无法按时完成既定任务，你所感受到的压力也会让孩子陷入恐慌。

如果大人对孩子足够有耐心，有助于帮助孩子建立自信和对他人的信任。虽然祖父母式的极致的耐心不再被社会和教育认可，但是，它确实可以给孩子带来真正的情感抚慰。

几种困境

父母的争吵

　　儿童对一切事物都极其敏感，包括他周围的环境是嘈杂还是宁静，照顾他的人之间的关系是和谐还是充满压力和冲突等，对爸爸和妈妈之间的关系则更加敏感：宝宝会通过大人的突然抬高音量、粗暴的举动等来感受到悲伤、愤怒、紧张的氛围，即使他没有直接经历。我们经常会看到婴儿因身心不适而导致消化不良、大哭或发生睡眠障碍。长大一点儿后，孩子就能看出父母互动中夹带的攻击行为。他会焦虑不安，靠近他们，试图吸引其中一人的注意力，甚至会模仿他们，随后，在保姆家、在托儿所、在玩游戏时模仿他们的行为。孩子越大，成年人间的争吵越会使他们不安。幼儿还不会用"分手"或"离婚"这样的词汇表达这种体会，但是他会问："爸爸要走了吗？我们要离开爸爸了吗？你们不再相爱了吗？"

　　怎样让孩子远离夫妻间的争吵？首先，尽量不要让他直接卷入冲突中，但是如果这是不可避免的，请通过温柔的动作或话语告诉孩子，你已经意识到了他的不安。孩子长大一点儿后，家长应该让他适当了解发生了什么，否则他会觉得是自己导致了目前的状况。非常重要的一点是：父母应一起或各自向孩子做出解释，措辞要简单，但是不能相互矛盾。谈话的目的是让孩子安心、冷静下来。从3岁开始，小孩子之间经常会起争执，你也许可以以此为例向他解释，大人们也是这样吵架然后迅速和好的。

父母离婚

在经历离异等艰难的时刻时，太多的夫妻会忘了他们首先是父母，而且将来一直是，即使他们不在一起生活了。愤怒情绪和对彼此的怨恨战胜了父爱或母爱，孩子因此沦为父母冲突的牺牲品，父母不仅之前有纷争，现在往往还要为了孩子争个你死我活。夫妻间即使产生矛盾，也请顾及孩子的感受，要考虑到彼此的紧张关系会给孩子造成怎样的影响，这种体恤会帮助孩子跨过人生的这道坎。

不要只考虑自己，要顾及孩子的感受和创伤，也要对伴侣保留一点儿宽容。通常，第三方（心理医生、儿科医生等）可以介入并将起到积极作用；妇联社区等机构也可以指定专业人士化解矛盾。通过家庭调节，也许可以重启破裂的对话，解开僵局。

父母离婚后，大部分孩子都会幻想着有朝一日爸爸妈妈可以复合，尤其是当他们之间还保留着千丝万缕的联系时。如果我们告诉孩子离婚的内在原因，孩子会更好地理解当下的局面。他会明白这些原因都与自己无关，但他也无法改变现状。大人们也不应该让孩子心存破镜重圆的不切实际的希望，让他天真地以为自己还可以重组这个家庭。巴蒂斯特7岁，已经住院好几天了。他的爸爸妈妈离婚了，但是他们每天都会在病房见面，在他面前和医生、护士交谈。于是，巴蒂斯特对护士说："我不想治好病，这样他们就可以一直在一起了。"

有时候，孩子的心情会很复杂。他会觉得父母离异是自己的责任、自己的过错，当他去到父母中一方的家里时，会陷入"忠诚冲突"。如果他喜欢其中一方的新配偶，就会觉得背叛了另一方；他无法接受自己在一方家里"玩得开心"，而另一方却孤单一人。孩子也会有被爸爸或妈妈抛弃的感觉。即使孩子还很小，他也会有各种情绪，所以父母一定要多加关注孩子的感受，给他安慰。

幸运的是，许多父母都能意识到自己的责任：孩子不是一个物品，不可以随意在两人之间轮转。他们会尽最大努力安排好孩子的日常生活，营造一个宁静、温馨的氛围，他们会告诉孩子他们会一直爱着他，离婚不是他的责任。这样的父母明白孩子不仅仅是一个一时冲动的产物，而是一种延续一生的责任。

轮流居住抚养

轮流居住（孩子轮流住在爸爸妈妈家里）的目的是形成一种共同抚养的方式，尽量减轻离婚对孩子的伤害。父母离婚对所有的孩子来说都是痛苦的，这个方案要想达到保持孩子心理平衡的最佳效果，还需几个必要条件，包括：

● 太小的孩子不建议轮流居住，因为在3岁之前孩子还无法预判时间和空间的变化，他最需要的是稳定和持续性。但是有些专家对此略有异议：如果父母之间没有矛盾，能够和爸爸、妈妈有同样的相处时间，对孩子也许是有好处的。最让孩子感到痛苦的是父母间的冲突，以及两个生活场景间的巨大差异，例如不同的生活节奏、是否安静和安全的氛围、教育理念的差异等。

● 其实，父母双方的相互理解和尊重是关键：一定不要指责、批评另一方。"当我的女儿穿小丑的衣服的时候，我不会发表任何意见……"瓦里西说。这位爸爸补充道："我知道我前妻的丈夫整天什么都不做，这让我很恼火，但是我不会多嘴。"

● 如果父母能够相互理解，在教育问题上也容易达成一致意见（例如：睡觉时间、看电视的时间等）。在照顾孩子的分工问题上也会找到平衡。一旦失衡就可能造成严重的后果，还会波及孩子："马汀生病的时候都是我在家里照顾他，我带他出去玩儿，我去学校开家长会。"卡特琳娜抱怨道。

- 孩子的父母应该明白，轮流居住不应该被当作筹码，用来化解他们之间的矛盾。例如，一位爸爸经常出差，很少有时间，但他却不愿意放弃轮流居住的方案，他认为"这是他的权利"。

- 孩子的生活要尽可能舒适，要有规律、稳定的作息时间，双方最好住得别太远，有单独的房间和个人物品（玩具、家具等）。不要让孩子觉得自己是个过客。

不是每对父母都有良好的轮流居住的条件，但是起码要有一个足够大的空间保证孩子（们）定期过来居住。不过，有些孩子会比较难接受这种方案。"为什么是我，为什么我每个星期都要换住所？" 10岁的埃尔文问道。

离婚后，请尽力为孩子创造最好的成长条件。抚养模式很重要，但是更重要的是父母间的相互理解、他们对孩子的爱以及他们共同关心的孩子的利益。

当爸爸或妈妈生病了

当爸爸或妈妈生病的时候，孩子会有强烈的感受。生病的爸爸或妈妈神情疲惫、痛苦，不再满足孩子的愿望，不再参加例行活动，也不再照顾他。一种稳定的平衡被打破了后，基于孩子的年龄段以及生病的父母和孩子的亲密关系，这可能会引发不同的反应。

- 一位父亲生病了，病程很短，但是治疗的过程却让他心力交瘁。4岁的索拉尔因为不能和爸爸一起嬉戏打闹而变得暴躁、任性，而2岁的妹妹范妮却乖巧很多。"嘘，不要吵醒爸爸。"她说。索拉尔的爸爸理解这个小家伙的不安。他不仅在担心爸爸的身体，同时，妈妈为了照顾爸爸，让他减轻病痛，也没有太多时间顾及索拉尔，甚至还会批评他不懂事，这加剧了他的不安和挫败感。爸爸把索拉尔叫到身边和他玩一些安静的游戏，让他帮一些小忙。之前，爸爸已经向索拉尔解释过病情，所以不再重复解释。

- 弗萝拉3岁，她的老师担忧地看着她缩在角落里。她入园已经两个月了，之前一直都很开心。老师通知了弗萝拉的姥姥，姥姥通知了弗萝拉的爸爸。周六，爸爸来到幼儿园，当着弗萝拉的面对老师说："弗萝拉的妈妈几个月前得了癌症。弗萝拉在家里表现很正常，也没有什么不开心，所以我们也没在意。不过最近，她看到妈妈掉头发了，也许是因为这个？"老师于是和小女孩进行了交谈，让她说出自己的心里话，爸爸妈妈终于明白了弗萝拉一直在故作轻松。妈妈向弗萝拉解释，自己因为做化疗才会掉头发，但是不必解释太多。她向弗萝拉保证："它们马上会再长出来的。"这就是这段时间她戴纱巾的原因。妈妈还表达了她要戴假发的想法，然后就转移了话题："过来，该洗澡了，浴衣都给你准备好了。"

孩子会敏锐地观察到爸爸或妈妈身体不适，或是向他们隐瞒了一些事情。保持沉默或闭口不谈实情只会增加孩子的焦虑，让他们想象最坏的情况，甚至可能会引发某些病症。所以，要在充分考量孩子年龄段的接受程度后，告诉他们实情，并做出一定的解释，"真诚地"回答他的问题。

请使用相应的措辞和手势恰如其分地传递信息；最重要的是，要保护孩子继续探索生活的热情，保证他能够继续无忧无虑地生活。

虐待儿童

很难相信，也很难想象有人会虐待孩子，尤其是在孩子还很小的时候。通常，父母都不认为对孩子的暴力行为属于虐待——即使儿科医生向他们展示了孩子身上的伤痕。粗暴举动和虐待之间的界限往往是模糊不清的。不仅父母和家里的亲人会有虐待行为，育婴保姆及其配偶、乃至各种儿童机构都可能存在虐待行为。

在世界卫生组织的支持下，儿童问题专家们扩大了虐待定义的外延：虐待不仅包括身体上的伤害，也包括遗弃、失职、疏于照顾和关心。

现在，我们更深入地了解了导致虐待发生的不同因素，这些因素通常是复杂的、相互叠加的。这样一来，我们可以提供更加有效的援助以更好地预防、干预此类问题。毕竟，"孩子受苦"就是"父母受苦"。

> **受过虐待的孩子不会成为施虐的父母**
>
> 如今，随着预防工作和儿科、心理干预工作的日益进步，社会和教育保障制度的完善，以及家庭环境的改善，悲剧已经很少再重演了。如果一个有过艰难、不幸的童年的成年人能够得到帮助和陪伴，他往往就不会虐待自己的孩子。相反，他不愿意看到自己的孩子遭受自己经历过的不幸，还会更加爱护他。

哪些父母容易产生虐待行为呢？

- 太年轻或心理不成熟的妈妈——意外怀孕，或与孩子的爸爸关系有巨大问题，如：被抛弃、家暴、出轨等。

- 性格极其脆弱的人，通常有明显或不明显的抑郁症状，无法忍受孩子的哭闹，无法满足他们的要求。这种父母爱孩子，但却会抛弃他，或者是他们会对孩子提出不符合孩子年龄和心境的苛求，或者他们会对孩子放任不管，这也会影响到他们的成长。

- 筋疲力尽的父母，在面对无法安抚的孩子时感到无能为力，却没有及时向医生寻求帮助。孩子哭闹不止，有时是因为身体出现不适，比如痛苦的胃反流、消化道或皮肤过敏，或是某个器官的不适等；父母若能帮助孩子减轻痛苦，自身的负罪感也会减轻。

- 有些父母不曾拥有过一个有安全感的童年，他们会复刻自己曾经的经历。

虐待儿童问题在各个社会阶层的父母中都可能发生。雅克琳娜是一位律师，她受不了孩子总是胃口不好，她会强迫孩子吃饭，后来厌烦了，便对孩子漠不关心，一天中大部分时间都把孩子扔在一边。保罗是一位工程师，不喜欢他幼小的孩子哭，总是抑制不住对他使用暴力。

在他们的童年时期，这位妈妈和这位爸爸的父母都从未对他们有过任何情感投入和亲昵的情感。"我的父母不爱我，我虽然很受宠，却是不幸的。"雅克琳娜回忆道。保罗也讲述了自己的遭遇："小时候，我的父亲经常恐吓我，虽然他从未对我动过手，但是我从未在父母身上感受过亲情。请不要把我和儿子分开，我不想让他遭受和我一样的痛苦，帮我改变吧。"

还有一些因素易导致虐待行为，例如，住所的条件不宜居；孩子是私生子，会让人想起不愿面对的过往；孩子不被新的配偶所接受；以及在孩子出生后最初的几周就与孩子分开了，这也是为什么现在会让父母尽可能多地接触他们早产或生病的孩子，使孩子一开始就能与父母建立依恋关系。

被遗弃、缺乏关心的孩子

这些孩子没有得到来自父母的足够的关怀，在除了必要的日常生活照料之外（梳洗、喂养），父母和他们没有任何情感交流。日复一日，他们会缺乏安全感，智力觉醒迟缓，缺失建立性格的必要的刺激，整个人会表现得脆弱不堪，还会出现发育迟缓的现象。

这就是为什么在托儿所以及医院会诊时，专家们会格外慎重，以及时帮助有心理问题或处于社会困境的家庭。但是，出于种种原因，有时候父母无法满足抚养孩子的需求，遇到这种情况，儿童保护组织会把孩子安排到一个新家或是保育机构中。这一措施的目的是保护儿童，满足他们的情感和安全需求，给他们的能力觉醒和茁壮成长提供最佳条件。

这并不意味着要切断孩子与家庭、过往的全部联系。工作人员会合理安排时间，尽量保证父母和孩子之间的联系：鼓励家长经常探望孩子，孩子也可以定期回家小住；父母也应接受心理干预和社会救助，以达到能与孩子接触、接孩子回家小住的要求。如果父母无法达到要求，则应向孩子解释原因。孩子要健康成长，需要被爱和被尊重，没有恰当的关怀和爱，孩子的生活是不圆满的。

有时候，过度依恋和虐待的界限很微妙，发生偏差的原因也多种多样。如果你感觉自己或你的配偶和孩子的关系有这种倾向，或者已经有了实质性进展，一定要立即求助于能帮助你的人——儿科医生或儿科门诊（全天开放）。

性侵和性骚扰

在虐待儿童的种种现象中有一个特殊的存在：性侵和性骚扰。现在，这已经不再是禁忌话题，但仍然是一个棘手的问题，而且经常会涉及极其年幼的孩子。成年人的警惕性仍旧不足。其实，现在的"施虐者"大部分是家庭、朋友中的亲近之人或者托管机构的工作人员，他们会利用和孩子共处的机会，通过抚摸、磨蹭、暴露隐私部位等方式满足自己的性欲，有时甚至会发展成强奸。大多数时候，孩子会无条件接受这些邪恶的举动，对他们来说大人所做的一切都是正常的，他们还不会区分好和坏、允许和拒绝。然而，被性侵的孩子将会遭受巨大的痛苦。

遭受欺凌的孩子会有一些警报信号：抑郁，异常暴躁，睡眠困难，发育迟滞，强迫、挑唆小朋友玩性游戏，肚子疼，等等。遇到这些情况，要注意观察亲近之人的行为表现，包括祖父母、叔叔、表亲、朋友，甚至是配偶。当然，正如儿童精神病科医生米歇尔·鲁耶尔所说，安抚孩子的抚摸和过度刺激孩子的抚摸之间的界限，有时是模糊的。

怎样和孩子谈论性侵？

怎样让孩子警觉又不引起他们的恐慌？孩子在3—4岁就懂事了，我们可以从这个时候开始给孩子讲解。比如，你可以告诉儿子、女儿，爸爸妈妈不在场的时候不允许别人碰自己的身体，要拒绝不寻常的、理解不了的互动举措。你也可以提醒孩子，这样的人也有可能是他已经认识的人，让他有警惕心，并告诉孩子如果有人要求对他所说的话、所做的事情保密，一定要告诉爸爸妈妈。最后，一定要提醒孩子不要跟自己不认识的大人或比自己大的孩子走。如果遇到这种情况，一定要说不，大声喊叫、逃跑，并立即告诉爸爸妈妈。

当然，这些都要一点点地讲给孩子听，尤其当孩子还小的时候。你也可以给孩子读这种话题相关的书籍，书中的措辞恰当、严谨，不会引起孩子负面的想象、误解书中的本意。可以根据孩子的年龄、反应，以及你自己的感受给孩子选择相应的书籍。

如果目睹或怀疑有虐待行为该怎么办？

虐待儿童已经构成犯罪行为。如果怀疑或发现有人对儿童有虐待行为，应向有关部门检举揭发。

检举揭发并非易事，很可能会被认为是诬告，而且，当人们不确定的时候，通常会选择沉默：孩子放学回家后说他在操场玩耍时听到有人说他的同学被打了，或者一个小姑娘被欺负了。我们该做什么，该说什么？这难道没有可能是孩子的想象、幻觉吗？我们要不要掺和别人的家事？通常受害的孩子不会向父母倾诉，因为害怕被责备，害怕不被相信，或者仅仅是因为羞耻感，但是他往往会和几个同学讲。如果遇到这种情况，不要犹豫，马上把你听到的告诉专业人士（老师、学校校长、社会援助机构或儿科医生等），他们会向相关部门报告，并采取行政或司法手段。

丧事和悲伤

孩子对死亡的理解

所有的孩子都会对死亡感兴趣，而且这种兴趣出现的时间一般要比我们想象的早，这也是为什么孩子在很小的时候就会提出此类问题，并往往会让父母大吃一惊。但是他们对死亡的看法与成年人不同：孩子生活在一个想象的世界，一个与我们截然不同的世界。在上一章节中我们已经了解过，孩子并不总是能够区分现实和想象。他们有很强的矛盾情绪，一方面十分依赖成人的世界；同时又因为大人能满足他所有的需求，他会感觉自己无所不能。

孩子对死亡的看法会随着年龄而发生变化：4岁之前、10岁或是青春期，他们对死亡的感受是不一样的。

婴幼儿期

4岁之前，孩子认为死亡并非自然现象（"人不会死，只会被杀掉"），而且不是不可逆的，在和同伴玩"砰砰，你死了"的游戏时，他随时可以醒来然后站起来。但是如果孩子被某些死亡场面触动，他们会联想到发生在别人身上的事情也会发生在自己身上，这会让小孩子感到恐慌。

4岁之前，死亡对孩子来说意味着缺席、失去，如果父母因悲伤而无法顾及孩子的情感需求或习惯，那么情况会变得很糟糕。比如育婴保姆去世后，2岁的玛丽就不愿意让妈妈照顾她吃饭了，心理医生向玛丽解释道：即使阿姨不在人世了，她也会一直活在她的心里；而且，如果她的小玛丽能继续和妈妈一起吃饭，阿姨会很开心的。

3—4岁

这个年龄段的孩子把死亡理解成重要生命功能的停摆：人死了之后，就不能动弹，不能说话，不能吃饭，也不能再有孩子了（对小姑娘而言）。这就是为什么小孩子会把睡觉比喻成死亡：人在睡着后，就什么都感觉不到了；当孩子半夜醒来呼喊，没有人回应，整个房间就会陷入"死亡般的寂静"。孩子起床后会先确认一下爸爸妈妈是否还有呼吸，同时也会拒绝自己一个人睡觉。在这个年龄，需要有人告诉孩子睡眠时人体仍然保持着生命力，以及睡眠对身心的益处。

4—8岁

孩子开始明白死亡是不可逆的，但是他还需要几年的时间才能接受这个事实。玛蒂尔德6岁半，他的爸爸在一场空难中丧生，妈妈告诉她再也见不到爸爸了，玛蒂尔德参加了爸爸的葬礼。几个月后，妈妈偶遇了一个表姐，回家后，她高兴地对女儿说："你猜，我在公交站遇到谁了？"玛蒂尔德不假思索地回答："爸爸！"

年龄、环境和经历都会影响孩子对死亡的看法，性格因素也起作用，同一个家庭中孩子的反应也会有所不同。有些孩子不会表现出惊慌失措，也不会改变自己的习惯，周围的人会觉得他们冷漠，甚至自私，其实这些孩子比较内敛、害羞，把所有的情绪藏在了心里。有时候，他们不会用语言表达自己的内心，而是通过绘画来展现自己的感受。

当孩子经历丧亲之痛时

亲人去世后，和大人一样，孩子也需要做心理建设，以免让自己沉湎于悲伤，这就是哀悼的意义。每个人都会分阶段经历这个复杂的心路历程，大多数情况下的哀伤都是无意识的。

要想接受亲人去世的事实，首先要正确认识自己的痛苦（被遗弃的感觉，甚至感到命运不公，抑或是产生绝望感等），并发泄出来。要慢慢地逐渐走出否认、愤怒、颓丧这些阶段性情绪，接受所爱之人去世这个事实。悲伤始终会有，但是我们应努力减轻痛苦和负罪感，让过去成为美好的回忆，展望未来，获得另外的快乐。

孩子会在不同的阶段用自己的方式去**学习缺席和失去的意义**。孩子的世界与成年人的不同，对小孩子而言，一个人死亡和活着的状态可以共存：他知道妈妈去世了，但是还是会一直等她回来。要想让孩子接受失去的现实，在亲人生命的最后时刻，不应把孩子隔离在外，要在充分考量他的年龄和性格特征的基础上，适当邀请他参与进来。孩子有权知道真相，也需要知道真相，应用他们可以接受的语言告诉他们足够的信息，也要给予他足够的爱和安全感。

人们在追忆往昔中完成对**逝者的哀悼**。孩子的年龄太小，记忆很少，他们生活在当下和未来，而不是过去。所以，在这种悲伤的情形下，不应总是把孩子与大人隔离开。这种痛苦的体验会留在孩子的记忆深处，将来当他经历分离之苦时，或是进入青春期，甚至成年后，这种痛苦感或多或少地会重新涌上心头。

孩子是一个矛盾体，既觉得自己无所不能，又极度依赖他人；在面对亲人离世的境况时，这种矛盾感常常会让他产生负罪感，孩子会觉得这是自己曾经许下的愿望实现了。孩子会想："为什么是他不是我？"或者"我平时对妈妈太凶了，也许是因为这个她才去世的。"或者"弗雷德叔叔出车祸前惹恼了我，我大骂了他一顿，他会怎么想我？"一定要消除孩子的负罪感，告诉他：其他人，包括孩子自己，是不会有危险的；而且所有人都会继续爱着、想念着那个逝去的人。

希望我们的这些意见和建议对你有所帮助。在亲人离世这个悲伤、混乱的时刻，孩子最需要的是爱、理解和平静，这样能有效避免孩子未来人生的许多问题。如果你觉得自己无法帮到孩子，一定要咨询儿科医生和心理专家，现在，专业人士的职业素养越来越高，能够更好地帮助到困境中的父母和孩子。

心理咨询

孩子的到来给爸爸妈妈们带来了许多的幸福和满足感，但是，在陪伴孩子走向独立和成熟的道路上难免会有磕磕绊绊。在孩子成长的过程中，父母也在学习警惕、倾听、交流、照料、看管、禁止……大人做出的某种决定、孩子给出的相应反应，都可能会造成亲子间紧张的气氛或是短暂的关系失调。每一个家庭都会经历幸福和不幸，也会有欢乐和烦恼，有时候风平浪静，有时候要经历狂风骤雨，我们的孩子很容易受到这种情绪波动的影响。在不同的成长阶段，孩子自身的性格和我们给予的倾听和关怀，都会影响孩子的反应。

年复一年，日复一日，爸爸妈妈们始终能有惊无险地安全航行过这些"风暴区"。本书旨在帮助他们找准角色定位，更好地理解孩子，关注孩子的成长，不致于将孩子的某些行为错认成挑衅性的举动。但是在面对极其尖锐的矛盾或被激化的危机时，父母也会感到无助，找不到解决办法。

在这种情况下该**怎么办**？父母经常会犹豫要不要去看儿童精神病科医生或心理医生。迈出咨询这一步并非易事，做决策的过程往往会引起焦虑。父母会觉得这会显得自己无能，甚至会认为这是一种失败，还会担心周围的人的指指点点。还有可能父母会不信任心理医生，对这个职业有偏见，并错误地认为只有精神病人才需要看心理医生。

当下，人们的这种恐惧心理已经有所消解：很多刊物或电视节目会邀请心理专家分析日常生活中容易引起精神焦虑的事件；同时，大众对这个职业产生的兴趣以及心理学的普及也让父母们越来越信任心理专家。专家可以帮忙解决问题，缓和关系，避免更严重的问题产生，他们站在中立的立场，提供了一个倾诉和倾听的空间。心理治疗过程是一种陪伴，而不是审判或寻找罪责。

什么情况下应该求助于专家？

如果机能障碍出现已久，或是症状加重、问题发酵，此时再去咨询专家已为时过晚。脱离了家庭环境，在咨询过程中，平时身边之人察觉不到的痛苦、焦虑和烦恼都能得到凸显；这些问题家长虽然察觉不到，但孩子可能会表现出以下不同的反应：

- 睡眠障碍；
- 有攻击性；
- 自闭；
- 不愿意上学等。

如果症状变严重，应关注反应的强烈程度，这点很重要。孩子有时候会发怒，这是他的性格和反应方式使然。但是，如果孩子经常发怒，忍受不了任何的不悦，且不能自己控制脾气，就需要引起警惕了。通过观察孩子的饮食习惯、情绪起伏等多个方面，都可能会发现潜在问题。

总之，作为家长，当你在育儿关系中遇到让你不知所措的困难时，当这种困难使你焦虑不安时，当你不明白发生了什么时，当你失去耐心时，当沟通无效时，当压力过大时……不要犹豫，请寻求专业人士的帮助。

 须知

如果情况严重，一定要及时就诊。不论是私人医生还是公共机构，第一次预约到实际就诊，通常需要等待很长时间，需要等几周的情况也并不少见。

在哪里以及怎样找到专业人士？

首先，咨询你的主治医师、母婴保护组织、学校或你的儿科医生，他们会根据孩子的问题给出建议。比如，如果孩子出现语言障碍，不与他人交流，这个症状和单纯的语言发育延迟是不一样的。要勇敢地咨询周围的人，他们有可能会给你推荐一位合适的专家。你也可以自己在社区找一位私人医生，或者向专门面向儿童和青少年的心理咨询机构寻求建议。这些机构中有许多专家、心理医生、精神疾病专家、精神运动训练专家、正音科医生、社会义工等。

这些专家擅长的领域是什么？

儿童精神病科专家是儿童精神病医生，他们专门研究儿童的精神和行为问题、心理疾病和社会适应性问题，以及各种影响亲子关系的问题。

临床心理医生要完成大学教育，需要获得心理学硕士文凭。除了一般的心理治疗能力，他们还应熟练掌握家庭疗法、认知行为疗法、人际关系疗法和精神分析疗法。

心理治疗师是指接受过理论和实践培训的专业人士，培训时长不一，但是需要获得地方监管卫生局的许可。只有在国家登记机构注册过的专业人士才可以拥有心理治疗师的头衔，并须接受监管。

精神运动康复治疗师主要处理大脑偏侧性、笨拙、图形认知和注意力不集中等精神运动方面的问题。他们会运用游戏促进孩子的身心健康发育。他们会在孩子出生时（新生儿科早产的婴儿）就准备一张表格，用以记录孩子的发育情况，如有发育延迟可及时介入治疗。

语言诊疗师诊断和治疗说话与书写困难或障碍，包括孩子吐字不清，语言组织能力差，词汇量匮乏等。他们也可以治疗交流障碍。

通常情况下，父母在咨询最后两类专家前最好先咨询一位专业人士，包括儿科医生、育婴保姆、老师等。

不，3岁不会定一生……

"3岁看到老""一切都取决于父母的教养方式"，曾几何时，当你听到这些不容置疑的结论时，也许会感到气馁、不悦。这些话的确警示了孩子成长过程中最初几年的重要性，但是事实是，3岁并不会决定孩子未来的一切。孩子是一个不断成长的个体，在长大的过程中会不断变化，会受到各种因素的影响：他的经历、环境，以及日常生活中的重大事件……这些影响因素会一直伴随着他的童年时期、青少年时期，直至成年。不，这世界上没有一成不变的事物，孩子也一样，相信"三岁看老"的论述就是否认了人类适应环境、自我修复的能力，生命中的所有事情都有可能重复发生，并出现不同的转机。"一切都取决于父母的教养方式"的论述也太过夸张了。有些父母会因此产生沉重的角色压力，自觉对孩子的命运和各方面的成长都负有全部责任。如果父母的教养方式果真能够完全决定孩子的命运，那么同一个家庭中同样的教育方式下长大的孩子，应该有完全同样的人生轨迹吧。

"3岁看到老""一切都取决于父母的教养方式"，这些论断只是一种夸大事实、耸人听闻的说法。作为父母，我们当然必须认清自己身上的责任，但同时也要理性看待身为父母的角色，减轻自身的负罪感，信任自己抚养孩子的能力，这也是本书的出版宗旨之一。

每个孩子都有自己独一无二的故事

　　至此，孩子前几年的成长过程中会涉及的方方面面的故事都讲完了，你的孩子与本书中的描述一致吗？当然，如果能够在温馨、有安全感的环境中成长，每个孩子都会经历上文所述的成长周期。但是，虽然在相同或相似的年龄，孩子会做出同样的动作、同样的发现、同样的进步，每个孩子也仍然是独一无二的。

　　从降生到这个世界始，每个孩子就都拥有了来自父母两个家庭的遗传基因，每个孩子的基因图谱都是独一无二的。之后，孩子在性格形成的过程中会受到各种因素的影响，包括所有的事件、所有的生活环境、构成情感环境的所有的情绪和关系因素。不论生活在城市还是乡村，不论妈妈是情感外露还是内敛矜持，不论是独生子还是有兄弟姐妹，不论是机灵胆大还是稳重、善于观察……孩子的故事、属于他的与他人的社交活动，都将是独一无二的。

　　是的，你的孩子的独一无二的人生故事已经拉开了序幕。宝宝降生后最初的几年非常重要，孩子周围的大人们应给予他足够的温柔爱意、从容心态和信任尊重。

孩子的健康

本章聚焦孩子的健康问题。首先，针对健康的孩子，提示家长要定期做必要的医学检查（体重、身高、视力、听力、牙齿等）以确保一切无虞。接下来，将解答父母们关于孩子生病的众多问题：什么时候看医生？发烧的时候该怎么办？孩子身体不适时用什么药？家庭小药箱如何备药？怎样办理住院手续？等等。

新生儿

孩子一旦降生，你会注意到医生对孩子做了一系列动作，你很想知道这些动作的目的是什么。别急，让我们首先向你详细描述一下新生儿的外貌，其中某些特征可能会让你这样的新手爸爸妈妈感到惊讶。

头　部

与成年人的头部相比，新生儿的头部和身体比例为1:4，头长度占身长1/4，随着长大，比例逐渐缩小，头部长度占全身的1/8—1/7。其实，新生儿头部比例已经缩小很多了，宝宝在子宫内 2 个月大时，他头部和身体其他部位的大小是一样的。孩子头部和身体的比例会不断变化，直至成年。新生儿的许多外貌特征很多遗留了胎儿时期的特点，还不太像一个小孩：他的皮肤皱皱的、红红的，有些覆有灰白胎脂；脸、眼看上去有些肿，两颊可能不对称，鼻梁比较扁，鼻尖还可能有黄白色粟粒疹，双腿蜷曲，双手紧握。因为在子宫内生活时，他就长这样。

囟　门

前囟是位于顶骨与额骨上方的一个呈菱形间隙。新生儿还会有一个后囟，位于两侧顶骨和后面枕骨交界的三角形区域，一般会在出生后的6—8周闭合。

前囟是有弹性的，可以适应颅骨和大脑的生长，这对婴儿前几个月的发育很重要。前囟正常一般会在8—18个月时闭合。观察一下，你会发现当孩子哭泣、咳嗽、用力或排便时，前囟会凹陷，能明显看到和摸到它的跳动，这是正常的。

胎　毛

新生儿身上的毛发称为胎毛，会在出生1周后脱落。

皮　肤

新生儿蜕皮是正常现象，2—4周会出现脱皮（皮肤脱落）现象，皮肤不再起皱了。脱皮一般只会持续几天时间，无须治疗。如果有必要，医生会建议你使用润肤霜。一些新生儿的皮肤上会有红色的斑点，触碰时会变淡，这些斑点也会慢慢消失。

新生儿栗丘疹

呈白色小颗粒状，是一种小型表皮囊肿，无危险性，常见于脸颊和鼻子，在几周后就会自动消失。

至于脐带，会逐渐干枯，在第5—15天脱落掉。

眼　睛

许多宝宝在前几个月会有斜视的问题，这并非异常现象。但是如果3个月的时候仍然斜视，就需要看医生了。

流眼泪。刚出生几天的宝宝经常会流眼泪，这是因泪管打开不够引起的。这种现象一般会在一段时间（几天到一两个月）后有所改善，但是有时候也会引发化脓，此时可以使用抗生素眼药水治疗。有时候泪管堵塞也会引发此类问题，眼科医生会为孩子做一下局部按摩。

鼻 子

新生儿的鼻子呼呼响。大致原因：鼻腔没有发育完善、鼻屎堵塞鼻腔、姿势不当等，一般不需要治疗。

手和指甲

新生儿的手会紧握并蜷缩于胸前。随着宝宝神经系统的发育，手会逐渐松开。其实，在第1个月时，宝宝四肢的肌张力会偏高，而头和背部的肌张力会偏低。之后，头部和背部（直立姿势）的肌张力会逐渐加强，四肢也会变得更柔软。

新生儿的手指甲太长容易抓伤自己，所以指甲长了要及时修剪。剪指甲应在宝宝睡觉时候，室内光线充足，动作"轻、快、一次成型"，不可剪得太深，并且检查甲缘是否光滑。脚指甲相对手指甲长得慢些，但也需要定期修剪，防止指甲嵌到肉里。

新生儿的胸部

有些新生儿，不论女孩或男孩，胸部会隆起，还会分泌乳汁。这是受母亲激素的影响，是正常的生理表现，只是暂时现象，不需要任何治疗。

新生儿痤疮，少数女婴阴道出血

新生儿痤疮(与成人痤疮表现相似：粉刺、丘疹、脓包等)和少数女婴的阴道少量出血现象同样是因为受母亲激素影响，是正常的生理现象，所以，不需要担心宝宝出现痤疮或阴道出血现象。

阴茎和阴囊

出生后几个月，男婴的阴茎皮肤很长，包裹着龟头，只留下一窄口，睾丸未降至阴囊中。这时需要观察，早产儿出生时存在隐睾的概率有15—30%，足月儿只有1—3%。

大　便

婴儿第一次进食之前会拉几次大便，这是因为他的消化道内还留有胎儿时期的肠道分泌物（60—200克）。这些粪便是黑灰色黏稠物体，称为胎粪。如果乳汁供应充分，胎便2—4天排完即转变为正常大便，由深绿色转为黄色。根据所喝的奶的不同，婴儿大便通常为淡黄色或金黄色。

如果刚出生的宝宝的大便是白色的，一定要尽快看医生。

出生检查

阿普加评分

该项评分是在新生儿出生后1分钟、5分钟和10分钟内对其生命体征进行的客观评估，包括五个方面测评：心率、呼吸、肤色、肌张力和对刺激的反应。这五项每一项的评分是0—2分；总分达到8—10分为正常；4—7分提示轻度窒息；3分以下提示重度窒息。这项测试以其设计者——美国麻醉医生维珍尼亚·阿普加的名字命名。

做出生后的第一次检查内容为脐带、阿普加评分、称体重、量身长、检查全身、注射维生素K（防止出血），滴/抹含有抗生素的药膏/药水（防止眼部感染）；检查鼻子、食道和肛门的渗透性；检查髋关节。

小儿鞘膜积液

这是一种积聚在男婴睾丸鞘膜腔内的液体，外观看起来像有一个睾丸或两个睾丸那么大。鞘膜积液一般会在几周之后自行吸收消退，睾丸不受影响。如果长时间不消退，就要去看医生。2岁之内往往能自行吸收，不需要手术。

反射

随后，医生会测试新生儿是否具有几个必要的原始反射。随着神经系统的不断发育、成熟，这些原始反射也会慢慢消失。基本反射：吸吮反射、握持反射、拥抱反射、踏步反射、放置反射等。

出生后血液筛查

有些疾病在刚出生时就可以检查出来，做到早发现早治疗，治疗效果会更好。

可筛查的疾病包括：苯丙酮尿症、先天性甲状腺功能减低症、先天性肾上腺增生症和红细胞葡萄糖-6-磷酸脱氢酶缺乏症。

应该在新生儿出生后72—96小时采集血样（在新生儿足跟或手部采取几滴血样置于滤纸片上）。72小时至7天以内，最晚不超过20天，要保证足量哺乳6次以上。如果测试结果可疑，将以电话或邮件方式通知父母，去医院复查。

发 育

幼年的最大特点之一就是生长发育。对于孩子来说，没有完全一成不变的事物，一切都在改变。发育状况的评估要素包括：体重、身长／身高、头围（头部的周长）和体质指数（身高和体重的比率）。不论考量哪一个要素（体重、身高等），都只是不断变化的整体的一部分。随着时间的推移，这些要素都会发生变化，而每个孩子都有自己独特的发育节奏。

每次检查时，医生都会给孩子测量体重、身高、头围和胸围。他会把数据填入生长曲线图中，简洁明了地显示出孩子生长发育的轨迹。

生长曲线上，每个年龄有不同的百分比区域。观察下页的体重曲线，你将发现几个区域或通道：

- 25%—75%的虚线之间的中间区域。

- 3%—25%之间的下方区域。

- 75%—97%之间的上方区域。

实线之外的区域是"极高区"或"极低区"。

这些百分比对应于统计平均值。如果你的孩子的曲线位于中间区域，在 25%—75% 之间，这表示他的体重在正常范围内(25% 表示体重较轻，75% 表示体重超标)。这些曲线适用于青春期前的男孩和女孩。

医生关注的不只是在某一个时间点的体重或身高，还有曲线的总体变化。

体　重

新生儿体重

宝宝出生几天后的体重增长情况是医学检查中的一个重要指标。虽然这只是需要考量的众多指标之一，但这是决定宝宝能否出院的关键指标之一。

出生后7—10天会有生理性体重下降过程，因为宝宝在妈妈肚子里时是泡在水里的，出生后水分会蒸发掉一部分，胎粪也会排掉一部分。有些宝宝在1周之内就会恢复出生时的体重，有些时间会更短，有些则需要十几天的时间。如果你的宝宝10天后还没有恢复到出生时的体重，建议最好去看一下医生。一般生理性体重下降不会超过出生体重的10%。

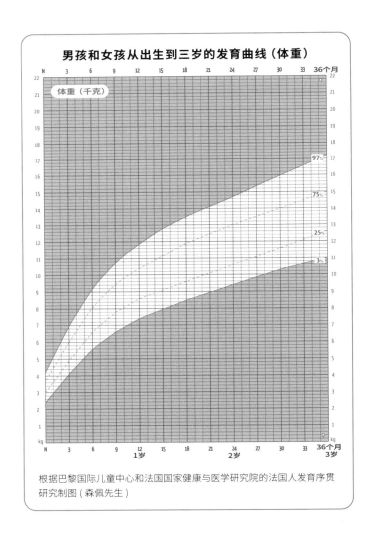

根据巴黎国际儿童中心和法国国家健康与医学研究院的法国人发育序贯研究制图（森佩先生）

宝宝前3个月体重增长最快，可能达到1kg/月。三个月后生长速度变慢，在一岁时体重为出生体重的3倍左右。

需要经常给孩子称体重吗？

除非指标有异（比如新生儿出生时体重很轻），否则不建议父母经常在家给孩子称体重。

为了获取正确的体重，应该始终使用同一个体重秤，当然，称时孩子要全裸。医疗诊所内的体重秤定期矫正，比较准确，宝宝的活动不会影响体重。

需要重点监测的是：体重增长速度，监测宝宝有无体重减轻的情况。

婴儿的体重

这是每月医疗跟踪监测中必不可少的要素之一。不同的孩子，体重差异也很大。

雷奥是一个胖男孩(出生时4千克，55厘米)，每次都会猛喝奶粉，从没有吃饱的时候。妮娜很瘦小(出生时2.2千克，48厘米)，她由母乳喂养，但是胃口很小。这两个孩子的体重曲线大不相同，处于各自的曲线区域内，雷奥高于75%，而妮娜则低于25%，这很合理。卡瑞姆一直在上托儿所，他感冒了，而且有一点儿肠胃不适，在这个冬天，他的体重曲线有一点儿下跌；但是等到卡瑞姆不这么经常生病时，曲线就会上扬。这些例子很好地说明了体重是一个重要的提示，但并不是监测宝宝的唯一要素。医生会了解你的孩子的喂养、疾病情况等，帮助他正确地解读体重曲线。

我的孩子太胖？太瘦？

这是父母经常问到的问题。可以通过BMI[①]指数来判断宝宝是超重还是体重过轻，计算方法为：体重（单位：千克）除以身高（单位：米）的平方。根据相应的身高，找到该指数在曲线上的位置：参见男孩和女孩的肥胖曲线。用体重（身高）指数的绘制方法可以绘制出孩子的肥胖曲线。

如果你的孩子的肥胖指数＞"平均数+150"表示超重，＞"平均数+250"表示肥胖，在97%实线的上方，则表示极度肥胖；如果指数在3%实线的下方，表示你的孩子体重偏轻。并且，只有历时数月绘制本曲线的医生，才可以做出正确解读，并判断孩子是否

① BMI：此参考指标适用于5岁以上或身高＞120cm的儿童。5岁儿童看体重／身长曲线来判断身材比例。

存在健康问题。

肥胖的预防。预防孩子肥胖的最好方法，是给他们养成良好的饮食和运动习惯，并坚持下去。以下是几条建议：

● 首先，要尊重孩子的食量大小。不论在什么年龄，当孩子显示出他喝不完瓶中的奶或吃不完盘中的食物时，不要勉强他，这表示他已经吃饱了。孩子知道自己饿不饿。如果

体重（单位：克）

男孩			年龄	女孩		
偏低均值	居中均值	偏高均值		偏低均值	居中均值	偏高均值
3000	4000	5000	1 个月	2850	3750	4650
6050	7600	9150	6 个月	5550	7150	8750
7650	9750	11850	1 岁	7250	9250	11250
9800	12200	14600	2 岁	9400	11600	13800
11400	14150	16900	3 岁	10800	13600	16400
12600	16000	19400	4 岁	12100	15300	18500
14000	17800	21600	5 岁	13500	17300	21100

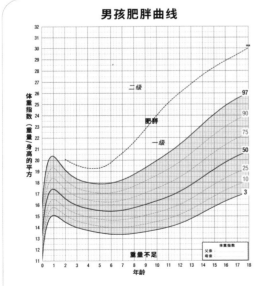
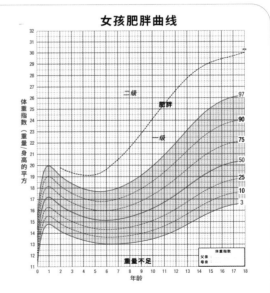

该曲线由 MF 罗兰 - 卡什拉（法国国家健康与医学研究院）及小儿肥胖预防和管理协会联合制作，并由法国儿科学会营养委员会批准。

强迫孩子吃饭，会让他养成超出自己食量的饮食习惯。

- 教导孩子饮食多样化。他吃到的食物种类越多——尤其是2岁之前——他之后的饮食就越多样化，营养就越均衡。

- 不论是在餐桌上还是两餐之间，水都是日常生活的必备饮品。

- 要吃好一日三餐（早餐、午餐、晚餐）。保证饮食平衡，且避免孩子在两餐之间吃零食。

- 注意少吃零食。减少摄入孩子们非常喜欢高甜、高脂、高热量的食物（饼干、巧克力棒、薯片、汽水等）。

- 走路、跑步……当孩子学会走路后，可以带他去小公园活动。稍大一点儿，可以给他报名参加一个运动类项目的俱乐部，那里有适合各个年龄的活动。如果距离不太远，最好走路送孩子去托儿所或学校。鼓励孩子运动的最有效的方法，就是和他一起运动。

你的孩子太瘦，体重不增长，或增长缓慢。如上文所述，医生会定期测量宝宝的体重和身高，并监测曲线的走向，会向你提出针对解决孩子体重偏低情况的合理建议。

孩子长大一点儿后，如果孩子饮食均衡，身体健康，但仍然偏瘦，那就可能是体质问题。如果孩子体重下降，或是发育停滞，则应咨询医生。

身 高

身高的增长是和体重增长同样重要的一个健康监测要素。如上文中体重曲线一样，本页的身高曲线也分成了中等区域、较高区域、较低区域、极高区域和极低区域。

3岁以内的婴儿以及青春期少年的身高增长速度快，在3岁到12—15岁时，增长节奏会放缓。青春期的结束也意味着发

体质指数

体质指数等于体重（千克）除以身高（米）的平方，即：BMI=

$$\frac{体重（千克）}{身高（米）\times 身高（米）}$$

例如：一个4岁的小女孩，体重16千克，身高1米，她的体质指数就是16，属于正常数值。

育期的结束。

目标身高

身高发育的另一个特点是，会在一定程度上受到遗传因素影响：爸爸和妈妈的身高影响孩子的最终身高。我们所说的"目标身高"，就是指根据父母的身高计算出来的孩子成年后的"预期身高"，计算方法为：将父母的身高相加，男孩再加13厘米，女孩减去13厘米，然后将得到的数值除以2。即，如果一个男孩的父亲身高1.75米，母亲身高1.63米，那么他成年后的预期身高就是1.75米。但这只是理论数值，每个人的情况会有差异。

总结： 如果一个男孩的父母都很高，那么他的曲线大概率会在较高区域；如果一个女孩的父母都很矮，那么她的曲线很可能是在较低区域。但是和体重测量一样，要对曲线进行动态分析，而不能只关注某一个点。

一年两次。 3岁以后我们建议您每年给孩子测两次身高（比如年初和6个月之后孩子上学时），然后将数据记录在健康手册上。如果孩子在发育过程中出现问题，医生可以通过建立身高曲线进行分析。

我的孩子太矮了吗？

医生首先会计算孩子的目标身高，然后分析近几个月或近几年的身高曲线上不同的

男孩和女孩从出生到三岁的发育曲线（身高）

根据巴黎国际儿童中心和法国国家健康与医学研究院的法国人发育序贯研究制图（森佩先生）

点。如果身高曲线处于目标身高的预期区域内，医生不会有过多建议；如果曲线不在预期区域内，或者身高增长不理想，医生会建议做其他检查，尤其是激素含量检测，以及对腕部进行X射线检查。X射线检查的目的是测试骨龄，作为身高发育的一个参考。

身　高 (单位：厘米)

男孩			年龄	女孩		
最低限度	平均水平	最高限度		偏低均值	居中均值	偏高均值
49.2	53.2	57.2	1个月	48.5	52.5	55.5
61.8	66.4	71	6个月	60.6	65	69.4
69.7	74.3	79.9	1岁	67.8	72.6	77.4
79.9	85.7	91.5	2岁	78.1	84.3	90.5
87.3	94.3	101.3	3岁	86.4	92.8	99.2
93.4	101.2	109	4岁	92.6	99.8	107
99.1	107.5	115.9	5岁	98.5	106.5	114.5

什么是生长激素？骨骼生长受各种激素的影响（皮质醇、甲状腺激素等），其中影响最大的是生长激素，这是由位于脑底部的脑垂体分泌的一种蛋白质。这种蛋白质会参与血液循环，促进骨骼、内脏和全身生长。促进蛋白质合成，影响脂肪和矿物质代谢，在人体生长发育中起关键性作用。

如果发现孩子缺乏生长激素，可以通过注射生长激素进行替代治疗，治疗过程3个月至3年，存在个体差异。这种治疗方法被广泛接受，用于生长激素缺乏所引起的儿童生长缓慢，效果好，可以弥补孩子已延迟的身高发育，回归正常的发育曲线，使其成年后达到满意身高。你可以咨询内分泌科医生。

头　围

这是指用皮尺测量的宝宝头部的周长。头围的增长可以反映大脑、颅骨的发育情况：头围与脑内发育密切相关。因此，我们要格外关注孩子2岁内头围的增长曲线：如果头围迅速增加，可能表示因脑脊液循环异常、脑积水等引起了脑容积异常扩大；头围过小常见于小头畸形。这需要治疗。

牙　齿

每个孩子长乳牙的时间和顺序大不相同。多数情况下，婴儿会在6—10月龄时长第一颗牙齿。当然，有的孩子会更早，也有的会更晚。请参考下一页中的示意图，显示正常情况下长牙的顺序和时间。2岁半~3岁间，会长齐20颗乳牙。

长牙时的各种不适

孩子长乳牙期间，可能会出现不适、局部疼痛、情绪烦躁易怒、影响胃口和睡眠，有些会出现低热。

乳　牙

图1 通常情况下会在四五个月的时候先长出下排的中切牙。

图2 然后是在4—6个月的时候长出上排的中切牙。

图3 6—12个月的时候（理论上）会长出上排的两个侧切牙。

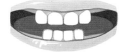

图4 然后是下排的两颗侧切牙。

图5 12—18个月长出四颗第一磨牙。

图6 12—24个月长出四颗尖牙。

图7 24—30个月长出四颗第二磨牙。

症状表现有牙龈肿胀、口水增多，或是喜欢咬东西。

可以用以下方法缓解不适：

- 磨牙饼干/磨牙棒；
- 冷藏后的牙胶；
- 必要时使用对乙酰氨基酚来缓解疼痛。

长牙一般不会引起发烧。如果出现高热症状可能另有病因，需要及时就医。

乳牙、恒牙

乳牙(临时牙齿)掉落年龄	牙齿	恒牙长出年龄
5—8岁	中切牙	5—8岁
7—9岁	侧切牙	7—9岁
9—12岁	尖牙	9—12岁
10—12岁	第一临时磨牙	
10—12岁	第二临时磨牙	
	第一前磨牙	10—12岁
	第二前磨牙	10—12岁
	第一磨牙(6岁时长的牙齿)	6—7岁
	第二磨牙	11—13岁
	第三磨牙(智齿)	17—21岁

牙齿护理

孩子2岁半—3岁之后，即便牙齿没有出现异常情况，也建议每半年带孩子去看一次口腔科医生。为了让孩子拥有健康的牙齿，孩子到了学习咀嚼的年龄后，要多给孩子吃能够锻炼咀嚼能力的食物，即将谷物蔬菜由泥状食物过渡到颗粒状食物，避免过于精细。

孩子从几岁开始可以刷牙？

自孩子长出第一颗牙齿开始就要开始刷牙，可以用指套牙刷或洁齿巾。

孩子可以从12—18月龄开始学习自主刷牙。你可以在他面前刷牙，他会很愿意模仿你。刷牙方法和牙膏一样重要：要认真仔细地刷牙，牙刷刷毛放在靠近牙龈部位，与牙面呈45°角，上牙从上向下刷、下牙从下往上刷，每颗牙齿的侧面和咬合面都需要刷到，每个面刷15—20秒，才能达到清洁牙齿的目的。

牙膏的选择：可以使用容易冲洗、泡沫少、气味比较温和的低氟牙膏。

1—5岁使用含氟量500ppm的牙膏；6—11岁使用含氟量1000ppm的牙膏；11岁以上使用1500ppm的牙膏。

对牙齿有害的食物

两餐之间给孩子吃的糖果和各类甜食，是孩子牙齿健康的敌人。它们会黏附在牙齿上，转化成酸性物质，聚集在牙齿之间，这也是形成龋齿的主要原因。

不建议奶睡

如果长时间地（通常是晚上）给孩子用奶瓶喝甜味液体，会造成乳牙龋齿，我们称之为"奶瓶综合征"。

孩子的发育：各种标志

新生儿的平均身高是50厘米，体重3.33千克，头围34厘米。

6个月的时候，体重会翻倍：6.7千克。

4岁的时候，身高会翻倍：1米。

出生后1年内孩子的发育会很迅速，2岁的时候发育速度会减缓，从4岁开始会保持一个稳定速度，直到青春期开始。

4岁之后，孩子每年体重会增加2千克左右，身高会增加5—7厘米左右。女孩10岁左右会进入青春期，男孩12岁左右进入青春期，发育速度会迅速增加。

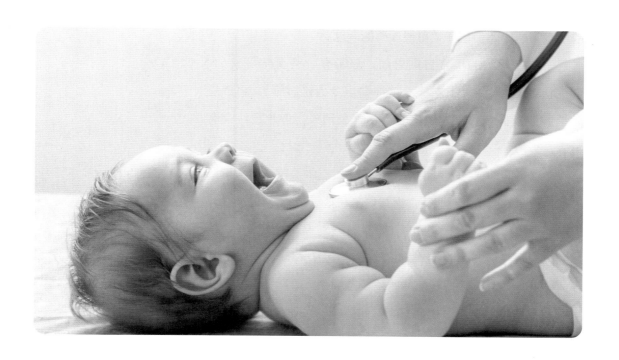

定期医疗检查

医 生

在孩子刚出生的几年内，即使孩子很健康，医生也会扮演极其重要的角色。医生会监测孩子的体格发育情况，帮助你制定个性化饮食；监测孩子神经发育情况，包括语言、运动、社交等发育情况，安排孩子疫苗接种事宜。当你有育儿烦恼，或孩子生病时，也可以寻求医生帮助。

医疗检查

每次检查之前，我们建议你做足功课，以便更好地把握这种机会。首先，请确定你想问的问题并记录下来以免忘记；如果你是一个人带孩子去，也要问一下你的伴侣是否有问题要问。孩子做检查时，你可能会因为紧张忘记某个重要的问题。不要犹豫，问出你想问的所有问题，即使是你觉得很琐碎的问题。

如果在预约的检查日期之前，孩子有一些反常现象(大便性状/颜色改变、出皮疹，精神举止令人疑惑等)，可以进行拍照或录像。如果之后这些反常现象消失，你也已经存有记录。

● 尽可能地选择有利的时间段，比如上午，孩子不太累的时候，或者吃饱了的时候；总之最好是在孩子精力充沛的时候。

● 要给孩子穿便于穿脱的衣服。

● 记得带尿布、替换衣物、宝宝的毛绒玩具、安抚奶嘴、健康手册，尤其要记得要接种的疫苗种类。

在检查过程中，医生会逐步询问孩子的各项状况：他的精神运动发展情况，他的日常行为，以及饮食、睡眠、维生素摄入量和疫苗接种情况。孩子需要脱衣进行完整的体格检查，各项数据(体重、身高、头围等)要记录在健康手册上。

双倍的检查。如果你有一对双胞胎，那么每月的检查时间肯定会更长，每个孩子要单独接受检查，还要一起接受检查。不要自己一个人带孩子去，也不要忘了带母婴包。

健康手册

健康手册上会记录各种信息。

● 孩子身体发育的各项指标：体重、身高、头围、胸围；神经发育情况、语言、运动发育情况；体格检查记录，心肺、四肢、髋关节、外生殖器等全面记录。

● 在孩子注册入学时需要核对并查漏补缺疫苗接种情况，还要备注得过的传染性疾病(水痘、腮腺炎、手足口病等)。

● 就诊信息应该保密，只有给孩子进行检查的医生才能看，内容包括：妊娠和分娩情况、重大疾病、住院情况、接受过的外科手术等。这些信息可以帮助医生了解过往的医疗情况，联系诊治过孩子的医生或医疗机构。

听力和视力检查

视力

孩子出生时视力发育还未完全成熟，之后会慢慢发育：6个月之前发育速度很快，之后会略微减慢，一直到8—10岁。孩子出生后前几个月的时候，医生会观察宝宝对光线的反应，看人和物的方式，以及目光跟随人和物的方式，以评估他的视力发育情况。孩子长大后，就可以测量视力了，即视敏度。如果视敏度是5/10，表示孩子可以看清5米远的物体；如果是10/10(最大值)，则表示可以看到10米远的物体。

孩子体检时建立视力保健档案，内容包括眼外观位置、红光反射、视力筛查（红球、视力表、视力筛查仪等）。

宝宝视力的发展

新生儿的视力发育是一个循序渐进的过程，以下是正常情况下的平均发育趋势，在某些理想情况下，你也会发现宝宝可能会超前发育：

• 出生时，视敏度很弱(小于1/10)，视线有些模糊。新生儿只能看到他正对面的人，他的视野仅限于正中部分，还无法区分颜色。

• 1个月时，视敏度提高，宝宝可以认出妈妈或爸爸的脸（其实是脸的轮廓）；开始能够看到不太远的物体。

• 3个月时，他的目光能够跟随移动物体，他会玩自己的手，慢慢探索双手。

• 4个月时，视敏度仍然较弱，但是宝宝更喜欢看能看清楚的物体，比如人脸；能够区分几个基本色：红色、绿色、黄色以及蓝色。

• 6个月时，他可以看到立体的东西。

• 1岁时，视敏度达到4/10，视野基本上与成年人无异。

• 5—6岁时，视敏度会达到成年人的10/10的水平。

父母怎样发现孩子视力异常？

父母和儿科医生要紧密合作，才能及时发现孩子视力问题，以便迅速采取治疗措施。

一定要如实告知医生，家族中是否有视力问题（近视、斜视或青光眼）；而且，要认真观察宝宝的日常行为，及时发现异常。作为孩子的母亲或父亲，你是做这项事情的最佳人选。如果你发现孩子有反常现象，一定要拍下照片，把照片拿给医生看。医生会告诉你是否有问题，或者让你咨询眼科医生，做进一步检查。

有哪些反常信息？

反常信息可以通过专门的眼科检查加以佐证。以下是你应该向儿科医生指出的一些反常信息：

- 眼睑下垂，或间歇性下垂。
- 如果有一只眼，或两只眼都异常的大（瞳孔异常增大），眼珠一直在转，见光会引起不适（畏光）。
- 左右眼不对称，比如瞳孔不对称。
- 瞳孔发白，尤其是开闪光灯拍的照片中，一只瞳孔发白，另一只则呈现正常的红色。
- 斜视（出生3个月后）。
- 头部姿势异常（比如，头总是歪向同一边），眼球不停震颤。

医学检查时的视力检查

每次进行健康检查时，医生都会检查宝宝是否有斜视，评估眼球的跟踪能力，以此来判断宝宝的视力情况。

最常见的少儿眼科疾病

弱视、斜视、眼睑下垂、近视、远视和散光、眼球震颤、白瞳症(瞳孔呈白色)、瞳孔不等大(两个瞳孔大小不同)、青光眼(瞳孔变大造成"漂亮的大眼睛"的假象)。

听力

与视力恰好相反，孩子的听力在子宫内时(30—32周)就已经开始发育，新生儿的听力水平几乎接近于成人。宝宝出生时，医生会进行听力筛查，判断有无听力缺陷。出生时听力筛查未通过的，42天后复查，第二次也没通过，需要去专业机构进行诊断。之后每次定期体检时都会检查听力。

孩子听得清吗？需要警惕的表征

- 3个月前，对极大的声音或突然的噪音没有太大反应，不会被吓一跳，表情也没有变化。无法用声音安抚他。

- 3—6个月时，周围有声音或杂音时宝宝不会转头，对有声响的玩具不感兴趣。对熟悉的声音没有反应。很少或不会发出咿呀声，或者不会像前3个月一样发出咿呀声。

- 6—10个月：宝宝的发音没有变丰富，或者咿呀声减少；不会发出短音节（ma, ba, da 等），听到音乐没有或几乎没有反应，对声音不感兴趣。

- 10—15个月：当我们给他玩具时，他不会用手指指向自己喜欢的玩具。不再模仿简单的词汇发音（妈妈，奶奶等）。放音乐时，他也不会表现出开心的情绪。

如果出现其中任何一项症状，及时就医。检查中，医生会多次测试宝宝的听力(使用有声玩具)。9个月和2岁时，会使用工具进行听力筛查。

中耳炎可能影响听力导致听力下降，治愈后听力会恢复。现在，孩子出生时，都会做耳聋基因筛查。

膝盖、腿和脚

宝宝出生时膝盖内翻：膝盖分开，脚踝相互靠拢（如图1）。两岁左右膝盖内翻程度会逐渐降低，然后会变成膝盖外翻：髌骨相互靠拢，脚踝分开（如图2）。膝盖外翻的程度会逐渐降低，直到青春期就会消失（如图3）。在各个年龄段，

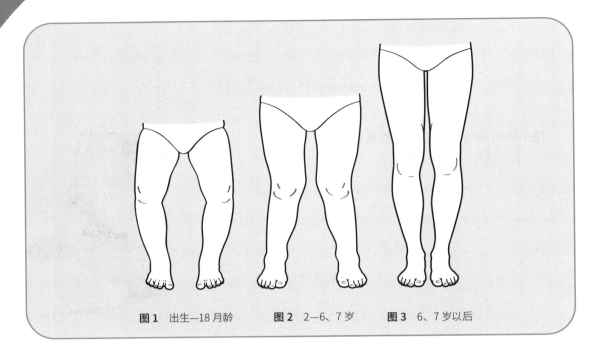

图1　出生—18月龄　　图2　2—6、7岁　　图3　6、7岁以后

腿和膝盖出现以上情况都属正常现象，无须焦虑。

- 1岁以内：婴幼儿的腿部呈椭圆状，形状类似青蛙腿或O型腿；
- 18月龄：腿型逐渐开始变直；
- 2—6岁：膝盖往内，呈X型腿；
- 7岁：腿型真正确定和变直。

如果宝宝的脚有问题，出生时就可以发现，大多数情况是妊娠后期导致的错位。宝宝刚出生时，医生通过医学检查可以迅速判定骨骼和跟腱发育是否正常；通过推拿可以很容易地将脚复位。如果是轻微的错位，通过运动疗法就可以复位；从出生第一天起，就要开始做运动恢复练习，持续数周，直到情况好转。

如果脚部弯曲严重**伴有高弓**，即为"仰趾足"；如果脚掌内翻严重，即为"内翻足"。这两种情况下，可以通过简单的按摩进行复位，然后通过运动疗法进行改善。

还有另外一种情况，脚前掌向内翻，和脚后跟不在同一轴线上，称为"跖骨内收畸形"。大多数情况下，这类畸形可以逐渐改善；某些情况下，可以在前几个月的时候借助夹板，通过运动疗法进行治疗。

疫苗接种 [1]

进行疫苗接种，可以帮助孩子们抵抗多种疾病。效果最好的疫苗种类（推荐疫苗）以及最佳接种日期，都会记录在接种记录本上。国家卫生主管机构组织的专家委员会每年都会就推荐疫苗进行审核。

面向所有儿童的推荐疫苗

2个月时

● 这是接种时间表的起始点，针对的是白喉、破伤风、百日咳、脊髓灰质炎、乙型嗜血杆菌和乙型肝炎。之前，这些疫苗都要分开注射，这也意味着宝宝要挨好多针。现在有了切实的进步，所有这些疫苗都可以一针搞定，只有肺炎球菌疫苗还需要单独接种。

4个月时

● 与2个月时注射的疫苗相同。

5个月时

● 建议接种第一针C型脑膜炎双球菌疫苗。

11个月时

● 与2个月和4个月时注射的疫苗相同。

12个月时

● 推荐疫苗为：麻疹疫苗、流行性腮腺炎疫苗和风疹疫苗；这些疫苗集中为一针注射完成。建议接种第二针C型脑膜炎双球菌疫苗，但要单独接种。

2岁之前

● 建议接种第二针麻疹、流行性腮腺炎和风疹疫苗。

6岁时

● 重复注射白喉、破伤风、百日咳、脊髓灰质炎疫苗。

11岁时

● 重复注射白喉、破伤风、百日咳、脊髓灰质炎疫苗。

● 给女孩注射预防宫颈癌的HPV（人乳头瘤病毒）疫苗，分两针注射，中间隔六个月。

● 如果孩子之前没得过水痘，则要接种水痘疫苗。

---

[1] 此处"疫苗接种"为法国国家标准，关于国内疫苗接种标准，请参见中华人民共和国国家卫生健康委员会官方网站上发布的"国家免疫规划疫苗儿童免疫程序及说明（2021年版）"。

百日咳疫苗：父母接种疫苗以预防孩子感染。宝宝两个月前接种该疫苗没有效果，研究表明，大多数患百日咳的新生儿都是被他们的父母传染的。所以，建议父母接种该疫苗以保护孩子。没有单独的百日咳疫苗，通常是和白喉、破伤风、脊髓灰质炎疫苗一起接种。如果你本人和你的配偶在近10年内没有接种过百日咳疫苗，近2年内没有接种过白喉、破伤风、脊髓灰质炎疫苗，一定要尽早告诉医生，他会给你们重复接种一次白喉、破伤风、脊髓灰质炎、百日咳疫苗。

推荐疫苗，强制性疫苗

在推荐疫苗中，有三个强制性疫苗，尤其是上托儿所或上学前必须要接种：**白喉疫苗、破伤风疫苗、脊髓灰质炎疫苗**。2018年有11种疫苗被纳入强制性疫苗：白喉疫苗、破伤风疫苗、脊髓灰质炎疫苗、百日咳疫苗、乙型嗜血杆菌疫苗、乙型肝炎疫苗、肺炎球菌疫苗、C型脑膜炎双球菌疫苗、麻疹疫苗、流行性腮腺炎疫苗、风疹疫苗。国家卫生主管部门认为，给儿童接种预防此类疾病的疫苗非常重要，因为这些疾病可能会发展到很严重的程度。

某些情况下推荐接种的疫苗

结核病疫苗（卡介苗）

建议高危人群接种该疫苗，比如，住在法兰西岛的人。具体情况可以咨询医生。

轮状病毒胃肠炎疫苗

这是一种口服疫苗（2个月和4个月时服用），用以抵抗能引发最严重的胃肠炎的病毒。这种疫苗主要针对的是被集体照看的孩子。

建议接种年龄	出生	2个月	4个月	5个月	11个月	12个月	18个月	6岁	11岁
卡介苗	■								
白喉－破伤风－脊髓灰质炎		■	■		■			■	■
百日咳		■	■		■			■	■
乙型嗜血杆菌		■	■		■				
乙型肝炎		■	■		■				
肺炎球菌		■	■		■				
C型脑膜炎双球菌				■		■			
麻疹－流行性腮腺炎－风疹						■	■		
HPV（人乳头瘤病毒）									■

水痘疫苗

用于11岁之前没患过水痘的孩子。

流感疫苗

每年10月份给大于6个月的易感儿童接种：早产、患有哮喘或心脏病的儿童，可以咨询医生判断你的孩子是否属于易感群体。

禁忌症

每个人情况都不一样，需要咨询主治医生。其实，疫苗接种有明确的禁忌症，但是每种情况都很特殊。对于相对禁忌症或临时禁忌症，要采取特殊的技术预防措施，尤其是对于严重过敏或免疫力低下的孩子。

疫苗的保存

如果你购买了一支疫苗，但是没有马上接种，需要置于冰箱内保存（不能放冷冻柜）。应将疫苗置于2℃—8℃的温度下保存。

接种疫苗时应打在身体哪个部位？

婴儿时期：根据疫苗种类和医生的习惯，可以打在臀部的上部或大腿上。2岁后，所有的疫苗都可以打在上臂的三角肌部位。

如果疫苗接种被耽搁了，怎么办？

如果疫苗接种被耽搁了，爸爸妈妈们通常会认为需要重新开始接种，这没有必要，只需要接续之前中断的接种计划，根据孩子的年龄补足应注射的疫苗，称为"补种"。

只有正确进行疫苗接种，即完整接种（注意接种次数，每次接种的最大时间间隔，尤其是在医嘱期限内进行重复接种），疫苗接种才会发挥实际作用。

接种疫苗遇阻

给尽可能多的人接种疫苗，让每个人都能获得保护。给孩子接种疫苗，既能保护孩子，又能抵抗传染病。但是，近几年来，经常会发生疫苗短缺的情况，有以下几个原因：现在疫苗生产程序复杂，生产期限较长（有些疫苗生产需要数年时间）；疫苗的全球化需求等。不过大多数情况下，都可以找到替代方案；如果药店告诉你某个疫苗会长时间缺货，一定要及时告知医生。

疫苗短缺可能会引发关于疫苗接种的质疑。媒体和网络上经常会有针对某个疫苗或某种辅药（比如，铝）的批判的声音。面对这些声音，有些父母会不知所措，焦虑不安。我们建议你把孩子的健康托付给医生，他们是卫生健康专业人士以及各自领域的专家。医生会履行自己的职责，推荐疫苗，并给孩子安排时间注射。所以，你应该和医生一起探讨疫苗问题，而不是听取非专业的声音。

旅行中孩子的健康问题

带孩子进行长途旅行时，要做好各种准备工作，除了考虑旅行地的气候因素，还要关注当地的卫生状况和某些疾病的发病率。

疫苗接种

孩子需要在国内及时接种强制性疫苗和推荐疫苗，尤其要接种乙型肝炎疫苗，因为乙型肝炎在很多国家还普遍存在。如果有必要，有些疫苗可以在接种时间表规定的日期之前进行接种：如果感染风险较高，可以在出生时就给孩子接种乙型肝炎疫苗；如果孩子要在结核病发病率较高的国家居住至少1个月，可以在出生时接种卡介苗；9个月时接种麻疹疫苗。

根据所在地区和居住环境，也可以接种以下疫苗：

● 如果是在卫生条件较差的国家，可以在1岁时接种甲型肝炎疫苗，2岁时接种伤寒疫苗。

● 如果是在黄热病高发国家（非洲和南美洲的热带地区）：9个月时接种黄热病疫苗；在某些特殊情况下，2岁时接种脑膜炎双球菌疫苗；会走路后接种狂犬病疫苗。

疟疾的预防

目前还没有疟疾疫苗，所以只能采取预防措施来对抗疟疾。医生不建议家长带太小的孩子去疟疾高发地区，因为在这些地方孩子的患病风险会大大提高。

除了预防蚊虫叮咬（参见下文），药物预防也必不可少。请根据逗留地区和孩子的年龄来选择药物种类，医生会根据最近的信息开出药方。出发前一天就要开始服药，在逗留期间要持续服药，回到国内后根据药物类型也要服用一段时间。

蚊虫叮咬的预防

如果孩子还不会走路，要在婴儿床和婴儿车上挂蚊帐（最好在防蚊剂中浸泡过），这是最有效的方法。不论孩子多大，当他休息和睡觉时都要挂浸泡过防蚊剂的蚊帐。传播疟疾的蚊子会在傍晚或深夜叮咬人群，而传播登革热或曲弓热的蚊子会在白天叮咬。

- 根据情况（晚上或白天），要给孩子穿长袖衣服和长裤。蚊子可以透过织物叮咬皮肤，所以如果是在极高危地区，建议将衣物在防蚊剂中浸泡一下。

- 空调、电蚊香或蚊香可以减少房间里蚊子的数量，但是都不能替代浸泡过防蚊剂的蚊帐。

- 不建议将婴儿放在蚊香附近。

- 可以在裸露的皮肤上涂抹防蚊药膏，晚上涂抹防疟疾，白天涂抹防登革热或曲弓热。

- 医生会根据孩子的年龄开具杀虫剂和驱虫剂。抗疟疾的药以及驱虫剂或杀虫剂都有毒性，所以要放置在孩子接触不到的地方。

重要提示：在国外居住期间，以及回国后，如果孩子有发热症状，要及时就医。

注意

不建议带婴儿去热带国家或各方面环境欠佳的国家旅行。

腹泻的预防

对于小婴儿，唯一的措施就是严格遵守卫生防护措施。

- 用消毒水洗奶瓶：要么用沸水（至少煮3分钟），要么使用过滤器过滤过的水，或者是用净水片处理过的水（将一片净水片投入1升水中，搅拌，然后静置1—2个小时再使用）。

- 喝水或冲奶粉要用瓶装矿泉水或是经过处理的水，洗水果或蔬菜时也要用这种水。

- 照顾宝宝的人要将手洗干净。

对于大一点儿的孩子，预防措施和成人一样。

- 要经常洗手，饭前、便后要洗手，要用肥皂或含酒精的溶液洗至少30秒。

- 不要使用冰块，也不要吃冰冻食品。

- 水果和蔬菜要去皮。

- 不要吃生的食物，肉和鱼要煮熟。

- 不要吃生的甲壳类或贝壳类食品（生蚝、贻贝等）。

腹泻的治疗措施主要是使用补液盐预防脱水。

一般性的预防

- 保护孩子不受阳光照射（戴好帽子，穿好防晒衣物，如有必要涂抹防晒霜）。

- 预防中暑：长途旅行时要给孩子喝水(水，或者最好是补液盐)，尤其是在特别炎热的国家乘坐汽车时。

- 衣服要轻便，便于清洗，透气（棉布，非化纤布料）。

- 用风扇或空调降温，但要保证没有使用禁忌症。

- 不要让孩子赤脚走路，不要在水塘或河里洗澡，不要和动物亲密玩耍。

- 严格讲究卫生：每天用流动水给孩子洗澡，要吹干身上有褶皱的地方。

- 最后，如果你要在当地租车自驾游，提前确认是否有适用于孩子年龄的安全座椅。如果没有，则要带上孩子平时用的安全座椅，要知道交通事故是国外旅行期间的主要危险之一。

护理孩子

孩子生病了，父母应该做些什么？首先，要仔细观察。你观察到的所有症状，都将对医生很有用。比如，皮肤出疹，有些症状可能在就医时就消失了。此外，作为十分了解孩子的人，你也可以观察孩子的气色、脾气和行为上的变化。而且，你还可以观察到更多的标志性症状，在就医时可以给医生提供更多细节。最后，你的悉心照顾有利于孩子尽快康复，不仅因为你对他的细心照料，还有你的声音、你的触摸、你的出现，以及你的沉着冷静都会带给孩子安慰和安全感。

健康和生病的标志

以下是孩子健康的标志：

- 体重和身高发育曲线在正常曲线范围内。
- 心情愉快，有活力，喜欢玩，对周围的事物感兴趣。

- 胃口好，大便正常，睡眠好。

相反，如果孩子有以下症状则表示健康状况不理想：

- 体重减轻，尤其要关注婴儿的体重。

- 面色苍白，有黑眼圈。

- 没有活力，白天打盹时会吸大拇指，对周围发生的事情不感兴趣，不想玩；或者，正好相反，表现得烦躁不安，无故任性妄为。

- 睡眠不好。

- 胃口不佳，不愿意喝水；或者正好相反，总是口渴。

什么时候去看医生？

父母总是希望有人能告诉他们，出现某种症状时必须去看医生，出现另一种症状时则无须去看医生。其实，没有人能够列出这样一份清单。孩子身上的症状很难一概而论，而且变化极快，需要借助必要的医学检查，进行整体考量。这就是为什么医生从来不会指责父母过度送医，即使孩子看起来并无大碍。

父母很难判断症状的严重程度，尤其在孩子还很小的时候。如果不能及时就医，最好也不要耽搁太久。从感冒发展到支气管炎，从腹泻发展成脱水，婴儿的反应时间会很短，尤其是在新生儿期（第1个月的时候）。

孩子越小，当他发烧、咳嗽、反复呕吐或腹泻，以及不明原因哭闹或拒绝吃奶（此处为举例说明）时，越应该尽快就医。尤其是不到3个月的宝宝或早产儿，更应该多加注意。

大一点儿的孩子，我们可以多观察一下他的整体状态，来决定就医的必要性和紧急性。孩子高烧时，并不意味着病情严重；相反，如果腹部疼痛，只有医生能够诊治。

怎样判断孩子是否生病了？

如果是大孩子，问题会简单很多，因为他会说话，会叫痛，会告诉你他哪里不舒服。但是，当一个婴儿哭闹的时候，因为婴儿经常哭，所以我们很难联想到是因为他身体不适。不过，身体不适的婴儿哭的方式是不同的：音调持续（更像是呻吟），即使是将他抱在怀里，也很难哄好。要特别注意的是，有些大孩子在身体不舒服时也不会喊疼，但是行为方式会有所改变，例如不愿意走动，不说话，像虚脱了一样等。

什么药能缓解疼痛？首先，出现疼痛不建议自行服用药物，以免耽误病情。

● 如果疼痛不太剧烈，给孩子口服对乙酰氨基酚(糖浆或袋装药)，根据孩子的体重调整药量。每6个小时可重复使用，不能等到疼痛反复时再吃。

● 如果疼痛持续，或者疼痛加重，医生会根据孩子的年龄使用一种非甾体抗炎药——布洛芬糖浆（按体重定剂量），根据生产厂家不同，每6—8个小时服用一次。如果你的孩子不到6个月，建议及时就医。

护理孩子时怎样避免引起疼痛？

很多情况会导致孩子有疼痛的感觉：最常见的情况是接种疫苗，不太常见的情况包括抽血或伤口缝合等。

如果是伤口缝合、软疣摘除，可以提前1小时在有关部位涂抹上麻醉软膏(恩纳乳膏)。麻醉软膏在治疗前会被擦除，但表皮的麻醉作用会持续1—2个小时。

如果是不到3个月的宝宝，我们可以在治疗前给他喂一点儿糖水：治疗前两分钟在他的舌头上滴1—2毫升的糖水(30%的蔗糖浓度)。

接种疫苗时，记得要带上孩子的毛绒玩具，如有必要还要带安抚奶嘴，或是一个彩色玩具或音乐玩具(分散注意力可以降低疼痛感)。注射时，将孩子抱在怀里，和他聊天，但是不要和他说"不疼的""没什么的"，这都不是事实。如果可以，预约一个孩子睡饱、吃饱的时间，这样孩子会更放松。最后，要记住，父母和孩子害怕的情绪会加重疼痛感。如果你的孩子生病了，或可能病了，请尽量保持冷静。

怎样测体温？

常用的是直肠电子温度计。这种温度计要安装可替换的干电池，测量满1分钟后会发出响声，显示体温。

让孩子躺下，一只手抬起他的双腿，另一只手把温度计插入他的肛门。温度计的灰色部分要几乎完全插入。插入温度计后，不要留下孩子一个人，要扶住温度计。

这种温度计也可以测量口腔和腋下（胳膊底下）的温度，但是要等较长时间才能看到结果，而且要加上0.5℃才能与肛门测量的温度相等。

1岁之后还可以使用其他温度计：

● 耳温计，可以在瞬间给出准确的结果（除非是耳道内的耳垢太多）。

● 红外线温度计，将其置于额前几毫米的地方就可以很快得到准确的体温，但是要调整测量角度。

对于很小的孩子，用直肠温度计测出的体温更准确。1—2岁时，建议使用耳温计，对孩子的伤害较小，而且可以在他睡着时使用。

发烧时该做什么？

孩子发烧时，爸爸妈妈们会焦虑不安，不知所措，这是重病的征兆吗？要不要想尽办法给孩子降温？高烧会不会引起惊厥？

这些担忧是可以理解的，毕竟某些传染病或严重疾病的最初症状就是发烧。

但是发烧并不等于病情严重。所以，当孩子体温升高时不要惊慌失措。而且，发烧是人体对感染的一种反应及与之抵抗的方式，不要盲目地退烧，而是要顺势而为。

有些孩子在发烧的峰值时会出现惊厥症状，一般持续时间都较短；大多数孩子5岁之后就不会再出现惊厥现象，而且多数情况下都不会影响孩子的发育。此外，近期的研究表明，高热惊厥与体温升高没有直接关系。

这也表明医生对治疗儿童发烧的态度发生了变化，不再像之前一样盲目地进行降温和系统治疗。当下，医生更注重的是孩子的舒适度，首先要找出发烧原因，同时也要关注发烧引起的不适感。如果孩子头疼、肚子疼或肌肉酸疼痛，可以服用止痛药加以缓解。

如果你的孩子只是发烧，没有出现不适或疼痛症状，就没有必要给他特别服药。

几个常见问题

可不可以带发烧的孩子出门去看医生？

即使孩子发高烧，也可以出门，不会有危险，高烧并不意味着病情极其严重。医生更

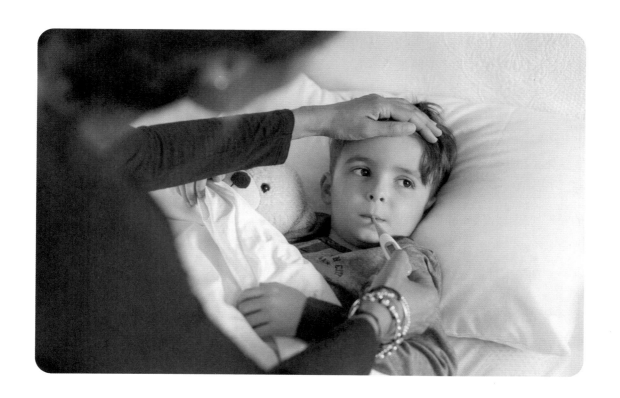

愿意在诊所进行诊治，因为诊所里有各种医疗器械，如有必要可以做其他相关的检查。

如何给生病的孩子穿衣服？

不要穿太多。孩子发烧时会出汗，这是好现象，如果穿的衣服不多，汗液蒸发有利于降低体温。给孩子多喝水，勤换衣服和床单。

生病孩子的舒适度

记住要给孩子的房间通风，在此期间，先把孩子安置在另一个不冷的房间照顾，注意不要让孩子着凉。待房间变暖后，再把孩子放回他的床上。

可以给他洗澡，这会让他舒服一些。一定要保证水温适度（37°C左右），浴室内也要暖和（22°C左右）。

要注意观察孩子的节奏，并适应他的节奏。比如，有些孩子生病时需要多睡觉，而有些孩子则希望有人陪伴、玩耍。那就尽量抽时间陪伴他。

如果作为父母亲的你感到不安，就把你的感受表达出来，即使孩子还很小。你可以对孩子说："我很担心你，但是我会好好照顾你，一切都会好起来的。"如果我们对孩子隐瞒某些事情，孩子也可以察觉出来，这会让他感到更加焦虑、恐慌。

要把孩子放在床上吗？

如果孩子累了或是没有精神，会自己躺在床上；如果他不愿意，也没必要强迫他。他会自己起身在房间里溜达，那就给他穿好衣服，让他安静地玩耍吧。最好是让孩子自己玩耍，或者有一个大人陪着，因为除了传染风险，也要避免让孩子过于兴奋，孩子太过兴奋就容易疲累。

电子产品呢？

大一点儿的孩子会要求看电视。白天时间较长，可以让他看一小会儿电视。但是，也要让孩子明白，不能因为他生病了就可以一整天都在家里看电视或玩平板电脑。

孩子生病时的饮食

给生病的孩子吃什么？只要是合理范围内的食物，他想吃都可以给他。但是，如果他什么都不想吃，可以试着推荐给他喜欢的食物：水果泥、火腿、菜泥等。吃饭，哪怕只吃一点点，都有助于身体恢复。

如果孩子什么也不想吃，那给他吃什么呢？对于婴儿，如果没有腹泻，就可以按日常饮食习惯进行，但是不要强迫他进食，尤其不要在喂奶时间之外给他喂水。如果有轻度腹泻，也可以按照日常饮食习惯进行。但是，如果是严重腹泻，要尽快就医。

如果孩子发烧，要利用一切机会给他喝水，甚至是半夜他醒来的时候，也要给他喝点儿水。发烧会引起身体脱水，孩子的身体里没有太多水分储备。给他喝什么呢？他喜欢喝的东

西：水、果汁、柠檬水等。

如果医生说有传染风险

每次照顾孩子时要把手洗干净，将生病的孩子与其他孩子隔离开，某些情况下也要与准妈妈隔离。

各类治疗

滴鼻剂：清洗鼻腔

感冒或患鼻咽炎时，会有很多鼻腔分泌物。婴儿不会擤鼻涕，会造成喝奶困难，甚至呼吸困难。大多数医生会建议用生理盐水清洗鼻腔，或用婴儿洗鼻器吸出分泌物。

如果宝宝进食困难（鼻塞严重，无法喝奶），只有清理鼻腔才能缓解他的痛苦。以下是具体操作方法：

- 让宝宝侧躺。
- 用力挤压，将一袋生理盐水滴入上方的鼻孔内。鼻腔内的分泌物会从另一只鼻孔里——下方的鼻孔流出。

- 重复此操作直至分泌物全部排出。

让孩子躺在另一侧，用同样的方法清洗另一侧鼻腔。

这个方法很管用，但是也会让孩子感到极度不适，还会大哭，所以，只有当孩子喝奶十分困难的时候才建议使用这种方法。孩子大一点儿后，即使鼻塞，他也可以正常吃饭。

皮肤病、受伤

检查伤口，对伤口严重程度和性质进行判断。如果伤口较大、持续性出血，需要及时去医院处理。

对伤口进行冲洗：用流动水或生理盐水冲洗。

对伤口进行消毒：用碘伏对伤口及周围进行消毒。

包扎

大多数情况下，使用药店里的胶布包扎即可，但是需要每天更换胶布，或者是胶布脏污时就需要更换。如果伤口流血，最好用薄纱布包扎。不要包得太紧，需要保证血液循环；肢体既不能肿胀，也不能发紫、受冷。伤口不要盖得太严实，因为它也需要"呼吸"。不能使用脱脂棉。

要避免的操作

不要用热敷袋或热水袋，因为这已经导致过多起婴幼儿灼伤事件发生。也不要用含酒精的、含薄荷醇的、含樟脑的、无医嘱的产品擦拭孩子胸部。

整骨疗法

整骨疗法是徒手调节身体机能的治疗方法。

利用推拿手法，把身体错位和变形组织还原至正常状态，恢复身体技能。

适用范围：身体各部位长期软组织损伤和骨骼关节错位，如：肩、腰、腿疼痛，颈椎病、退行性骨关节炎、脊柱侧弯、X型腿、O型腿等。

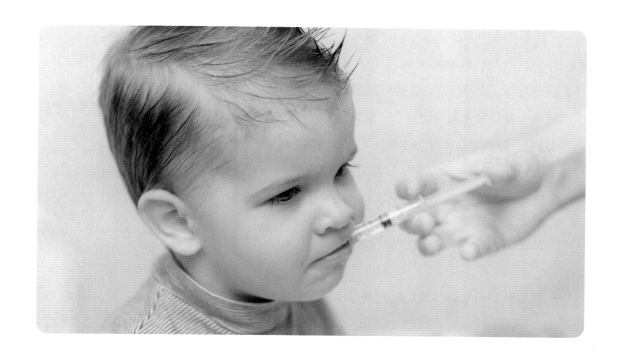

孩子和药物

你的孩子得了咽炎，或者至少你认为是这样，他上一次得咽炎，或者他的哥哥姐姐得咽炎的时候，医生给开过一种药（很可能是抗生素），药还没吃完，于是，你想给孩子吃剩下的药——请千万不要这样做！你认为的咽炎很可能是另一种病的发病症状：在童年时期，有很多种病的发病症状都是咽喉发红！而且，在没有医嘱的情况下给孩子用药，会让某些症状消失，从而误导医生的诊断，影响治疗。

无医嘱情况下，进行简单的治疗

- 鼻塞/流涕：用生理盐水滴鼻。
- 6个月以上的孩子轻微腹泻：适当补水或补液盐。
- 发烧：见本书第396页。
- 便秘：多食用蔬菜、水果。比如火龙果、西梅等。

● 日常生活中的小病痛：一杯椴花茶的效用和成药是一样的。你给孩子冲一匙蜂蜜水喝，并对他说："这能让你的肚子马上就不疼了。"这的确是常常有效果的。另外蜂蜜对缓解孩子的咳嗽也有显著效果（研究表明蜂蜜比大多数止咳糖浆的功效还要好），但是记住不要给1岁以下的孩子喝。

🔍　重要提示

在没有医嘱的情况下，除了这些简单的治疗措施外，不要给孩子吃任何其他药物，尤其不能服用抗生素、皮质激素类药物，哪怕是外敷类的药物（药膏等）。

退烧药

医生会开退烧药，还会告知发烧引起的不适症状和身体的疼痛。

● 对乙酰氨基酚的用量：根据宝宝体重（千克）来确定使用剂量，可间隔4—6小时重复用药，24小时内不超过4次。推荐用量为：每24小时体重每千克服用60毫克，分4次服用（即每6个小时每千克体重服用15毫克）。对乙酰氨基酚是糖浆状的，配有带刻度及对应体重的吸管，例如每6个小时的一次剂量对应6千克的体重。对于剧烈呕吐无法口服退烧药的宝宝，可以使用栓剂。

● 布洛芬对治疗儿童发烧很有效，适用于6个月以上婴儿。每6—8个小时服用一次，根据体重确定剂量（同对乙酰氨基酚）。

● 服药1个小时以上，如果孩子体温未下降，仍旧心烦意乱、状态不佳，则需要去医院复诊。对于未满3个月的婴儿，发热及时去医院就诊。

怎样给孩子用药？

给孩子用药的方法有很多，首先推荐喂到嘴里，也可以将药置于舌下（能融化的糖片），或涂抹在皮肤上（例如湿疹药膏）、鼻腔内（尤其是过敏性鼻炎）、眼睛内、耳朵内（在滴

注意

如果孩子到了自己可以抓握物体的年龄，不要把药品放在他的床边。

入耳朵之前先把药水握在手里一两分钟，将其捂热）、支气管内（治疗哮喘）。现在，栓剂类药物越来越少：尽管父母使用起来比较方便，但这类药物药效较低，而且这种用药方式的耐受性也不好。

● 请一定询问开药的医生给孩子喂药的具体方法。

给孩子喂药往往是一件令人头疼的事：有些药实在是难以下咽，即使药厂已经努力改善了；有些药一天要吃好几次；有些药需要长期服用，但孩子身体状态欠佳，而你又急于让他尽早康复。

婴幼儿

给宝宝喂药之前，要给他一点儿准备时间：温柔地和他说说话，把他抱在怀里，或者爱抚他，让他安心；然后给他一个玩具，尽量转移他的注意力。如果没有禁忌症，最好在饭前孩子特别饿的时候给他喂药。

大多数糖浆类药物都会配备一个定量吸管（每个吸管对应一种药，不要混用）。用吸管吸取糖浆至宝宝体重对应的刻度，然后将其置于宝宝舌头一侧；药物进入口腔后，轻轻地向宝宝的脸颊吹气，引起吞咽反射，宝宝就会把药咽下去。

大一点儿的孩子

要在相同的时间给孩子喂药。比既定时间提前一点儿告知孩子要吃药了即可，因为孩子还没有时间概念，如果提前太早告诉，他会提前过多地想这事。吃药之前，你也可以假装建议给他的玩具喂药。

态度要坚定且和蔼，不要和他商量，但要告诉他吃了药才能康复。根据用药方式和孩子的性格，你也可以说："只需要一分钟的时间，然后你就可以去玩了。"或者"这样不好，你最好一下子咽下去。"抑或是"吃完药你就可以吃一勺水果泥或酸奶，把药味冲下去。"如果是糖浆，先将其放置在冰箱

 小贴士

如果你的孩子马上就把药吐了出来，或者在 10 分钟之内发生呕吐，你可以再给他喂一次同样剂量的药。如果孩子 10 分钟之后又吐了，则需要询问医生或药店，因为每种药的吸收速度是不一样的。

里足够长时间（低温有助于降低一点儿药味），试着用吸管喝，这样，糖浆接触舌头上味蕾的时间会短一点儿。

剂量不同，药效不同

要严格遵守医嘱规定的剂量、每天用药次数和用药时长（尤其是抗生素类药物，即便症状消失了，也要按医嘱规定继续服药）。

没有药物是完全无害的，如果你想尽快见效而私自加大药量，有可能会造成中毒。而且，还可能会引起药物不耐受、过敏反应以及其他不良副作用。

总之，不要不看医生而自行给孩子用药。

药箱

常备：

● 碘伏/酒精消毒片。

● 无菌纱布。

● 胶布。

● 治疗烧伤的"油纱布"和比亚芬烫伤膏。

● 1卷纱布。

● 1个医用温度计。

● 生理盐水，用于清洗伤口、眼睛和鼻子。

● 1小瓶液体肥皂。

● 1小瓶洗必泰消毒液。

● 对乙酰氨基酚，糖浆状、袋装或栓剂（儿童剂量）。

● 1盒补液袋。

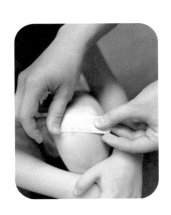

● 1盒外科免缝胶带：这是一种对小伤口愈合非常有用的胶带，可以聚合伤口，无须缝合。

● 1把镊子（每次使用前要用70%的酒精消毒）。

● 药箱上要贴紧急联络电话（医生、医疗急救队、消防）：

有需要时可以迅速找到。

要不时地（比如每次开学前）清理药箱，查漏补缺。拿走过期的药、糖浆和滴剂等。但是不要随便丢弃，将这些药品交给药店，药店会将其销毁，不会任其四散在自然环境中。

药箱的位置

药箱要上锁，并放置在孩子接触不到的高处。将儿童用药和成人药分开放置。药箱不能放在潮湿的地方，也不能放在散热器上。

药物不是一切

有些家长极度依赖药物，如果医生没有开处方，他们就会很失望。孩子发烧了，他们就想要抗生素；出疹子了，那就要抹药膏。他们混淆了疾病和症状。

另外，药物不会马上就起作用，需要一定的时间，所以要学会耐心等待。最后，要重视体质的重要性，孩子会很快恢复健康，治疗所用的药物远没有健康规律的生活习惯（均衡饮食，按时睡觉等）重要。

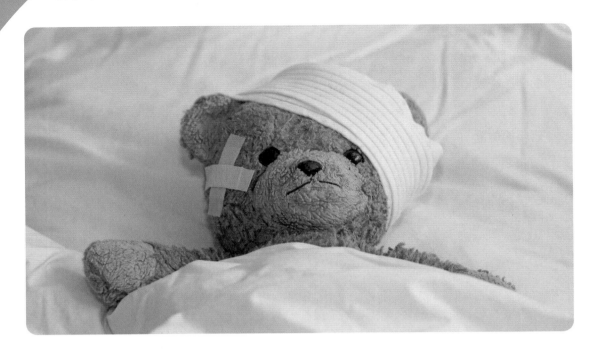

如果你的孩子需要住院

现在，住院不像之前那么普遍了，而且住院时间也有所缩短。得了严重疾病的孩子需要紧急住院，在医院接受必要的治疗。孩子也可能在医院住一两天，做一些检查、诊断，接受监测。

住　院

无论是因为突发疾病而住院，还是要为做检查而计划的住院，跟孩子提前告知和沟通，父母能保持冷静和信心，孩子也更能平静地接受。

根据医院的工作流程，首先会由急诊医生给孩子首诊，判断是否需要住院治疗，如果需要住院，将交接给儿科医生。

即使一个孩子入院当天的病情有点儿让人担心，但所有的身体检查结果都比较乐观，烧也退了，也可能是采取的治疗措施起效了，那么他第二天就可以出院了。比如，一个婴儿因为病毒性肠胃炎引起身体迅速脱水，必须要住院，然后情况会得到改善。宝宝很快就可以回家了，并继续接受治疗。

但是，在某些情况下（比如，接受静脉途径的治疗等），孩子就要在医院待久一点儿。为了避免反复扎针给孩子带来的痛苦，又不影响孩子日常生活，医生会给孩子使用静脉留置针——一根插入静脉血管的细管（类似于输液用的细管）一般留置3—5天。要注意看护，防止患儿不慎拔除，避免碰撞和睡觉时压迫针头。

医院生活

在和其他小病友的相处过程中，孩子很快就可以适应住院生活。最好提前告知孩子将要发生的事情，而且爸爸妈妈能陪在身边。

刚进病房的时候，可以给孩子一些他熟悉的玩具（比如毛绒玩具等），让他放松下来。要把孩子自己的睡衣裤、拖鞋、睡袍、牙刷和洗漱用品带来，这很重要。有时儿科病房并不都是单间，但是孩子更喜欢能和小伙伴在一起，如果晚上爸爸或妈妈不能陪床，他们也不会太害怕。当然，如果是患有传染病的孩子则需要隔离，除非是有相同病症的小伙伴，但这种情况常见于流行病爆发期。

一般来说，父母全天都可以探视，一大早或晚上都可以。如果只是短期住院，则没有必要让祖父母、叔叔阿姨、朋友过来探望，因为孩子本来就很疲累，来探望的人彼此交谈，会吵到孩子，而且也要考虑同病房的小病友和医护人员需要安静。但是，孩子的兄弟姐妹会很担心，可以让他们来看望一下，让他们放心。

如果你离开的时候孩子会哭闹，不要觉得你少来探望几次会对孩子更好。你的探望对孩子很重要，你要哄哄他，告诉他你下次什么时候过来。如果孩子太小无法理解，那就给他留一件你的东西，比如围巾，他就会明白你还会回来的。你一定要相信儿科医护人员很爱孩子们，他们会用自己的专业知识和爱来照顾你的孩子，即便这种爱要与其他孩子一起分享。

医院的儿科医生和护理人员会要求父母陪床，不仅是对婴儿和低龄儿童，对大孩子也一样。他们会鼓励爸爸妈妈们自己准备餐食，自己给孩子洗漱以及做一些简单的护理工作。在孩子接受治疗期间，父母和医护人员及时沟通病情、更好地相互理解也有利于开展治疗工作。但是，尽管儿科在家庭服务方面已有了很大的进步，但亲子病房依旧短缺。

每天早晨医生都会来查房。询问医生时不要不耐烦，也不要激动，诊断病情、等待检查结果可能需要几天的时间。如有必要，可以和医生预约详谈。

如果孩子可以出院了，可以在头一天晚上或者当天早晨查房后告诉他这个消息。要记得把你的联系方式留给医护人员，以便日后回访。

缓解疼痛

现在，患者的疼痛感受得到重视，缓解疼痛的方法也大有进步：医生会评估疼痛等级，包括对新生儿的疼痛进行评估，并且会缓解和预防疼痛。疼痛感有系统的评估方法，比如，如果孩子要接受治疗，医生会在 1—10 的等级列表中确定他的疼痛等级。面罩吸入麻醉剂的方法越来越常见，在伤口缝合或腰椎穿刺时，麻醉药膏的作用有限，可以使用一氧化二氮进行麻醉(麻醉效果很快)。如果疼痛太剧烈，通常会在静脉内注射吗啡：根据疼痛感觉，孩子或照顾者可以按镇痛泵按钮来缓解疼痛。

如果孩子仍旧疼痛难忍，请立即告诉护士或医生，以便采用合适的治疗方案。但是，请放心，儿科的医护人员肯定会顾及孩子的舒适度。

外科手术

不论是对孩子还是父母，手术都是一场考验。父母不愿和孩子分开，担心孩子受苦，而孩子经常会有一种负罪感："都是因为我不好，才会这样。"

即便你对手术有很多顾虑，也不要太早告诉孩子，在接下来的时间里请尽量保持平静。去医院之前几天，告诉孩子要做手术了，告诉他"这样你的肚子就不会再疼了""这个小东西就被摘除了"，等等。要用最简单的语言告诉孩子手术的内容。

孩子越小，就要越晚告诉他住院的事情；如果孩子很小，提前一两天即可。如果孩子容易情绪激动、做噩梦，那就前一天晚上给他一点儿暗示，然后白天的时候轻松地和他谈论这个话题；他需要时间来消化这个消息，你要多和他沟通，帮助他理解。

告诉孩子他躺在病床上的情形：会把饭菜端到床前给他吃，不必起身去上厕所。要有问必答，跟他聊聊护士和医生的制服，解释一下口罩、手套、轮椅和病床的作用。关于麻醉，告诉他，他会在一个特别的房间（清醒室）醒来，护士会陪着他，然后会把他送到另一个房间，你们会在那里等他。尤其要告诉他每天都有小朋友要做手术，他的表哥、伙伴们也都做过手术。

住院期间，把孩子的玩具（玩具娃娃、医疗玩具套组、画笔、橡皮泥、角色玩具等）带来，让他能够有渠道表达自己的恐惧或敌意，千万不要忘了带他心爱的玩具熊或毛绒玩具。

如果你因为手术的事情而倍感压力，一定要告诉医护人员。不要独自承受这种焦虑和不安，这很可能会影响孩子的情绪。

出发去做手术，会有人过来推孩子进手术室。如果你在孩子身边，不论对你还是对孩子，这都是一个艰难的时刻。安慰孩子最好的方法就是你平静地和他说再见，不要依依不舍，要让他觉得你很安定；然后，按时进到病房，等着孩子回来。

如果你的孩子有缺陷

宝宝刚出生时，或在后续的检查中被诊断患有某种缺陷，抑或是宝宝因为发育不良问题诊断出患有某种缺陷，父母会遭受巨大的打击，很难接受这个现实。

筛查和诊断

医生会尽量明确诊断。首先要做详细的医学检查，评估缺陷的严重程度；其次尽快找到造成缺陷的原因，为后续针对性治疗方案提供思路；最后要确认缺陷的性质，判断其对感官系统、智力、心理的影响程度，找到有针对性的治疗方案。

随着筛查和诊断技术的不断进步，孩子将获得更及时的诊断和治疗，甚至从孕期就可以介入治疗，减少对孩子造成的影响，减少家庭经济负担。

不要封闭自己，积极寻求帮助

当孩子被查出某种缺陷后，出于保护的目的，有些父母会封闭自己或孩子，同时，他们也会有意或无意识地感到周围的人在回避他们，从而越来越不愿意与外界沟通；父母要竭尽全力和孩子并肩战斗，让他和其他孩子一样，去认识世界，一起接受现实，战胜困难。父母应该尽早寻求专业人士的帮助，让孩子可以及早获得相应治疗。

孩子的健康小词典

本医学小词典将为你提供与孩子相关的各种疾病或问题的解析，但不能为你提供诊断或治疗方案——这是医生该做的事情。

小词典中提供的知识，将帮助你应对某些症状或紧急状况，判定其严重程度，并帮助你在看医生前做好相应的准备工作。

此外，本词典还可以帮助你理解医生的诊断及诊疗方案，让你宽心，且有助于你更好地与医生配合，以期孩子早日康复。

为了更好地使用该词典，下文中的两个表格有助于你查找相关词条。

表格一：儿童容易出现的主要紧急状况。列出了容易发生在孩子身上的主要紧急状况，以及相应词条。

表格二：儿童最常见的病症。列出了家长最常遇到且通常需要咨询医生的常见病症。

紧急状况出现时应向谁求救？

● 急救中心：如果无法联系上医生，请赶紧拨打120，急救中心工作人员24小时接听求助电话。

- 消防电话：119。遇到在公共道路上突发的事故（交通事故、高处摔落、突发疾病等）。

- 执法部门（警察）电话：110。

- 中国大陆急救电话：120。

不论遇到哪种情况，请：
- 冷静地提供你的姓名、地址、电话号码；
- 描述所发生的情况；
- 回答急救服务中心所提出的问题；
- 除非对方要求，否则别着急挂掉电话。

表格一：儿童容易出现的主要紧急状况	
症状	查询词条（按首字母序）
儿童在事故中受伤	公路事故
儿童突发疹子、荨麻疹等	过敏，牛奶蛋白过敏
儿童吞下异物	意外吞咽
儿童被烧伤	烧伤
儿童重重地摔落	骨折、扭伤与脱臼，休克、摔落
儿童突然脸色煞白且失去意识	非高热引起的惊厥，高热惊厥，过敏性休克
儿童大量出汗，焦躁不安，非常口渴	发烧，急性脱水
儿童腹泻严重，体重减轻	急性腹泻，急性胃肠炎，急性脱水
儿童手指伸入插座	触电
儿童吞咽不当，呼吸困难	异物进入呼吸道
儿童呼吸困难	喉炎，呼吸杂音、哮鸣音，哮喘
儿童受伤，大量流血	出血，割伤，伤口
儿童吞下药品、有毒物品、腐蚀性物品	物品中毒，意外吞咽
儿童突然痛苦不堪，呕吐，哭闹，面色苍白	急性肠套叠
儿童发生意识障碍	高热惊厥，脑膜炎，窒息，中毒
儿童被猫、狗、蛇等动物咬伤	动物咬伤，蛇咬伤
儿童掉进泳池	冷水刺激性昏厥，溺水，心肺复苏术
儿童被蜜蜂、黄蜂、大胡蜂等昆虫叮咬蜇伤	蜇伤，蜱虫叮咬

表格二：儿童最常见的病症		
	症状	**查询词条（按首字母序）**
头部	• 口疮 • 唇部水泡 • 喉部发红或发白 • 嘴巴疼痛 • 喉部疼痛 • 头痛 • 耳朵疼痛 • 流涕 • 流鼻血 • 耳朵流脓 • 眼睛发红，眼痒或流眼泪或眼睛被糊住	• 口疮 • 疱疹 • 咽炎 • 疱疹，疱疹性咽炎，口疮，口炎，手足口病，真菌病，咽炎 • 咽炎 • 偏头痛 • 耳炎 • 感冒—鼻炎—鼻咽炎 • 出血 • 耳炎 • 结膜炎
呼吸	• 呼吸困难 • 窒息 • 失声 • 喘鸣 • 咳嗽 • 剧烈咳嗽，哑嗽	• 喉炎，呼吸杂音、哮鸣音，毛细支气管炎，哮喘 • 异物进入呼吸道 • 喉炎 • 毛细支气管炎，哮喘 • 咳嗽 • 喉炎，咳嗽
消化	• 便秘 • 腹泻 • 腹痛 • 便血，大便黏液 • 呕吐	• 大便失禁，肠易激综合征，便秘 • 急性腹泻，慢性腹泻，直肠息肉 • 腹痛，肠道寄生虫 • 大便异常 • 急性胃肠炎、急性脱水，幽门狭窄
皮肤	• 脓疱 • 伤口 • 痒 • 皮疹 • 肿块 • 荨麻疹	• 带状疱疹，疖子，传染性红斑，脓疱病，蜱虫叮咬，皮肤，痒疹，紫癜 • 出血，割伤，伤口，烧伤 • 过敏，湿疹 • 风疹，麻疹，玫瑰疹，湿疹，水痘，脓疱疮，脱皮性皮疹，猩红热 • 淋巴结，猫抓伤，腮腺炎 • 过敏，荨麻疹
生殖器官	• 阴茎皮肤下面的白色球状物 • 外阴流脓、红肿 • 乳房肿胀 • 睾丸肿胀、过大、扭曲 • 阴茎红肿	• 释露龟头，生殖器官发炎 • 女童妇科 • 乳房 • 睾丸 • 龟头炎
骨 （腿，胳膊，脊柱）	• 关节肿胀 • 跛行，腿疼无法行走 • 膝盖疼 • 胳膊疼，无法移动胳膊	• 急性关节炎，风湿病 • 跛行 • 膝盖 • 骨折、扭伤与脱臼
其他症状	• 丧失意识、抖动 • 发烧 • 尿床 • 哭泣	• 高热惊厥，癫痫 • 发烧 • 遗尿 • 婴儿肠绞痛，婴儿啼哭

A

艾滋病

艾滋病（获得性免疫缺陷综合征）是由于病毒（HIV-人类免疫缺陷病毒）危害到免疫系统并导致器官防御功能严重下降的一种疾病。

如果一个人感染了艾滋病，体内会产生特殊抗体，通过血液检查可以发现这种抗体的存在，因此，艾滋病血清检测呈阳性。

自从多样化的抗病毒疗法面世，艾滋病肆虐的现象在一些国家已有了极大改观。针对孕期采取的预防母婴传播的措施，使得抗病毒治疗越来越被儿科所熟知。尽管孩子在较长一段期间内难以同时接受多种抗病毒治疗，但死亡率和病毒感染率已大幅下降：至少在发达国家，自2—3岁起，艾滋病儿童的死亡率几乎为零。其他国家和地区的情况存在较大差异：非洲每天约有1500个艾滋病婴儿出生，而对这些孩子进行抗病毒治疗仍非常困难。

B

白喉

以前，这种疾病是很令人害怕的，但如今因为疫苗的出现已经可以避免。然而如果没有接种疫苗，仍然会发病（例如发生在俄罗斯或其他中欧国家的病例）。

百日咳

百日咳具有非常强的传染性，尽管已采取了多种疫苗措施，但仍然没有使这种疾病消失。对有较强免疫力的儿童和成人，可呈无症状携带；对不足三个月的婴儿来说，但因还未接种疫苗，这可谓是一种严重的疾病，重症百日咳会导致呼吸系统、神经系统、心血管和肾脏损伤。谨慎起见，患百日咳的婴儿最好及时就诊或住院治疗一段时间。对于年龄稍大点儿的孩子，百日咳持续的时间会更长，而且更耗费精气神，但一般不会有特殊的风险。

疫苗的重要性以及重复接种的必要性：

百日咳产生的抗体很少：即便得过一次百日咳，仍有可能第二次得病。这也就解释了为何长期以来婴儿打的疫苗在几年后就起不到保护作用了。因此，青少年以及大人如果近期内没有接种过疫苗，也可能会得百日咳。因此，现在建议年轻人在生第一个孩子之前接种疫苗，这样会对未接种百日咳疫苗的新生儿起到保护作用，因为百日咳疫苗对不足两个月的婴儿不起作用。父母接种疫苗后，孩子患百日咳的概率会降低。

婴儿要在2个月、4个月、11个月时接种百日咳疫苗，与其他疫苗联合接种。在6岁、11岁和25岁时要重新接种，因为抗体会逐渐减少。

为了更好地保护孩子，如果父母在生孩子之前没有重新接种百日咳疫苗，需要赶紧去接种。

如果大龄孩子患上百日咳：

在1—2周的潜伏期过后，开始出现鼻炎症状。两周后，进入"阵发性"阶段可持续2—6周：不停地咳嗽，夜间更加严重；伴随有呕吐，持续的阵咳最后转化为特殊的深吸气，即"公鸡打鸣"。恢复期咳嗽逐渐减弱，需拖延2个月之久。

最初几周，如果有疑似百日咳的症状，则很容易通过一种特殊技术——聚合酶链式反应（PCR）分子生物学技术来确诊：通过采集患者鼻腔内分泌物检测出百日咳杆菌（百日咳由百日咳杆菌感染引起）的脱氧核糖核酸（DNA）。但是这项检查有时会延迟进行，因为百日咳刚开始的症状往往跟普通感冒很相似，让人很难想到得的是百日咳。如果最初几周就确诊是百日咳，则可以用抗生素来防止传染（阻止百日咳杆菌扩散）；但是有点儿遗憾的是抗生素的止咳效果不明显。

包茎

包茎是由于包皮太紧，只能留出一个非常窄小的开口（包皮是覆盖龟头的皮肤褶皱）。（参见释露龟头）

包茎可通过外科治疗进行矫正：如果有严重的复发性尿路感染、包皮龟头炎、排尿困难等，需要在3岁之前进行手术；3岁以后，如果每天涂抹糖皮质激素药膏，两三个星期后仍不见效，则需要进行手术。

包皮环切术

这种手术是为了切除包皮，根据包皮区域和惯例选择在不同年龄进行手术。重要的是手术应该在卫生和安全性最佳的条件下，由医院的医生来完成。

苯丙酮尿症

这是一种罕见但很严重的疾病，因为该病会导致严重的智力发育迟缓。如果疾病能够在早期发现，并让孩子在接下来几年内坚持一种特定的食谱，可以避免出现智力迟缓的后果。这种疾病可以在新生儿出生时通过血液检查发现。

鼻窦炎

上颌窦

上颌窦存在于面部骨骼的腔内（眼窝、鼻腔）。2—3岁之前不会发病，也完全不会受到病毒感染。而且，急性窦炎非常少见。

额骨窦

额骨窦在孩子身上很少见，因为前额骨骼腔内的窦只有在10—12岁之后才会发病。

急性筛骨炎

这是一种筛骨感染，筛骨中间有空腔，从上方和后方封闭鼻腔。筛骨炎表现为高烧及上眼皮从内眼角处开始肿胀。最常见的

病原是葡萄球菌，尤其是嗜血菌群。需要住院进行抗生素治疗，以防止出现眼炎和脑部并发症。

扁平足

婴儿的脚背和脚底都是圆滚滚的，当孩子光脚站起来时，脚掌由于身体重量而铺开，完全贴向地面，甚至足弓也贴着地面；按压脚面时，脚面是平的，但当孩子躺下时，脚掌拱起部位是正常的。

通常只有在孩子年龄更大一些的时候，家长才意识到足弓的异常。即使你担心孩子是扁平足，没有医生的建议也不要给孩子垫鞋垫。按照第一章提到的方法给孩子穿鞋。让孩子光着脚或穿着袜子走路；应该让孩子的足部肌肉得到训练，当孩子的脚掌抓地或适应凸起的地面时，会让足底肌肉得到训练。

扁桃体疾病

扁桃体是位于喉咙后部的组织器官，会受到病毒或细菌感染；我们称之为咽炎。如果扁桃体特别大（扁桃体肥大），可能需要将其摘除。

扁桃体切除术

切除扁桃体（或扁桃体切除术）是一种简单的手术，如果术后密切监测，手术风险较低；在4岁或5岁前不可进行该手术。

以下情况下需要进行扁桃体

切除术：多次患咽炎（一年多次）；扁桃体体积偏大（肥大），引发梗阻，导致慢性呼吸困难，并有睡眠问题（呼吸暂停）以及吞咽困难。

需要指出的是，在3—6岁期间，扁桃体通常较大，但并未受到感染。

目前扁桃体切除术不太成系统，对扁桃体作用的认识尚不全面，但可以确定的一点是，它在器官防御方面发挥着重要作用。

便秘

许多孩子都会便秘，大多数情况下，便秘不会有实质性的危害，不会对身高和体重的增长产生影响。通过简单的办法，例如改变孩子的食谱或环境，便秘可能就能得到缓解或消失。极少数情况下，便秘会隐藏着一种疾病，当然只有医生才能做出诊断。

什么情况下可以判定一个孩子便秘？

如果大便较硬较干，通常呈小滚珠样，或者呈较粗的柱形。排便时哭闹或有一些异常表现，比如婴儿弓背、夹紧臀部等，说明他们试图憋住排便，害怕排便。大便较少并非便秘的征兆，因为不同孩子大便的正常频率差别较大，取决于孩子饮食情况和年龄。

新生儿（未满月）：

如果孩子便秘时间较长或伴有便血，应引起注意（参见以下内容）。

母乳喂养的婴儿：

纯母乳喂养期间，婴儿大便次数变化较大，如果孩子正常增长体重、会笑、不腹胀、不呕吐、无腹泻，就不是便秘，而属于正常现象，因为母乳产生的废物很少：医生称之为"母乳性便秘假象"。

奶粉喂养的婴儿：

正常的大便松软，每天都会排便。如果便秘，可能会引起腹痛，哭闹，便血。便血是由肛门撕裂引起的，非常疼，这是由大便性状较硬、较粗引起的肛门溃疡。

婴儿便秘时应该怎么办？

· 冲奶粉时的错误做法是引起便秘的常见原因。水和奶粉的比例要科学合理。

· 医生可能会建议更换奶粉，选择"预防便秘"或肠道益生菌含量更高的奶粉。

· 开始添加辅食后，孩子吃蔬菜和水果通常能够重建肠道菌群。

· 给孩子喂充足的水，便秘可能是由于缺水。

· 现在不提倡给孩子喝矿物质水，因为矿物质水的功效不太明显，而且可能会对肾脏造成不利影响。

如果以上方法都无效，医生会建议使用轻泻药，如液状石蜡油或以半乳糖和果糖合成的乳果糖，或聚乙二醇为基本成分的渗透轻泻药（不会刺激肠道）。用药需坚持几周，以使药物发挥疗效。同样的治疗方案也可用于肠道溃疡，帮助愈合。

重点： 不推荐使用体温计刺激排便：这是一种多余的刺激因素，甚至会造成创伤。

年龄较大的孩子：

优先选择平衡孩子的饮食：蔬菜、水果、富含纤维的食物（如豆科植物）。便秘的孩子的饮食规律经常是混乱的：白天没有喝足量的水，在外面吃饭较多，吃了太多容易便秘的食物，如巧克力、糖果等。

另外，便秘在孩子各个年龄段都可能出现。

· 在养成卫生习惯时，家长对孩子的教育过早或要求太多，孩子就会以不排便来抗议。建议在固定的时间把孩子放在马桶上，比如每次吃完饭以后的某个时间段，在安静的地方。不要让他在马桶上坐的时间太久，注意不应该超过15分钟。

· 对于上幼儿园的孩子来说，早饭后孩子没有时间安静地上厕所，因为要赶紧出发去幼儿园；另外，学校的厕所通常不太受欢迎或者没有隐私性，所以孩子往往会憋住不排便。

· 另一种不大常见的便秘起因也许是缘于某些让孩子受到精神创伤的家庭事件，如参加葬礼、家庭搬迁、生活或居住条件降低等。

（参见大便失禁）

跛行

走路时腿脚不方便，说明肢体内部（膝盖或脚）或胯部发生了病变。如果跛行持续超过24小时，应该咨询医生。

2岁以下的孩子，医生会着重检查是否有不易发现的骨折（尤其是胫骨）并开出X射线检查单。对于年龄大点儿的孩子来说，滑膜炎是一种常见的病症，会导致跛行、低烧、胯部出现积液（通过超声检查可以发现），一般休息一段时间就会康复。

C

颤抖——震颤

对于新生儿或出生头几个月内的小婴儿，任何微弱的刺激都可能会引起过度的反应：四肢突然颤动，下颌抖动、打寒战等。婴儿在洗澡或温度突然变化时经常会出现震颤，这都是正常反应，与神经系统尚未发育完全有关，几周后就会消失。

特殊情况：

早产儿重复性震颤可能是血钙或葡萄糖含量过低引起的，需要立即给予补充。如果是回到家后突然发生这种情况，应该赶紧通知医生。

对于年龄较大的孩子来说，震颤反应可能持续存在，尤其是情绪受到影响时，这种情况不需要过度担心。

肠道寄生虫

肠道寄生虫在年龄较小的孩子身上较常出现，这比较容易理解，因为小孩子喜欢用嘴巴去接触物体，喜欢把东西往嘴里放。另外，肠道寄生虫容易在孩子集体生活的环境中传播。

怎样得知孩子肠道内"有虫子"？

症状较多，且各不相同（不仅限于寄生虫病，也可能是其他问题的征兆）：腹痛，腹泻与便秘交替出现，整体状况较差（食欲差）与行为方面的问题（躁动不安，睡眠较差等）。血细胞计数结果有时会有参考价值（嗜酸性粒细胞占比率增加）。需要注意的一点是，即便存在寄生虫，但针对寄生虫的检测有时也会显示为阴性。

蛲虫

蛲虫是最常见的一种寄生虫，在家庭或学校环境中非常容易传播，孩子自身也可能会重复感染，其中一个特殊征兆是肛周瘙痒，尤其是在晚上，因此，常在肛门或外阴区域出现发炎症状。粪便里可观察到白色蠕动的细丝状虫子，长约几毫米，可以通过"透明胶测试"检测虫卵：把一张黏性玻璃纸放在肛门区域。在实践中，如果怀疑肠道内存在蛲虫，可进行针对性治疗。

蛔虫

被猫、狗的排泄物污染的蔬菜、水果、土壤、沙子等，都是蛔虫传播的介质；在机体内存在复杂的循环体系：虫卵产生幼体，相继经过胃、肝脏、右心，穿过肺和支气管咽下后，最后在消化道内成为成体。完整的循环持续

2个月左右，除了以上描述的特点，还会观察到过敏性特征：瘙痒、荨麻疹及呼吸问题。蛔虫及其虫卵很少会在粪便中出现，可在肠道放射检查中发现。蛔虫会通过肛门排出，或在呕吐时排出。

绦虫

不熟的牛肉或猪肉是绦虫的传播介质。从肛门排出的菌环中存在绦虫的虫卵，此外，有时在衣物或床上用品上也存在菌环。除了菌环，绦虫病没有其他特别的症状。

针对肠道寄生虫的治疗

通过药物可进行简单而有效的治疗。每种寄生虫都有对应的治疗药物。蛲虫和蛔虫通过一次驱虫治疗即可被彻底消灭。而对于绦虫，需要间隔两周进行第二次驱虫治疗。应该坚持卫生措施以避免再次感染：把指甲剪短，把睡衣系好以防止抓挠，织物要仔细清洗。另外，非常重要的一点是，所有家庭成员，包括成年人在内，要同时进行驱虫治疗，以确保孩子痊愈后不会受到再次感染。

肠梗阻

肠梗阻指的是肠道内的物质和气体完全无法排出。对婴儿来说，急性肠套叠、绞窄性疝（参见该词条）会引起肠梗阻。

新生儿出生后头几天，消化道畸形可引起梗阻：肠道的某一段没有正常发育或伸开，或者没有固定，会引起肠道扭曲（肠道

扭转）。一开始的症状通常是出现含胆汁的呕吐：这说明梗阻处就位于胆道通向肠道的出口处。

不论是哪种情况，都需要立即进行外科手术。

肠气

如果你的孩子有肠气：若他的体重正常增长，且大便正常，那么你无须担心。要一直注意他的饮食平衡，尤其不要摄入超量的淀粉类或糖类（较常见）食物，这类食物含有过多发酵成分，会导致腹胀气甚至腹泻。相反，有时也会导致便秘，通过几种简单的方法即可使症状消失。如果孩子胀气严重却不哭闹，则不需要改变饮食。

特例

如果婴儿（6个月以下）肠气频繁、伴有疼痛和恶臭，可能是肠道微生物大量繁殖的表现，肠道内的某些微生物过多会引起发酵和恶臭气体排放。可以通过口服乳酸菌，恢复肠道平衡。

肠炎沙门氏菌病

沙门氏菌是伤寒杆菌群中的一种细菌。对于婴儿来说，这种细菌能够引起急性腹泻，通常在托儿所或家庭中爆发小范围传染病。疾病变化可能会相当严重，伴有大便量大且带血，脱水，高烧等症状。

通过大便检测可以确定病菌。

目前，不建议进行大量抗生素治疗。通过简单的补水和缓解腹泻的饮食即可逐渐康复。但对

于免疫功能低下人群或一般情况差、菌血症，仍需及时就诊。

肠易激综合征

儿科医学将大肠的过度反应称为肠易激综合征，在婴儿身上表现为慢性腹泻，并不是感染或典型的食物不耐受（参见慢性腹泻）。

孩子的大便为液体状、排泄量大，或大便溏稀，有时可见食物残渣。这不会引起正常发育状态的改变：食欲和体重曲线都正常，在孩子3—4岁时，症状就会消失。这也是为什么没有为此设定特别的食谱。乳酸发酵菌通过平衡肠道菌群可以产生不错的功效。

对于稍大点儿的孩子，症状却是以另一种不同形式出现：腹泻转为便秘或者腹泻、便秘交替出现，同时伴随有疼痛发作。

成长痛

孩子出现四肢疼痛应带他去看医生，尤其是疼痛频繁出现且持久。在确定是成长痛之前，应排除其他疾病的可能，向医生说明最近的症状，如咽炎、发烧等。（参见膝盖、腿、脚后跟疼痛）

抽搐

对3—4岁的孩子来说，肌肉抽搐很少见，而在7—8岁的孩子身上却很常见。肌肉抽搐指无意识前提下的某些异常动作，表现为肌肉突然收缩，持续时间较短，以不同频率重复发生。

最常见的肌肉抽搐是眨眼、口内发出的噪音、头发抖动、头部晃动或肩部晃动等。

肌肉抽搐说明出现紧张和焦虑的情绪，劝说不会有多大作用，人为抑制也不会有效果。

日常药物的作用有限，比较有效的做法是成年人要保持耐心，尽量不要表现得过于关注，但这一点并不容易做到。如果肌肉抽搐无法自动消失，需考虑注意缺陷多动障碍、学习障碍、情绪障碍等，儿科医生会指出抽搐的症结所在，并给出相应治疗方法（包括心理辅助治疗，行为疗法，根据情况给出更强效的药物等）。

抽噎痉挛

病症描述比较简单，且通常都一样：通常为6个月—2周岁的孩子，在发生冲突、突发的害怕或强烈的疼痛时，喊叫、哭闹、抽泣断断续续，且越来越强烈，呼吸受阻，脸色铁青（发绀）等。几秒钟后（而看护人会感觉这几秒钟非常漫长），通过刺激（轻拍、往脸上洒凉水等）可以恢复呼吸。如果持续发作，孩子会短暂性失去意识，也可能出现病症的变种：白色类型痉挛，即孩子的脸色一直特别苍白。

虽然病情会反复，但当时或长远来看，都不会有实际的风险。随着孩子长大，抽噎痉挛会逐渐好转，但有些孩子当受到阻挠或面对父母的惊吓时，会再次发生抽噎痉挛。因此，非常重要的一点是，对待孩子要温柔而坚定，尽量避免专横而严厉的态度。

出汗

出汗是不可或缺的一种生理现象，是身体散发体内外多余热量最有效的方式。

出汗通过皮肤水分蒸发来消耗热量并使体温降低。但如果水分流失过多且未及时补充水分，则有脱水和中暑的危险（参见该词条），以及发烧。

有些孩子比别的孩子更容易出汗。要注意观察孩子是否穿得或盖得过多。

出生时足部异常

错位

新生儿出生时常见足部错位，最常见的原因是孕晚期胎位不正。运动疗法有助于改善足部错位。

畸形足

足部畸形最常见的是足内翻，脚后跟向内翻转（内翻），脚尖向下弯曲。无论如何复位，足都会持久性异形。

足内翻的诊治如今已比较成熟，由专业的矫形外科团队负责。

· 使用"复位"石膏，每周调整一次，坚持6周。

· 通过外科小手术，放松脚后跟韧带（跟腱）。

· 使用固定石膏3个星期左右。

如果石膏变得沉重，说明治疗效果很好：足部恢复正常形状，功能也完全恢复正常。

出血

轻伤

孩子割伤、摔倒，被抓伤等，伤口会流血（参见割伤）。

割伤后出血可以使用纱布止血，并用手指按压几分钟，然后用消毒液对伤口进行消毒并用无菌纱布包扎。

重伤导致的出血

孩子用玻璃、刀具等割伤了自己，要把衣服脱下、撕开或者剪开，使伤口露出来，把伤口周围的碎渣清理干净（玻璃、金属、砂砾等），但不要触碰伤口深处的碎渣，不要试图给伤口消毒。在伤口上放厚厚的一层敷料并用力按压：这样血管就被按压向骨头形成的坚硬面。继续按压至少5分钟，然后用绷带固定住敷料。如果没有敷料，可以用手帕或毛巾（最好是干净的）做成的止血塞。如果没有干净的布料，别犹豫，先止血，预防感染是次要的。之后，根据具体情况，立刻带孩子去医院或者拨打120急救电话。

在实践中，很难区别出血处是动脉还是静脉。

通常情况下：

· 如果切断的是静脉血管：血会流一大片，呈暗红色。

· 如果切断的是动脉血管：血液成股断断续续喷射，呈鲜红色。

· 如果上面提到的敷料无法止血，用拇指按压伤口上方的动脉，即伤口与心脏之间的近心端。

无明显原因的流鼻血

首先应该捏住孩子的鼻子，使他的头向前倾斜，以排出血块。长时间用食指和拇指捏住两侧鼻翼用力挤压（至少10分钟）。如果继续流血，应该去看医生。

如果孩子经常性流鼻血，应该将这种情况告诉医生，因为这可能是鼻黏膜血管扩张造成的，或者是凝血问题。

便血

（参见大便，生殖器出血，女童妇科）

出疹，发疹热

这个词条专指传统的感染性疾病：麻疹、猩红热、水痘、风疹、玫瑰疹，此外现在还加入了一部分病毒性疾病（埃可病毒，腺病毒等）。

触电

如果孩子手指触到了电且无法把手收回，应立即切断电流而不是一直尝试把孩子拉回来，因为你自己也可能因此触电。如果是触到了电线，应该用干燥的木棒或不导电的物体使其脱离。如果孩子没有了呼吸，应该立即进行人工呼吸并拨打急救电话（120）。留意拖在地上的插线板；你的孩子可能会把插头放入口中而触电。

川崎病

川崎病最早在日本报道并被命名。对5岁以下的孩子来说，川崎病并非罕见疾病，病因目前尚不明确。症状主要为高烧，可能持续一周以上，躯干、口、咽、眼睛等部位发疹子（可能会让人误以为是湿疹或猩红热），颈部淋巴结肿大。

川崎病一个明显的特征是手脚肿胀，发红，从第10天开始脱皮，手掌心和脚掌心出现皮瓣，如果不做治疗的话，甚至可能持续几个月。大多数情况下，孩子不会留下后遗症，但可能出现心脏并发症（冠状动脉被病毒感染）。川崎病需要住院治疗，并进行定期和持续的心脏方面的监测。

传染性红斑

这是一种病毒性疾病（B19病毒），也被称为"第五病"。首先表现为脸部发疹，尤其是脸颊部位，像是脸部"浮肿"；之后向四肢蔓延，不发烧或中度发烧，只是单纯地出疹子，没有并发症，病情持续一周左右。需要注意的是，传染性红斑对胎儿来说危险较大。

刺伤

被别针、缝衣针、海胆刺、玫瑰刺、仙人掌等刺伤。

首先要消毒。如果有异物进入皮肤，尝试用在火焰上消过毒的拔毛钳或缝衣针将异物取出。挤出点儿血并再次消毒。接下来的几天要留意伤口处，如果出现红肿、疼痛，要去看医生（参见脓肿）。如果是荨麻刺，要用纱布蘸醋水擦拭。

D

打鼾

打鼾的孩子很可能患有扁桃体肥大或存在增殖体肥大。你应该将孩子的症状告诉医生，医生会根据情况建议你带孩子去看耳鼻喉科医生，有可能需要进行外科手术。

大便失禁

如果一个孩子挺爱干净，但内裤经常被弄脏（有时甚至能发现粪便），我们称之为大便失禁。这很可能是持续了几周或几个月的严重便秘的并发症，孩子总是憋着不排便，导致大便变成硬块状，排便困难且疼痛，从而使症状持续。长期下来，直肠被填满，粪便会以遗便的形式"漏出"。

应该咨询医生，必须时要接受治疗。治疗要强力而持久，才能快速有效。在某些情况下，医生会在几天内给患者进行灌肠以疏通肠道。之后诊治重点是使用大剂量聚乙二醇为主要成分的轻泻药。应该在几周时间里坚持这种治疗以防复发。

避免大便失禁的最好方法是预防，这是适用于所有便秘问题的治疗方法。但某些便秘，主要是心理方面的问题造成的。儿科医生可能会建议你带孩子去咨询心理医生。

（参见便秘）

大便异常

在第2章中，你已经认识了婴儿大便的正常性状，以下内容会让你了解到大便的异常情况（便秘和腹泻除外）。

大便颜色较浅，几乎呈白色。这可能是新生儿肝炎、胆道闭塞的早期症状，应立即将此状况告诉医生。

便血。如果你发现孩子的尿布或便盆里有血迹，甚至出现肛门处流血现象，应该立即咨询医生。记得要保留孩子的尿布或便盆里的大便。这也可能是意外事故，例如你当天给孩子量过体温，却不小心把体温计遗留在了肛门里，尽管体温计并未破碎，但也会伤到孩子。这种出血通常问题不太严重。

另一种出血原因是孩子便秘。

如果孩子腹泻，肠道受到刺激，同样会出血。应按照腹泻词条部分的内容进行护理。

最后一种出血的原因可能是急性肠套叠，同时参见直肠息肉的内容（参见以上词条）。

大便黏液。指的是白色或近绿色的细丝状黏液。肠道刺激或普通感冒可能引起大便黏液的出现。如果孩子患上感冒，大便中出现黏液是正常现象；只需按照感冒进行护理即可。如果孩子没有任何呼吸道疾病症状，黏液的出现说明肠道黏膜受到感染（小肠结肠炎）。

大便出现其他颜色。食用菠菜和甜菜会使大便出现蔬菜本身的颜色，大便里还会出现胡萝卜碎粒。食用含铁的食物会使大便出现黑色。要把异常大便保存好，以让医生根据大便颜色进行诊断。

大便颜色较浅。牛奶可能会使婴儿大便出现灰白色。

结块。大便中出现数量较少的小结块，如果没有出现腹泻，则不需要特别担心。

大孩子的迷走神经紊乱

发病时孩子短暂性意识消失。事实上，迷走神经系统会控制肌肉紧张度，肌肉紧张度会控制静脉系统的血压，尤其是腿部的血压。在某些特殊情况下（如疼痛、激动、发热或压抑的环境下），迷走神经会突然放松，血管内的血液不再往胸部和头部上升。大脑不再输入血液，人的意识丧失。正确的应对方式是把孩子平放，腿部抬高，以使血液不断地输入大脑，几分钟后就会恢复正常。有的孩子甚至是成年人会比其他人更易患迷走神经类疾病，应该留意可能突发的情况。

带状疱疹

带状疱疹表现为胸廓区呈带状出现小疱疹，即肋间疱疹，或集中出现在外耳廓甚至前额及眼皮上，即眼部疱疹，可引起眼睛创伤。这些疱疹会很快干瘪，成为小的痂盖，十多天内会消退。通常，带状疱疹的发作会多少引起灼烧感。引起带状疱疹的病毒与水痘相同，这两种疾病之间存在联系，都可能通过接触发生传染。

蛋白尿

当尿液中出现蛋白时，我们称之为蛋白尿。正常情况下，蛋白在血液中并经肾脏过滤，是不会出现在尿液中的。尿液中出现蛋白会导致浮肿（肿胀），尤其是下肢。如发现浮肿且伴随大量蛋白，医生会将孩子转入儿科肾病科进行进一步检查。

癫痫

癫痫是一种以抽搐反复发作为主要特征的疾病，主要在没有任何发烧迹象的情况下突然发作，与高热惊厥不同；疾病发作与生物紊乱无关，如低血糖（血糖含量不足）或低血钙症（血液钙元素含量不足）。

在孩子身上，癫痫表现多种多样，最常见的是强直性阵挛。发作时孩子突然倒地，丧失意识，身体僵直，之后四肢与面部节律性抖动，眼睛直愣，神情失常，脸色发绀，呼吸受阻；片刻之后病情停止发作，呼吸恢复但带有噪声，孩子对发生的一切浑然不知，肌肉完全松弛，有时伴有遗尿。几分钟后，孩子入睡，醒来后对病情发作没有任何印象。

另外有些病情只是部分发作，表现为身体僵硬或发软，或眼球充血，或局部抖动，或发呆，或感觉异常等。

有的病情只限于脸部，在意识清醒的情况下突然发作，无法喊叫，但思维未受影响；有时与睡眠有关，在入睡或醒来时突然发作。

按年龄划分，3岁以上的孩子还会出现"小发作"，表现为数秒时间内意识暂时丧失。5—6个月的婴儿出现蜷缩痉挛（参见该词条）是一种严重的癫痫，需要立即进行治疗。

最重要的是查找癫痫的起因，确定是否是器质性的，即是否与大脑损伤有关。现在，可通过脑部断层扫描或核磁共振进行判断。

有的癫痫发作是由反复的光线刺激引起的——科研人员在有癫痫倾向的人身上发现，屏幕（电视、电脑、游戏机等）对病情发作存在有害刺激。

如果没有找到癫痫的病因，则称之为隐源性癫痫或未知病因癫痫，表现为引起神经元突然放电；可以理解为，有的人比其他人更容易出现痉挛。

为了进行诊断，医生会要求详细描述病情发作的过程，会要求做脑电图和脑部断层扫描或脑部核磁共振。

最常见的情况是，器质性病变引发癫痫，发病后再进行治疗。在接下来的几年时间内，孩子需要接受药物治疗和医学跟踪。如果三年内没有复发，医生会根据癫痫的类别逐渐停止治疗。你需要清楚的一点是，儿童癫痫已经不是无法治愈的、需要终身治疗的疾病。

如今，在某些情况下，癫痫可以被认为是一种轻型疾病，而过去的认识是受限的。然而，治疗应严格坚持，一天也不能松懈，不经医生诊断同意，不能中断用药。

应该有序规划孩子的生活，尤其要避免睡眠缺乏。患有癫痫的孩子也可以在学校接受正常的教育，入学接受正常而规律的学业课程，无须过度保护。

某些情况下，可以为孩子或家长进行心理方面的辅导。

日常活动（适当体育运动等）是可以进行的，包括跑步、球类运动等，但需要在成人的监督下进行。做到以上几点，多数情况下，患有癫痫的孩子可以在心理和情感方面实现和谐地成长。

（参见高热惊厥、非高热引起的惊厥）

动脉高血压

动脉高血压较罕见，但并非不会出现在婴儿和儿童身上，可能造成多种并发症（首先是肾功能方面），但与成年人动脉高血压一样，未发现具体的病因。

孩子的动脉压很难测量，因为孩子容易躁动不安，情绪波动较大。然而医生在给孩子检查身体时，动脉压测量越来越普遍，谨慎分析测量结果尤其重要：任何异常数字都会在孩子状态较好（平静、休息、安心等状态）时进行反复测量，并根据年龄、性别、身高与标准数据进行比对。

动物咬伤：猫或狗

对于咬伤，永远不要掉以轻心，因为即便伤口很小，也有可能导致严重后果。咬伤的危险在于微生物感染、破伤风、狂犬病。被动物咬伤后首先应该用抗菌剂清洗伤口，然后带孩子就医，医生会开具抗生素并确认破伤风疫苗是否仍然有效；如果已失效，医生会要求重新接种。同时还要留意狂犬病传染的风险，谨慎起见，应该把动物带去兽医医院，如果动物还未接种疫苗，或无法确认动物的主人，则孩子需要接种狂犬病疫苗。定点医院都设有疫苗中心，接种疫苗的流程很简单：一共3针，无副作用。

如果多加注意，有很多咬伤都可以避免。永远不要让孩子单独和动物在一起（即便你认为是不会伤人的动物），要教会孩子与动物共处的几条基本原则：尊重动物的"领地"（窝、饭盒等），在它吃东西时不要打扰它，不要惹烦它，辨别攻击性信号（比如它咬链子等）。

耳聋

耳聋在孩子身上并不少见。由于近年来技术的不断发展，尽早进行听力筛查可以及时对患儿进行治疗，并指导父母与孩子进行有效的沟通。

耳聋的筛查

如今，在新生儿出生时会对听力进行系统筛查，如果存在耳聋的迹象，耳鼻喉科医生会在孩子成长过程中的每一个阶段对孩子的听力进行检查。

筛查测试

在产科病房或在耳鼻喉科，医生会对新生儿进行两项检查。

·耳声发射检查。将一个小探针放入外耳道，记录内耳发射的震动频率。孩子平静状态下，这种检查是无痛而快速的（几分钟即可完成），尤其是喂过奶入睡后的新生儿更容易进行检查。

·脑干听力测试。这是一套完整的、较为复杂的检查，需要在专业的医疗中心进行。通过粘贴在耳后和前额的电子元件来记录内耳及神经中心的反应。需要指出的是，由于简化程序后的脑干听力自动化测试使检测更快，这种检测也可以用于早产儿的听力筛查。

如果孩子听力较差或完全耳聋，你需要在儿科医生和耳鼻喉科医生的协助下帮助孩子更好地成长。

耳炎

耳炎指的是鼓膜感染，如果是化脓性耳炎，鼓膜后面会有脓水。这是鼻咽炎常见的并发症。

耳朵里存在正常菌群，多种菌类共生共存，从而限制其他细菌的繁殖。患鼻咽炎时，病毒感染会引起炎症，从而打破菌群平衡：某一个正常菌群会迅速繁殖，导致急性中耳炎。耳炎会有疼痛感（脓液会压迫鼓膜），常常会引起发烧。

如果不采取任何措施，脓液会穿透鼓膜：耳朵入口处有泛白的脓液流出：这就是穿孔性中耳炎。

耳炎是一种细菌性感染，应使用抗生素治疗。在某些情况下，在进行治疗后医生会对孩子进行复查，以确保完全康复。

如何知道孩子患上了耳炎？

如果耳朵疼痛，年龄较大的孩子会自己说出来；小婴儿如果出现某些症状，需要引起家长的特别注意，如：哭闹，消化问题（腹泻、呕吐等），持续发热，感冒等。医生进行的检查项目中包括对鼓膜的系统性检查。

穿刺术指的是穿透耳膜使脓液流出。这一治疗方法如今已很少使用，因为抗生素足以消除感染。同样由于抗生素治疗，乳突（未得到及时治疗的急性耳炎的并发症）已基本消失。

发绀

发绀是指皮肤发青，程度轻重不一。如果程度较轻，只有手指和嘴唇部位会发青。通过将婴儿指甲的颜色与妈妈的作对比（或另一个人），对病情程度进行评估：肤色更深，说明血氧含量不足，病因可能是呼吸系统或心脏方面的问题。手脚部位较轻的发绀可能是因为寒冷导致血管收缩；也可能是因为发烧，所以需要测量一下体温。

如果孩子从出生几天后就出现长时间的发绀，医生会考虑是心脏畸形（孩子皮肤呈青紫色）。参见先天性心脏病。

如果发绀病情剧烈且突然发作，说明存在严重的呼吸不足症状（异物导致的窒息、喉炎、呼吸道感染等）。

另外需要指明的一点是，发绀也可能与亚硝酸盐中毒（受到污染的水）有关。

发烧

发烧是机体对病毒感染或细菌感染做出的应激反应。如果孩子直肠测量的体温或耳温超过38℃，则说明孩子发烧了。夜间的正常体温在36.5℃—37.5℃之间。但如果孩子经历了剧烈的活动，或刚完成进食，测体温之前没有让他先休息一会儿，那么正常体温可能会达到38℃。

什么时候应该测量体温？

发烧通常是家长发现孩子生病的第一个症状。其实，当发现孩子没有食欲或者孩子的双手发烫时，就应该给孩子测量体温。应该在孩子每次精神状态表现出某种异常时或行为异常时，就给他测量体温。如果整体状态良好，一有风吹草动就量体温或者每十

分钟就量一次，都是错误的。

除了发烧没有其他症状，什么时候应该咨询医生？

· 如果孩子不到6个月，需立即咨询医生。如果不到3个月，发烧可能代表在孕期时有母体——胎儿感染，出现了延迟发病。这种情况下需要立即咨询医生；如果联系不到医生，立即拨打120急救电话或者带孩子去医院急诊。

· 高烧（39℃以上持续48小时以上）：尽管体温高本身不是严重的症状，谨慎起见最好咨询医生，尤其是当孩子年龄还小。

· 中度发烧（38℃—39℃）：在咨询医生之前，仔细评估孩子的整体状态。如果整体状态不好，需要去看医生。如果精神状态看上去还可以，看第二天状态如何。发烧时可能伴有其他症状。但如果只是中度发烧，持续4—5天以上，也需要咨询医生。

· 生病期间，如果体温不断升高，需咨询医生，有可能出现并发症。

在咨询医生之前，观察孩子其他症状

孩子是否呕吐？是否咳嗽？身体某个部位是否有出疹症状？大便是否正常？胃口如何？如果孩子突然发高烧，不要过于担心，孩子的体温会比成年人升得快，也比成年人的体温高，所以不要因为这一个症状就过度担心。体温计的作用只是让你保持警惕。另外，有些孩子很容易就会出现很高的体温，而有的孩子很少发烧，

即便发烧体温也不会太高。

是否需要退烧？

有的家长希望对孩子进行治疗，以尽快好转。他们认为不管使用哪种方法，应该立即退烧，认为发烧是一种疾病。其实，发烧虽然会使身体疲乏，但也是身体机能的正常反应。

是否需要用药？

如果孩子看起来很痛苦，极度不适，是需要用药的。比较推荐的有两种药：布洛芬和对乙酰氨基酚。

康复后，不要继续量体温

医生告诉你孩子已经康复了，但早上的体温仍有37.2℃。孩子康复的表现并非体温恢复到36.8℃，而是食欲恢复，重新开始玩耍。

体温过低

昨天，孩子体温达到了39℃，今天早上，体温只有36.5℃。在一场疾病之后，孩子已经痊愈，体温降到36℃且这个体温保持了一至两天，这种情况并不严重，这只是发热症状的后续低温阶段，只要他们活力满满，就不用过于担心。

新生儿的特殊症状

严重感染可能会表现为体温过低。

发育迟缓

如今大家已熟知孩子在成长发育过程中各年龄段的发展指标，就可以尽早发现发育迟缓的症状，这样医生会及早找出原因并进行

相应治疗。引起生长迟缓的原因较多，可能是情感方面的，也可能是器质性的。另外，也可能是由于某种生理缺陷，是未来残疾或疾病早期的征兆。

尤其要注意：

·掌握体态控制（3个月左右会抬头）。

·6个月左右脚掌能够支撑。

·9—10个月可以独自坐，可以尝试站立。

·能与周围的人互动（眼神交流，用声音回应，出生后几周内可通过微笑和声音回应等）。

然而，即便是在兄弟姐妹之间，也会在某些方面存在较大的个体不同，如学会走路的平均年龄在10到18个月之间；语言方面，会说几个字词、会组织句子、词汇不断丰富的年龄段处于18个月—3岁之间。

这些不同可能存在于文化或教育方面，受家庭环境的影响，以及在托儿所、幼儿园及之后在学校的受关注度。重要的一点是，要尊重社会文化的不同，弱化孩子成长发育的时间差；另外，也不要忽略其他因素的影响，让孩子根据自己的成长特点，用优势弥补劣势。

如果孩子只在某一个方面出现成长滞后，而其他各方面都正常发展，精力充沛，精神愉悦，那么家长无须担心，多留心观察，孩子很快会追赶上来。在任何情况下，如果你对孩子的成长存在诸多疑问或你身边的人提醒你要留

心孩子的成长缓慢状况，那么别犹豫，去医院咨询医生。

发育商（QD）

成年人可以通过智力测试确定智商水平，即IQ。对于4—5周岁的孩子来说，我们更倾向于测量发育商：测试分为精神运动发育、感觉运动智力、语言、社交能力。通过对比该年龄段的孩子的平均表现得出测试结果。测试结果会提示孩子是否是未发育成熟、成长迟缓（或早熟），这是评估孩子发育问题的一种补充手段，以更好地进行对症治疗。然而，这种评估并不具有预判价值，还需要为孩子进行测试的心理科临床医生来做出详细解释。

反刍

参见反刍综合征。

反刍综合征

有些婴儿和幼儿吃下食物后会反流至口中，以反刍动物的方式重新咀嚼。这是一种行为问题，通常是暂时性的，大多数情况下与情绪问题有关。

如果孩子体重减轻，那么需要进行心理治疗，家长需要进行特别照护，有的可能需要住院治疗。

非高热引起的惊厥

非高热引起的惊厥症状与高热惊厥相同，但非高热引起的惊厥具有完全不同的医学意义。许多病例的症状都一样，或者由于

生物性紊乱（血钙或血糖下降），或者由于大脑损伤。如果没有发现任何病因，可能需要考虑癫痫的可能（参见癫痫）。

肥胖症

肥胖症是由于脂肪过多导致的，会对孩子或在其成年以后造成负面影响，包括体型、呼吸方面的并发症，糖尿病，心血管疾病，癌症，心理方面的苦恼等。

孩子出生后第一年体型圆胖是正常的，在他学会走路后会瘦下来。

通过观察健康档案上的肥胖曲线可以尽早发现肥胖症。医生会定期为孩子测量并记录体重，并绘制肥胖曲线。如果父母体重超重，那么孩子患肥胖症的概率会更大。

引起肥胖症的原因较多，通常较难发现但可能早期就存在。基因方面的影响因素尚不明确，目前只能从环境方面采取行动，比如饮食方面和经常宅在家里等。内分泌（激素）问题引起的肥胖症比较少见，应该进行生物学方面的检查。

与成年人一样，甚至比成年人身上更突出的一点是：保持均衡的饮食是治疗肥胖症的基本要求，但需要进行系统的医疗监测，要有强烈的意愿与耐性才能收获成果。通常需要将医疗和糖尿病监测与心理方面的帮助相结合。如果在增重之初就采取措施将会更容易减重。

孩子的主动性至关重要，同时需要身边人的帮助和鼓励，孩子从五六岁起开始有合作意识。为了吃得更健康，并增加活动量，孩子应该逐渐养成新的习惯。肥胖症的治疗应基于倾听、沟通而不仅仅依赖食谱。减肥的目标并非减轻体重而是在发育过程中控制体重的增长，即降低肥胖指数。

在实践中，主要建议如下：

·取消两餐之间的零食，减少甚至取消含糖饮料，包括"软饮料"。

·零食清单：把水或牛奶作为饮品；优选面包和奶酪，或面包和巧克力，或蔬菜和酸奶，取代薯条、咸或甜饼干以及其他富含糖分和脂肪的零食；偶尔可以破例一次，比如在某个纪念日。

·喂食量：5岁的孩子比10岁的哥哥吃的量要少，不要重复给孩子喂食。

·减少看电视、电脑或平板电脑等（没有进行任何体育运动，等同于睡眠）的时间。

·体育运动：每天进行至少半个小时的步行或球类运动、骑自行车、体育运动等，周末每天1小时的运动量。这些都是在学校运动之外的运动量。

要做到以上建议的几点，支持与父母的榜样作用至关重要。

肺部疾病—肺炎—肺动脉瓣区

如果及时治疗，肺炎会很快康复。如果孩子出现体温迅速上升、脸色发红、呼吸急促（有时鼻翼张合）、咳嗽等症状，应立即去医院。X射线影像可以发现肺部感染及其发展趋势。肺部感染的原因可能是微生物例如葡萄球菌、链球菌、支原体、衣原体等，通常需要使用抗生素药物进行治疗。

痱子

这是流汗引起的皮疹，表现为脖子或后背上出现许多红色疹子。保持皮肤清洁干燥及凉爽可以使痱子自行消退。

风湿病

急性关节性风湿病

这种疾病非常少见，在发达国家，使用青霉素对咽炎进行系统治疗，这种并发症基本消失了。

慢性风湿病

这种疾病在孩子身上会有两种表现：

·特发性疾病：关节疼痛，并伴有反复高烧、皮肤出疹或心包积液等。服用类固醇激素几周之后，即可痊愈。

·另一种与成年人关节炎比较类似：关节疼痛逐渐出现，不断发作，之后会关节强直，甚至或多或少表现出残疾的症状，需要使用类固醇激素或其他抗炎症的药物治疗。

风疹

对孩子来说，这是一种轻型疾病，而对孕妇来说却比较可怕，因为风疹病毒对胎儿具有很大危险，尤其是怀孕最初三个月内。

通过血液检查（血清诊断）可以确定孕妇是否患上了风疹。建议对满12个月的婴儿接种风疹疫苗，2岁前接种第二针。

腹部问题（大肚子）

直到4—5岁，孩子腹部仍旧"软软的"，肌肉组织发育迟缓，腹壁无力。站立姿势时会发现肚子前凸，甚至还有脐疝（参见疝气）。同样的，背部过度拱起（参见脊柱侧凸、脊柱前凸、脊柱后凸）。

孩子站立的姿势随着年龄的增长和肌肉的发育会逐渐好转，但让孩子从小开始练习适用的腹部体操也会非常有用，可以向医生做具体咨询。

张力减退症状通常与富含淀粉但缺乏维生素D的饮食有关。

如果大肚皮伴有大便异常、身高和体重发育滞后或完全停止，应该考虑是否与其他严重的疾病有关。

腹痛

腹痛是常见疾病，医生诊断并不容易。事实上，多种疾病都会有腹痛的症状：从无须治疗可自愈的婴儿肠绞痛到需进行手术治疗的急性阑尾炎。

婴幼儿

如果婴儿出现消化症状（腹胀、腹内咕噜声、打嗝等）并且不停地哭闹，可能是腹痛的征兆，最常见的病因是婴儿肠绞痛和胃食管反流（参考以上词条）。有时还会出现肠内症状（腹泻或便秘等）。需要咨询医生做出准确诊断，并进行对症治疗，以减轻宝宝疼痛。

如果腹痛反复出现，持续数日，排除了肠绞痛和肠内疾病，医生会针对乳糖不耐受或食物过敏进行检查，尤其是牛奶（参见以上词条）。

紧急情况

· 腹痛伴有高烧，以及出现持续呕吐症状，需要立即去急诊。

· 如果婴儿腹痛的同时发现腹股沟、男孩子的阴囊或女孩子的阴唇处有疼痛的肿块，还应该立即去外科问诊，这可能是腹股沟疝的征兆。

· 急性肠套叠同样需要立即去外科问诊，疾病突然发作，非常疼痛，伴随脸色苍白，之后会出现呕吐，大便带血。

对于年龄稍大的孩子，应该区分急性腹痛和慢性或复发性腹痛。

· 急性腹痛最常见的疾病是急性阑尾炎。有些情况下会出现典型性症状（左髋窝疼痛、低烧、食物不消化等），而有的情况下病情会不太典型，需要通过补充检查（超声检查或扫描等）来确诊，甚至可能在手术过程中才发现。

如果除了高烧没有出现其他消化问题，医生会检查是否是咽峡炎（咽部检查和链球菌检测），是否有肺部病灶（拍胸片）、尿路感染检查（验尿）。如果出现严重的腹泻并伴有发烧，可能是急性胃肠炎（参见该词条）。相反，如果大便次数较少且大便干燥，则

可能是便秘的症状。

有些情况下，还需要考虑寄生虫病的可能（蛲虫或猪肉绦虫）。

· 慢性腹痛或反复腹痛的病因同样很多，且会有诊断困难。有的是器官性疾病：易疲惫，长期无食欲，消瘦，发烧，恶心呕吐，便血等。医生会进行不同检查，甚至建议住院治疗。

有些情况下，腹痛持续数月，而所有检查都未发现疾病。如果慢性腹痛伴有食物消化问题，最常见的是便秘和腹泻交替出现，则为肠易激综合征，但这些症状并不一定同时出现。腹痛的原因有时可能是心理方面的，但并不否认有时疼痛确实存在且让人非常痛苦。儿科医生可能会建议去心理科问诊。

G

肝炎

肝炎指的是肝脏炎症，可能是由于有毒物质（比如酒精等）或某些药物引起的，但最常见的是病毒导致的，即病毒性肝炎。

病毒可分为甲型、乙型、丙型、丁型、戊型。甲型病毒与戊型病毒最常见于通过病毒携带者传染的食物进行传播。乙型病毒与丙型病毒通过性途径或血液传播（比如输血），同时如果母亲是乙型病毒携带者，也可以在分娩时通过母亲传染给孩子，这种情

况下需要对新生儿进行特殊护理（在出生后头几个小时内注射抗B病毒肝炎γ特殊球蛋白，出生第一天注射抗乙型病毒肝炎疫苗，1个月时注射第二针，6个月时注射第三针）。在怀孕期间要对乙型病毒肝炎进行系统性筛查。

急性病毒性肝炎

被病毒传染后，肝脏会出现急性炎症：孩子会表现出疲惫，腹痛，呕吐，皮肤呈现黄色，尿量少且颜色较深，大便脱色。这是一种急性肝炎，发作时可能没有任何特殊症状。

如果感染了乙型或丙型肝炎病毒，病毒会留在肝脏内引起慢性炎症，即慢性肝炎。严重的并发症可能在许多年后出现——肝硬化或肝癌，因此，为幼儿接种乙型肝炎病毒疫苗非常必要。

目前为止没有可以治疗急性肝炎的药物，应该好好休养，等待身体机能自行消灭病毒。医生会开出血液检查单以确诊。

肝炎疫苗

由于治疗效果非常有限，甲型和乙型肝炎疫苗对预防孩子患肝炎具有重要作用。建议新生儿出生后头几个月内接种乙型肝炎疫苗。如果要出国旅行，强烈建议接种甲型肝炎疫苗，因为甲型肝炎病毒在许多国家都会出现；从1周岁起可间隔6个月分两次接种。目前，尚没有丙型肝炎疫苗。

感冒—鼻炎—鼻咽炎

这几种疾病属于鼻黏膜（感

冒）、鼻子（鼻炎）、咽喉（鼻咽炎）病毒性感染，以及鼻子、咽喉和器官（鼻气管炎）的病毒性感染。黏膜感染反应为分泌大量黏液，先是清涕，随后出现大量浓涕，最后变为黄绿色。黏膜最终恢复正常。

对于小月龄宝宝来说，黏液不会像年龄较大的孩子那样向前流出（通过鼻腔），而是向后流，从而导致咳嗽，首先干咳（这时黏液较清且不太多），然后或多或少出现黏稠（这时黏液较黏稠且量多）。

病毒感染不需治疗，更不需要使用抗生素即可康复，只需将宝宝的鼻腔清理干净，防止在喝水时鼻腔被分泌物阻住而极度不适。

感染会扩展到支气管（支气管炎）、细支气管（毛细支气管炎）或鼓膜（耳炎），但没有任何方法能够阻止这种病情变化（参见这些词条）。这并非"着凉"，所以给孩子穿得太厚是没用的；相反，它的传染性非常强，会通过接触传播。因此，不要让你咳嗽、流鼻涕的大孩子去拥抱他的弟弟。

鼻咽炎具有复发性

在冬季的大部分时间里，幼儿可能都会感冒，家长会询问医生是否有预防感冒的方法，或避免接触患感冒的孩子，这对于托儿所或学校的孩子来说很难做到。环境因素对幼儿的影响也很大，如卧室太干或温度过高；二手烟也会有不利影响。

重复性感冒可以看作是机体对不同病毒感染的抵抗力增强，随着孩子逐渐长大，感冒的次数会逐渐减少，6—7岁时将不再容易感冒。

高热惊厥

2%—5%的6个月—3岁的幼儿至少有一次在发烧时惊厥的经历。一些特别敏感的孩子（有时存在家庭因素），再次发烧时可能会再次发生惊厥。

惊厥的症状：

孩子突然脸色苍白，失去意识，身体绷紧，翻白眼，几秒钟后四肢和脸部颤抖。这种症状持续几分钟后会停止，孩子恢复带有杂音的呼吸，身体变得松弛，恢复意识，陷入或长或短的一段睡眠。

以上症状有时会非常微弱，以致病情在发作时难以辨别，孩子仅仅是短暂的身体僵硬，局部肌肉颤动几下，突然失去活力，短时间的意识停止（孩子看上去不听也不看），脸色苍白。当症状比较微弱时，发现孩子翻白眼已足以证明他失去意识了。

对家长来说，惊厥给人的印象特别深刻，有时甚至非常吓人。所幸高热惊厥是短暂的，也不会给孩子造成什么伤害。

孩子出现惊厥时，在等待医生的同时，要让孩子保持平静，并侧躺。医生可能会开一种止住病情的药物——如果惊厥没有自行停止以防止再次惊厥——使用安定（Valium）可以使持续超过5分钟的病情停止。

惊厥之后

医生通常会建议家长带孩子去医院，因为做一下检查还是有必要的，应该找到发烧的原因，一般都是常见的原因（如鼻咽炎、病毒感染等）。但发烧有时候是由严重的感染引起的（尿路感染、脑膜炎等），需要进行治疗。

持续的抗惊厥治疗要在有特殊的危险性因素出现时才能进行。

惊厥发作是惊心动魄的，可能需要住院治疗，因此会让家人特别担心。但病情过后，孩子会恢复正常的生活，不会受到影响。

睾丸

睾丸不下沉（睾丸异位）

婴儿或小男孩其中一个或两个睾丸无法下沉并不是一种严重情况，只需在孩子状态好的时候进行检查：让孩子平躺或在洗热水澡时，轻轻按压腹股沟区域（生殖器以上部分），使睾丸下沉到阴囊内。

然而，有些情况下这种方法无法使睾丸进入阴囊，医生可能会建议在孩子2—6岁时进行外科手术。事实上，如果孩子在6岁以后睾丸仍未下沉到阴囊，则几乎不可能自动下沉，并可能引起某些并发症（不育症）。

阴囊过大

新生儿鞘膜积液指阴囊内（更准确地说是包括睾丸的膜）积聚了过多的液体。

系带囊肿是睾丸上的一个液体球状物。这也是鞘膜积液导致的，这种异常结构的存在阻止睾九下沉至阴囊。正常情况下，鞘膜积液和系带囊肿的问题会在几周或几个月后自动消失；否则，孩子1岁以后需要进行外科手术治疗。

睾丸扭曲

婴儿甚至新生儿的睾丸扭曲表现为阴囊体积增大，呈红色或青紫色；虽然一般不会出现发烧疼痛或其他症状，但这属于紧急病症，如果不采取手术治疗，腺体可能会受到损伤。

割伤

伤口不深

首先要做的是把手洗干净，然后用水和肥皂清洗伤口。用消毒水浸润的纱布上药。只有当伤口可能会被弄脏或被碰到时才需进行包扎，如果要进行包扎，要使敷料干燥。确保破伤风疫苗是有效的。

每天注意观察伤口。如果发现伤口发红、肿大、化脓，需要去看医生。将要结疤的伤口会变干、不再疼痛。

手指割伤

不要包扎太紧。伤口周围要能够通风，保持血流通畅。

留意疤痕

脸上、手上、胳膊或腿上的割伤如果很深的话，可能会留下不太美观的疤痕。最好让医生或外科大夫使用伤口用的胶条或特殊胶水，或者缝合几针，而不要任由伤口留疤。

大量出血的严重割伤（参见出血、伤口）。

公路事故

你可能是公路交通事故的当事人或者仅仅是过路的目击者，以下是你应该做和不应该做的事情。

应该做的事情：警示，报警，营救（此处并非指救护队）。

1. 警示

向其他驾驶者发出警示标志，以防发生次生事故（指发生新事故）。尽力保证人员安全。

2. 报警

拨打救助电话（120或122）。急救中心的医生将首先为你提供行动方案（救助伤员及在场人员、受伤人员等候救助期间的体位等）。

3. 营救

·如果受伤者无意识且无法呼吸，应进行抢救（参见心肺复苏术）。

·如果受伤者无意识但可自主呼吸，使其保持侧躺位：使受伤者侧躺，将头部、颈部、躯干保持一条直线，并使嘴朝向地面；如果受伤者要呕吐，不要让其窒息。通过电话连线，急救中心的医生会告诉你如何使受伤者处于安全的侧躺位。

·如果出现外部出血状况（参见出血）。

·解开衣服：尤其是衣领、腰带、袖口。

·尽可能保持冷静：如果你面对受伤者尤其是孩子时表现出惊恐，那么将使受伤者的状态更加糟糕。

不应做的事情：

不要移动受伤的儿童，除非情

况特殊。严重事故发生时，致命错误通常是匆匆忙忙地冲上第一辆车，因司机建议将受伤者送至医院，而将受伤者马马虎虎地安置在车上。更好的措施是使受伤严重的儿童保持直躺并等待救护车的到来。不要让受伤者喝水。

·如果在家里或在外面出现事故，参见第148页及后续。

弓形虫病

这是一种寄生虫类疾病，通常是吃了未煮熟的肉或接触了猫的粪便而感染。如果在妊娠期被母亲传染，孩子出生后很大程度上会有严重的神经系统疾病。这就是为什么要在妊娠期做弓形虫血清诊断。

除了这种先天性的，婴儿和儿童在任何年龄都可能感染弓形虫病。感染弓形虫后，大多数情况下发病比较缓慢，表现为发烧，全身或非全身的淋巴结炎，疲累，肌肉酸痛，有时候还会起疹。只有当病情较重，或病程较长时才需要治疗。

弓形虫病的发病症状并不明显，很多人得了弓形虫病但并不自知。

弓形腿

〔参见膝盖（外翻或内扣）〕

佝偻病

佝偻病是维生素D缺乏导致的一种骨病，维生素D会影响骨骼生长。几十年之前，这种疾病非常普遍，如今，得益于规律性日常摄入维生素D而大量减少。相反，由于缺乏维生素D的饮食习惯及接收日光照射不足，青少年群体出现另一种形式的佝偻病。

维生素D

这种维生素有两种来源：一种是太阳光中的紫外线——有助于身体产生维生素D；另一种是从食物摄取，鱼油（鲑鱼、马鲛鱼等）、鳕鱼肝油以及黄油和鸡蛋中多含有维生素D。维生素D有助于肠道吸收钙，调节钙与磷的平衡，并促进骨骼矿化（骨骼的形成）。因此，在骨骼快速发育期间，这是一种非常重要的维生素（婴儿期和青春期）。

症状

佝偻病表现为颅骨和四肢末端骨骼异形（骨骼凸起）以及肋骨异形，尤其是胸廓和四肢（弓形腿等）。较为严重的会出现肌肉、牙齿和神经损伤。对青少年来说，症状会相对较轻，但缺乏维生素D会加剧骨质疏松症，骨质疏松会在后期表现出来，女性尤甚。

按时摄取维生素D

建议为婴幼儿补充维生素D。从出生起至18个月，每天给孩子补充维生素滴剂。所有孩子都应补充维生素D，包括母乳喂养的婴儿。配方奶喂养的婴儿（1段和2段奶粉），应适当减少维生素D补充量，因为奶粉中的维生素D含量较丰富。18个月之后，每个冬季给孩子提供2次维生素D，比如11月份一次，次年3月份一次，直到6周岁。在6周岁之后，生长速度放缓，孩子可以在夏季接受足够的阳光照射。在孩子青春期快速生长发育阶段，建议在每个冬季为孩子提供800国际单位/天的维生素D。

阳光

皮肤在紫外线作用下可生产维生素D，因此要多带孩子在户外晒太阳，可避免维生素D缺乏，但同时也要控制接受太阳照射的时长，以降低患皮肤癌的风险。为综合考虑两种建议，应该让孩子在太阳光线不太强烈时到户外晒太阳：五六月份或七八月份，避开一天中温度最高的时间段。如果需要的话可以为孩子涂抹防晒霜，防晒霜不会妨碍维生素D的合成。

深色皮肤的孩子比其他孩子更容易得佝偻病（因为皮肤的色素沉淀会反射一部分紫外线），所以需要补充更多剂量的维生素D。

孤独症与广泛性发育障碍（TED）

大众会对孤独症这个词产生特殊的共鸣。事实上，在20世纪60年代，父母（尤其是母亲）因为一个流传较广的说法而具有犯罪感：他们认为是自己的错误导致孩子患孤独症。尽管这个时代已经很久远了，人们也不再背负这种心理压力，但它在我们的集体无意识中仍有些许影响。这可能部分解释了为什么存在关于孤独症的争论。

如今，我们不再把孤独症作为一种孤立的疾病，而是把它置于病理的整体范畴，即所谓的广泛性发育障碍（TED）。

孤独症最严重的情况表现为：

· 完全不与其他人接触，好像其他人不存在：孩子与他人没有眼神或微笑交流，当别人喊他时，他不做回应，也没有任何情感表达，就像是没有感情。

· 行为刻板、重复且不寻常，身体摇晃，快速拍手，自残行为（孩子自己咬自己，打自己的头），转动物体并把物体排成一列。

· 语言缺失，或者有语言障碍，比如在叙述时，语调语速异常，重复字词，用词错误等。

· 对噪声过于敏感或没有反应。

这些问题可能很早就不同程度地表现出来了，父母通常在孩子婴儿期时就开始担心孩子与其他孩子不一样，不怎么关注身边的事物，也不与人互动。在孩子18个月—3岁期间，迹象会更加明显，因为这个年龄段是孩子的社交敏感期。

各种致病因素

目前人们认识到导致孤独症和广泛性发育障碍（TED）的原因是多样性的：基因问题（在某些病例中发现了具有缺陷的基因），大脑问题（核磁共振检查发现某些孤独症孩子的大脑存在一个无法正常工作的特殊区域），以及生物学方面问题。

广泛性发育障碍主要表现为

人际交往障碍，交流沟通障碍以及兴趣和行为方面的异常。美国精神障碍诊断与统计手册将广泛性发育障碍归来为5种：孤独症障碍、雷特综合征、童年瓦解性障碍、阿斯伯格综合征和未特定的广泛性发育障碍。

诊断与护理

通常通过观察个体活动以及与父母间的互动情况进行诊断。从18个月起，越早做出诊断，就会有越多的机会来激发孩子的行为认知，帮助他们发现结构性标准，促进成长。

考虑到广泛性发育障碍的多相性以及病因，护理应该是全面综合的，应适合每个孩子：包含教育、心理、运动机能、言语矫正等各方面。

目前没有治疗孤独症的任何药物。然而在孤独症方面的研究非常积极，提出了使用化学分子治疗（如催产素）或某些普通药物如利尿剂的建议。这些治疗无法使孤独症痊愈，但可以在某种程度上加以改善。为了帮助孩子，可以向产科医生、儿科医生或妇幼保健医生进行专业咨询。

骨折、扭伤与脱臼

如果发生摔落、撞击或被击打，骨头可能会折断（骨折），或者关节松动（扭伤），脱位（脱臼）。处理这几种症状的方法大同小异：

·保持冷静（如果身边的人表现出惊恐，孩子立刻就变得恐慌）。

·使孩子保持不动（如果是在一个危险的地方，可以将他移动到安全处，比如在行车道上）。

·如果可能，让孩子指出哪里疼痛，据此判断严重程度，但不要触碰该处。

·如果可以的话，给孩子固定受伤位置。与此同时，如果事故发生在公共道路上，请别人帮忙拨打120急救电话，或者拨打122公安交通管理机关受理交通事故报警电话。

1.大多数情况下是四肢骨折：

1）大腿、小腿、踝骨等

例如，孩子在奔跑时摔倒，无法站起，某些情况下隔着衣服就能发现疼痛位置发生变形。如果对受伤情况有把握，可以在不移动腿的前提下尝试剪开衣服。如果不确定伤势如何，就按照骨折来处理，不要尝试将受伤部位扳直。用垫子、枕头或被子将腿和脚垫起来；如果孩子躁动不安，或需要把孩子移动一下，用一块或两块夹板固定住受伤的肢体；任何细长而坚固的物体都可以作为夹板，如扫帚柄、木棍（图1）等；用绳子绑住，不要绑得太紧，在肢体和夹板之间垫入垫料。

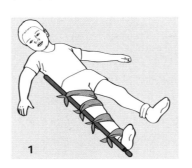

2）锁骨、肩膀、手臂、前臂、手等

孩子摔倒时手或肘部着地，或者在激烈的游戏中扭伤胳膊，出于本能反应，孩子会将骨折的部位保持在最佳姿势。用三角巾帮他吊着胳膊或手（图3和图4）；如果伤到了前臂、手腕、手指，用杂志做成固定托（图2）固定住手臂。一定不要移动手臂或拉直骨折部位。

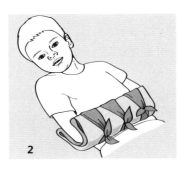

特殊情况

如果骨折部位刺穿了皮肤，将伤口周围的衣服脱掉，并用无菌纱布包裹（如果没有无菌纱布，就用干净的手绢），然后用氧化锌胶布轻轻固定，往高处绑一下，按照图3与图4的方法操作。

2.头部或背部遭受撞击

可能发生以下三种情况：

· 孩子意识清醒（哭泣或能够回应你的问题）的情况下，不要移动他，保持头部在身体中轴线上，不要使头歪斜或转动（可能发生头骨或椎骨骨折）。

· 孩子失去意识，但可以自主呼吸时，考虑可能是头骨骨折（尤其伴有鼻子或耳朵少量流血），使孩子侧躺，头部放低，靠住垫子。

· 孩子失去意识且无法自主呼吸时，立即进行人工呼吸。

如果需要移动孩子，需要有一个人让孩子的头部保持直线，另一个人抓住孩子的脚使他在地面上轻轻滑动过去。

· 其他比较难评估严重程度的骨折（肋骨、下颌等）：让孩子侧躺，等待救助。

3.扭伤与脱臼

这种症状在幼儿身上较少出现，因为这个年龄的孩子韧带和关节的柔韧性较强。

特例： 肘部内翻（参见该词条）。

· 如果你已经学习过这些操作，尤其是学习过红十字会的或某些急救课程，那么你的操作会更加精准。

龟头炎

这是一种包皮（盖住龟头的一层皮肤）发炎的疾病，表现为：肿胀，发红，排尿时有灼烧感，流脓等，通常通过灭菌治疗即可很快康复。

过敏

过敏指的是源自外部的一种特殊蛋白（通常称之为变态反应原）所引起的机体反应。变态反应原反应的特征是因微量变态反应原而发作，尤其是伴随着与变态反应原的接触而愈加严重。在极端情况下（所幸此种情况非常少见），反应会非常剧烈并伴随有动脉压下降，这是过敏性休克。症状较轻的情况下，过敏会引起皮肤上的反应（荨麻疹）并伴随痒的感觉、消化方面的症状（腹泻、呕吐）或引起鼻黏膜或眼结膜（结膜炎）的感染。在某些情况下，过敏还会导致哮喘或窒息。

渐进性疾病

在与变态反应原接触的过程中，过敏反应会表现出来。开始时，不会有明显的症状，只是间接的征兆，可通过皮肤点刺试验或者注射特定的过敏抗体来发现，这是致敏期。一段时间以后（根据情况不同可以是几天、几个月或者几年），通过与变态反应原的接触，症状开始越来越明显并且反应越来越快，这是过敏发病期。

随着时间的推移，以及变态反应原的变化，过敏反应会发生重大变化。因此，过敏期间头几

个月主要是食物性过敏：首先是牛奶，其次是鸡蛋、鱼或花生。对花生过敏通常反应比较滞后，对花粉过敏在几年后才能发现。

皮肤点刺试验

从几岁开始可以做皮肤点刺试验？我们的答复是通常2岁或4岁以后才可以做。

然而这并非绝对，对于婴儿来说，可能最开始几个月对牛奶过敏的征兆就已经很明显了。应该将变态反应原与年龄相匹配：3岁之前多为食物性变态反应原；6岁前变态反应原多为食物、螨虫与花生；再大点儿的孩子，变态反应原多为花粉、桦树、禾本科植物、猫以及螨虫。每隔3—4年，应做一次皮肤点刺试验。过敏反应变化很大，食物性过敏逐渐好转，而对桦树或动物毛发的过敏却逐渐显现。

脱敏，而非消除

治疗过敏应首先针对病症，医生通常会使用抗组胺类抗敏药物，包括普通型（糖浆）或局部型（鼻喷雾或滴眼液）。此外，也可能通过改变环境来改变过敏性疾病的发生。

人们曾尝试彻底消除与变态反应原的接触（变态反应原的排除）以使过敏反应消失。后来人们发现，过敏无法消失，而且在对变态反应原进行排除几年后，过敏儿童一旦接触到变态反应原，过敏反应就会以更加剧烈的方式出现。

如今，人们更倾向于提高在

重复接触各种过敏原的情况下对变态反应原的耐受力。比如，在药物监测下，让对花生过敏的孩子保持进食含小剂量花生的食物（以"微量"计量）。

同样的理论被应用于排除食物以外的其他致敏原（桦树、螨虫等），这种脱敏方法目前主要是口服药物（不再是注射治疗）。研究人员让过敏的孩子（大约从5岁起）每天服用含各种小剂量致敏物的药滴，之后逐渐增加每天的药滴量，如果没有不良反应，就增加每滴药剂的浓度。该方法被验证是有效的，但带有强制性，通常需要5年的跟踪治疗。

确诊食物性过敏

建议自己在家做饭，这样可以掌控食材，而包装食品可能含有致敏成分。将最常见的致敏原写在标签上，便于采购食物。食物和相关衍生品包括：含有面筋的燕麦、甲壳类动物、鸡蛋、鱼类、花生、黄豆、牛奶、坚果、芹菜、芥末、芝麻、绿豆、软体动物（贝类）、亚硫（酸）酐与亚硫酸盐等。

如果孩子的营养不够多样化，不必担心：食物单一，但配合足够量的牛奶或类似的食物，便可提供成长所需的所有元素。

如果是对多种食物过敏，就要禁止孩子吃这些食物。这种情况下，医生会为孩子列出一个有用的替代食物清单。

如果尽管你已经足够注意了，但孩子还是接触到了可引起过敏

的食物，你应该通知出诊的医生带上以下药物：出现荨麻疹时使用的抗组胺药，以及在更严重的情况下，比如行动困难时，需要打一针肾上腺素。

（参见哮喘、湿疹、荨麻疹）

过敏性休克

这是过敏最严重的症状，表现为突然出现剧烈的不适（脸色苍白、出汗、脉搏过快等），有时会出现浮肿和荨麻疹症状。接触过敏原几分钟后就会出现以上症状。这是被膜翅目昆虫（蜜蜂、黄蜂、胡蜂等）蜇伤后的典型症状，但许多致敏原都可能是致病原因，比如食物或药物过敏。

过敏性休克是一种非常危急的病症，请立即拨打120急救电话，应立即注射一剂肾上腺素。有孩子的家庭应该在药箱中常备自动注射的药物并掌握使用方法。如果没有药物储备，就让孩子的身体舒展开，并将下肢抬起（使用枕头或椅子）。

（参见过敏）

罕见病（孤儿病）

罕见病指的是非感染性慢性疾病。这种病很少见，这也是它名字的来源：只有小于两千分之一的发病率。罕见病种类非常多，目前已发现的有7000多种，一半

以上的疾病是在儿童时期得的，而有些是在出生时就发现的，这是早期诊断的有利时期。

基因异常导致的基因突变是大多数罕见病的发病原因。其中约3000种疾病的异常基因已被发现，医学研究的进步与顺序排列分子学研究方面一系列新方法的运用，使得每年都能发现新的基因。一些罕见病在诊断与护理方面的进步使其预测前景更为乐观：病患生活质量会更好，寿命会更长，但这并不能帮助病人及其家人走出心理困境。最近一项调查显示大多数罕见病的诊断研究会持续至少一年半，其中超过四分之一的诊断甚至要达到五年以上。

自20世纪80年代以来，法国作为欧洲的先锋，坚守在罕见病领域的承诺，建立了不同的机构，尤其是法国进行性肌萎缩病协会与Téléthon（用于治疗疾病的资金募集活动）。医院里设立的诊疗中心具备一系列诊治病人的措施。

对罕见病的官方认知能够让病人从孤独中走出来。由于各方面力量——病人以及医疗与辅助医疗人员的坚持，罕见病如今在诊疗领域占有非常重要的地位。目前尚有众多亟待解决的难题，如每种疾病的专用诊疗方法，这是非常重要的一点。下一步的努力方向应放在：

· 及早发现，产前筛查。

· 一旦发现，尽早治疗。

· 针对身体残疾的肢体训练。

·医学—社会方面都加强救护。

（参见基因类疾病）

喉炎

喉炎指的是喉部（位于咽部、喉部与气管之间，包括声部与声带）发炎。喉炎最常见的是病毒性感染，有时只是简单的炎症（"喘鸣"），比较例外的情况是细菌性感染。18个月—5岁的孩子，在每年11月至次年4月最易出现该症状。

急性病毒性喉炎（声门以下部位）是最常见的。声门以下部位黏膜水肿（浮肿），由于喉部狭窄引起呼吸道不适。最开始的症状类似普通咽炎，伴有发烧。之后声音变得嘶哑，吸气缓慢而困难，半夜出现犬吠类咳嗽——咳嗽干涩而剧烈。呼吸受阻严重，父母对孩子的症状会感到非常焦虑。如果用口服或喷雾类皮质激素治疗，喉炎不会有严重的危险，孩子能够很快好转。

治疗

安抚孩子，让孩子保持坐位进行盆浴，关上门窗，让周围环境保持温和湿润，用热水冲洗身体。紧急情况下呼叫医生，医生通常会给开皮质激素类药物。如果呼吸困难持续且加剧，应该带孩子去医院，医院会给孩子进行皮质激素药物雾化治疗。

呼吸运动疗法

这种疗法有助于排空支气管分泌物。尽管在婴儿普通毛细支气管炎的治疗效果方面仍有争论，呼吸运动疗法的确是肺部疾病（如先天性黏液稠厚症）的主要治疗方式。

呼吸杂音，哮鸣音

如果孩子没有打鼾的习惯，而出现呼吸杂音或呼吸带嘘声，尤其孩子表现出病态且伴有发烧症状，应立即咨询医生。这可能只是鼻咽炎或气管炎，也可能是更为严重的疾病：哮喘、呼吸道异物、喉炎等。

有些孩子自出生起就表现出呼吸杂音，有时像是母鸡的咯咯叫声，这是由喉部和咽部软骨未发育完全引起的先天性喉喘鸣，症状并不严重，不需进行特殊治疗，几个月后便会消失。

花生过敏

这其实是一种对花生及其制品（花生脂以及比较少见的情况下的花生油）的过敏症状。越来越常见的情况是，这种过敏越来越早出现。与其他食物类过敏（比如牛奶或鸡蛋）相反，花生过敏不会随着时间的推移而有所好转。这是一种潜在的严重过敏，因此，早期诊断并进行特殊药物治疗尤其重要。

诊断

症状监视首先要看出现过敏时的情况，如果在食用第一颗花生后，孩子出现严重的过敏反应（嘴唇或舌头肿胀，甚至脸部浮肿或行动困难等），那么就可以确诊是花生过敏，必须把食物中所有含花生的成分去掉。如果过敏反应不太明显，或者在皮肤点刺试验或采血检查IgE抗体后呈现阳性结果（这是多数情况），仅仅是疑似过敏，需要在医院做一个专门测试——口服激发试验。以下为试验方法：

试验与监视

在医学监视下观察过敏反应的变化：首先让孩子食用几滴花生油，然后增加花生油的食用量。如果孩子没有出现任何反应，就用几毫克花生进行试验，之后如果一切正常，逐渐增加花生的食用量（直到3—4颗花生）。

这项试验将决定监视等级：如果食用花生油没有出现任何反应，但只有在食用超过一颗花生时出现反应，则为中度过敏，监视可相对宽松（比如孩子可以在食堂吃饭）；反之，如果在第一次进食几滴花生油时就出现了过敏症状，则为严重过敏，监视要相对严格（孩子不能去食堂吃饭）。

对于花生致敏的所有病例，家长需要在特定场合对孩子进行密切关注，根据过敏严重程度采取预防措施，并在意外吞咽花生时采取正确的措施。

对具有过敏风险孩子的新建议

这些新建议提倡给具有过敏风险的孩子食用花生（以花生酱的形式，更普遍的叫法为花生脂）提早到4—11个月。这种建议只适用于个别婴儿——患有严重的湿疹的孩子——这类婴儿以后最可能会有花生过敏症状。同时请做到：通过皮肤点刺试验或采血检测确定孩子不会对花生过敏。最后一点需要注意的是：建议第一次食用花生脂时有医生在场，比如在诊所进行。建议将花生脂放在少量牛奶中稀释，给孩子喂一咖啡勺的量。如果孩子没有任何反应，可以在家中以每周3次、每次2咖啡勺的量给孩子喂食，持续3年。

环境与孩子的健康

我们在第一章已经提到过为孩子营造健康环境的方法（房间、衣服、家具等）。在这里，我们会介绍内分泌障碍与纳米微粒问题。

内分泌障碍会扰乱激素分泌系统，可能导致健康方面的多种问题：不育、肥胖、糖尿病、某些癌症等。科学家研究发现怀孕期、儿童期、青春期是内分泌障碍的敏感期。

如今，含有内分泌干扰成分的产品并未做标记，因此很难分辨。有些内分泌干扰成分在儿童产品中是禁止使用的：奶瓶和食物器皿中禁用酚甲烷，0—3岁孩子的玩具禁用酞酸盐（塑料柔软剂）。

避免接触内分泌干扰成分的几条建议：

·尽量用玻璃器皿代替塑料制品，不要将塑料器皿放入微波炉加热。

·不要使用带有⚠️ 标志的塑料制品。

·不要食用含以下添加剂的食品：E214, E215, E218, E219（对羟基苯甲酸甲酯）。

纳米微粒指的是因极其微小的体积与形状而具有特殊性质的微粒。如今，其用途已经非常广泛，涵盖许多领域：医疗行业、食品行业、化妆品行业、建筑行业、油漆领域、纺织领域等。然而其用途尚不够规范，经常被用于较大直径微粒体系，而后者并不具备纳米微粒的特性。纳米微粒在环境和人体方面的应用会产生许多问题。科学研究结果证明，纳米微粒的特殊性能令人担忧，由于它极其微小的体积，使得其可渗入特别敏感的区域（大脑的某些区域、肺部等），还有数据显示存在消化问题和致癌方面的隐患。

避免纳米微粒的几条建议：

·不要食用含E171（二氧化钛）添加剂的食物。

·避免使用含纳米银的抗菌类纺织品。

·精选不含纳米级成分，未标注"纳米"的化妆品。

回奶

回奶指的是婴儿在喂奶后尤其是打嗝时，突然出现少量奶回流的现象。在婴儿出生后头几个月内，回奶非常常见，若无病理性特征，那多为流食及睡姿导致，在孩子添加辅食及学会坐之后，症状会自行消失。给孩子喝酸奶（可帮助消化）同样可以改善症状；要尽量避免烟雾环境。市场上还有"抗反流"奶粉，质地会更稠。

然而，如果在任何时间（包括夜里）都会出现重复大量回奶，则需要考虑胃食管反流（参见该词条）的可能性，尤其如果伴有其他症状如呕吐黄绿色或咖啡色液体、烦躁不安、哭闹、呼吸系统症状（夜间咳嗽）、生长缓慢等，这种情况下需立即咨询医生。

J

肌病

杜兴氏肌肉营养不良症（进行性肌营养不良）是一种肌细胞疾病，肌细胞逐步蜕化变质最终导致肌肉萎缩，并表现出身体无力，并失去行动能力。进行性肌萎缩大都是基因性疾病，如果母体携带致病基因，那么出生的男孩会患病。在孩子4—5岁时开始发病，引起家长注意的征兆是孩子在站起来时要先蹲或坐在地上，腿肚较肥大，腿用力时会疼痛。

最近致病基因已被定位，该基因的作用是生成利于肌肉收缩的物质。对病人的精心照顾和护理可以减少疾病的后遗症，尤其是运动机能和呼吸方面。然而病情的变化是不可避免的，目前为止任何治疗都无法避免肌肉渐变性受损。病人将在30岁之前面临死亡。如果家族中有人患有该病，那么需要在怀孕期间进行检测以发现疾病隐患。

此外还存在其他形式的肌萎缩病，有些是先天性的，在出生时就表现出肌无力，引起严重的张力减退，这通常是基因性疾病。这些肌肉萎缩不像进行性肌萎缩病一样严重，有的要到成年后才会表现出呼吸与运动技能方面的病症。及早诊断并进行规律性护理可以减少并发症的出现。

基因类疾病

基因类疾病指的是染色体的基因异常引起的疾病，其中大部分在家族中并无先例，而是突然发病。

基因类疾病大多是由精子或卵子在产生基因物质时出现异常导致。例如唐氏综合征，精子或卵子携带2条21号染色体（正常情况下应该是1条），这将导致在受精后，胚胎会具有3条21号染色体（正常应该是2条）。还有其他病症如先天性黏膜增厚症，原因是父母双方中，一方的染色体带有致病基因，但这一异常基因可以被正常染色体上的基因覆盖（父母双方都不患病）。受精时，父母各提供一条染色体。如果两条染色体上都有致病基因，孩子就会患病。

如果X染色体携带致病基因，遗传情况还会不同：妈妈是健康的，因为她携带2条X染色体（所有女性都是这样），而其中一条染色体通常都是正常的。在受精时，如果妈妈（XX）携带致病基因的X染色体与爸爸（XY）的Y染色体结合，那么宝宝就是一个患病的男孩，因为X染色体无法由Y染色体进行补偿。如果爸爸（XY）提供X染色体，那么宝宝就是一个不患病的女孩，因为携带致病基因的X染色体可通过不携带致病基因的X染色体得到补偿。这种情况下，只有男孩是患病的。还有另外一些疾病的染色体异常更加严重一些，无法通过另一条染色体得到修补。如果携带致病基因的染色体遗传给孩子，那么孩子就是患病的。

治疗基因类疾病的研究尚在起步阶段，而且只针对某些疾病进行。重要的是要对孩子进行精确的诊断来预测孩子未来的情况，给孩子精心的照顾，并做出适当的限制。此次诊断也可作为下一次妊娠的基因检查参考。

急性肠套叠

肠套叠是指一段肠管套入与其相连的肠腔内。肠套叠较多发生在2个月—2岁的男孩子身上，也可能是接种轮状病毒疫苗后发生的早期并发症。

肠套叠主要表现为疼痛发作，伴有突然爆发的哭喊，有时还会面色苍白。病情持续几分钟后，就自行消失；另外还会伴随呕吐和拒绝喝奶，尿布上发现血迹。如果出现这些症状，需要立即把孩子送到医院，通过超声检查来确诊，也可能进行腹部X射线照相检查。

目前，治疗方式主要为钡剂灌肠。在进行放射检查时要用阻光物质保护孩子。钡剂在大肠内上升时会产生解除肠套叠的压力，疼痛立刻就会消失。然而仍需住院到第二天，以确定套叠完全恢复，饮食恢复正常，疼痛消失。肠套叠复发的可能性大约为10%。

如果不想进行钡剂灌肠或钡剂灌肠失败，则需要进行外科手术治疗。

急性腹泻

腹泻时，大便次数增多，性状呈液体状。病毒性胃肠炎通常是急性腹泻的首要原因。有的腹泻存在其他原因（细菌性或寄生虫引起）。只有在此类流行病肆虐的地区旅行时，这几种腹泻才会同时出现。

腹泻会引起水分和盐分的流失。严重腹泻时，水分和盐分流失会导致脱水。

孩子腹泻时应怎么做？

如果是中度腹泻（每天2—3次液体状大便），不需进行特殊治疗。如果是胃肠炎，腹泻是由病毒引起的，当病毒被机体消除后，腹泻会逐渐好转。

对孩子来说，治疗腹泻的药物非常有限。成年人腹泻时使用的减慢肠道输送的药物，在不到2岁的孩子身上是禁止使用的。

通常会建议食用富含纤维的食物（大米、胡萝卜、香蕉、木瓜等），会使大便变稠从而减少水分和盐分的流失。大便的液体形态的症状慢慢减轻，孩子也可以感到舒服一点儿。我们应该建议而不要强迫孩子去吃某种食物。

如今已不再使用禁食牛奶和奶制品的方法缓解腹泻。我们意识到，乳糖不耐受只有在严重胃肠炎情况下才存在。

· 普通腹泻：改变婴儿的日常饮食是没用的，应坚持母乳或正常饮食。

· 严重腹泻：需要立即咨询医生，尤其当孩子年龄尚小并伴有呕吐症状，应注意观察是否有急性脱水症状（参见该词条）。如果脱水，应给孩子口服补液。这就是药箱里需要常备该药品的原因。

腹泻持续时长

病毒性胃肠炎导致的腹泻持续时间长短不一（与病毒性感冒一样），会经历加重期、稳定期与康复期。在某些情况下，腹泻只持续24小时；其他情况下，恢复到正常状态的过程更慢，有时需要8—10天，液态大便才能完全消失。

如果轻度腹泻（每天1—2次液态大便）持续时间较长，应该咨询医生。最为常见的情况，只是因为乳糖不耐受，给孩子喂不含乳糖的奶粉症状就会迅速好转，之后再慢慢地引入常喝奶粉。

大便培养。这是用于验证肠道感染的试验。在严重腹泻且伴有发烧症状或腹泻持续多天的情况下，医生会建议进行这种检测，以确认是何种细菌感染，并检测对抗生素的敏感性。结果需要几天时间才能出来。

（参见急性胃肠炎、急性脱水）

急性关节炎

这是由微生物、病毒感染或比较少见情况下的风湿（属于普通风湿病范畴）等引起的关节发炎。

关节疼痛（关节炎）常见于许多种疾病发病期间，最常见的是病毒性疾病，比如流行性感冒，另外是一些轻型疾病。

更为严重的情况是微生物感染性关节炎并伴随关节积液。这种情况下很可能已经感染到了骨头（骨关节炎）。

如果关节位置比较浅（膝盖、手腕等部位），发炎症状可以看出来：关节发红发热，肿胀，触碰到或想要移动时会非常疼。如果关节位置较深（比如胯部），则比较难评估。为了缓解疼痛，孩子会保持不动的姿态，这是判断的一种依据。

为了保护关节不发生进一步的病变，对病菌感染性关节炎（具有脓水）的治疗非常紧急。通常需要尽快住院，进行放射治疗、穿刺术、关节固定、抗生素药物输液等。抗生素药物一般需要持续6周。

风湿性关节炎的诊断通常较迟，要在确定不存在微生物感染且未出现新的疼痛时才能确诊。

急性脱水

如果出现严重的胃肠炎，并伴随腹泻和呕吐，会导致水分和盐分流失，对身体机能造成影响，

这就是脱水。婴儿体内的含水量达75%，由此可见补充水分对孩子来说至关重要。

脱水症状说明体内水分严重不足，最主要的症状是体重的下降，其他症状表现为：皮肤弹性变差（捏一下皮肤，褶皱比正常情况下持续时间更长）；口腔黏膜非常干燥，尿量非常少（尿不湿一直是干的）；囟门凹陷，表现出极度口渴。

严重腹泻，尤其孩子年龄较小或腹泻伴随呕吐，需要立即咨询医生。医生会验证脱水的症状并称一下孩子裸重。体重数会记录在健康册上。

· 如果没有脱水症状，体重也没有下降，不需要立即开始补液。

· 如果脱水症状及体重下降情况较轻，医生会建议口服补液盐（参见下文内容）。如果胃肠炎伴有体重下降，孩子需要复查并定期测量体重，来监测治疗效果。

· 如果脱水症状或体重下降严重，医生会决定在医院通过输液方式来补液。

口服补液方法

轻—中度脱水情况下，医生会建议口服补液，无须处方即可在药店买到，口服补液同样可以补充流失的水分及盐分。对脱水的孩子来说，使用纯净水补液是不够的，需将一袋口服补液盐放入200ml水中喂给孩子，之后可以将剩余部分放入冰箱冷藏，注意不要给孩子添加其他成分（不要添加糖或蜂蜜），否则会改变补

液的浓度，从而影响药效。

应该给孩子多少量的补液？

补液没有标准的量，完全取决于脱水的程度。每隔15分钟给孩子喂一次，每次少量（在呕吐的情况下可以每次一小勺量），但没有绝对的限制：补充的量应能够补偿丢失的水分和盐分，这取决于水分和盐分丢失的量。如果孩子一天之中有2—3次液态大便，说明他可能没有摄入足够的水分。相反，如果腹泻超过5次，尤其伴有呕吐（这也会造成水分丢失），应该用奶瓶给他喂补液。

孩子呕吐时应该怎么做？

在孩子呕吐时，应该更频繁地给他喂补液，每次的量也应更少：每次20毫升，每10分钟喂一次。如果孩子把喝进去的补液都吐出来了，就每隔5分钟用小勺子喂药。如果孩子反复呕吐无法补液，最好赶紧再次咨询医生。

补液需要补多久？

在腹泻伴有脱水的情况下，根据医生建议，需要至少在最开始6个小时内补液（如果还在哺乳期，可哺乳和喂补液交替进行）。之后，恢复正常饮食以摄入足够的热量（这对肠黏膜的愈合非常重要）。恢复饮食需要慢慢进行，不要强迫孩子。最开始，优先使用甜食（果泥、奶酪等），少量食物即可提供大量热量；之后可以提供奶和奶制品。接下来的几天，可以提供其他食物。通常需要一周多的时间，孩子才能完全恢复正常饮食。

（参见急性胃肠炎，急性腹泻）

急性胃肠炎

胃肠炎、腹泻、脱水是三种紧密联系、病情发展迅速的急性病。

胃肠炎的第一个症状是大便频率增多，即腹泻。如果腹泻严重，可能会导致脱水（体内水分大量流失）。

所有胃肠炎都伴有腹泻症状，但并不都会导致脱水。尤其当大便呈液体状且次数较多（一天超过5次）时会出现脱水。如果腹泻伴有呕吐症状（水分流失量增加），新生儿或婴儿（体内水分储量较少）脱水的危险就更大。

如果为中度胃肠炎，每天3—4次大便，通常情况下不会出现脱水症状。相反，如果是严重腹泻，可能会脱水，即便对于年龄较大的孩子也是这样。

急性胃肠炎是一种肠道感染疾病，最常见的是病毒感染，具有非常强的传染性。该病在冬季时最常见，尤其是在幼儿园等孩子聚集的场所。它的传染方式是粪—口传播：手接触了感染了病毒的粪便或被污染的物体表面，之后手又放入了口中，从而感染病毒。当大人自己腹泻或给腹泻的孩子换衣服时，清洗双手非常重要：用水和香皂洗手。

胃肠炎首先并主要表现为腹泻，同时会伴有腹痛、呕吐、无法吸收奶和营养。

通常，胃肠炎在一周左右会自愈，无须用药。实际上，胃肠炎是病毒感染引起的，不需要抗生素或止泻药，可以坚持母乳喂养或正常饮食。但胃肠炎可能导致脱水，因此，建议药箱里应常备从药店购买的口服补液。

接种疫苗可以保护婴儿不被感染一种最严重的胃肠炎病毒——轮状病毒。

（参见急性腹泻、急性脱水）

脊髓灰质炎

由发病时立即引起的呼吸道并发症及留下的后遗症，尤其是残疾和肌肉萎缩，这种疾病长久以来让人颇为恐惧。在中国，在引入了脊髓灰质炎疫苗之后，脊髓灰质炎已基本消失。从2个月起，注射一剂脊髓灰质炎疫苗，3月、4月及4岁各口服一剂脊髓灰质类减毒活疫苗。

在疫苗覆盖尚不全面的地区，脊髓灰质炎依旧存在。在世界卫生组织的帮助下，许多发展中国家发起疫苗运动。让年龄较小的孩子接种疫苗非常重要，因为该病会在游泳或喝水时通过水来传播，之后引起流行病。

脊柱后侧凸（脊柱后凸、脊柱前凸、脊柱侧凸）

脊椎异形分为：脊柱后凸（驼背）、脊柱前凸（过度弓形弯曲）与脊柱侧凸（侧面变形）。这些异形通常同时出现，因此统称为脊柱后侧凸。

婴儿

出生后头几个月内，骨骼通常

为圆形，然后会慢慢变平，直到宝宝可以独立坐起，这一过程是精神运动发展的重要阶段。建议在此期间不要让宝宝在没有支撑的情况下坐起。

然而，婴儿也可能出现脊柱侧凸或后侧凸的状况，通过X射线扫描可发现这种脊柱异形。

大一点儿的孩子

在学走路时或2—3岁阶段，腰部前凸（过度弯曲）较为常见。在这个年龄段，腹部向前凸出通常会导致肌肉张力减退。这在孩童时期是一个过渡阶段，最终会慢慢消失。

看护孩子的大人会发现孩子脊柱变形的情况：肩膀一高一低，脊柱不直，向左或向右弯曲，甚至会出现局部驼背。

如果让孩子向前倾时，这些异形就消失，那么这只是由于下肢长度暂时不等导致的一种侧凸姿势。如果相差不到2厘米，垫在鞋里的脚跟垫片可以调整这种不平衡。通过康复体操和适用的体育运动可以使这种侧凸姿势得到改善。

定型的脊柱异形是神经病学或肌肉性疾病导致的，而最常见的是在完全健康的孩子身上出现这种症状，没有明显病因，且女孩比男孩更易患病。

定型的脊柱异形需要进行密切观察以对脊柱侧面变化进行评估，确定变化较为稳定还是或多或少有加重的趋势。因此需要反复进行检查，每季度或每年检查

一次，包括X射线扫描检查，以形成相对清晰准确的比较结果。脊柱侧凸在最初几年可能会不太明显甚至不被察觉，关键是青春期快速生长发育阶段，11—15岁之间，女孩更为多见。医生可能会建议通过塑型衣进行矫正。

寄生虫病

疥疮

一种传染性很强的寄生虫，婴儿、幼儿或青少年都可能被传染。发病之初，手指沟及手腕外表面会出现沟槽和小疱疹，瘙痒剧烈，夜晚尤其严重；如果是小婴儿，则不会出现瘙痒感。

治疗方法包括往皮肤上涂抹寄生虫驱除剂，以及对化纤织物与床上用品进行消毒处理。

对化纤织物（衣服、被单等）进行消毒，需使用洗涤剂，用60℃以上的水洗涤；对于不能使用60℃以上的水进行洗涤的化纤织物（被子、枕头等），可用抗寄生虫产品对每一件化纤织物进行熏蒸，按照产品说明的时间将化纤织物放在塑料袋里（通常是3个小时）并用机器进行日常维护；对于不可洗涤的化纤织物，用抗寄生虫产品进行熏蒸，并放在塑料袋中密封48小时。

某些情况下，医生可能建议用口服药物作为补充治疗，每日一次。

即使所有家庭成员没有任何发病症状，也必须同时进行治疗。事实上，如果感染源存在于周围的人身上，只对患病的孩子进行

治疗是无用的。

虱子

一个非常干净卫生的孩子也可能会有虱子。强烈的瘙痒使他忍不住去挠头皮时，孩子的身上很可能长虱子了。近距离检查他的头皮，会发现头发上的虱卵：非常小、呈圆形、灰色。应该往头发上喷洒药剂，然后用洗发露按摩头皮。两周之后，再做巩固治疗，并将孩子的衣物以及所有接触身体的化纤织物，尤其是床单和枕巾进行清洗。

虱子具有极强的传染性，一个孩子可能传给他的兄弟姐妹以及班里的同学，因此，学校里会针对这种情况进行定期的卫生检查。在家里，建议对所有家人采取预防措施。

甲状腺

甲状腺位于颈前部，对孩子成长发挥着关键作用，可能会出现功能减退或发育不良，即甲状腺机能减退。相反的情况是甲状腺功能过强，即甲状腺功能亢进。

先天性甲状腺机能减退是由甲状腺功能缺乏或不足引起的。如果不加以治疗，这种症状会引起智力的减退与身高增长的严重迟缓。由于甲状腺机能减退发病率较高，新生儿出生时会通过系统的血液检测来确诊。检测中心只有在检查出甲状腺功能异常或需要加以控制时才会通知父母。如果需要的话，会进行为期一个月的治疗，避免出现甲状腺机能

减退引起的其他问题。

缄默症

缄默症指的是正常成长发育的孩子失去语言能力。根据语言能力发育的迟缓程度不同，会进行相应的区分。缄默症通常是源于心理问题。有时只是部分失声，只在家庭以外的环境中（比如学校等）才会出现。这说明孩子很胆小害羞，但同时也是家庭与社会文化冲突的表现，孩子在陌生环境里可能会感到非常窘迫，甚至会有撕心裂肺的痛苦感。孩子的智力水平是正常的，失声问题随着孩子自信心的增强逐渐减弱并最终消失。

另一种完全不同的失声是在强烈的情感打击之后突然出现的，同时伴随出现缺乏食欲、睡眠障碍、遗尿等问题。通常情况下，几天或几周后，缄默症会完全消失，但随后可能出现口吃的症状。

最后一种情况与行为有关：冷漠、无兴趣以及与周围环境缺乏联系。这可能是性格方面的严重问题，医生会建议进行专业咨询。

浆液性中耳炎

孩子上托儿所后容易患鼻咽炎，如果经常反复，会影响耳朵的听力。正常情况下，鼓膜后面的分泌物通过咽喉底部的耳咽管持续流出，而由于炎症堵住了耳咽管，分泌物无法正常流出，造成堆积，从而形成浆液性中耳炎。浆液持续存在，导致鼓膜无法正

常震动，进而引起听力的暂时衰退。这也是急性中耳炎的发病因素之一。此外，还会导致语言能力发育滞后。耳炎治愈之后，语言能力会追赶上来。

如果浆液性中耳炎持续，则需要尝试不同诊治方法以使分泌物恢复正常流动。首先，医生会建议切除增殖体，因为增殖体会加剧耳咽管堵塞。之后，医生会建议植入一根穿过鼓膜的小导管——鼓室通风器置管，通风器置管有助于耳内液体流出，并有助于鼓膜内外两侧的空气流通。通过简单的外科手术植入（病人无须住院），在耳内停留几个月，最后会自动脱落排出耳外。

脚呈内八字

孩子在刚学会走路时，内八字脚比较常见：这种"畸形"是暂时性的，是由肢体内部构造整体的轻度弯曲造成的，几个月后可自行矫正。较为罕见的情况是：扁平足会造成内八字脚，同时，膝内翻也会造成内八字；如果出生时没有及时治疗，这种畸形会影响走路。这两种情况必须穿特制的鞋子进行矫正。如果情况非常严重，医生可能建议进行外科手术。

另一种异形足是髋部异常造成的脚向内旋转，即股骨颈前倾。这种异形足通常会随着年龄的增长而自行矫正过来。

接触性湿疹

与其他湿疹不同的是，这是由于皮肤对外界因素的特殊敏感性导致的局部病症。这种湿疹通常只限于接触部位：手、脚、面部、耳朵等处，因此，有镍类（耳环）湿疹（或过敏），橡胶类（玩具、球等）湿疹，油漆类湿疹，化妆品类湿疹等。这种情况下应该避免与这类物品的接触。

结核病

结核病主要是由感染肺部的病菌引起的传染性疾病。尽管21世纪以来中国结核病的发病率持续下降（与生活质量的改善密不可分），但仍有病例出现。

病毒进入体内后（最常见的是通过肺部），会存在于肺部淋巴结内（我们称之为肺部感染），几个月后能够痊愈。极少数情况下（5%—20%），如果没有采取任何治疗措施，病毒会继续感染，直到感染到肺部。

疫苗（卡介苗）

预防结核病的疫苗的研发是通过改变奶牛身上的结核病杆菌以减轻其致病性。这种疫苗并不完善，因为它并不能完全杜绝疾病的感染。经研究发现，卡介苗只能控制结核病的严重程度。因此，如果本人身体较弱，且家中有不满一岁的婴儿，建议接种该疫苗。身体素质较弱的人容易感染结核性脑膜炎。

在法国，如果婴儿患结核病的概率较高，或父母来自结核病

高发国家，或婴儿在出生第一年内要生活在结核病高发国家，都建议接种卡介苗。疫苗在上臂注射，有些疼痛，但不会引起发烧，也不会持续疼痛。

如果接触了感染结核病的成年人，相关机构会寻找出与患者近距离接触的人员，尤其是孩子（特别是婴儿），对他们每个人进行结核检测，并进行胸部拍片检查。

结核菌素试验

结核菌素皮内注射。结核菌素内混合了结核杆菌等变性、无毒的成分。注射后72小时内观察注射部位的反应。

如果注射处出现硬块，说明机体已经接触到结核杆菌，即出现阳性反应。如果孩子以前从未接种过卡介苗，只会出现结核感染反应；如果孩子接种过卡介苗，会出现疫苗反应。通过测量硬块直径判定：如果直径超过10毫米，即可确定是结核感染。

胸部X光片

如果结果出现异常（比如出现结核的典型症状：沿着气管出现淋巴结），则说明结核呈阳性状态（或结核病），需要在至少6个月内进行抗生素药物治疗。如果胸片正常但结核检测结果呈阳性，说明孩子接触过结核病人，只需进行3个月左右的治疗。如果胸片和结核检测都是阴性，只需进行密切观察，2个月后进行复查。

结膜炎

这是眼球前部的一种炎症，发病原因可能是病毒性、细菌性或过敏性（年龄稍大的孩子）。

如果结膜炎不太严重（比如在感冒期间），用生理盐水充分清洗就可以了。如果结膜炎比较严重并伴有脓水，可能需要医生开抗生素滴眼液进行治疗，最好两只眼睛都用药，并在白天频繁用药。如果孩子发烧，最好咨询医生，因为患结膜炎时通常会引发耳炎。

对于年龄稍大的孩子，结膜炎可能伴随着眼睛痒并总是打喷嚏，这可能是过敏的征兆（对猫和螨虫过敏），尤其是在接触到致敏原时发病。比如，当动物出现或者在一个通风条件较差的床上（有螨虫）睡了一晚。通过过敏测试可以确定是否过敏。

新生儿在出生的最初几个星期内，如果结膜炎合并化脓症状持续或复发，需要考虑泪腺是否部分或全部被堵塞。如果是泪腺的原因，那么尽管采取了治疗措施，在几个月内，会感觉孩子眼睛总是"脏脏的"。有时病症会自行改善（随着面部骨骼发育，泪管会变宽）。在病情严重的情况下，可能需要通过一个小手术来疏通泪腺通道（由眼科医生进行手术）。

节奏性的动作

经常会看到婴儿或稍大点儿的幼儿连续几个小时摇晃头部，或者左右晃动，或者像是打招呼一样点头，或者整个上身晃动。有的孩子还把头撞向床。在做这些动作的时候，孩子能够得到极大的满足感，就像玩弄自己生殖器时的满足感。

在孩子要睡觉或非常疲惫的时候，会有许多节奏性的动作。但是，当他们变得具有攻击性时，应该查找一下情感方面的因素：是否缺少关爱？是不是因为嫉妒？孩子还不能表达自己的情感，把孩子的表现描述给儿科医生，医生会根据情况建议是否需要咨询心理医生。

对于由于担心或受到威胁而出现的节奏性动作，不应一味制止。在孩子2—4岁时，这些情况通常会自行消失。

疖子

这是一种非常疼的疱疹，缓慢地长出来并且发红。几天后，疱疹中心的皮肤变薄，皮肤下可以看到脓液。之后疱疹变软，流出泛白的脓液。几个疖子聚集在一起，最后只形成一个疱疹，即痈。

疖子主要位于头皮处、背部、臀部、胳膊和腿的后部。疖子在婴儿身上症状特别严重，因为这意味着孩子被微生物、金黄色葡萄球菌感染并深入到器官。微生物可能会寄生在另外一处：耳朵，肠道，尿道，骨头或者呼吸系统。并发症可能会非常严重。在医生给出治疗方法之前，要用无菌纱布遮盖住疖子，用胶带固定，以防止感染蔓延以及衣物摩擦伤口。疖子反复出现需要进行检查。

照顾孩子的人患有疖子

不要让患有疖子的人靠近孩子或为孩子准备食物。如果是孩子妈妈患有疖子，应该加强卫生措施（经常洗手，用洗必泰溶液清洗疖子）。

剧渴——多尿症

剧渴症指的是强烈口渴症状，引起摄入水量异常，进而表现为排尿量过大。这两种症状不能通过简单的印象就做出断定，而要通过对24小时内摄入液体量及排尿量的测量来做诊断。糖尿病是导致剧渴症的首要原因（参见糖尿病），是由胰岛素缺乏引起的。

尿崩症是另一种不同的疾病，是由于脑垂体抑尿激素缺乏或肾脏对该激素无反馈导致的。

住院观察及相关检查可以确诊尿崩症。

亢奋（孩子）

（参见注意力不足多动症）

咳嗽

咳嗽是保护肺部不受外部物质入侵的一种抵御机制（比如吞入异物被卡住时出现的咳嗽），也是排出支气管多余分泌物的一种保护机制。这两种情况的咳嗽都

是正常的防御反应，不需要人为抑制。

在孩子生病时，咳嗽是一种常见的不适症状，但本身并不具有风险性，应该更多地考虑疾病本身而不是疾病引起的咳嗽。年龄较小的孩子可能会在咳嗽时伸出舌头，这会刺激咽喉底部的恶心反射从而引发呕吐。

咳嗽的病因

咳嗽有可能是需要立即进行处理的严重问题（比如吞入异物等），也可能是轻微病毒性疾病的主要症状，不需要做任何特殊处理（如鼻咽炎等）。

感冒（或鼻咽炎）

冬季易发感冒（或鼻咽炎），尤其是孩子上托儿所或幼儿园后。鼻涕向后流入咽喉部（特别是晚上平躺睡觉时），刺激产生咳嗽反应，使分泌物进入食道，随后进入胃部。出现鼻咽炎时，几乎所有的鼻分泌物都会进入消化系统，引起食欲下降、腹泻、大便或呕吐物中出现黏液。这种情况下，肺部听诊是正常的。咳嗽最初是干咳（分泌物为液体状且量较少），之后是湿咳（分泌物变得浓稠且量变多），最后咳嗽止住。这种咳嗽通常在夜间发生，会影响睡眠并伴有呕吐。

如果出现肺部感染（毛细支气管炎、支气管炎、肺炎），咳嗽可排出肺里的分泌物，有助于抵抗感染。如果孩子白天夜里都咳嗽不止，可能会有发烧症状，医生会根据肺部听诊情况确定治疗方

案。医生可能会要求拍胸片，以进一步确定感染位置，从而决定是否使用抗生素治疗。

如果哮喘发作，咳嗽会伴有呼气困难（难以呼出气体），医生在用听诊器听肺部时，还会听到喘鸣。

如果喉炎发作，咳嗽会有犬吠音，并伴有呼吸困难（难以吸入气体），发声受阻（参见喉炎）。

如果吸入异物，咳嗽声音很大，且持续不断，孩子在吃切片食物或吞下小物体（一件玩具，坚果等）被卡住后，最初几天会出现气闷症状。拍胸片有助于做出诊断，但还应进行石英纤维内窥镜检查。石英纤维内窥镜上的光学元件会进入支气管进行探照并取出异物。

要根据咳嗽的病因采取对应的治疗方式。如果是刺激性咳嗽（比如感冒引起），尽管日夜咳嗽让孩子非常难受，但几乎没有有效的药物治疗。只能使用生理盐水清理鼻腔，以减少鼻涕从而缓解咳嗽。

如果是支气管或肺部感染引起的咳嗽，不应人为抑制这种防御反应，通过呼吸运动疗法（不要给孩子喝止咳糖浆）帮助支气管排出病毒。如果是细菌性感染，医生会使用抗生素进行治疗。如果是哮喘，可用喘乐宁（Ventoline）改善病情。

口疮

这是一些出现在口腔内部的具

有圆形轮廓的溃疡，起因是感染并在口腔病灶周围扩展，我们称之为口炎。口疮可能是因受到创伤而发病：孩子自己咬到腮内部，这种情况下创伤是单一线状的。

针对口疮没有专门的治疗方法，必要时只能减轻疼痛。

（参见疱疹，口炎，手足口病）

口炎

口炎是口腔发炎类疾病的统称。

我们主要讲一种特殊的病毒感染引起的口炎——疱疹（参见该词条）。孩子进入集体生活后（入托儿所或入学），可能频繁接触该病毒，初接触不会出现任何症状。

在某些情况下，疱疹病毒可能引起口腔感染的扩散（口炎）：牙龈发炎，最后会出血，满嘴口疮，甚至长在脸颊内边缘与唇部，以及上颚或喉底部。这种病毒感染会非常疼痛，孩子吃东西时会极度不适，有时还会伴有发烧症状。口炎会持续一周左右，之后会自愈。

没有任何药物能够消灭疱疹病毒，最多可以进行控制病情恶化的辅助治疗。要小心这对存在免疫系统缺陷的孩子（病毒对这类孩子来说可能导致非常严重的后果）。对于身体强壮的孩子，只需缓解口炎带来的疼痛：漱口，服用对乙酰氨基酚类镇痛药、非类固醇类消炎药，病情严重的甚至可以在就诊后遵医嘱服用吗啡衍生药。

疱疹病毒从口腔黏膜剥离之后，会到达口腔感觉神经的细胞核内。几年后，受到一般的刺激（比如传染性或情感性）就会再次发作，沿着感觉神经到达嘴唇黏膜。这就是通常的发烧脓疱。

婴儿常见的另一种口炎是由一种真菌——白色念珠菌（也称为口腔真菌）感染引起的，尤其是在使用抗生素治疗之后出现：这就是我们所说的鹅口疮（参见真菌）。

髋部先天性脱臼

（参见髋骨脱臼）

髋骨脱臼

先天性髋骨脱臼在某些家庭很常见，常见的起因是：孩子在子宫内时，一直到分娩都是臀位；或者孩子是双胞胎。

孩子出生时，大腿骨头的上端（股骨顶端）没有完全成型。孩子出生第一年，股骨头的软骨骨化，在骨盆的骨腔内成型。

但骨腔有可能是畸形的——太平或太斜——大腿骨头上端会很容易脱离出来，这就是我们所说的髋骨脱臼，会引起一侧髋骨或两侧髋骨发育异常。极少情况下，股骨头一直位于骨腔外面：这种脱臼的髋骨，需要长期治疗，有时甚至会比较复杂。

髋骨脱臼需要进行系统的检查，是新生儿所要进行的医学检查之一，主要表现为髋部凸起。在出生时进行X射线检查是没用的，因为在3—4个月之前的检查是不准确的。在4—6周时进行超声检查可以做出诊断。只有在髋骨发育畸形确诊后，才可以进行治疗。宝宝的大腿由一个外展的坐垫或特殊的叉形件保持分开姿势，根据病情的具体情况与病情变化来决定矫正时间。

L

莱姆病

〔参见寄生虫病（蜱虫）〕

阑尾炎

阑尾炎指的是位于大肠起始端的一小段肠子(通常位于腹部右下端)，即阑尾，发生炎症。炎症可能是由感染引起并发展为阑尾脓肿，之后脓肿破裂导致整个腹腔感染，即为腹膜炎。

对于5—15岁的孩子，急性阑尾炎的表现较为典型：发烧，呕吐，消化道食物阻滞以及右下腹部疼痛。

然而有时候症状不太明显，孩子会有弥漫性肚子疼，放射检查（超声检查或扫描）可帮助诊断。在某些情况下，医生会决定进行外科手术来检查阑尾，因为只有这种检查才能完全确诊阑尾炎。

阑尾炎的治疗要根据其严重程度来判断：最简单的情况可通过内窥镜手术（具有手术钳和摄像头，在身上打三个小孔）摘除阑尾；对于较为复杂和更严重的病情，外科医生会在腹部一侧（右下腹部）切开一个刀口以便于对腹膜进行冲洗和引流。住院时间取决于手术方式，一般为2—10天。

如今对慢性阑尾炎（孩子时而感觉到腹部隐隐作痛，没有发烧或呕吐症状）的定义存在争议。事实上，阑尾炎发病时很快就产生不能进食的反应，如果只有疼痛的症状但不呕吐，很可能是阑尾处的阑尾淋巴结肿大导致的，我们称之为肠系膜淋巴结炎，可自愈。

冷水刺激性昏厥

冷水刺激性昏厥是一种严重的疾病，与严格意义上的溺水不同，它是在迅速或意外进入水中时发病。病人会昏厥，失去意识并迅速沉入水中。如果没有立即对病人进行心肺复苏，情况会非常严重。在抢救病人的同时，要立即拨打120急救电话。这种意外的发病机制尚不明确，目前只是归咎于空气与水温温差过大（温差昏厥）。

预防建议：在沐浴前避免长时间暴露在阳光下，缓缓地入水，不要强迫迟疑中的孩子入水。

李斯特菌病

该病是由一种以多种食物为传染媒介的微生物（李斯特菌）感染导致的，尤其是生牛乳制作的奶酪，以及冷冻的猪肉、肉泥、熟肉酱等。通常，动物杆菌病没有或只有非常少的症状，仅有感

冒症状，持续时间较短暂，很快就能恢复。但是本身已经患病的人感染了动物杆菌会更加严重，因为机体的抵抗力下降。

孕妇的情况比较特殊：如果孕妇在孕晚期以不明显的方式感染了李斯特菌，那么会将病菌传染给孩子。在出生后的头几天内，新生儿会表现出严重的痛苦状态，如体温较低、呼吸困难、脑膜感染等。

抗生素对治疗动物杆菌病非常有效，新生儿和妈妈都可以使用。但目前倡导更多的是做好预防，不要食用存在危险的食物（参见上文内容），保持所购买食物的冷藏链，直到将食物放到家里的冰箱内。

镰状细胞贫血

该病在非洲、美洲和安的列斯群岛的人身上非常普遍（比例可达1%—3%），地中海盆地和中东地区的比例较少。

镰状细胞贫血是由于血红蛋白异常导致的：血红蛋白异常导致血细胞呈镰刀状，红细胞聚集并堵住血管。如果氧含量下降，镰状化会加剧，由此导致持续而严重的贫血以及疼痛发作，这都与血管堵塞有关（血管闭合风险），可能会危及不同器官：腹部、肺部、肾脏、脾以及骨骼（脊柱、髋部、手、脚等）。患镰状细胞贫血的孩子特别容易感染疾病（尤其是肺炎球菌与沙门氏菌）：脑膜炎、肺炎、骨髓炎、败血病等。

其他并发症：胆结石、肾功能障碍（尿多或遗尿）、生长迟缓、心理疾病（因为留级导致）。有时贫血会突然加重，可能会危及生命。

镰状细胞贫血是一种遗传性疾病，从父母遗传到孩子身上——父母双方分别携带该病的部分基因，但在自己身上并没有任何症状。对于存在该病风险的家庭，应该对新生儿进行诊断，从而提早进行疾病监测以防突然出现复杂病情。一旦该病在家人中确诊，建议做一个产前诊断。

不幸的是，目前为止还没有针对性治疗方法。患镰状细胞贫血的孩子应该定期进行医学跟踪，并重点做好预防疾病发作方面的工作，避免诱导发病的因素：疲惫、寒冷、缺水、高海拔环境（超过1500米）；同时还要尽量通过疫苗和抗生素预防病毒感染。如果出现剧烈的疼痛发作，需要立即住院治疗。

淋巴结

触摸颈部时能感觉到的皮肤下面的小肿块，位于耳朵、下颌、腋窝下面或者腹股沟处，淋巴结对血液中白细胞的生成具有重要作用，可对抗感染。在孩子身上，颈部的淋巴结经常在局部感染时肿大，如患感冒、扁桃体炎、耳炎、增殖体，或者在患水痘、玫瑰疹时肿大。

淋巴结肿大称为淋巴结炎，可能为颈部淋巴结炎（颈部的淋巴

结）、腋窝淋巴结（腋窝处）或腹股沟淋巴结（腹股沟处）炎。如果突然出现淋巴结肿大、发红、发热且有疼痛感，即是细菌性急性淋巴结炎，会伴有发烧，并发展成脓肿（参见该词条），如有需要应将其切开。猫抓伤（参见该词条）也会导致化脓性淋巴结炎。

在感染性单核细胞增多症之类的疾病中，弓形虫病可能导致淋巴结反应。

严重的血液病也可能是病因，尤其是当孩子面色苍白、疲惫无力、抱怨肢体疼痛时。面对持续性淋巴结炎，医生进行补充检查。

流鼻血

（参见词条出血中相关内容。流鼻血的医学术语为鼻出血。）

流感，流感症状

并非所有发热症状都称为流感。事实上，孩子身上的很多疾病开始都像是流感的症状：寒战，体温突然升高，伴随脸色发红，嗓子发干，背疼，四肢痛。咳嗽，开始是干咳，随后越来越剧烈，已经不再是判断流感的依据。在幼儿身上，腹泻和呕吐的症状也比较常见。

可能的话最好做一个流感的检测（用一根棉棒擦取鼻腔黏膜），这对已收入院或需要特殊观测病情的孩子非常有用，由此做出的诊断是准确的。

如果症状比较典型（发烧、寒战、疲惫、肌肉酸痛），则可以考虑

是流感，尤其是在流感盛行期间。

如果得了流感，应该怎么应对？

医生会给孩子开一些减轻疼痛的药物（镇痛药），如对乙酰氨基酚，以及一些抗病毒药物，以缓解症状，缩短病程。

接种疫苗

如果孩子有肺、心脏方面的疾病，患流感的风险较大，那么接种疫苗是一种有效的方法。应该每年进行流感疫苗接种。2岁以下的孩子，分两次接种，每次注射一半的疫苗剂量，中间间隔一个月。

颅缝早闭

出生时，颅骨被未骨化的区域分开，有几毫米宽，可以满足颅骨的扩张（因大脑的增长而扩张）。需要提到的一点是大脑的发育非常快：从出生到6个月时，大脑会增大至两倍，2岁时增加至3倍，4岁时达到最终体积的五分之四左右。

头颅骨缝数量很多，但最主要的两条是横向骨缝（前额后面）与纵向骨缝（头顶从前部到后部）。在骨缝的交叉点，骨缝扩张，形成了囟门：最重要的是前囟门或大囟门，它会在8—18个月之间闭合，骨缝会在2—3岁期间闭合。

骨缝闭合过快，即所谓颅缝早闭，会影响头骨发育，进而影响大脑发育。如果所有骨缝都过早闭合，就是完全的颅缝早闭，会导致小头症（参见该词条）。如果只有一条骨缝过早闭合，只会

导致颅面异形，而不会对大脑产生影响。通过对头围定期测量与体检可以发现这一病症。如果存在疑问，医生会开一份头部超声或扫描检查。

颅缝早闭可能是独立现象，也可能与其他身体畸形有关系（尤其是肢体或手脚）。

颅缝早闭的治疗措施是外科手术。如果会对大脑产生影响，并严重影响外貌，才会进行手术治疗。

M

麻疹

这是一种病毒感染引起的疾病，通常在接触传染后10—14天发病，早期症状为感冒、发烧，尤其是剧烈咳嗽，声音有些沙哑，眼睛流泪。即使没有已知传染源，也会考虑麻疹的可能性，而在流行病期间，患麻疹的可能性更大。

数日之后，皮疹发作，耳朵后面、面部与四肢最先出现小丘疹，之后会蔓延到全身。体温很快下降，如果没有其他并发症，4—5天后，皮疹减轻并逐渐消褪。恢复期会非常短。

如今，麻疹并发症已非常少见，但仍有存在的可能，尤其是身体状况存在缺陷的孩子。耳炎和支气管肺炎是最常见的并发症，神经系统损伤（脑炎）非常少见。

在皮疹出现前，孩子具有较强的传染性，尤其是此阶段没有

采取任何预防措施的话。

建议从8个月起接种麻疹疫苗，在2岁前接种第二针。这种疫苗通常与风疹、腮腺炎疫苗一起接种。疫苗很快会发挥保护作用，如果在与麻疹病人接触后5天内接种了疫苗，即可阻止疾病的发生，疫苗会比麻疹病毒更快发挥效力。

麦粒肿（睑腺炎）

麦粒肿是位于眼睑处的疖子，通常情况下，用抗生素膏状药物涂抹患处，几天后就会消失，然而会有复发的可能。

霰粒肿（睑板腺囊肿）指的是在眼皮边缘的小腺体被感染。

（参见脓肿、疖子）

慢性腹泻

表现为大便松软，次数频繁或量太大，持续4周以上。

如果身高和体重曲线没有出现变化，医生多会检查乳糖不耐受或肠易激综合征（参见该词条）。如果身高和体重曲线出现了变化，应该考虑其他疾病的可能，并进行进一步检查。通常会对汗液进行检测以验证是否患有先天性黏液稠厚症。孩子刚出生时会做各种筛查，孩子长大一点儿后，检查就不会这么频繁了。对牛奶蛋白过敏（参见该词条）、谷蛋白不耐受，或腹腔类疾病都是引起慢性腹泻的原因（参见谷蛋白）。

猫抓伤

被猫抓伤可能通过寄生虫传播导致疾病，潜伏期为10—30天。在被抓伤的周边区域（比如手上的抓伤扩展到手臂下面等）出现结节，最后会化脓。伤口会持续1—3个月，并会感染一大片区域。抗生素治疗非常有效，应尽早进行以防止化脓。如果已经化脓，需要刺破脓肿部位使脓液流出。

毛细支气管炎

毛细支气管炎是一种支气管病毒感染（通常称为细支气管）疾病，2岁以下的幼儿容易患上这种病。从11月底开始一直持续到来年春天是这种病毒感染的高发期。集体照看（上托儿所等）或家庭成员较多的孩子容易得病。

病情发展

毛细支气管炎由简单的感冒引起，逐渐演变为剧烈的咳嗽与阵咳，伴随着发烧。几天之后，当孩子呼气时会出现喘鸣（与哮喘的症状相似），并伴有呼吸困难，且在接下来的几天有加重的趋势。婴儿喝水会有困难，看着像是疼痛，经常吐奶。再过几天，症状逐渐消失。

对于小月龄的宝宝（未满月）或者已经患过肺部或心脏方面疾病的婴儿，这个过程会非常难熬。这种情况下可能需要住几天院，以帮助孩子进食以及吸氧。

除了用生理盐水定期清理鼻腔，没有其他治疗毛细支气管炎的方法。呼吸运动疗法的疗效还有待论证，尤其是该疗法在缩短病程方面的实际功效。如果宝宝得了毛细支气管炎，应该将他的饮食分成多时段，以使他多次少量喝水（这样会减少他的不适感）；你还应该确保宝宝没有鼻塞症状，否则他呼吸会更加不畅通。

玫瑰疹

这是一种由病毒感染引起的传染性疾病，春秋季多发，会形成流行病，主要表现为突发性、持续性高烧，持续多日，无其他明显症状。从第4天到第5天，高烧突然消退，同时面部、上半身及四肢出现大量小红疹，散在性皮疹，有的持续1—2天，有的仅存在几个小时。由数日高烧到暂时性皮疹的变化是玫瑰疹的典型症状。这是一种轻型疾病，尽管在高烧时可能会导致偶发性惊厥。

面色苍白

根据面色苍白持续时间是暂时性或持久性、突发性或阶段性，诊断结果会有不同。

如果是持续性面色苍白，观察脸色较浅或无光泽，应该考虑是贫血（参见该词条）。

如果是突发性脸色苍白，尤其是伴有其他疾病及意识不清，属于紧急症状，需要立即找出病因，可能是惊厥、高热惊厥、中毒、心律不齐（阵发性心动过速，参见该词条）。头部或腹部创伤同样会引起内出血，这种情况下应密切观察孩子，出血症状在几天后才会出现。

所幸，突发性脸色苍白通常与突然的惊恐或害怕有关，比如摔落。有的孩子甚至会屏住呼吸直至身体出现不适，即抽噎痉挛（参见该词条）。这种情况下，孩子脸色发青而不是发白。

对于所有脸色苍白的情况，无论是长期性的还是频发性的，应该将病情告诉医生，医生可能会安排相关检查。相反，如果是受伤造成的脸色苍白，比如严重的摔落（从滑轮手推车或自行车上摔落），应该去医院进行检查。

磨牙

有些孩子在睡觉时会发出磨牙声。如果经常性出现这种情况，那么可能存在心理方面的问题，应该寻求医学帮助以找到病因，是否嫉妒哥哥或者姐姐？感到被抛弃？有些父母没有意识到的小事可能在某个时刻给孩子造成了紧张、惊恐的感觉，从而以磨牙的形式表现出来。因此，需要弄清具体情况，并告诉儿科医生。

N

脑膜炎

这是由于脑膜受到感染引起的疾病，分为细菌性脑膜炎（属突发性疾病，也是我们比较害怕的一类疾病）和病毒性脑膜炎（病情较轻，可自愈）。

症状及诊断

需要结合各种症状才能做出诊断（脑膜综合征）：高烧、头疼、呕吐、怕光（孩子意志消沉，蜷着腿睡觉，背对着光线）。如有以上症状，需立即就医，医生会判断背部僵直状况（这是脑膜炎最典型的症状）。

需要紧急进行腰椎穿刺术以确诊：在两节腰椎之间插针（在局部皮肤上涂抹利多卡因）以收集脊髓液进行实验分析，判断是否患有脑膜炎。

如果是细菌性脑膜炎，会发现肺炎链球菌、嗜血杆菌或脑膜炎双球菌（存在几种不同类别），需要立即进行静脉注射抗生素治疗。

如果是病毒性脑膜炎，建议对症治疗即可。

尽管细菌性脑膜炎的治疗已经取得了进步，但仍存在一些严重的病症，例如会造成听力方面的后遗症。

疫苗

目前存在多种预防脑膜炎的疫苗：在出生后一个月内接种抗嗜血杆菌与抗肺炎球菌疫苗；建议在5—12个月接种抗C型脑膜炎病毒疫苗。如果要去脑膜炎风险较高的国家和地区旅行（脑膜炎病毒在不同国家存在不同类别），需要接种其他脑膜炎疫苗。

溺水

如果孩子没有了呼吸，要立即尝试排出肺里的水，并进行口对口人工呼吸。如果抢救及时，在

进行几次人工呼吸后，溺水孩子会很快恢复呼吸。如果心跳停止，在场的一个人为孩子进行人工呼吸，同时另一个人进行心肺复苏术（参加该词条），交替进行注气法与胸骨按压。如果在场的只有你一个人，你需要自己进行这两种救护方法，一定要交替进行。

在进行抢救的同时，要寻求专业救助：游泳教练（沙滩、泳池），急救中心120，消防119。

溺水是1—4岁的孩子发生家庭意外死亡的主要原因。在这里再次提醒一下预防溺水的措施：让孩子尽早熟悉水，学习游泳；在游泳时不要让孩子离开视线（即便是在浴盆里）；最后，要慢慢进入水中，尤其是在太阳底下的时候。

尿布皮疹

尿布皮疹是由于皮肤长时间接触到尿液或粪便导致的。增加更换尿布的频次是最好的预防措施。

· 便后应该把孩子屁股擦干，保持皮肤干净卫生，不需要涂抹特殊产品。

· 如果出现炎症，最好的处置方法是使用双氧苯双胍乙烷溶液。

· 如果炎症出现扩展趋势，夜间使用双氧苯双胍乙烷软膏。

· 如果炎症持续，最好咨询医生。

屁股上红疹有的是真菌性的，由持续性或重复性抗生素药物治疗导致，需要进行合适的治疗；其他的可能是微生物重复感染，

需要使用抗生素软膏进行治疗。

尿道下裂

正常情况下尿道口应位于阴茎末端，但是如果患有尿道下裂，尿道口会位于阴茎下方，根据病情，有的会比较靠前，有的会比较靠后。尿流会向下流。有的会出现阴茎弯曲的情况，睾丸无法下沉到阴囊中去，这就需要进行外科手术进行治疗。

尿路感染

尿路感染在孩子身上非常常见。儿童尿路感染的症状与成人的症状不同（灼烧感、频繁的尿意等）。孩子患尿路感染后症状较少或具有迷惑性：最常见的症状是高烧并伴有寒战，没有其他能够引起注意的症状（如鼻咽炎等）。孩子会表现出食欲不振、脸色苍白、体重减轻、腹部疼痛等症状。

通过尿液分析可以确认是否有感染；即使症状并不明显，医生也会按惯例要求做该项检查。但是，还有一种简单、快速的测试方法（尿液分析试纸条）可以给出准确性很高的测试结果。一般会采取抗生素治疗，通常需要在医院进行治疗，静脉注射抗生素对婴儿来说更为有效。随后还要接受口服抗生素药物治疗、超声波检查。

尿路感染可能会复发。经常性复发通常是由于尿路发育畸形引起的。因此，婴儿也要进行针对尿道的超声波和X射线检查，

即尿道造影。

如果检查发现尿路畸形，治疗会更加复杂，需要咨询泌尿科医生。尿液回流向肾脏是导致重复感染的原因（参见膀胱输尿管反流）。要定期进行尿液分析检查。

如何收集婴幼儿尿液？

如果需要进行细菌检测（例如检测尿液感染等），收集尿液时要非常小心。首先要仔细清洗一下尿道区域。如果是幼儿，在孩子排尿时用尿杯收集尿流；如果是小婴儿，要使用无菌塑料袋收集尿液。如果一小时后还没有尿液，应该更换塑料袋（去药店购买），因为塑料袋可能被粪便污染，或者因接触皮肤而被污染。

膀胱炎

膀胱炎指的是膀胱处被尿液感染，通常称之为"下尿路感染"，与尿路上部直到肾脏部位的"上尿路感染"相反。小女孩更容易得膀胱炎，因为尿道口与肛门距离太近。另外，不应沐浴时间太久，也不要使用刺激性沐浴露。

牛奶蛋白过敏

对牛奶蛋白过敏是孩子身上最常见的四种食物性过敏之一（其他3种分别为鸡蛋、花生、鱼），也是婴儿6个月之前最常见的过敏症状。

牛奶蛋白过敏的表现是怎样的？

最常见的症状出现在皮肤上（急性荨麻疹），在最初使用奶瓶，尤其是断奶时突然出现症状。这

种过敏也反应在急性消化症状上（腹泻时带有血迹，呕吐等），此时需要赶紧咨询医生。非常特殊的是，这些反应可能伴随着面部浮肿（梅花形浮肿），甚至出现过敏性休克。

对牛奶蛋白过敏有时通过比较轻微的反应表现出来：湿疹、严重的胃食管反流、持续性腹痛、便血等。以上症状的过敏一开始通常很难确诊。

诊断

在出现剧烈反应的情况下，通常可以通过血液中的过敏迹象（出现IgE，即抗体，对抗牛奶蛋白）以及传统皮肤点刺试验立即读取结果来确诊，可由儿科诊所或由过敏病学专家进行此项检查。

对于慢性症状，血液检查以及传统点刺试验通常显示隐性。此时需要进行48小时延时皮肤试验（贴肤试验）。最复杂的情况下，通过规避/再引入试验无法说明过敏的起因，如果出现这种情况，就应该在4周时间内，把食物中的牛奶和牛奶制品去掉，以观察过敏症状是否消失；之后再次引入牛奶，观察过敏症状是否再次出现。

治疗

对牛奶过敏的诊断确诊后，应该停止摄入任何乳制品（即"规避"）。规避包括牛奶及乳品以及所有可能含有牛奶蛋白的食物（小点心、饼干等）。

对于婴儿来说，用改变了牛奶蛋白成分的特殊奶粉代替1段奶粉的情况非常普遍，目的是使

牛奶蛋白失去致敏能力，我们称之为水解蛋白牛奶。对牛奶过敏的婴儿不应喝其他哺乳动物的奶（马奶、山羊奶、母羊奶）或植物饮料（栗子、扁桃仁等），因为这些食物不具备成长所需的营养元素并且会导致严重的营养缺失。用黄豆蛋白做的婴幼儿奶粉同样不建议食用，因为很多对牛奶蛋白过敏的婴儿同样对黄豆过敏。相反的，如今的1段奶粉由取自大米的蛋白制作而成，大米蛋白是水解蛋白奶粉的理想替代物。

对于4—6个月的宝宝，我们提倡食物多样化，然而在引入新食物种类时应倍加小心，因为对婴儿来说其他食物过敏更为普遍，不同品类的食物应分别引入，不要混合。

当孩子逐渐长大，牛奶蛋白过敏症状会减轻，大多数对牛奶蛋白过敏的孩子在3岁之前可以适应牛奶。快1岁的时候在医生的帮助下通过"重新引入试验日"再次引入牛奶，即在监测下一点儿一点儿地喂入牛奶（从开始时几滴的量至一日几十毫升的量）。如果出现过敏反应的迹象，试验立即中止，继续规避致敏食物，6个月后再次进行重新引入试验。如果一天内没有出现任何反应，则乳制品可被引入食物中来。

（参见过敏、慢性腹泻）

脓疱

（参见发疹热、脓疱病、皮肤、麻疹、风疹、水痘）

脓疱病

新生儿皮肤微生物感染是由于葡萄球菌或链球菌感染。开始时皮肤上出现小凸起，几小时内就蔓延开来，之后出现萎缩；周围会有一圈红晕，很快就会破裂，流出黏性液体，干燥后出现淡黄色痂盖，像蜂蜡一样脆，之后变成淡褐色。这些通常是我们能够观察到的症状。

脓疱病通常发病于脸上，鼻子、嘴巴周围以及头皮上。口腔内部同样会被感染（口炎）。痂盖具有非常强的传染性：孩子通过手指接触使自己受到感染，从而使病变蔓延，此外也会通过直接接触传染给其他孩子。

医生会开出局部使用的抗生素类抗感染外用药膏。

脓疱疮

这是一种容易在新生儿或婴儿身上发生的皮肤病。病情开始时，身上会出现红色斑点，之后发展成为水疱，轮廓清晰，形似小麦粒。水疱变软后，几个小时后会破裂。皮肤上还留有隆起的痕迹，或者可以称为大块凸起，其中心为鲜红色圆形瘢痕，会出现渗液。8—10天后皮肤会恢复正常。除了手掌心和脚掌心之外的任何身体部位都可能被感染，病情会接连不断地发作。

脓疱疮具有极强的传染性，通常在集体环境中爆发。宝宝的体温有时可达38℃、39℃或更高，食欲不振，还会出现肠道疾病。

医生会使用抗生素治疗，因为脓疱疮是由细菌感染导致的（链球菌或葡萄球菌），这种细菌相当顽固，也可能引起更严重的感染性并发症。

脓肿

脓肿指感染后含有脓水的包。这是所有皮肤病变的可能性并发症之一，常见于手脚部位，尤其是指甲，我们称之为甲沟炎。治疗方法主要是用含洗必泰的消毒水对所有伤口、脓疱或蜇伤迅速消毒。

婴儿和儿童的皮肤尤其脆弱，所有伤口、蜇伤即便再微小，也可能导致脓肿，因此对所有小伤口进行消毒并保持皮肤卫生尤为重要。

毛囊炎：这是毛发根部的炎症（参见疖子）。

女童妇科

外阴炎

由于阴道黏膜比较脆弱引起的炎症，在3—4岁女孩身上比较常见。由于这个年龄段还没有激素分泌，阴道黏膜很容易就会发炎，由此导致灼热、红肿、瘙痒，还伴随发烧。

外阴炎的治疗方法很简单：用清水和中性肥皂清洗外阴，每天3次，淋浴冲洗效果更好，洗完之后确保干燥。3—4天后炎症会消失，但阴道炎可能会复发。另外，有些孩子比其他孩子更容易得阴道炎。

如果出现流脓症状，建议咨询医生，因为可能存在其他原因，需要特殊治疗。如肠道寄生虫，阴道内发现异物，细菌感染等。

小阴唇粘连

这是小女孩身上的一种常见疾病，在出生后头几个月就会被发现：小阴唇彼此相连，其他性器官发育正常。小阴唇粘连会在儿童期，或青春期阴道发育时自行修复，不需要进行特殊治疗。

小阴唇粘连与阴道闭锁不同，后者指的是阴道完全闭合。在对小女孩进行系统检查时可查出这种性器官发育异形，应该在青春期进行外科手术治疗。阴道闭锁会阻碍经血流出并引起腹痛。

外阴创伤

2—5岁的孩子常见阴道创伤，与孩子进行的体育活动，如攀爬、学骑自行车等有关，伴随剧烈疼痛，孩子立即大哭。如果流血，或疼痛持续，并伴有面色苍白，谨慎起见应咨询医生。最常见的情况是出现小伤口，需要进行简单的无菌处理，较少需要进行外科手术的情况（缝合）。大多创伤会形成血肿块而且会疼痛，最终会逐渐消失。

流血

除了摔落与创伤造成的伤病，阴道流血的情况比较特殊，应该咨询医生。

对于孩子阴道出现的红肿、小创口，有时需要考虑到性侵或猥亵，应该尽快咨询医生，并尽

量不要提前与孩子提及这种猜测，由儿科医生、主治医生与孩子针对这种问题进行交谈，是更优方案。他们会问孩子几个相关问题，听她怎么回答并尊重她的隐私。根据具体情况，医生会进行会诊或与儿童保护组织讨论防治方案。

呕吐

呕吐指的是由腹部肌肉突然收缩导致胃里的内容物向上反流，这与回奶不同，回奶的量较小，且不需用力。

呕吐是常见的症状，会有明显的恶心反应（比如把手指放入咽部底部时产生的恶心反应）。孩子很容易呕吐，且通常没有严重的病因。月龄较小的孩子在咳嗽、鼻涕向咽部流，或遇到辅食泥中有一片未处理好的蔬菜叶时都会发生呕吐。另外，耳鼻喉科疾病（耳炎、咽炎等）或症状较轻的支气管疾病（毛细支气管炎、支气管炎等）也会引发呕吐。

什么情况下应保持警惕并立即去看医生？

呕吐存在需要立即进行诊治的多种不同状况。

如果出现发烧症状，可能存在的情况是：

·阑尾炎引起的消化系统感染，右下腹部疼痛，食物在消化道内完全停止移动（即不排便）。

·胃肠炎（腹痛区域更多，且伴有腹泻）。

·脑脊膜感染（参见脑膜炎），孩子会出现行为障碍：精神沮丧，意志消沉，畏光，蜷缩。

如果没有发烧症状，婴儿可能存在的情况是：

·呕吐伴有突发的腹痛，脸色苍白，这是急性肠套叠的症状。

·呕吐经常发作且腹泻严重，会有急性脱水的危险。

·每次饭后都会呕吐，且有日趋严重的趋势，这是幽门狭窄的征兆（参见该词条）。

最后，如果某种食物每次在最初消化时都会出现呕吐，则可能是食物过敏的初期症状（参见过敏）。

呕吐时如何护理孩子？

抗呕吐的药物一般疗效有限，有些还可能会产生副作用，因此不建议服药治疗。如果除了呕吐没有出现其他症状，不需要进行特殊治疗。

感冒时采取清洗鼻腔的方法以及患支气管炎出现气管堵塞时采用呼吸运动疗法，对改善咳嗽和呕吐非常有效。如果患肠胃炎，呕吐会加重脱水，需要服用补液盐以补充水分。

膀胱输尿管反流

膀胱输尿管反流指的是尿液

反方向流动，从膀胱通过一条或两条输尿管反流至肾脏。

如果尿液受到感染，则会一直感染到肾脏，引起急性肾盂肾炎，如果治疗不及时，会损害肾功能。肾盂肾炎是一种上尿路感染，伴有发烧症状。

婴儿通常不会有尿路感染症状，如果出现高烧，持续24小时以上，尤其伴有寒战等症状，需要进行中段尿培养检查。

18个月以上的婴儿尿路感染的症状表现为：

· 排尿疼痛

· 尿意频繁

急性肾盂肾炎无论什么年龄都需要通过注射抗生素进行治疗。1周岁之前，最好住院接受治疗。1周岁之后，可以门诊治疗，每天注射一次抗生素药物，坚持数天。之后要口服糖浆或袋装药，持续2周。

急性肾盂肾炎的初期阶段需要考虑肾脏感染可能导致的后果，以及反流症状的表现，通常需要进行肾脏超声检查，有时需要辅以其他检查（反向膀胱造影、肾部扫描等）。

有的尿道膀胱反流症会随着孩子年龄的增长自行消失，因此，医生会减少抗生素剂量，延长治疗期，从而在等待症状自行消失的同时，可避免尿路感染的复发。另外一种情况是感染非常严重，医生会建议尽快进行外科治疗。

疱疹

指的是一类常见病毒。这类病毒从孩子进入幼儿园起就容易传染，可能引起一种特殊的口腔疾病（参见口炎）。

疱疹性咽炎

与它的名字给人的印象不同，疱疹性咽炎是由一种非疱疹病毒的病毒种群引起的，即A型柯萨奇病毒。疱疹性咽炎常在夏季流行，以突然发烧、身体不适、肌肉酸痛与咽炎为发病征兆，主要表现为扁桃体、软腭、舌头上长出小囊泡并很快破开，形成溃疡面。溃疡在几天内会消退。医生会给开局部适用的药物。病情发展比较简单，大约持续一周。

蜱虫叮咬

蜱虫（狗身上、树木上的蜱虫）能够在人身上传播疾病，尤其是夏季。

蜱虫会传播疱疹性发烧，即立克次氏体病（立克次氏体是细菌和病毒之间的感染介质）。患儿持续发烧，全身出现皮疹，有时会在接种疫苗的针眼处出现明显的病变（黑色斑点），可用抗生素进行有效治疗。

被蜱虫叮咬后还可能感染另一种疾病——莱姆病：皮肤起疹（迁移性红斑），麻痹（尤其是面部），以及脑膜炎和关节炎，可通过使用抗生素治愈。

为防止恶化，应该在24小时

内至诊所把蜱虫驱除。如果出现环状病变（皮肤出现环状炎症）需要再次就诊。

如今，蜱虫还会造成另一种新的疾病即脑膜脑炎，针对该病的疫苗已经面世。建议从1岁起，如果去存在风险的森林地区居住，要接种疫苗。

疲乏

几个星期以来，孩子总是脸色苍白，眼窝凹陷，脸部轮廓拉长，缺乏活力，吮吸拇指，不想玩耍，食欲不振。然而，从表面上看，孩子没有生病，也不发烧。

孩子疲乏可能只是由于发育过快，或者缺乏睡眠，或由于生活节奏太快：孩子为了去托儿所或幼儿园早上起得太早，而晚上睡得晚，家里有噪音（收音机、电视的声音等），周末孩子也无法得到休息……如果调整了作息习惯后，疲乏状态依旧没有改善，应咨询医生。做一个简单的体检或几项检查，如果都没发现异常，那么你可以放心。

皮肤：发炎、发红与起疹子

新生儿痤疮

新生儿痤疮是由不明原因的激素水平上升引起的，不需要做特殊处理，做好清洁，不适用额外的油剂。对于发炎严重的情况，医生可能会建议使用抗真菌药物治疗，这可能会与真菌感染（马拉色菌）有关，这种情况并不少见。

无论是哪种情况，痤疮很快都会康复。

婴儿的皮肤护理

婴儿的皮肤还未发育成熟，非常稚嫩、敏感，需要特殊护理。要挑选成分最简单的皂类和面霜。如果孩子的皮肤不是特别敏感，可以使用家人通用的洗护用品。如果皮肤干燥，优先选择实验室推荐的儿童系列肥皂，洗完澡刚出来时要用专用的护肤霜涂抹保湿。如果婴儿的皮肤特别敏感，甚至是湿疹性皮肤，要选择无香精产品，医生会给你建议。

发炎

皮肤是一种覆盖全身的器官，多种不同原因可能引起婴儿皮肤发炎：

· 屁股部位的尿液和粪便引起的发炎，是尿布皮疹（参见该词条）。

· 口周围的唾液与布偶摩擦引起的发炎。

· 新生儿颈部褶皱里的汗液或婴儿穿太厚背部出现的汗液引发炎症。

针对不同的皮肤发炎症状，首先应消除致病因素，因为仅凭涂抹护肤霜是无法根治的。如果皮肤或衣服脏了，要立刻给孩子更换衣服；尽快把流出来的唾液擦干；一旦孩子感到热，要及早发现；尽量给孩子穿天然材质的衣物，如棉或毛针织物。

摩擦红斑——间擦疹

摩擦红斑多位于腹股沟和颈部的褶皱处、耳朵后部、腋窝下面。皮肤出现渗液，看上去发亮。脖子部位的衣服穿得太紧、脖子上的赘肉透气性差、清洁不到位以及汗液都是褶皱处发炎的原因，一旦发现应赶紧进行处理，因为红斑会蔓延。要仔细地为孩子清洗，轻型的可在褶皱感染处涂抹灭菌剂（主要成分为洗必泰）。

感染

皮肤是特别容易滋生细菌的器官（葡萄球菌、链球菌等），并且各种创伤都会破坏皮肤的防御功能，细菌因此得以大量繁殖，并造成局部感染。可能是皮肤割伤、创伤以及严重的湿疹或皮肤病变引起的脓疱（比如水痘）。在出现可疑性脓疱时，医生通常会建议使用抗感染药物（主要成分为洗必泰）以防止皮肤感染。

皮肤也是容易被传染性疾病（婴幼儿疾病，如湿疹、玫瑰疹、传染性红斑或手足口综合征等）感染的器官之一。在这些情况下，孩子通常会出现发烧症状，应该立即咨询医生以确诊病症。

紧急病症：紫癜

这是一种特殊的皮疹，需要紧急就诊。家长观察发现高烧且精神状态非常差的孩子身上迅速出现紫红色皮疹并有扩散趋势。紫癜具有特殊的特征：当我们用力按压患处皮肤时，紫红色皮疹不会消失。小血斑的形成是由于严重的脑膜炎双球菌感染（参见紫癜）引起的。

也可参见以下词条：皮肤、湿疹、脓疱病、荨麻疹。

皮肤痂盖——婴儿

皮肤是人体的一种保护器官，婴儿的皮肤厚度比他长大之后要薄很多。因此，婴儿皮肤更敏感，也更容易受到感染，容易在这个阶段出现各种皮肤问题。

（参见皮肤：发炎、发红与起疹子，脓疱病）

皮肤上的斑点

血管瘤（参见该词条）是皮肤上出现的红色异常小凸起，在新生儿身上最常见。

痣是色素沉淀导致的，多为棕色，可大可小，身上任何地方都可能出现。根据皮肤科医生的诊断，可采用不同的治疗方法。

需要着重指出的一点是蒙古斑，因其常见于亚洲人身上而得名（地中海地区的人也有），为青色或棕色，多长在后背下部，随着年龄的增长颜色会逐渐变淡，是一种正常的现象（参见皮肤，紫癜）。

偏头痛

孩子经常会头痛。如果是突发性剧烈头痛，伴有呕吐与发烧，首先会想到脑膜炎，医生会立即为孩子做检查。有时，头疼可能只是季节性流感病毒感染或突发感染性疾病。

另一种情况是重复性头痛逐渐成为习惯性头痛，尤其是影响到孩子的活动。偏头痛是孩子头疼最常见的原因。5%—10%的孩子都会得偏头痛，6岁前会达到

10%以上。

孩子偏头痛与成年人不太一样：持续时间短一些，疼痛位置为前部或两侧。通常伴随有消化方面的病症（恶心、腹痛等）以及畏光（由噪音和光线引起的严重不适）。孩子表现出脸色苍白，不爱活动，哭闹。偏头痛经常使孩子无法上学，需要睡眠恢复体力。

偏头痛会有某个先兆：视力问题或感官问题。压力容易引发偏头疼，但偏头痛并非心理疾病。90%的偏头痛患者会有其他家人也患有或曾经患有偏头痛。

大多数家长都会担心是脑部肿瘤导致了偏头痛。准确的问诊与临床检查通常可以消除这种忧虑，让家长放心。如果仍存在怀疑，可以进行专门检查（X光扫描、核磁共振等）。

偏头痛可使用布洛芬类药物，这通常是治疗头痛最有效的药物。如果要减少头痛频率，最好的根治方法是让孩子放松。大多数情况下，随着孩子长大，头痛症状会减轻或最终消失。

贫血

贫血指的是血红蛋白异常减少，血红蛋白是红细胞的主要成分。它的主要症状是皮肤粘膜苍白，下眼皮无血色，更严重的情况下表现为乏力。

贫血的原因可能是血红蛋白不足（比如铁元素缺乏），可能是红细胞过度流失（比如流血时）。贫血严重的情况下，医生会很快查

明病因。

缺铁性贫血一直是引起贫血的最主要原因，因为铁是生成血红蛋白的必需物质。缺铁还会增加感染风险。如果长期严重缺铁还会造成脑损伤。

在婴儿中，贫血非常普遍。婴儿在母亲孕期从母体获得铁元素的存量较小，如果妈妈体内铁元素缺乏，婴儿吸收的铁元素就非常有限；如果是母乳喂养（奶水含有的铁元素较少）或者是双胞胎（妈妈体内的铁元素要分给两个宝宝），铁元素缺乏会更严重。对于早产儿来说，也存在同样的状况，因为早产儿在母体内孕育的时间不足，无法获取足量的铁元素。需要指出的是，1段奶粉和2段奶粉的铁含量非常充足。

对于稍大些的孩子来说，缺铁性贫血常见于迅速过渡到纯牛奶喂养的孩子，因为纯牛奶所含的铁元素非常少。这也是为什么建议为孩子提供富含铁元素的成长奶粉，直至2岁。

缺铁性贫血的诊疗方法为：往血液内注射代表铁元素含量的铁蛋白。治疗手段是在3个月内提供药物形式的铁元素——每天早晚喝的糖浆。

平衡失调
（小脑性共济失调）

小脑性共济失调是一种平衡感缺失问题，会引起走路摇晃。孩子平衡感缺失有不同原因，通常

与小脑问题有关——小脑位于头部后方的颅骨内。最常见的情况是，孩子会突然出现共济失调。药物中毒是大多数病例的病因，孩子在看护人不知情的情况下，吞下了不该吃的药物（安眠药、抗抑郁药等）或上瘾性食物（如酒精等），导致小脑功能暂时性异常。

中毒引起的急性共济失调，通常在几个小时内会向着好的状态发展变化。吞下酒精引起的醉酒是急性共济失调的一种典型原因，在成人身上更常见。无论是哪种原因（药物性中毒与吞咽酒精等），都应该立即带孩子去最近的医院就医（参见中毒）。

更少见的一种情况是病毒感染导致的急性共济失调。水痘若引起脑炎则可能会伴有急性共济失调症状，有时会持续几天，症状将逐渐消退，一般预后较好。急性共济失调最终会自行消失。

更令人担心的一种情况是在几个星期内逐渐形成平衡失调症状。医生通常会怀疑小脑区域存在肿块，必须进行X射线检查（脑部扫描或头部核磁共振）以确定对应的诊治方案。

（参见眩晕）

破伤风

幸运的是，疫苗对这种可怕的疾病的治愈率是100%。引起破伤风的杆菌与孢子大量存在于土壤、尘土与动物粪便中，因此患病的风险很大，尤其是乡村地区。最值得担心的不是较深、较大的

伤口，因为这些直观的伤口医生很容易就能看到，并考虑到破伤风的风险。反而是脚上插入的生锈钉子、腿上的刺、插入指甲里的刺等，几天后就不再感到疼痛了，容易忽略而有破伤风的风险。

被虫子叮咬或被猫狗咬伤可能会使破伤风病菌进入体内。所有的伤口，哪怕是再小的伤口都应该认真清洗并进行消毒处理。

未接种疫苗的孩子或接种疫苗已过期或未发挥作用，医生会决定是否使用抗破伤风的丙种球蛋白，与接种的第一针疫苗共同发挥作用。之后要继续接种疫苗。

Q

脐带发红或渗液

出生头半个月内，婴儿的脐带处应仔细照看。任何渗液或发红都应立即告知医生。另外，在脐带掉落时如果出现流血或流脓，也要立即告知医生。

肚脐处可能会长出肉芽，医生会用硝酸银棒将肉芽摘除。肚脐有点儿凸出是正常的（参见脐疝）。

气喘

呼吸短促使孩子无法正常玩耍、跑跳或用力，这种症状不容忽视。这可能是由于暂时性的普通疲乏、贫血，也可能是由于心脏或呼吸系统异常。医生会列出相应的检查项目。

铅中毒

铅中毒患者通常为幼儿。破旧、脏乱的屋子里的东西或老旧油画会含铅，小孩会将其放在嘴里吞下去。

铅中毒主要表现为消化问题（腹痛，便秘或腹泻等），神经系统问题（坐立不安、惊厥等），肾脏和血液问题（贫血等）。

治疗方法主要为通过尿液排出体内积聚的铅元素。

嵌甲

嵌甲常见于婴儿身上，随着孩子成长，会逐渐消失。

如果有发展成甲沟炎（参见脓肿）的趋势，应该尽早通过小型外科手术进行治疗。

鞘膜积液

（参见睾丸）

蜷缩痉挛

蜷缩痉挛是6个月左右的婴儿特发的一种癫痫，伴有精神运动发展停滞及难以解释原因的行为变化。该病通常以下方式发作：突发性连续晃动，每隔几分钟发作一次。每次痉挛期间，孩子会蜷缩成一团，头部、躯干及四肢突然蜷缩，之后身体又迅速舒展开。

除了先天性神经系统异常以外，这种痉挛的病因尚不明确。

应立即带孩子看医生，及时采取相应治疗。

（参见癫痫）

R

乳房

乳房早发育

有些小女孩的乳房会在青春期之前就开始发育，需要确定是否是由卵巢、肾上腺或脑垂体疾病或内分泌紊乱引起的早熟。为此，医生会为孩子进行生物学检测（激素水平采血）和卵巢、子宫、肾上腺检查（超声检查）。最常见的状况是，乳房早发育是单独的一种病症，不存在激素异常情况，且乳房较小，不存在其他早熟迹象。这是一种轻微症状，不会对身高发育产生影响，几年后到青春期后会正常发育（女孩通常从11岁开始发育）。

新生儿乳房肿大（参见新生儿乳房）。

乳糜泻

症状

乳糜泻（谷蛋白不耐受）表现为腹泻、腹部胀气、体重停止增长等，之后身高也停止增长。除了这些消化方面的症状，孩子还表现出情绪低落、疲惫。这些症状在孩子饮食多样化之后会突然出现，可能是消化道对谷蛋白特别敏感导致的（黑麦、燕麦、大麦里谷蛋白的含量也很高，但大米和玉米中不含该成分）。对谷蛋白的异常敏感导致消化道黏膜变薄，不再正常吸收食物营养。

诊断

医生会通过血液检查找到特殊的抗体（阻止谷氨酰胺酶转化的抗体）。如果检查结果是阳性，则需要进行肠道活组织检查，这项检查需要在医院儿科专科进行。只有活检才能最终确诊肠道黏液减少的病症。

治疗

停止进食所有含谷蛋白的食物会使消化液情况得到明显改善，之后所有症状都会消失。孩子体重恢复增长。这种效果饮食法很难做到，因为许多种食物都含有谷蛋白，应该寻求营养师的帮助，并建议终生坚持这种饮食法。

如今我们已经通过研究发现对谷蛋白的过激反应会遗传。在孩子患有肠道疾病的家庭，会有其他家庭成员也患有这种疾病（体内存在阳性抗体或者活检发现异常），但仅有部分症状而非全部。这些人是否需要坚持无谷蛋白饮食法，需要根据具体情况进行讨论。

乳糖不耐受

乳糖不耐受主要表现为消化问题（腹泻、腹痛、腹胀等）。引起乳糖不耐受的原因是在消化道内存在大量未消化的乳糖。

乳糖通过乳糖酶来进行分解，这种酶在婴儿体内大量存在，之后会随着年龄逐渐减少，每个孩子的情况都不一样。这就是为什么有些成人牛奶消化不良但却可以消化奶酪或酸奶，因为这些乳制品的乳糖已经在加工过程中被减少甚至去除了。

婴儿在病毒性腹泻时，有时可能会出现乳糖消化不良的情况。病情严重时大便次数较多，在严重期结束后，每天只有一次大便，但量较大且呈液体状。这时暂停摄入含乳糖类食物会使症状得到改善，如给孩子喂奶时选择不含乳糖的奶粉、已经去除乳糖的牛奶，或黄豆及大米中提取蛋白质的奶粉，所有其他的奶制品（酸奶、奶酪、鲜干酪等）都可以继续食用。

S

腮腺炎

如今，由于孩子系统性接种疫苗，腮腺炎已经非常少见。

晒伤

晒伤只会造成一度灼伤，极少数情况下会达到二级灼伤。其严重程度取决于灼伤的深度与面积（参见烧伤）。

晒伤表现为皮肤发红、疼痛，根据暴露的面积会有或多或少的扩展，几个小时后会出现红色斑块。晒伤可能导致发烧、睡眠问题，在婴儿身上还会出现消化问题。

治疗方法通常为：凉水喷雾，镇痛剂（对乙酰氨基酚），镇痛软膏（药店有售）。情况严重的话必须求助医生。

疝气

脐疝（肚脐处）

有些婴儿在哭泣时肚脐会凸出胀大，医生会告诉你不用担心，因为这种疝气会自行消失，不会停滞。然而，如果疝气体积太大或者几年后依旧未消失，医生会建议进行外科手术治疗。

腹股沟疝（在腹股沟处，即腹部下方，生殖器官左右两侧）

如果出现球状凸起（有时会在阴囊处出现），建议咨询医生，有时可能需要进行一个外科小手术（需住院1—2天）。这种疝主要出现在男孩子身上，但也可能在女孩身上出现，就是卵巢疝，需要立即手术治疗，不可耽搁。

狭窄性疝

如果疝气持续，疼痛无法消退，即为狭窄性疝，需要进行紧急手术治疗。

伤寒

这种疾病是由于一种致病性很强的沙门氏菌群微生物引起的。受到人类粪便中的病毒污染的食物或水，在被人食用消化后使病毒得到传染从而致病。

伤寒表现为持续性高烧，伴有粪便性状非常稀的腹泻，患者精神状态非常差。需要在医院进行抗生素治疗。

在出发去伤寒高发国家之前（如果该国卫生状况欠佳），应该为孩子接种伤寒疫苗：进行一针疫苗注射，无副作用，有效防预保护期时长至少3年。

伤口

如果伤口不太深，可参见割伤。

如果伤口较深或伤口面积较大（超过数厘米），应该立即带孩子去看医生，进行伤口清洗与缝合，尤其是可能留下伤疤的脸部伤口。

如果出血（参见该词条），尤其是大量出血，通常需要用纱布进行包扎，止血带已经越来越不被推荐使用。

烧伤

评估烧伤严重程度需要考量两方面因素：烧伤的面积与深度。

直接严重程度取决于烧伤的面积，因为可能引起休克和脱水。下文中的图解指出了孩子身体不同部位的比例（对于成人来说，这些比例会有变化）；如果烧伤面积达到身体全部面积的5%以上，应赶紧送孩子去医院。

烧伤的深度会决定伤疤的情况。

表皮烧伤（1级）只涉及表皮组织，即皮肤的最外面一层，只会导致皮肤变红，感觉到非常疼痛，但十几天后就会愈合。2级烧伤会起水泡，痊愈时间会更久一些，14—20天。深度烧伤不只

损伤皮肤，也损伤下层组织、肌肉与骨头，只有通过皮肤移植才能痊愈。

对于同样的面积，深度是加重烧伤的因素。另外，患者会担心某些地方的疤痕不会消退，包括面部、脖颈、弯曲部位（腋窝、肘部等）、手掌和手指，及胸部等。

幼儿烧伤的常见原因首先是沸水烫伤：孩子打翻了盛有巧克力饮料的碗、平底锅或水壶（为了避免这种意外，平底锅的手柄应该总是朝向受热板中心，水壶永远不要放在桌沿），奶瓶用微波炉加热后非常烫，孩子打开了热水开关等。孩子可以触碰到的比较热的物体通常也是引起烧伤的原因：烤箱的门、电热板、没有防护装置的散热器等。

特殊病例

具有腐蚀性的家用产品（漂白剂、酸性物质等）以及电烧伤（插座没有保护装置等）常位于手指和嘴巴；这些烧伤面积不大，但会造成深度病变。

烧伤后应该怎样处理?

烧伤部位应立即放入水中。烧伤后，无论原因是什么，无论烧伤面积多大，首先应该做的是在5分钟内用水龙头的冷水降温（水温为10℃—15℃，但绝对不能用冰水）。如果伤口面积不大（不到身体面积的5%），这样降温可以持续更久，要达到15分钟。如果烧伤面积较大，使用这种方法的限制就更多，因为体温有下降的危险（低体温）。

为了不增加疼痛，不要让水直接冲洗在伤口上，而是从伤口上端冲洗，通过水往下流动来实现降温。比如，如果孩子手被烧伤，水流应该从手腕处冲洗。

下面，我们更仔细地观察一下，根据实际情况应该怎么处理烧伤：

大面积烧伤

如果身边还有其他人，在他用凉水为孩子的伤口降温的同时，你立即拨打急救电话。如果只有你自己，首先为伤口降温，然后拨打急救电话120，或拨打消防电话119。

不要尝试为孩子脱衣服，把烧伤部分放入冷水中。

然后，在等待救治的同时，你要保持通话畅通，必要情况下需要把孩子转入治疗条件更好的专业治疗中心。

局部烧伤

如果伤口不深，不是在特别的位置：首先用凉水降温，然后使用不含酒精的灭菌溶液(水溶洗必泰类)进行冲洗，然后进行无菌包扎（使用"敷伤巾"类敷料纱布或三乙醇胺乳膏），每天进行更换（重新进行灭菌冲洗之后）；不要使用带颜色的灭菌溶液（曙红类染料），否则即便是专家也可能难以评估伤口深度。如果对此有疑问，谨慎的做法是去找医生诊断伤口。10—15天内没有痊愈的伤口应该让专家再诊断一下，因为伤口可能比预计的更深。

对抗疼痛

可以给孩子喂常用的止痛药

（对乙酰氨基酚）。医生可能给开可待因，因为烧伤即便再小也非常疼。如果烧伤面积很大且需住院治疗，可能会使用药效更强的止痛药。

孩子身体各部分皮肤所占面积（见下图：）

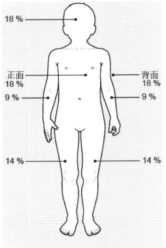

例如：头部（全部）占身体总面积的18%。

舌系带

近些年，如果孩子舌系带较短，在产科会进行简单的切断手术治疗，以防出现吮吸困难及语言障碍。如今，切断舌系带手术受到争议——除非舌系带异常短（指的是，如果舌系带到舌尖距离不到1厘米）。

切断舌系带手术可以在孩子出生第一个月内在儿科或耳鼻喉科诊室进行。如果孩子稍大些，需要在外科进行手术。

蛇咬伤：蝰蛇

与我们通常的认识不同，被蛇咬伤通常不太严重：事实上，50%的咬伤都没有毒液浸入伤口。然而，孩子被蛇咬伤后的病情变化通常比成年人要严重，因为同样的毒液在体重较轻的人体内扩散得更快。

被咬伤后几个小时内的症状为：呕吐、腹痛、心跳加速、低血压，甚至休克。如果症状较严重，说明咬伤较重，应该找到咬伤的痕迹：2个红点，距离0.5—1厘米，与两个齿印吻合。在伤口处会有淤血，出现肿胀，可能只限局部，也可能迅速扩展到肢体全部。

被蝰蛇咬伤后应该怎么做？

以前提倡的处理方法（止血带、冰块、切口、吮吸、吸毒液）通常是无效的，甚至会加重病情，所以不再建议使用。蝰蛇毒液血清的使用存在争议，因为耐受较差，有时会产生严重的副作用。

现在建议以下处理方式：首先要保持冷静，不要恐慌，避免孩子焦躁不安或惊恐；用肥皂和抗菌剂对伤口进行清洁之后，让孩子保持舒展姿势，送孩子去最近的医院就医。医生会根据伤情进行相应的处理。

生殖器官发炎

孩子经常用手去摸生殖器，如果是小男孩，他的包皮出现红肿，有时沾有发白的滴液，称为包皮垢（并非脓水）；包茎（参见该词条）会让这一症状更严重。如果是小女孩，大阴唇同样会出现发炎、红肿，有大量有机液流出（参见女童妇科部分关于阴道炎的内容）。

在这两种情况下，不要给孩子穿紧身的衣服，避免生殖器浸渍。如果在海边度假，还要避免玩沙子。条件允许的话，用清水进行局部清洗，每天2次，清洗干净并保持干燥。如果炎症持续，应立即咨询医生。

生殖器官异常

外生殖器异常与宫内发育缺陷有关。这种情况下，染色体性别XY（男孩）或XX（女孩）之间可能存在差别，"男孩"与"女孩"的外观也会存在差别。可能引起的后果有：

·新生儿——男孩：

完全没有睾丸，或阴茎过小，或外观异常，比如尿道位置异常，位于龟头下面而不是龟头末尾端（尿道口下裂），男孩的男性化特征消失，在户口登记时很难确定性别。

·新生儿——女孩：

阴蒂肥大，或外阴与大阴唇粘连。因肾上腺酶缺乏导致的激素类疾病引起宫内激素分泌异常，雄激素分泌导致女孩的生殖器官男性化。这种疾病也会导致肾脏调节功能紊乱，并引起严重的急性脱水。在新生儿出生时会发现这种病症（同时伴有先天性甲状腺机能减退，先天性黏液稠厚症与苯丙酮酸尿症），需要尽早进行治疗。

针对外生殖器发育异常的外科手术最好在孩子年龄较小时进行。

湿疹（特应性皮炎）

湿疹是一种常见病，5岁以下的孩子中10%—25%都得过湿疹，其中婴儿得湿疹的比例更大，幼儿较少，年龄更大的孩子身上很少见：4岁时，70%的孩子都被治愈。

如何辨认湿疹？

· 2岁之前，湿疹主要表现为一片发红的区域，有炎症，有时是干燥的，出现脱皮，有时会渗液；主要发病区域为脸部（前额、脸颊、下巴）以及腹部和大腿部位。手臂上的湿疹会更厚，呈板块状（湿疹样疹）。

· 2岁以后，湿疹多发于较大的皮肤褶皱处：肘部、耳垂、膝盖等处。

有些孩子的湿疹是局部的，症状较轻，而有些孩子的湿疹可能遍布全身，导致严重的抓伤（称为"瘙痒症"），引发极度不适。

孩子幼年期间，湿疹通常不可预料地发炎出现，之后进入平静期，如此交替反复；局部刺激因素可能加重炎症，如汗液或寒冷天气、毛料衣服的摩擦等。

湿疹的病因

直到今天，人类才发现湿疹的病因——可能存在皮肤"屏障功能"异常；水分流失导致的干燥会使湿疹更为严重，外部因素更容易侵害皮肤。发炎的湿疹会进一步使皮肤保护缺陷加剧，这

些区域重复感染的风险更大。

湿疹与过敏

湿疹不作为过敏病来考虑，而是"特应病"的一种，哮喘、过敏性鼻炎也属于该类。患湿疹的孩子得以上疾病的可能性也较大。这主要是由屏障功能缺陷导致的，上文已经提到过这一点。然而湿疹并不是由于过敏产生的反应，医生也不会去查过敏原（尤其是食物过敏原），除非出现极个别的特殊情况。

湿疹的治疗

湿疹主要表现为皮肤干燥，有炎症，持续时间多变。

炎症可通过局部使用皮质激素药物（以皮质酮为主要成分的膏体药物）进行治疗。这类药物非常有效，能够改善皮肤病变，几天后，瘙痒就会消失。皮质激素药物分为"轻型""中等""强效""特强效"。对于婴儿，脸部使用"轻型"药，躯体部位使用"中等"或病情需要的话使用"强效"药。

皮质激素药物每天使用一次（需在把手洗干净之后涂抹，以防重复感染），最好在刚洗完澡皮肤湿润时使用。将药物涂抹于发炎区域，并超出来一部分范围，衣服不要太紧或太厚，并轻轻按摩，不要完全渗入皮肤。

坚持敷药直到湿疹完全好转：一个星期，两个星期甚至更久，如果湿疹非常严重，没有对最长用药时间的限制。只要有所好转，可以完全停止用药。相反，如果

湿疹再次复发，应该立即重新用药。这并不意味着治疗没有效果，而是因为湿疹是一种慢性病，有时会周期性反复出现。正确使用药物是安全有效的，不会产生任何药物依赖性。

除了治疗炎症，处理好皮肤干燥问题以重建皮肤的屏障功能非常重要：每天洗完澡大量涂抹高保湿霜，即润肤剂（最好使用适用于特应性皮肤的无皂基香皂、润滑皂类）。

在任何情况下都应避免接触刺激性因素。如果湿疹复发，医生会开抗生素药膏作为局部激素类药物的补充。

患湿疹的孩子应避免接触口腔疱疹病毒携带者，否则会有并发症的风险。

食物中毒

食物中毒包含食用被细菌感染的食物所引起的所有疾病（有时被称为"食物细菌感染"）。最常见的是沙门氏菌（参见该词条），较少见的是动物杆菌（参见该词条），还有葡萄球菌。

食物，尤其是奶油、甜点，以及肉类、鱼肉等，可能会被患有皮肤病（疖子或甲沟炎等）的人所污染。此外，如果这些食物被储存在室温环境中，可能导致葡萄球菌因低温链断开而迅速繁殖。饭后几个小时，消化问题会突然出现：呕吐、腹痛，严重腹泻还可能导致脱水（参见腹泻）。在集体环境中，有可能会引起广

泛的食物中毒，如食堂。病情很快会好转，但较严重的病情可能需要短时间的住院治疗。

视力异常

弱视

弱视指的是一只眼睛或两只眼睛的视力锐敏度部分缺失。这种视力问题是由于大脑和眼睛协调合作较差导致的。在孩子出生的头几个月内，大脑会与眼睛之间产生越来越复杂的联系，从而实现将两个图像汇聚为一个图像。如果由某种原因（斜视、远视或只是简单的眼皮下垂挡住视线等），一只眼睛相比另一只眼睛看到的图像模糊，大脑将无法识别视力较弱的眼睛传导的图像：这只眼睛因此无法正常发挥功能。6岁以后，这种视力缺陷基本难以治愈。

因此，我们特别强调要在早期发现眼科异常状况。事实上，如果能及时发现双眼图像存在差别的情况，治疗会相对简单：弱视眼通过眼镜来进行矫正，同时要挡住正常眼。大脑会获取与弱视眼的联系，弱视眼会逐渐恢复正常。

为了发现弱视，儿科医生会在9个月及2周岁检查视力时进行不同测试；医生还会进行斜视筛查，因为斜视与弱视通常紧密相连。

瞳孔不等

瞳孔不等指的是瞳孔不对称：其中一只眼的瞳孔更大。两个瞳孔之间会存在区别，如果这种不对称较为严重，应该咨询眼科医生。

散光

散光指的是看东西时水平方向、垂直方向或斜向发生变形。散光最常见的是由于眼角膜不是完全的球形，通常与近视或远视有关，可通过戴眼镜来调整。

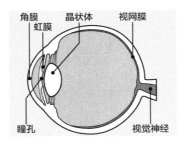

角膜　晶状体　视网膜
虹膜
瞳孔　　　　　　　视觉神经

远视

远视指的是在看近处时视力下降，图像在视网膜后面成像，仿佛眼球太小。基于这种原因，新生儿的眼睛会有些远视。如果是中度远视，随着年龄的增长和眼睛变大，远视会自行好转。相反，如果一只眼睛是重度远视，需要尽快进行矫正，以防出现弱视。

与近视相反，远视的孩子在眼肌用力扩张时会看得更清晰，这可能会导致头痛、斜视或用眼疲劳。

应该给孩子配戴眼镜，眼镜会使物体重新在视网膜上成像。

白瞳症

白瞳症指的是瞳孔发白而不是正常情况下的发黑，从某种角度看或在有闪光灯拍照时（闪光灯下另一只眼睛为红色）会发现。白瞳症可能是罕见但严重眼病的征兆，应该尽早咨询医生。

近视

近视指的是看远处时视力不清，图像在视网膜之前成像，仿佛眼球太大。近视通常是遗传性的。如果孩子经常眨眼，或总是靠近物体才能看清，尤其是抱怨无法看清黑板上的字，应考虑近视的可能。为了矫正视力，清晰地看到物体，孩子应该配戴眼镜，眼镜会帮助物体重新在视网膜上成像。

眼球震颤

指的是眼睛长期有节奏地向一侧或向上运动。眼球震颤可能与斜视有关，是一种眼球异常或神经性疾病。应该立即咨询眼科医生，进行对症治疗。

眼睑下垂

指的是上眼睑一侧或两侧下垂，这种症状比较常见，且具有遗传性。如果眼睑遮住瞳孔并影响视力，需要尽早进行治疗，否则可能会导致弱视。如果不影响视力，出于美观考虑，可在成年后进行手术治疗。

斜视

斜视患者的两条视觉轴不平行：一只眼睛注视着一个物体，而另一只眼睛向内、向外、向上或向下偏斜。在婴儿3个月之前，还不能称为斜视，因为眼睛的运动协调性发育还没结束，两只眼睛的视觉轴可能存在不平行现象。

月龄较小的婴儿可能存在假性斜视，因为孩子的鼻底扩张或眼角内的皮肤小褶皱赘余（内眦赘皮）可能看上去像是斜视；从虹膜一侧和另一侧观察时会发现眼白之间存在不对称。这不是真正意义上的斜视，只是一种错误的假象：两只眼睛的眼轴是平行的。

儿科医生在每次检查视力时会对斜视进行筛查，尤其是在婴儿3个月之后。通过聚焦反射技术可以进行检测（特别是为了确定不是因内眦赘皮造成的假性斜视）：如果将一束光源靠近婴儿的眼睛，光会清晰地反射在虹膜上；如果反射光位于两只眼睛虹膜的同一位置，则称为聚焦反射，说明不存在斜视。

弱视或其中一只眼睛存在异常（如严重的远视）会导致斜视。治疗方法首先是通过佩戴合适的眼镜来矫正。如果偏斜较为严重，医生会建议通过外科手术来矫正，但手术不会改变视力状况，也不能代替眼镜。

释露龟头

释露龟头指的是将包皮牵引至下端，使龟头剥离出来（皮肤皱褶覆盖住龟头）。大多数孩子在一岁之前就会自动地释露龟头；另外一些孩子在青春期之前会完成龟头释露。应该清楚的一点是，没必要暴露出整个龟头，可以与四周有一点儿粘连，随着孩子长大，粘连会自动消失。

所以，我们不建议进行牵引术和释露龟头手术。如果必须手术，释露龟头操作比较顺利，术后就不会妨碍局部清洗。皮肤挛缩是大多数包茎的诱因，如果出现包茎，则应手术治疗。

有时在龟头皮肤下面会有微白色脓肿，这是包皮垢，是自然形成的透明物质，在此处积聚之后会自动消退，人为干预不起作用。只有在患上龟头炎（龟头感染后变得特别红）的时候，需要进行局部灭菌处理。应避免不合时宜的释露龟头操作，因为可能引起纤维创伤以及其他问题。

如果3岁后龟头没有充分暴露，医生会给开出皮质激素膏的处方，每天局部涂抹，坚持数月。大多数情况下，按时涂抹这种药膏，包皮会逐渐变薄，每天轻轻牵引龟头，龟头逐渐就完全释露出来了。

（参见龟头炎、包茎）

嗜血菌属

对于4岁以下的孩子，流感嗜血杆菌是严重感染（脑膜炎、会厌炎、肺炎）与中度感染（耳炎、结膜炎、支气管重复感染）的罪魁祸首。这种病菌有几个种类，B类病菌会引起严重感染。如今研制出了B类病菌疫苗，可以与其他疫苗共同发挥作用。这种疫苗普及以来，严重感染已消失。其他感染通过抗生素治疗可以康复。

手指受伤（伤口）

如果手指或手掌受伤严重，尤其是手指被完全切断，应该立即带孩子去外科急诊。切断的手指要用灭菌纱布包裹，放在密封袋内，袋子内放入冰块（手指不能与冰直接接触）。

手足口病

手足口病是一种由柯萨奇病毒A16感染引起的轻型发疹疾病，6个月—6岁的孩子容易感染，通常在托儿所或幼儿园里会容易流行，夏季更易发。

潜伏期3—5天内无明显异常；症状表现为口腔、手掌心与脚掌部位以及臀部出现小疱疹，并伴有中度发烧。

出疹期会持续十多天，可通过直接接触儿童的口腔、鼻子的分泌物及粪便发生感染。病毒在粪便中可持续几周时间。谨慎起见，孕妇或免疫力较低的人最好避免接触患病儿童。

除了退烧和保持卫生（尤其是与粪便有关的清洁）避免感染病毒，手足口病没有其他特别的治疗方法。病情痊愈几个月后，可能会出现指甲断裂等异常情况。

水痘

水痘是孩子身上最常见的发疹性疾病，生活中由于传染性太强而难以避免，通过直接接触皮肤创伤和唾液会传染给其他孩子。水痘潜伏期平均为14天，在此期间不具有传染性；相反，在第一个疱疹出现之前，潜伏期变为24小时。

水痘发作前会出现行动不便、发烧等症状，发作时表现为全身起水疱，尤以躯干部位为主，面部、嘴巴及头皮都会出现。水痘的主要症状是分别出现的，每种症状都有连续几个阶段性的变化，最易发现的是水疱——直径为几毫米的小水泡，内部为透明色，48小时后会干瘪，形成痂盖；5—6天后水痘消退，留下白色疤痕，可能持续数月。

水痘每隔2—3天爆发几个，因此会同时存在不同发作阶段和不同外观的水痘。有时会产生强烈的瘙痒感，孩子控制不住去抓挠，从而引起病菌再次感染，使水痘推迟结痂。总体来说，水痘会持续半个月左右。

水痘一般为轻型疾病，在某些情况下症状较为严重，会持续高烧数日。在发烧时，只可使用对乙酰氨基酚药，不建议使用阿司匹林和布洛芬，因为可能导致严重的并发症（重复感染）出现。

水痘的并发症较少，偶有损害神经系统的情况，尤其是小脑，如出水痘时出现平衡问题，但有时平衡问题在出水痘之后出现。

水痘发作持续一周，小脑并发症会使病情持续几周。

对于普通的水痘，治疗方法主要为保持卫生：剪短指甲，保持干净卫生，避免抓挠及重复感染，穿轻便宽松的衣服。不建议使用滑石粉。药物处方只限于抗菌溶液，将其轻轻擦拭在最严重的水痘处。如果瘙痒剧烈，孩子无法安睡，医生会加开止痒药。

如今已研制出抗水痘的疫苗，11岁之前未出水痘的孩子可以接种。

水痘病毒与带状疱疹相同。幼年时期发病为水痘，成年后发病则为带状疱疹，尤其是年龄较大的人（参见带状疱疹）。

糖尿病

糖尿病是由于机体无法吸收食物中的糖分（葡萄糖）造成的，原因是缺乏胰岛素。糖尿病会导致多种症状：过度饥饿和口渴，却伴随着消瘦，排尿频繁且量大。如果不及时治疗，可能有昏迷的危险，同时尿液中含有丙酮。如果尿液中出现葡萄糖，且血糖含量升高，可确诊为糖尿病。

孩子患糖尿病需要终身治疗，通过使用胰岛素可以促使葡萄糖发生同化作用，需要每天多次注射。近期，一种胰岛素鼻腔喷雾已投入市场。

糖尿病是一种家族病。如果你家里有患糖尿病的人，需要告知医生。

唐氏综合征

如果孩子患上了唐氏综合征，尽量考虑孩子自身的困难，以一种不同于正常孩子的抚育方式来帮助孩子成长。为了让他更好地成长，应该让孩子尽早进入托儿所或幼儿园，以得到特殊的教育和帮助。

要尽早对患儿家庭进行干预和指导，患儿家庭要向有关政府机构、专业儿科医疗团队和残障儿童家长组织寻求帮助。

精神运动疗法和正音法有助于改善孩子表达方式和肌肉紧张的情况，这非常有利于患儿被其他孩子和父母接受。当我们用积极友好的眼神看向患有唐氏综合征的孩子时，他们会更容易加入开心愉悦的社交性游戏中去。

唐氏综合征是最常见的一种基因畸变导致的疾病。正常情况下人体遗传基因有23对染色体，而唐氏综合征患者由于21号染色体额外多出一条染色体而致病。这种畸变会导致智力落后，多种发育异形，有的还出现心脏异常。

38周岁以上的孕妇生育的孩子患唐氏综合征的概率会更高。同样，父亲的年龄也会有影响。如今，通过孕期检查可以在早期诊断出疾病，超声检查和基因标记可评估唐氏综合征的风险，羊水穿刺或活组织检查得出的胎儿细胞数据也可以帮助做出诊断。

特纳氏综合征

特纳氏综合征是一种染色体异常疾病，会改变女孩的性染色体：其中一条X染色体的部分或全部会丢失。这种疾病会导致身高过矮（如今可通过成长激素来治疗）、卵巢发育异常（需要通过治疗来促进青春期发育）、心脏主动脉瓣膜异常或耳炎，但智力发育正常。宝宝出生时会出现手、脚、后背水肿。

小女孩在幼年阶段要每年随诊，成年后定期进行复查。

疼痛

（参见本章开始部分。）

天花

根据世界卫生组织的报告，天花是一种已消失的疾病。因此，天花疫苗在任何地方都不需要接种。

头发稀少或婴儿掉发

许多家长为宝宝秃头感到焦虑——哪怕只是睡觉枕着的部分没有头发。这种头发稀少主要是由摩擦导致，是正常的。孩子的头发会正常生长，头发稀疏可能是因为头发暂时比较脆弱。

如果是幼儿而非小婴儿出现掉头发的情况，首先应考虑是否有拔头发或拧头发的怪癖（拔毛癖）。

幼儿的拔毛癖不像成年人那样严重，但可以反映出孩子需要卸下某种压力，可能是由于过多（或缺乏）注意力或刺激。这也可能通过肢体表现出来，直到孩子的语言能力发展到能够表达出自己的压力。

在头皮的任何地方出现没有头发的皮肤斑块，在显微镜下可以发现真菌（头癣），这种情况应该尽早识别，并阻止这种感染，尤其是具有传染性的。

最后，对于2岁以上的孩子，呈斑块状掉头发（斑秃）可能与精神紊乱有关。

考虑到所有可能性，如果孩子掉头发，应该带他去看医生。

兔唇

医学名称为"唇齿—鼻口与上颚裂口"。各个等级的兔唇基本都是位于上唇缺口与"唇—鼻—颚"裂口之间，使得口鼻之间存在一个大的裂缝。裂口具有家族性的形态特征。

外科手术修复通常在一岁之前的两个时间段进行。

一般在出生前通过超声检查就能发现裂口。这样父母可以对孩子的这种异常做好心理准备，并由医疗团队给出指导建议。

之后，齿科、耳鼻喉科与语言矫正方案需要跟踪监测并进行最终治疗。儿科医生会向家长建议专业医疗团队进行治疗。

脱皮性皮疹

这是一个比较模糊的概念，指的是皮肤过敏，尤其是脸颊部位。这种过敏与脓疱病、湿疹、真菌病（参见以上词条）、皮肤接触性过敏等有关联。

胃食管反流

胃食管反流表现为胃里的食物反流至食管中并产生疼痛感。

婴儿出生后的头几个月会出现该症状，在10—12个月时大多数孩子都会痊愈。

当胃里较满时会出现反流症状，并会伴有回奶或呕吐。当胃里较空时，也会出现反流：酸性胃液会反流到食管，这会非常疼痛，且可能导致不同并发症：食管炎症（食管炎），耳鼻口重复感染（耳炎和喉炎），更为少见的是肺部感染（如哮喘加重）或其他严重的婴儿疾病。

诊断

在某些情况下，症状较为典型：婴儿每次喝奶后都会出现非常严重的回奶，并表现出痛苦的样子。其他时候会出现一些急性症状，但并没有回奶或呕吐，这时存在反流但并没有到达食管，因此没有出现回奶症状。这种情况下，肠绞痛和反流都有可能，这两种症状在这个年龄段都比较常见，且都会使婴儿非常痛苦。如果发生回奶但没有痛苦的迹象，则只是简单的回奶，不是胃食管反流。

有的情况下，虽然采取了相应的治疗措施，但反流症状持续存在，医生会考虑牛奶蛋白过敏的可能（参见该词条）。

pH值检测

对于严重的胃食管反流症状，或对诊断存在疑问，可以对反流液的酸度进行测量。可以在特定的儿科（住院或门诊）进行pH值测量。测量时会将一根小探针（与缝衣针尺寸类似）置入食道，固定在孩子的鼻孔处，另一端置于食道底端。这种操作是无痛的，只是有些不舒服。随后医生会在24小时内记录探针测量出的pH值。孩子很快就会忘记pH探针的存在，只需时刻注意不要让孩子把它取出即可。根据测量值绘制的曲线可以确诊是否是反流并评估严重性。记着取针要带孩子去医院取出。

胃食管反流的治疗

要根据胃食管反流的严重性采取不同的治疗方法。首先从最简单的措施开始：单次喂奶量不要过大，喂完奶让孩子保持弯曲姿势（这种姿势可以锁住胃出口），尤其不要在有孩子在场时吸烟。可把孩子的头抬高。

如果反流症状较轻，医生会给开一种凝胶（如Polysilane或Gaviscon），在喂奶后食用。医生还会建议往牛奶中添加土豆或大米淀粉，反流更严重的情况下添加角豆淀粉。

如果反流伴有非常痛苦的感觉，医生会给开一种消除胃酸的药物，然而需要指出的是这种药物没有婴儿适用的种类，应该严格按照医生给的药量喂药。

最后，如果对牛奶蛋白过敏，应该换一种特殊的奶粉。

物品中毒

存在三种情况：

1.你看到孩子吞下了有毒物品（药物、酒精、防腐剂等）：

你应该做的是：

·首先保持冷静。

·拨打急救电话120，你会被告知正确的应对措施以及是否需要立即把孩子送去医院。如果需要去医院，医生会采取急救措施（洗胃、心肺复苏等）并决定是否需要转入特护室。

·尽可能准确地回答与有毒物品有关的问题成分、数量、发生时间、最初的症状等。

·把孩子吞下的物品（以及包装）带到医院。

2.孩子表现出的症状让你怀疑他吞下了有毒物品：摇摇晃晃，昏昏欲睡，或没法儿站稳：

·应立即拨打急救电话120，医生会在电话中指导你该如何做。

·找出孩子吃的是什么：可以在地上、家具下面或孩子口袋里寻找。

3.你怀疑孩子吞下了有毒物品，但并不确定：

谨慎起见最好咨询医生，如果联系不到医生，就拨打120急救电话。这种情况下会给你同样的建议：试着找出孩子吞下的物品。

特殊建议：通常人们会认为在怀疑孩子中毒后，应让孩子大量喝水。其实这样做与催吐一样都是危险的。

最大的危险：对于1—4岁的孩子尤其是男孩子来说，有毒物品的威胁是最大的，特别是药物和厨房用品。需要指出的是药品和防腐剂绝对不能让孩子接近：应该把这类物品放置在高处。

膝盖、腿、脚后跟疼痛

膝盖疼或腿疼经常会在孩子身上出现。有的疼痛不太严重，通常在活动量较大（在公园玩耍或学习骑自行车）的某一天后出现，疼痛位置不固定并很快消失。但也有一些持续性疼痛，会导致孩子在睡眠时频繁醒来，且疼痛位置固定在某一处；这种情况应该立即去咨询医生，进行放射检查，做出诊断。

膝盖外翻或内扣

（参见第356页关于儿童成长过程中腿和膝盖的正常发育。）

如果膝外翻（两块髌骨向内靠近而踝骨向外分开）或者膝内翻（膝盖分开，踝骨向内靠近）症状在10岁以后仍很严重，建议咨询整形外科医生进行专业咨询；成年后可能存在膝盖关节严重磨损的风险。有的情况下可能需要进行外科整形手术。

我们发现严重膝外翻（我们之前称之为弓形腿）是由维生素缺乏导致的，得出这一研究结果的时间并不长。在婴儿奶粉中添加维生素D之后，这种病症逐渐消失了。

先天性黏液稠厚症（或胰腺囊性纤维化）

这种严重的疾病源于基因问题，胰腺分泌的酶不足导致黏液分泌功能的改变。黏液是一种负责阻拦尘埃、微生物等的黏稠物质，也会参与到肠道和支气管的生理功能中。在先天性黏液稠厚症中，胰腺由于纤维化而无法正常工作，因此，该病的主要征兆是呼吸和消化系统出现异常。对新生儿来说，胎便过于稠厚而无法正常排出，会因此导致肠道梗阻。新生儿先天性黏液稠厚症通过查血可以发现，目前这种医学检查的系统性已经非常完善。

每种病例的情况各不相同，但先天性黏液稠厚症是肠道梗阻和呼吸道早期疾病最严重的病情之一，需要由医疗团队进行诊疗和护理，配合日常呼吸运动疗法、高热量的饮食法，并对胰腺提取物进行检测。目前的医学研究包括基因疗法，其目的是由健康的基因取代致病基因。

先天性斜颈

有一种斜颈（头部向一侧歪斜，下巴向另一侧歪斜）在婴儿出生后几周内需引起高度关注。先天性斜颈是由婴儿在子宫内的姿势或分娩时颈部肌肉受到牵拉导致颈部肌肉损伤而出现的异常状况。这种情况下通常会在肌肉内部摸到一块坚硬的肿块，这是正在发生钙化的血肿。自出生几天后就要开始进行运动疗法治疗，

需要持续几周。

头骨骨病需要由具有儿童骨科执业资质的整骨医生进行治疗，1—3个疗程后就会有较好的效果。

婴儿很少会出现脊柱异形的症状，脊柱异形需要进行特殊诊疗。

先天性心脏病

指的是在孕期形成的心脏发育不正常。心脏畸形的原因通常不明确（除了个别特殊病例，比如风疹和某种染色体异常，如唐氏综合征）。

先天性心脏病分为多种类型：
· 隔膜或心内瓣膜发育异常（比如室间隔缺损）。
· 从心脏出发的动脉血管发育异常（位置调换——即起始端位置出现异常——间隔缺损、口径狭窄）。

有些心脏病从出生时起或出生几天后就出现症状，表现为发绀病或心脏功能缺陷，具有危及生命的风险。另一些心脏病没有表现出症状，病人无不适感，除非通过听诊才会发现。

主动脉狭窄是一种常见的心脏发育异常，通过股骨脉搏的减弱可以检查出来。这就是为什么医生会有规律地摸脉。这种发育异常可以通过外科手术彻底治愈。尽管仍存在一些无法通过超声检查发现的异常，大多数心脏病都可以在出生之前就诊断出来，从而可以及早进行护理：分娩通常在特殊医疗中心进行，新生儿出

生后立刻进行外科手术。

对于非常复杂的心脏发育异常，需要进行多次手术，有时需要植入起搏器，从而为孩子提供正常的心脏功能。

腺样增殖体

除了咽喉部的扁桃体以外，孩子身上还存在第三种腺体（称为腺样组织），位于鼻腔深处，上颚后面，在咽部检查时看不到。这种腺样组织的作用是保护呼吸道不受细菌和病毒侵害。在连续性感染之后，腺样组织会变得肥大，形成一个位于鼻—咽—耳交接处的细菌病灶，它既是鼻咽炎的病因，也是鼻咽炎的并发症，并经常会伴有严重的耳炎和下呼吸道感染。

这种肥大的机体组织即导致慢性增殖腺炎的增殖体：长期性鼻塞迫使患儿张口呼吸、打鼾、鼻音重、持续咳嗽，持续性37℃—38℃发烧，有时早上体温会更高，颈部淋巴结，生长缓慢，缺乏食欲和活力。

这种情况下，耳鼻喉科专家会建议进行简单的外科手术摘除腺样体（腺样体摘除术），手术相对安全。但一周岁之前较难进行手术。

消化不良（胃功能障碍）

对于婴幼儿来说，很难对胃功能障碍给出一个准确的定义，因为像呕吐、腹痛或发烧这些普通症状的病因，从普通的消化不良到急性阑尾炎再到病毒性肝炎，

存在多种可能。因此，保持警惕性非常重要：等过了24小时观察期，谨慎起见需要去咨询医生。

小头症

如果孩子的头围明显低于平均水平，或与同年龄、同性别的数值相差太大，则称之为小头症。测量数据并非单次数值，而是每个月测量的头围数据均达不到正常范围。

小头症会导致颅骨的非正常发育，例如，颅骨闭合太快，即颅缝早闭（参见该词条），使得大脑发育受到颅骨限制。

小头症初期只是大脑本身发育问题，之后头骨会根据大脑形状成型。病因可能是怀孕期间感染的疾病（例如风疹、弓形虫等）或新生儿期间的疾病（大脑氧含量不足、脑膜炎等）。CT扫描或核磁共振可以发现大脑病变。

小头症可能与染色体异常有关（参见唐氏综合征），也可能找不出任何病因。要密切关注孩子的成长发育，以及早发现发育滞后或癫痫病症。

哮喘

哮喘是一种支气管疾病，表现为间歇性呼吸困难，伴随打呼噜。哮喘的危险性在于支气管口径狭窄并有发炎症状，由此导致呼气困难。目前对哮喘的诊断方法发生了变化，对年龄较小的孩子与较大孩子的哮喘进行了清晰的划分，年龄较大的孩子哮喘更类似成年人的哮喘。

婴儿哮喘与幼儿哮喘（6岁之前）

症状表现为间歇性支气管炎并伴有喘鸣，通常由病毒感染引起。因此，孩子在冬季更容易得病，尤其是在集体看护环境中。婴儿在冬季可能会得另一种呼吸系统疾病，症状非常相似，即由病毒感染引起的支气管炎。没有任何征兆或特定的检查来区分支气管炎与婴儿哮喘，但如果间歇性支气管炎复发超过三次，那么连续得三种病毒性支气管炎的可能性较小，这时候可判定为哮喘。

如果哮喘很难治好，医生会检查婴儿是否患有食管炎，这是一种很严重的致病因素。父母抽烟也会加重孩子的哮喘。目前尚未发现特殊的过敏导致哮喘。

治疗

喘鸣通过喷雾型支气管扩张药（喘乐宁）得到改善，这种药由吸入室（Babyhaler）的工作人员来用药。对于更严重的病情，需要口服肾上腺皮质激素药物，同时配合支气管扩张药。

冬季期间，如果间歇性喘鸣重复发作，医生可能会给开预防治疗的处方；这种保守治疗方案通常包括吸入型支气管扩张喷雾，每天早晚由吸入室的工作人员来用药。

多数情况下，婴儿哮喘会在3—6年内症状消失。需要定期门诊随诊，逐渐减停药物。

大孩子的哮喘

少数情况下，哮喘会持续到6岁以后，或者在症状完全消失后又复发。更常见的情况是，孩子身上具有特殊的风险因素：或者是他们的父母患有哮喘病或属过敏体质，或者是孩子自身对多种成分过敏，因此，需要对大孩子的所有哮喘情况提供过敏预案。

对大孩子哮喘的治疗方法与婴儿哮喘相似，只是病情的持续时间更多变：大部分孩子会在青春期时痊愈，而有些孩子的症状要一直持续到成年。

斜颈

孩子的斜颈可能是多种原因引起的，最常见却不易被察觉的一种情况是睡觉姿势引起的斜颈。斜视的孩子由于头部习惯性歪斜也会造成斜颈。鼻咽部感染并伴有颈部淋巴结肿大同样会造成斜颈。最后一种可能是药物引起的颈部肌肉痉挛进而导致斜颈。

以上所有情况引起的斜颈一般几天后就会消失，不需采取特殊的治疗。

如果斜颈一直存在，应该进行更深入的检查以找出病因是创伤性、神经性还是风湿性的。

斜头畸形

斜头畸形指的是由于作用在头上的外部压力不对称引起的颅骨异形。婴儿出生后头3个月内最常见，因为这个阶段头骨还比较柔软，而婴儿大多数时间都躺着睡觉：头部总是枕向同一侧或总是枕着后脑勺儿。有些宝宝出生前在子宫内的特殊姿势也会导致头骨扁平。如今研究发现这种颅骨异形不会影响大脑发育，但在两三岁之前会影响外貌美观。

更为常见的病理性斜头畸形

这种情况多见于为预防猝死而使婴儿长时间躺卧：最近，加拿大一项研究结果显示，每两个月接种疫苗的婴儿，46%以上出现该症状；而大多数情况（78%）下，歪斜情况不太严重，随着孩子逐渐长大可自行消失。斜头畸形在以下情况较为常见：多胞胎，头胎，早产，先天性斜颈（参见该词条）。

治疗

斜头畸形的治疗比较简单。如果你发现宝宝后脑勺儿（或一侧）扁平，就让头部靠向另一侧：通过将宝宝的头转向左侧或转向右侧，让枕向床面的支撑面不断变换。让孩子不断变换睡姿，比如每两天内，一天将头部枕向左侧，另一天将头部枕向右侧。在婴儿房内，时不时改变婴儿床的位置：光线方向会吸引孩子，他会不自觉地将头部朝向光线。

在宝宝醒着的时候，每天让他趴几次，开始时每次几分钟，之后适当延长时间。把宝宝放在练习毯上，你站在宝宝的前方或旁边引逗他，陪他玩耍，可以使用镜子、声音或色彩玩具来吸引孩子的注意力；也可以将一卷长枕头形状的卫生纸放在孩子腋窝下，帮助他支撑上半身以及头部。

许多妈妈说他们的宝宝不喜欢趴着，但实践表明，在孩子醒着时经常通过这种方式让他趴着，即便是每次只趴一小会儿，不断重复，在经历最初几分钟的排斥后，孩子的进步会日趋明显：你的宝宝会越来越喜欢这种姿势，这不只对他的头部形状有帮助，还有助于他大脑精神运动的成长发育。

另外，建议限制在硬质座位（如安全座椅等）上的时间。

带孩子去看整骨医生，情况可能会有所改善，但更重要的是在平日多加训练。如果斜头畸形情况非常严重，则需要通过头盔模具来进行矫正，这种治疗方式在美国比较流行。

心动过速

心动过速指的是心率加快现象。孩子的年龄越小正常心率越快（出生几个月的婴儿心率每分钟120—140次，4—6岁孩子的心率每分钟100—110次）；孩子的心率起伏较大，哭闹、受惊或用力时会加速，尤其是发烧时——无论是哪种原因引起的发烧。

除以上情况外，持续性心动过速会导致心脏损伤，特别是心脏畸形。引发原因可能是心外因素如甲状腺功能亢进，另外要考虑是否服用了某些药物（如植物素等）。

另外一种是阵发性心动过速，出生几个月的婴儿易发该病。阵发性心动过速是由心内神经系统功能异常导致的。发病较突然，

症状会迅速表现出来：脸色灰白、烦躁不安或意识消沉。如果24—28小时内不进行合适的治疗，将导致心力衰竭。应该让孩子住院治疗，以接受心脏监护（心率、心电图、动脉压）。通常情况下，治疗结果较为理想，但不能排除几个月后依旧有复发的可能。

心肺复苏术

如果出现窒息或其他严重的症状，伴有意识丧失和呼吸暂停（溺水、交通事故等），应该观察孩子是否能够对呼叫做出反应：

·是否还有意识。叫孩子的名字，给予刺激（比如掐一下）以观察孩子是否有反应；

·是否还有呼吸。是否能感觉到有气体从口或鼻孔呼出，胸廓是否随着呼吸运动而张开，是否能听到呼吸杂音。

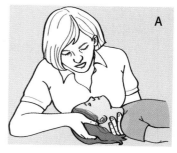

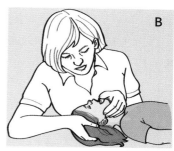

C

·孩子皮肤是红润还是在耳朵、嘴唇、指甲部位出现青紫色（发绀）。

拨打急救电话：急救中心的医生会给出急救指导。

·如果孩子无意识，但有呼吸，医生会在电话里指导家长让孩子保持侧卧的安全姿势：身体一侧伸展开，使头部、颈部、躯干保持直线，口朝向地面；如果孩子要呕吐，不会有窒息的风险。

·如果孩子无意识，且无呼吸。应该疏通上呼吸道，进行人工呼吸，交替进行吹气法与胸部按压（心脏按压）。

1. 疏通呼吸道

·将孩子衣领或所有覆盖颈部和胸部的衣物打开。

·将孩子的头向后转动，以疏通呼吸道，用手托住下巴向前向上托举（图A）。此外，将孩子的舌根下压，以防阻住喉部入口（图B）。

2. 吹气法：口对口（呼吸道通风）

·深呼吸，张大口（图C），将口牢牢对准孩子的嘴巴四周并捏住其鼻子，或将口包住孩子的口和鼻，孩子年龄越小，吹气的力度就越小。

·每次吹起后，都要起身调整一下。

·坚持吹气，直到孩子胸部鼓起。

·在进行口对口吹气期间，保持头向后仰。

困难：

舌头阻住喉部，或某种异物阻止气流通过。为了防止舌头阻住，应该使头部更往后仰。

3. 胸部按压：外部心脏按压

让孩子躺在坚硬表面上，用一只或两只手掌心用力按压胸骨三分之一处（两个乳头连线的中分线上部）。不要按压一侧肋骨，这里非常脆弱（图D）。

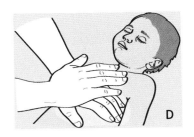

D

需要指出的是：

对于婴儿，要两手包住胸廓，用两根拇指或两根手指（食指和中指）进行按压。

在救护车到达之前，应该轮流进行口对口人工呼吸（2次吹气）和心脏按压（30次按压，每分钟100—120次的节奏）。

即使你从没做过人工呼吸，也可以按照上述方法操作。平时可以通过参加救护课程来学习急救方法。

新生儿黄疸

许多宝宝在出生后的几天内皮肤会出现轻重不一的橙黄色，这是新生儿黄疸，轻微黄疸的病因已查明。

出生时，宝宝体内携带有红血球（血液中用于运输氧气的细胞）。由于血液循环和肺功能开启，一部分红细胞会被破坏。由于肝和脾的作用，多数孩子体内的红细胞会自行清除；另一小部分孩子由于肝胆尚未发育完全，红细胞破坏所产生的胆红素无法全部消除，这种胆汁色素在血液中聚集，导致新生儿皮肤出现橙黄色（黄疸）。通常情况下，黄疸几天后会消退。光照会加速高胆红素血的减少，因此，有黄疸的新生儿有时需要进行蓝色光线疗法，每天几小时，坚持数天，注意要先仔细保护好宝宝的眼睛。同时，要监测胆红素水平，不能超过正常限值。

新生儿黄疸的其他病因：

·母亲和孩子的血型不同，或大便发白症状，这是警示胆道系统疾病信号。

·早产儿。

·胆道异常（非常少见）。

注意：母乳喂养有时会导致在出生后第一个月内黄疸持续，这对宝宝来说是没有危险的。

囟门

后囟门（小囟门，位于新生儿的头骨后部）在婴儿出生后就闭合。

前囟门（大囟门），一个呈菱形的柔软的区域，位于两块头骨之间，前额上面，在8—18个月之间逐渐闭合。如果2岁以后仍未闭合，应该将这种情况告诉医生。相反，如果囟门闭合过早（前几个月）是不正常的（参见颅缝早闭）。

囟门是平的，有弹性的。如果凸起或绷紧，应该咨询医生，同样如果是凹陷也应咨询医生。

猩红热

猩红热是由一种链球菌病毒（溶血症）导致的疾病，其潜伏期较短，平均为4—5天，初期症状会突然爆发，表现为咽峡炎，并伴有高烧、呕吐症状，颈部淋巴结肿大。

症状会迅速遍布全身，出现大片红色斑块，带有肉芽肿。舌头特征明显，出现鲜红色疹子，呈V形，形似草莓状。诊断较容易，治疗可使用青霉素。疹退后，手脚部位的皮肤开始脱皮。

并发症（以前会非常严重）如今已很少见，实践中已基本不见病情较重的典型猩红热，更多见的是较轻微的部分症状，发病期也较短，因此很难一下联想到猩红热。很多病毒感染性疾病以及药物不耐受反应也会导致"猩红热型"皮疹发作。以下症状可以帮助医生做出诊断：接触感染，先发性咽炎，咽喉提取物中发现溶血性链球菌，四肢蜕皮。猩红热可通过链球菌、链霉菌检测来确诊。通过青霉素治疗两天后，便

不再具有传染性。

胸廓下陷

有些孩子的胸骨下部（前胸下部）出现漏斗状凹陷。婴儿出生头几个月内出现这种胸廓异形对成长发育不会产生严重后果，尤其是呼吸方面。只有非常严重的症状医生才建议通过外科手术进行矫正。

休克、摔落

如果孩子失去意识

如果出现呕吐，口、鼻、耳朵出血，行动出现异常，请立即拨打120急救电话。在等待医生的同时，请参考以下建议：

·尽量少移动孩子，并且要非常小心，使孩子的头部、颈部、躯干处于同一直线状态，让孩子侧躺，口朝向地面，以防呕吐或流鼻血时流向支气管部位。

·不要喂孩子喝水或吃东西。

肢体骨折

如果没有发现以上提到的几种情况，第一眼看上去也没发现任何异常，需要确认一下是否有某个部位骨折。缓慢动一下孩子的胳膊、前臂、肘部、腿和脚，依次检查一下。如果孩子看上去无法控制自己肢体的某个部位，触碰到这个部位时孩子感到剧烈的疼痛，那么需要做一个X射线检查。

摔到头部

如果孩子失去意识，应立即将孩子送到医院，需要进行几个小时的检查和观察。

接下来的几天，你需要留意以下症状：呕吐、发烧、惊厥、越来越明显且持续的脸色苍白、睡眠障碍、持续的昏昏欲睡或者失眠。

第一天晚上，需要密切观察（因此医生建议留院观察24小时），时不时叫一下孩子以确保他可以醒来。事实上，如果有颅内出血，孩子可能会陷入昏迷而家长却发现不了。

另外一些症状可能比较让人担心：情绪变化大，孩子可能突然对一切都漠不关心，或者相反，非常易怒；视力障碍——比如可能会斜视；肢体行动困难。如果出现以上症状，需要立即带孩子去急诊。

孩子撞上尖锐或坚固的物体（比如家具）

·如果大量流血（参见出血）。

·如果没有出血，但撞到的部位非常疼痛，立即带孩子去急诊，撞击可能损伤器官，需要迅速进行诊断，因为可能内出血非常严重。

如果孩子脸部或下巴受伤

如果有伤口，可能会留下疤痕，疤痕不太美观而且可能不会消退。举例说明，如果一个孩子滑倒磕到了下巴，那么他这一生都会留有一个影响美观的隆起的伤疤。因此，更为可取的做法是带孩子去医院，医生会为他进行缝合。医生也可能使用"胶条"或特殊的胶水将伤口边缘接合。同时，清洁伤口，将脏物（土、沙

子等）去掉，然后涂抹灭菌药物。

简单的擦伤

清洗并消毒。

对青肿、肿块如何处理？

将敷料纱布浸入冷水或用一块冰块（用布包裹），通过冰敷来减轻疼痛；压力包扎（可使用也可不使用酊剂药物）可以帮助消肿。淤血和浮肿几天内就会消退。

眩晕

人体的其中一个平衡中枢存在于内耳。对孩子来说，以下情况下可能会出现眩晕症状：

·2—3岁的孩子突然眩晕。孩子抱怨说"身边的一切都在旋转"；孩子躺下，有时还会呕吐。这种症状通常只持续不到一分钟。如果眩晕症状重复出现，是阵发性轻微眩晕症。问诊时医生会确定地告诉你，这是不具有危险性的发作。

·内耳炎是一种快速发作的眩晕，持续几个小时，孩子会出现呕吐症状，无法站立，还会告诉家长说"身边的一切都在旋转"。内耳迷路炎是由内耳病毒感染导致的，不需治疗，几天后会自行消失。

·有的眩晕可能是心理原因导致的。

无论是哪种眩晕，都应该向医生问诊，医生会找出眩晕的原因并进行对症治疗。

（参见平衡失调）

血管瘤

紫红色痣是由于皮肤毛细血管扩张造成的，出生时清晰可见，可区分为平血管瘤，即或多或少扩展开的普通斑点（红痣、胎痣）与凸血管瘤（草莓状）。小红痣在婴儿身上常见，如前额（羽毛状）、颈背部，发根处；这些小红痣通常在几个月内就会消退。

血管瘤需要专业人士（儿科医生、皮肤科医生）的密切观察。大多数血管瘤会自行消退，但比较缓慢，可能需要几年的时间。医生通常会建议不要采取任何干预措施。然而，每种病例都有特别之处，只有专业医生才能够根据病情，从非美学角度，依据血管瘤平面或凸面的发展趋势，或者是否会导致重复性出血等方面给出正确的处理方法。

血管瘤有时会长在脸上一大片，为了使其缩小甚至消掉，激光技术在此方面做出了巨大的贡献。

对于某些严重的血管瘤，还可能使用通常用于治疗高血压（β-受体阻滞药）的药物，其功效非常显著。

血友病

血友病是由于缺少血液凝固所需的成分而导致的（分为不同种类，A型血友病最为常见）。

血友病是一种只能遗传给儿子的遗传性疾病，该病通过女性遗传，但在女性身上表现为隐性，因为该基因通过X染色体携带（参见遗传病）。

最初的症状通常在学步阶段表现出来：身上如果有一个小伤口或很小的创伤，就会血流不止，并且会出现严重的血肿。同时还会出现内部出血，尤其是关节内部（尤其是膝盖），由此留下后遗症（关节强直）。如果病情没有得到足够重视或未被发现，血友病可能发展到需要外科手术治疗的地步（比如耳鼻喉科手术）。

治疗手段主要为输入血浆、凝血因子或抗血友病球蛋白。考虑到与血友病有关的多种疾病及其治疗，应该由专门的团队进行医疗护理。孩子整个一生需要进行专门保护，即要躲避任何创伤，包括较为激烈的游戏和体育运动，不能进行任何肌肉注射。

荨麻疹

荨麻疹表现为浅粉色斑痕，底部发白，稍有凸起，边缘不规则，发病区域不断变化，类似荨麻刺伤的针眼，会引起剧烈的瘙痒感。

荨麻疹的病因较多：

·过敏：食物过敏、药物过敏、接触性过敏（化学产品、水、寒冷、植物、虫类叮咬等）。

·病毒：有些病毒性疾病会伴有疹子的出现，即荨麻疹发作。

·病因不明的荨麻疹，尤其是复发性、特发性荨麻疹。

在医生的帮助下，为了防止出现新的病情，需要试着找到荨麻疹的病因，这通常并不容易。为了止痒，医生会给开抗组胺药。

过敏性荨麻疹有时伴有或多或少的水肿（肿胀）症状（面部、生殖器官等）。喉部肿胀可能引起严重的呼吸不畅，应立即进行治疗。

牙齿

龋齿

孩子直到6岁才会长满整口牙：乳牙。不要觉得乳牙的龋齿不重要，"既然乳牙总会掉的……"，这种想法是错误的：如果有了龋齿，必须进行治疗或者拔掉。但是，为了恒牙长得好而拔掉乳牙可能导致严重的后果。

治疗龋齿最好的方法是提早预防：尽早教会孩子刷牙，每年定期去看一次牙医，拒绝甜食。如果牙齿上出现小黑点，要去咨询牙医。龋齿治疗越早，治疗周期就会越短，孩子的痛苦也越少，花费也越少。

氟是一种微量元素：这意味着氟对健康来说很重要，但所需量非常少。氟可以渗入牙釉质，提高牙齿坚固性，预防龋齿。因此，对于有龋齿风险的孩子，如果家人有牙釉质疾病、龋齿的既往史或特别爱吃甜食，应从6个月开始使用氟。对于更大点儿的孩子，在使用药片形式的氟之前，医生会采取外用氟的方式（盐、饮用水或含氟的牙粉等）。

牙齿外伤

如果孩子由于撞击或摔落磕掉了一颗牙或牙齿松动，需要立刻去咨询牙医。在某些情况下，牙医会建议保留牙齿（比如重新种牙或进行粘补）。带孩子去看牙医时的有效建议：用无菌纱布或用生理盐水保持牙齿完好。

咽炎

咽炎是一种扁桃体感染疾病；孩子可能会发烧，吞咽困难且疼痛。为了区分扁桃体病毒性感染和细菌性感染（A链球菌），医生会用拭子（末端带有棉球的长签）涂擦扁桃体进行快速检测。

事实上，只有链球菌感染类咽炎才应使用抗生素治疗。病毒性咽炎无并发症，能够自愈。

猩红热（参见该词条）是链球菌在机体内散播毒素引起皮疹的一类咽炎，同样应使用抗生素进行治疗。

如果孩子经常患咽炎，医生会建议摘除扁桃体（参见扁桃体切除术）。

传染性单核细胞增多症是一种病毒感染，伴随有严重的咽炎：孩子会发高烧，吞咽疼痛，扁桃体上可见白色脓肿。这种疾病较为顽固，会持续两周以上。抗生素对其没有任何作用。

痒疹

孩子不停地抓挠，焦躁不安，睡眠很差，皮肤上出现红色斑点，直径1毫米左右，略微凸起，除了头皮以外的任何部位都可能会出现。红色斑点会逐渐变大，出现暗红色。有时囊泡迅速破裂，成为黄色硬皮，触碰会发现脓疱较硬。8—10天会消失，留下小斑点；之后斑点也会消失。然而，痒疹还可能复发，间隔时间或长或短。

痒疹被认为是过敏（参见该词条）的表现，与荨麻疹同类：食物过敏或对某些昆虫的叮咬过敏。

可在患处涂抹洗必泰溶液，家长尤其要有耐心，不要过于焦虑，痒疹最后都会消失的。严重情况下（脓疱较密集，发作较频繁），医生可能会建议咨询过敏病学家。

摇晃症（婴儿摇晃综合征）

近几年来，由于发病率呈上升趋势但发病原因尚不明确，这种疾病被定义为摇晃症。通常为6个月以下的宝宝。孩子哭闹不止，父母或亲人想通过摇晃婴儿让他安静下来。这种摇晃姿势是有意的，可以被认定成虐待，家长并没有意识到自己的这种做法会造成严重的后果。

为什么摇晃宝宝会产生如此严重的后果？

宝宝的大脑非常脆弱，他的头部较重，颈部肌肉还不够强。如果用力摇晃，宝宝受到强烈晃动或剧烈撞击，头部从前到后摇晃，大脑会移动到头骨内，可能会撞击颅骨，导致脑部出血和创伤。

症状的严重性会很快表现出来：呕吐、意识障碍、惊厥、呼吸困难。出现这些情况时片刻都不能耽搁，要立即带孩子去医院。

医生会立即进行头部扫描，如果出现血肿应通过外科手术将其取出，但可能会留下较严重的后遗症：10%的孩子会死亡，而其他的大都会有智力发育滞后、视力障碍（如出现视网膜血肿）、残疾或行为障碍等问题。

最重要的是做好预防：如果即便温柔地抚摸、摇动和轻音乐都无法使宝宝平静下来，而你已经无法再忍受宝宝的哭闹了，你可以把宝宝轻轻放在婴儿床上，走出房间，让他自己恢复平静。你也可以让一位朋友、亲戚、邻居或儿科医生来帮忙。

一氧化碳或异物导致的窒息

（参见异物进入鼻子或耳朵内，意外吞咽以及一氧化碳中毒）

一氧化碳中毒

尽管取暖方式不断改进，预防措施也定期进行宣传，不幸的是一氧化碳中毒病例依旧经常出现。在通风条件较差的场所，当取暖设备或热水器出现故障时，通常会导致家庭集体中毒。一氧化碳无色无味（与城市燃气不同），会与血红蛋白结合，阻碍机体正常的氧合作用；一氧化碳

中毒会引起严重的病变，尤其是神经系统。

中毒症状首先表现为头疼、恶心、呕吐，然后中毒者会丧失意识。此时如果不进行急救，会导致进一步昏迷。

正确的做法是：拨打急救电话120或消防电话119；把孩子从房间里抱出来；在等待救援期间，需要的话可以进行人工呼吸和心脏按压；如果孩子无意识但可以正常呼吸，要使他处于安全体位（即侧躺，口朝向地面），以防止窒息。

如果确诊了一氧化碳中毒，且中毒较严重，应将孩子立即送往急救中心进行高压氧治疗。

预防措施：定期对取暖设备进行检修和维护。

遗尿

在孩子已经能够正常大小便的年龄，如膀胱控制功能缺失将造成遗尿。但每个孩子能够正常大小便的年龄不同，有的孩子很早，有的孩子会晚一些。无论怎样，在5—6岁之前都不能称为遗尿，同样，在这个年龄之前也不能判定大便失禁（肛门控制功能缺失）。

如果孩子的内裤一直有遗尿，那么判定为一级遗尿；通常指的是膀胱控制功能不健全，或者在学习自己上厕所时比较笨拙。

如果4—5岁之前的孩子能够自己上厕所，但还是会"尿裤子"，可判定为二级遗尿。这种情况可

以用两种方式来解释：第一种是刚刚学会自己上厕所，但这方面能力还不够健全，出现了行为能力上的退步。这种情况下应该弄清楚造成退步的原因是什么，可能并不是某一事件，而是心理方面给孩子造成了困扰；第二种是3—6岁的孩子在成长过程中可能遇到了困难（例如需要接受他的兄弟姐妹，或者被父母排斥）。但遗尿并非总是退步，也可能代表某种挑衅，是孩子与父母或身边的人在闹情绪，到了晚上，就以此作为发泄方式。

遗尿通常在夜间发生，孩子会尿床——自己并没有意识到——每晚一次或几次。但也存在白天遗尿的情况，这使得孩子在学校非常尴尬。

对于遗尿的治疗，应通过保持良好的排便卫生习惯开始。白天应该要求孩子定时并频繁排尿：早上、课间休息时、午饭前后、午休之后、晚饭前、睡觉前，即每天6—8次。

另外，要注意孩子是否喝了足量的水：从早上到下午茶期间的液体摄入量要充足，之后白天其他时间的摄入量要减少。多数情况下，这些简单的方法就能解决遗尿的问题。

如果持续性遗尿，建议采取以下不同方法：

·提醒装置，通过"尿尿—停"闹铃来提醒孩子（但许多人认为这种方式太过激了）。

·抑制膀胱收缩、控制尿量

的药物（抗利尿激素）。

在所有情况下，心理方面的支持至关重要。在父母的帮助下，让孩子自己也参与进来。医生为孩子讲解膀胱的控制机制以及膀胱在睡觉状态下是如何控制的。从5岁开始，孩子完全可以准备一个每日记事本：如果内裤弄湿，他可以画雨滴来表示；如果是干净的，就画太阳来表示。这种进步是迅速的：几个礼拜之后，记事本上太阳的数量会越来越多。

遗尿有可能是情感或学业方面的困难导致的。这种情况下，需要进行心理治疗。

意外吞咽

孩子吞下异物

孩子吞下异物，比如吞下一枚硬币，硬币在呼吸道内有窒息的风险（参见异物进入呼吸道）。

吞入的异物还可能进入消化道，通常情况下，这不会产生严重后果，异物会在消化道内慢慢移动，最后随大便排出体外，不需要进行外科手术治疗。如果吞下的是金属类物体，医生会通过X射线照相跟踪它的移动轨迹，以确定一两天后异物随粪便排出。

有三种需要注意的情况：

· 吞入尖锐物体，如别针，可能会卡在消化道内，这种情况下需要进行手术治疗。

· 吞入腐蚀性液体（如漂白剂）（参见下面内容）。

· 吞入电池（最常见的是手表的纽扣电池或类似物体）：应该

强行将异物取出，因为电池可能导致局部烧伤或消化道内壁溃疡。

孩子吞咽了酒精

由于孩子体内脂肪量（成人通过脂肪来稀释酒精）较少，且肝脏功能尚不健全（由肝脏排毒），如果意外吞咽了酒精可能会有非常严重的症状，对大脑的伤害比成年人更严重。如果发生这种意外，无论吸收了多少酒精量，最好向医生进行咨询。

孩子吞咽了腐蚀性液体

腐蚀性液体（比如漂白剂）可能引起食道和胃严重灼伤。如果发生这种情况，应立即带孩子去医院。最好不要催吐，也不要让孩子喝其他东西。

异物进入鼻子或耳朵内

如果孩子把异物放入了鼻子里，尝试几次后都无法将其取出来，不要继续坚持下去，这样可能会将异物推向更深处并损伤鼻腔内脆弱的黏膜。带孩子去耳鼻喉科，这里有专用的仪器和技术。如果孩子把异物放入了耳朵，处理方式是一样的。如果将异物放入了阴道，应该尽快带孩子去主治医师那里诊治。

成年人也可能发生这些意外情况。但某些情况下，意外发生时并没有意识到。如果发现一只耳朵或一个鼻孔持续流脓，或阴道白带持续出现，应该考虑是否由于以上原因导致的。

异物进入呼吸道（呼吸道异物）

孩子卡住嗓子眼儿，也就是说异物进入呼吸道（最常见的是花生或玩具的一部分），我们称之为呼吸道异物。可能立即或逐渐导致呼吸停止。在照顾孩子的同时，要反应迅速，并拨打急救电话120。

孩子开始咳嗽，呼吸有杂音，如果这种状态持续，说明只是部分卡住，空气还能通过。在等待救助的同时，安抚好孩子并使他保持平静。

如果情况加重（咳嗽消失，呼吸停止，孩子面色发青），说明情况非常危急，应该立即采取急救措施，采取呼吸道疏通手段，即叩击背部与按压胸腔或腹部交替进行（根据年龄选择）。

以下是操作方法：

· 叩击背部肩胛骨之间（5次）。如果孩子不到1周岁，应该将孩子腹部放置在大人膝盖上进行叩击。

· 如果以上措施没有效果，若孩子不满1周岁，将孩子背朝上，用拇指按压胸骨下部分（位于两个乳头部位中分线的下面），按压5次。

· 如果孩子1周岁以上，做5次腹部按压（这是海姆立克抢救法，参看相关内容）。

· 如果依旧没有效果，继续交替进行叩击背部与按压胸腔或腹部（5次）。

· 应该交替进行以上方法（叩

去与按压），即便异物无法排除，这样操作也可以使空气进入。

海姆立克抢救法

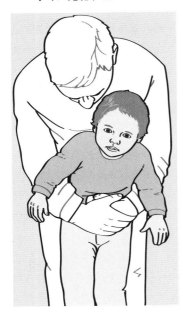

要点在于对上腹窝位置进行迅速而有力的腹部按压。可以让孩子站着或坐着（上图所示姿势）：大人站在孩子后面，环抱住孩子身躯以使其背后靠向大人胸部。将一只手握紧拳头放在肚脐上面的上腹窝位置，另一只手放在拳头上，然后迅速发力向后挤压（指的是朝向大人方向），之后往上移动，目的是将气体从肺部向气管挤压，从而将异物排挤出。

抑郁症

这个词让父母非常害怕，因为很难将这种诊断与一个小孩子联系起来。但幼儿方面的专业人士知道抑郁症（或者抑郁状态）可能发生在孩子身上，而且早发现早治疗非常重要。

对于小婴儿来说

从生孩子住院那时起，抑郁问题就可能出现。米莉安的父亲在她分娩前一周突然去世，米莉安虽然人在儿子身边，但她的思绪早已飘走了。失去亲人的痛苦始终缠绕着她，这使她在与儿子相处时经常走神。护士发现孩子出现了焦虑的迹象：异常安静，不哭不闹，没有诉求。于是儿科医生让米莉安和孩子推迟出院，由医护人员帮助他们建立一种健康的母子亲情关系。

婴儿对与爸爸妈妈交流的质量非常敏感，能察觉到他们的精神状态。他能够强烈地察觉到自己的出现给身边的人带来了困扰，因此会非常伤心，非常消极。这种悲伤，表现为一个正在玩耍的宝宝不该有的安静——空洞的、游离的眼神，对其他人没有任何期待。这种状态应引起父母的警觉。亚当是一个非常老实听话的婴儿，他真的太听话了。这种被动状态非常适合因为他的出生而疲惫不堪的家人。他妈妈已经精疲力竭，而爸爸也没有接过接力棒来帮忙照顾他。

在夫妻问题、家庭问题、工作问题等困难面前，兼顾孩子确实很难，但不要让这些困扰一直存在，进而给孩子人格成长带来持续的不良影响。如果你对宝宝的某些行为感到担忧，需要去寻求专业人士的建议。把情况告诉医生（普科医生、儿科医生或儿科精神病科医生）、心理学家等其

他具有亲子咨询体系的机构。

对于大一点儿的孩子

主要表现为情绪和行为的变化，应引起家长的注意。从2岁开始，孩子进入全面探索世界的阶段，语言能力增强，喜欢模仿大人和小朋友。如果孩子不喜欢玩耍，而是独自待着，或没有目的地从一个地方走到另一个地方，长时间坐着或躺着，脸上失去了笑容，或者喜欢生气或哭泣，之后就放弃或妥协，此时家长就需要格外关注了。

随着孩子长大，在家里或学校开始出现其他征兆：一个小女孩，不再吵着要梳好看的发型，不再伸出小脏手要去洗干净；一个小男孩，总是准备着要"偷"一个玩具小汽车或者用它去换另一个珍贵的东西，从一处走到另一处，坐下来，轻轻晃动身体，或者抓着一缕头发转着玩，对一切都再没有兴趣。

年龄较大的孩子抑郁的原因更多，而且各不相同。他可能因为父母家庭生活的突发事件，比如丢了钱包或某种巨大的改变，而出现相应的反应。

对于婴儿来说，应该尽早与照顾孩子的人（托儿所老师、保姆等）沟通，并将情况如实告知，咨询心理医生，对孩子的症状进行评估，并帮助找到孩子患抑郁症的原因。如果需要药物治疗，应全程听从心理医生的指导。

抑郁症的诊断需要对孩子的情况有充分的了解和把握，尤其

是需要有恰当的诊治方案。有时候，医生甚至需要安抚家长，因为他们焦虑的行为可能会传导到孩子身上。

婴儿肠绞痛

婴儿肠绞痛表现为突然发作的腹痛，通常伴随有各种消化系统的症状：胀气、腹鸣、打嗝等。这时宝宝哭闹不止，无法安抚。肠绞痛有时只持续几分钟，把宝宝抱入怀里或放在婴儿车里摇一摇，或者让他趴在床上，这样可能会有所缓解；有时无论用哪种方法都不会有任何作用，要持续几个小时。

症状

肠绞痛是让父母难以应对，也是令未满月的婴儿饱受折磨的病症之一。让父母难以应对，因为尽管有各种研究与假设，目前仍然无法确定肠绞痛的病因是什么；让婴儿饱受折磨，因为肠绞痛发作时持续时间和疼痛程度都非常严重。尽管从医学上来看它被划分为轻型病症，没有危险性，但会给家庭生活造成比较大的影响。

肠绞痛从婴儿出生第一天就可能出现。在睡眠缺乏（有时因为产后抑郁而更加严重）、疲惫的时候，面对孩子因肠绞痛的哭闹，家长可能会觉得难以承受。在孩子出生后的头几天或头几周内，肠绞痛是家长到儿科诊所进行咨询的主要病症。

医学检查结果通常是正常的，

与体重曲线与心理发展曲线一样。某些情况下，医生会排查孩子是否患有胃食管反流，这也是导致婴儿腹痛发作的一个主要原因。

在婴儿3—4个月时（有的婴儿的症状会消失得更快），肠绞痛会消失。

应该做什么？

在等待症状自然好转的同时，建议尝试多种方法来减轻孩子的病痛（以及孩子父母的痛苦）。消化系统疼痛发作的真实原因尚不明确，治疗建议也是多种多样。有人建议给孩子喂热水或洋甘菊茶剂，更换奶嘴或奶瓶；有人建议使用传统治疗方法（肠道运输调节剂、镇痉剂）；有人建议使用去除乳糖或改变酸度的奶粉或含多种可以改善肠内菌群的元素（益生菌）；还有人建议顺势疗法或骨病治疗。

以上治疗方法的任何一种都没有功效方面的确切证据，因此不能被推荐使用。但实践中有些方法对有些孩子的症状是有效的。

如果尝试了各种不同的治疗方法，依旧止不住孩子的哭闹，不要有负罪感。与某些成见相反的是，奶粉喂养的孩子，或父母尤其是妈妈特别焦虑的孩子，并不会比其他孩子更容易得肠绞痛。如果越来越难以忍受孩子的哭闹，不要犹豫，去儿科医生那里或妇幼保健院进行咨询，在这段难熬的阶段寻求指导和帮助。

婴儿猝死

婴儿猝死指的是身体健康、无明确病因（做了完整的检查后也未发现病因）的婴儿却突然意外死亡（也称为婴儿意外死亡）。婴儿出生后第1年内尤其是6个月以内可能突发该病，小男孩更多，冬季更常见。

自从倡导让孩子平躺睡觉以来，猝死发生率大幅减少，1000个新生儿中猝死率从2.3下降到0.3。

除了让孩子趴着睡觉，其他猝死危险因素还有：与孩子同床睡觉，妈妈吸烟导致的烟草中毒，被动烟草中毒；室内温度过高或孩子的睡眠环境较差等。

婴儿猝死的预防

通过大量的研究，得出以下预防婴儿猝死的建议：

· 首先，让孩子平躺着睡觉，千万不要让孩子趴着睡，也不要让孩子侧躺，这种睡姿不太稳定，夜里改成趴着睡的危险较大。另外，儿科医生不建议使用刻意防止孩子趴着睡的措施，比如给孩子垫靠背、孩子睡姿探测器等。

· 不要使用哺乳枕或靠背等太软的东西，尤其不要铺在孩子下面。

· 孩子2岁前，白天或晚上睡觉时使用睡袋，代替丝绒被或毯子、被子。

· 使用较硬的床垫，盖上床罩。

· 婴儿床上要清理干净，放一个毛绒玩具足够了。不要把孩子放在大人的床上或沙发上。

·不要给孩子盖得太厚，尤其是当孩子发烧时，保持室内温度在19℃—20℃之间。

·不要在孩子周围吸烟，如在同一房间或车内。

睡觉时平躺，玩耍时趴着

有些父母会认为让孩子平躺的建议是现在的"流行趋势"，将来的某一天，会被另一种趋势所代替。不，就像上面我们提到的，这一方式是20年以来研究得出的结论，能够使猝死率极大地降低。

但这并不意味着孩子不应该趴着。孩子在醒着的时候趴着会有许多益处：避免后脑勺儿过于平坦（参见斜头畸形）；精神运动方面的全方位刺激有助于迅速学会爬行。所以当孩子醒着的时候，让孩子练习趴着也很重要。让孩子趴在较硬的床垫上，陪他玩耍，让他学着抬头，之后学着翻身。

猝死的悲剧发生后

如果遭遇了婴儿猝死的悲剧，家长会想要找出猝死的原因。大城市的医院都设有接待中心，家长可以与工作人员进行沟通，找出孩子猝死的病因（但往往并不能找到原因）。猝死并非遗传病，家长不用担心下一个孩子也会发生这样的悲剧。

婴儿疾病

目前，这一宽泛概念包含了突然发病的各类疾病，如发绀病、呼吸暂停、低血压、意识暂停等。在有些情况下，几个短促的动作和眼睛的抖动可怀疑是痉挛。

这些疾病发病时持续时间较短（几秒或几分钟），通常可自行停止，或者需要简单的刺激或唤醒治疗。但这类疾病会复发，有时会留下后遗症。

婴儿突发的疾病会让家人心有余悸，担心可能会发生更严重的病情。应该咨询医生确保孩子没有患上可导致新病情发生的疾病，同时要找到发病原因。医生会根据情况调整治疗方案。

疾病的机制与病因众多：消化性（食管反流）、心脏性（心律不齐）、呼吸性（毛细支气管炎）、上呼吸道受阻或代谢性。

这些疾病的严重性与治疗的必要性取决于最终的反复性、持续时间长短与病因。有的情况与迷走神经性疾病有关，比如年龄大些的幼儿受到迷走神经的刺激（如食管反流），引起心脏跳动暂时的滞后，从而导致脸色苍白，甚至暂时的意识丧失。在对心率进行全面监测后，医生有时会建议进行药物治疗。

由于以上所描述疾病的病因繁多，在建议进行最好的治疗之前，儿科医生有必要先将孩子收入住院，进行全面检查（pH测量，心脏动态监测，睡眠记录等）。

（参见发热惊厥、癫痫、食道反流、抽噎痉挛）

婴儿啼哭

婴儿在还不会说话的年龄段，哭声是他交流的方式，是他的语言。他有自己的方式来表达

不舒服或疼痛，他的哭声表达需求、希望、疼痛、害怕等。

每一种哭声根据它所指代的意义具有不同的特征：

·表达饥饿的哭声：强而有力，坚持不间断。

·表达急剧疼痛的哭声：尖锐刺耳，强度随疼痛程度的变化而变化。

·表达持续疼痛的哭声：低沉单调，连续不间断。

·表达悲伤的哭声：伴随呜咽、啜泣。

父母很快就能掌握婴儿啼哭所代表的意义；根据哭声的特点、发生时间，以及背景，也就是说伴随哭声的所有信号：脸色、手势、姿势、呼吸节奏等，做出相应判断。比如，出生后头3个月，每天晚上在固定时间都会重复地啼哭，其实是代表婴儿肠绞痛（参见该词条）。婴儿在剧烈噪声或轻轻跌落后因为惊吓也会啼哭。当孩子突然啼哭时，父母会意识到孩子哪儿不舒服了，比如耳炎、急性肠套叠、腹股沟疝、脑膜炎（参见以上词条）。留心婴儿的呻吟声、重复的呜咽声，可能是孩子在遭受病痛，需要去急诊咨询。

婴儿厌食症

如果孩子拒绝正常进食，且排除了所有疾病的可能，那么有可能是心理方面的问题。这种心理上的食欲缺乏可能是因为孩子与照顾他饮食的大人之间存在某种干扰关系。在孩子意识到他对

周围亲近的人具有影响力的时候，会产生一种对抗情绪。不要将厌食症与孩子的对抗阶段混淆，厌食症持续时间较长，因此与简单的间断性的进食困难行为不同。另外也要与疾病引起的厌食区分开来，因为在谈论厌食症是一种心理上的疾病时，应该首先确认没有发生任何器质性病变，而如果是器质性病变，则需要进行药物诊断。

厌食症的发病原因是多样性的。发病时间在孩子出生第一年前后，即到18个月时最为常见，有时也会更提前。发病原因可能是因为鼻咽炎类的常见感染性疾病、接种疫苗、长牙、突然断奶、食谱变化太快、引入一种难以接受的新食物、被强迫使用勺子或玻璃杯或对卫生的要求过于严格，这些都可能导致孩子拒绝进食。妈妈以及孩子身边亲近的人对此感到特别焦虑，所以强迫孩子吃东西，冲突随之产生，并很快形成一个恶性循环，一方拒绝食物，另一方焦虑不堪。

治疗厌食症的原则主要在于孩子身边的人改变态度。很重要的一点是，不要把进食问题看得很严重，要从焦虑中解脱出来，改变死板而偏执的态度，避免在发生冲突时准备饭菜。建议家长采取一种淡然的心态，在平和的状态下准备饭菜，然后把每道菜都端上饭桌。如果孩子拒绝吃，等几分钟就把这道菜撤下来。另外，在三餐之外，不要给孩子任何吃的。

如今，心理上的厌食症现象逐渐减少。在饮食方面，避免教条化、专制型态度，这一理念被越来越多的人理解和接纳：

· 永远不要强制孩子进食或结束进食；

· 不要被时间所驾驭，尤其不要叫醒孩子来喂食，或者相反的，拒绝喂孩子夜奶；

· 尽可能让孩子自主进食，不要过度担心卫生问题。

孩子的状况会很快向着好的方向发展，而如果状况逐渐变差，需要查找一下孩子周围环境中存在什么其他因素，以及照顾孩子的家长的做法是否继续引起孩子对食物的反感。心理学家与医生紧密配合，研究发现，有时候厌食症的病因埋藏得非常深，举例说明，如果父母小时候存在进食困难，那么在他们孩子身上也会出现这样的问题。在这种情况下，提供针对父母—孩子的心理疗法护理会非常有益。

最后，存在一些比较少见但更为严重的病例，厌食症发展到了消极厌世甚至精神病的状态。缺乏激励、身处消极的环境、情感缺失、虐待都可能是致病因素。

婴幼儿疾病（发疹热）

（参见麻疹、风疹、流行性腮腺炎、水痘、玫瑰疹）

营养不足

婴儿营养不足主要定义为发育不足，尤其是体重不达标。目前，因为食物缺乏引起营养不良比较少见，常见的原因为：重复性、延续性感染（耳炎、尿路感染等），器官病变（心脏、肾脏等），消化与肠道吸收问题（先天性黏液稠厚症、乳糖不耐受、葡萄糖—小麦淀粉中含有的蛋白不耐受）以及慢性疾病。另外世卫组织表示某些虐待情况也可能导致孩子营养不良，如社会心理方面的关怀缺乏，涉及母乳、社会关系及教育方面的关怀（并非严格意义上的食物营养问题）。这种情况下，孩子的体重曲线出现断层，医生需要给孩子进行检查。

营养不足的新生儿指的是出生时体重低于妊娠期预期水平的婴儿。例如，足月出生的婴儿，其体重低于2500克，我们称之为子宫内生长迟缓，原因是多样的，可能是母亲的原因（宫内感染、妊娠毒血症、药物中毒、滥用烟草等）或胎盘的原因，或者是环境原因，尤其是社会心理方面原因。

幽门狭窄

这是许多孩子身上比较常见的消化管异形疾病，男孩比女孩更易患该病，是由于分隔开胃和第一节肠道的肌肉环增厚导致的，这会阻碍胃正常排空，从而引起呕吐。这种疾病通常在新生儿出生后3周左右出现，之后病情会越来越频繁发作，孩子同时表现出饥饿和便秘症状。X射线检查或超声检查可以确诊病症，通过简单的外科手术即可治愈。

疣

指的是病毒引起的轻微皮肤肿块，通常表现为浅灰色较硬的凸起，厚度和直径为几毫米，有时表现为平的或稍有凸起的浅黄色光滑斑点。疣常见于手背、手指或身体某一部位（面部、前额等），呈单独一个或多个分布。

比较特殊的是扁平疣，深度较深，有疼痛感，通过土壤或水接触感染（如光着脚在泳池走路等）。

传染性软疣

与疣比较接近，同样是病毒引起。表现为小瘤状凸起，光滑，蜡黄色，中间略凹陷且更明亮。传染性很强，抓挠会使疣传染到其他部位。

治疗

疣可以自行消失，因此可首先使用简单的方式进行治疗：如重复涂抹水杨基膏体（要保护周围的皮肤）。顺势疗法会产生较理想的效果。

使用液态氮治疗以及用刮匙摘除是根除疣的方法。如果孩子无法忍受疼痛，可在术前半小时进行局部麻醉。

传染性软疣可以通过同样的方法进行治疗，但由于病情的多样性，治疗难度可能更大。

语言发育迟缓

如果一个孩子的语言能力与其他同龄人相比存在明显滞后，会称之为语言发育迟缓。通过使用特定年龄的研究数据进行比对

得出诊断结果，如果与平均数据相差太多，即可确诊为语言发育迟缓。在研究孩子整体生长发育方面使用非常广泛的是"丹佛"测试：大多数孩子在2岁时可以说两个字的词语，3岁时可以使用复数词，4岁时可以说出自己的姓和名。这就是在各个年龄段需要具备的语言能力。

如果语言发育迟缓，应该怎么做？

建议咨询儿科医生，医生会判定是否为语言发育迟缓，并对孩子整体能力发展做出判断：运动技能方面（几岁会坐会走），精细运动方面（操作立方体的能力）到社交层面（与妈妈和其他小朋友互动情况）。医生会拿这些方面的能力与同龄孩子进行对比。

医生还会特别注意筛查孩子的听力问题。如今，在孕期就会进行系统的听力筛查，但仍会遗漏某些耳聋问题。听力检查时会使用小型的音乐玩具，如果是大一点儿的孩子，则会进行"耳语"测试，比如，孩子需要重复一个短句："我给亚瑟买了一些糖果。"这是专业人士熟知的一种针对4岁孩子的测试方法。如果怀疑存在听力障碍，需要由耳鼻喉科医生进行全面的听力筛查。

语言障碍

口吃

古代时已经有"口吃"的叫法，而直到现在，口吃的病因依然不清楚。有人认为存在基因与环境

两方面的原因。

口吃问题更多发生在男孩子身上，比例达4%。在4个有口吃问题的孩子中，其中3个可能会自行康复，而另一个孩子可能直到成年还存在口吃问题。

口吃主要表现为话语重复（发音、音节、词语），发音时拖音，词语中间或几个词之间发音间断。

2—3岁的孩子在口头表达时多会出现小的间断、词语表达时迟缓，这都是正常现象。孩子正处于学习组词造句的阶段，词汇量不断丰富，思维比语言更快，还不能准确表达自己的想法与自己对事物的理解。通常在3—5岁时才可以进行口吃的诊断。

非常重要的一点是不要跟孩子说"要努力学会正确表达"或"深呼吸，你能做到的"，但也不建议对孩子的口吃问题视而不见，或认为口吃不需干预就可以康复。应该咨询儿科医生，由医生对口吃问题进行评估。根据病情，医生可能会建议咨询正音科医生，正音科医生经验非常丰富，可以针对孩子的具体情况给父母提出治疗建议。

如果孩子的口吃问题需要进行治疗，治疗方法包括正音训练以及精神运动放松疗法，有时可能需要心理方面的帮助。正音医生对孩子进行治疗时，不只是语言层面，还包括吐气、呼吸、面部肌肉的训练。

口齿不清

发音缺陷是由于舌头位置不

正导致的（而不是牙齿位置不正）。在孩子4—5岁时可以由正音医生进行矫正。

Z

招风耳

如果已经严重影响了外貌，可以通过外科手术进行矫正。这个小手术需要征得孩子的同意，最好的手术年龄是8—9岁。

蜇伤

蜜蜂、黄蜂、胡蜂。人体有些器官对膜翅目昆虫（蜜蜂、黄蜂、胡蜂等）的叮咬非常敏感，而其他器官不太敏感。

被蜇伤后，应该把蜇针取出来（较难操作），然后在伤口处涂冰和醋液。红肿、疼痛区域会持续几天。某些情况下伤口会非常严重，包括重复蜇伤，喉咙或口腔位置的蜇伤，过敏部位等。与流传较广的说法相反，不应使用冰块，因为只有高温才能破坏毒液。

被蜇伤后会出现呕吐、心跳加速、呼吸困难等症状。有些严重的症状会导致生命危险，包括大范围水肿、喉部水肿、血液循环问题。如果出现以上任一症状，或喉部、口部被蜇伤，应该立即带孩子去医院或拨打120急救电话。

如果出现严重的异常反应（以上提到的症状），需要到特定中心进行脱敏治疗。

恙螨幼虫。夏末，如果孩子到草地中玩耍，可能会被这种极小的虫子咬到，使腿部、腰部或皮肤褶皱处奇痒无比。在药店可以买到治疗皮肤患处炎症的药物，此外也有预防性药膏。

蜘蛛。被蜘蛛咬到的位置会出现红肿、疼痛，有时还会伴有发烧等症状，但通常症状较轻。对患处进行消毒、冰敷，服用扑热息敏进行对症治疗。

蚊子。被蚊子叮咬可能最终会导致严重疾病（疟疾、登革热等），需要根据病情使用有效药物，但无法避免副作用的产生。

如果蚊子叮咬后没有出现任何危急反应，预防措施会相对简单。对于新生儿和小婴儿，可以使用蚊帐。对于稍大的婴儿，可以用马鞭草—柠檬香驱蚊液涂抹在叮咬处，两小时内即可消退。

如果叮咬数目较多，可能会使孩子表现出烦躁，如果抓挠会使皮肤出现感染，小婴儿还会出现发烧症状。可以用酸性肥皂或醋水清洗患处。在药店可以买到止痒药物。

牛虻。被牛虻叮咬后要将被咬处浸入醋溶液中。如果孩子感到疼痛，可以让孩子服用对乙酰氨基酚药物。

蜱虫（参见蜱虫叮咬）。

真菌病

这一通用术语指的是由真菌引起的感染，最常见的一种是口腔黏液真菌感染，即鹅口疮，其症状表现为脸颊内侧及牙龈外表面出现白色斑点。如果用浸水的纱布擦拭，这些斑点不会消失：这个试验非常有必要，因为牛奶的残留物也是相同的样子（但擦拭时会消失）。

真菌也会感染皮肤，尤其是被浸渍的皮肤：

·月龄较小的婴儿颈部较难擦洗干净。

·垫尿布的屁股部位，使用抗生素治疗后（尤其是在同时使用了阿莫西林克拉维酸之后）。

·脚趾之间，尤其是年龄较大的孩子，总爱光脚穿篮球鞋。

真菌也会引起头发或指甲部位的感染。

真菌病的治疗主要是使用抗真菌剂，涂抹在感染部位，坚持使用一至两周。头发和指甲部位的真菌治疗持续时间更久一些，有时需要同时口服抗真菌药物。

支气管炎

支气管炎是在感冒过程中可能出现的支气管病毒感染疾病。它没有治疗方法，可很快自愈，无须使用抗生素。有些支气管炎症状伴随喘鸣，可直接听到或通过听诊器听出来。这时我们称之为哮喘性支气管炎。如果哮喘性支气管炎反复出现，可能是婴儿哮喘的表现（参见哮喘）。

直肠脱垂

直肠的一部分（肠道末端）

通过肛门外露出来，表现为在排大便、哭闹、咳嗽时凸出一块红色赘肉，可自动或手动复位。直肠脱垂通常是由慢性便秘引起的。

一般通过药物进行治疗，必要情况下会进行外科手术，但较为罕见。

直肠息肉

息肉是黏膜表面的赘生肉瘤，起因可能是出血、腹痛与持续腹泻。如果患者发现粪便中重复出现血迹，医生首先会检查是否为肛裂性便秘，这是便血最常见的原因。如果该检查显示阴性，则会用石英纤维内窥镜检查以确定是否是直肠息肉。

石英纤维内窥镜可用于肉眼无法直接观察的器官，如果需要的话还可以取出活体组织做进一步检查。使用尺寸非常小的柔性光学纤维作为中间物，可用于检查食道或胃、喉部、隔膜，以及支气管、直肠。这种内窥镜需要在特定环境下进行，并要进行麻醉。如果发现直肠息肉，要将其分离并取出做检查。

对于同病原复发性直肠息肉，需要定期进行复查。

中暑

婴幼儿，尤其是婴儿，对周围温度的升高特别敏感。温度过高会导致中暑。

中暑是一种非腹泻导致的严重脱水现象。这种情况下缺水是由大量出汗引起的。开始时，出汗有助于控制孩子体温升高，如果没有做到及时补水，就会导致脱水，出汗减少，孩子体温会继续升高。

中暑一开始是由环境温度升高引起的，可能是因为孩子待在一个密闭不透风的环境中，如太阳照射下关着窗户的车里。无论如何不能把孩子独自放在车里，即便是在阴凉处（阴凉处会随时间推移变为阳光照射处）。

症状

最开始，孩子大量出汗，躁动不安，非常口渴；之后，孩子很快脱水，体温升高到40℃。

应该怎么做？

首先，通过各种方式让孩子呼吸到新鲜空气：洗澡、使衣物潮湿、打开电扇等。当然还要让孩子大量喝水或凉爽的饮料，也可以让孩子喝补液盐（参见急性脱水）。

如果孩子仍然狂躁不安，或者出现意识模糊等问题，应该赶紧带孩子去医院。

肘部内翻

肘部内翻多为肘部脱臼，突然拖拽孩子的前臂而导致的孩子上臂无法移动：孩子的手臂下垂着，无法弯曲，也不让大人触碰。X射线扫描如果没有发现骨折，由医生通过简单的操作就可以复位。

注意力不足多动症

该症状多指注意力不集中并伴有焦躁不安表现的孩子。这不能完全称为疾病，因为病因尚不明确，更准确的叫法应该是集合了三种症状的综合征，对每个孩子的影响情况各不相同。

· 注意力不足，表现为无法集中注意力完成一项任务，这是最主要的特征。

· 活动过度，即持续躁动不安，无法待在一处，这种症状较为吵闹，但是次要的。有的孩子并不会出现这种症状（尤其是女孩子）。

· 易冲动，无法等待，总是想打断别人。

当然，这些行为也可能只是暂时性的或因某种特殊情况而出现的反应。只有持续性、持久性影响到孩子生活时，医生才会将其定义为注意力不足多动症。注意力不足及活动过度的表现会对孩子产生很严重的影响：不自信，感到被家人、朋友和学校抛弃。

孩子非常好动，这是注意力不足多动症吗？

这不能作为诊断的依据，应该注意观察其他症状是否出现，尤其是注意力问题。然而如果你有所怀疑，不妨将你的疑问告诉医生，让医生进行诊断。

注意力不足多动症在几岁出现？

通常在孩子出生头几年内出现，一般是在12岁之前。男孩（活动过度）会比女孩（主要表现为注意力不足，活动过度表现不太明显）更早表现出来。有的情况下，可能在青春期时才做出诊断，甚至会更晚（父母来咨询孩子多动症问题时被发现）。

医生通过医学检查以及父母与孩子之间的交谈发现多动症的症状，通常在儿科、神经科、精神病科及心理科多科室会诊之后，由儿童精神病科医生做出诊断。

注意力不足多动症可自愈吗？

尽量早做出诊断，以便早期介入治疗和护理，对疾病的治愈会更有效。综合运用心理、教育及社会等措施，行为疗法或定期与专家（儿科精神病科医生、心理医生、精神运动训练者、正音科医生）会面都有助于孩子改善注意力问题，控制冲动；而对于父母来说，可以在专家的帮助下，更好地管理和包容孩子的行为。学校和家庭双方面都应该明白，孩子并非故意要走神或发怒，患有多动症的孩子应该得到更多的帮助，而不是被歧视或孤立。

如果以上措施都没有效果，则可以使用哌醋甲酯药物进行治疗。药量要进行严格限制：第一次用药要在医院进行，按照麻醉类药物的医嘱，用药期限为28天。

如果孩子存在多动症的症状（不要将孩子的情况告诉学校里孩子周围的人），在多科会诊（儿童神经科、心理学、精神运动科）并向父母解释清楚药物的适用症后，可做出上述治疗方案。病情的好转会让孩子及其家人都得到极大的宽慰，从而可以减少药物的剂量。现在，有些儿科医生开始借鉴这一治疗方法，对孩子进行跟踪治疗，直至停药。

注意力不足多动症：一场论战

当我们提到注意力不足多动症时，通常会产生非常激烈的争论。因为有人认为所有孩子在幼年时都非常好动，这可能会让人误以为是多动症。因此，有些精神病专家反对这种定义，尤其是针对美国诊断出的多动症病例数量；有些国家对待多动症的态度较为谨慎，诊断数量相对少一些，且更倾向于药物治疗。

抓伤

有的宝宝性子较急，一不高兴了就会抓自己的脸，直到把皮肤抓破。这对孩子来说也是一种探索身体的方式。你可以把他的指甲剪短（在他睡着的时候更容易操作）或者把指甲磨圆，但不建议给他们戴连指手套。不要过分担心，伤口会自己愈合且不留伤疤，因为这是孩子自己挠的。除此之外不需要做其他的。

紫癜

紫癜表现为皮肤上出现大小不一的红色斑点，最常见的是呈点状排列，但有时是像淤斑一样的大片硬痂。这些淤斑是由皮下毛细血管渗出的血液聚集而成的，所以当拉伸皮肤时，这些斑点并不会消失。紫癜或单独发作，或伴有发烧、出血、疼痛等各种症状。

紫癜与血小板数量减少有关（血小板参与血液凝固），也可能与小血管自身的改变有关。

紫癜的原因非常多：感染、微生物（脑膜炎双球菌）或病毒（风疹、单核细胞症）等，或中毒（大部分情况下是药物中毒）。紫癜还可能出现在骨髓受损引起的严重血液病中。

新生儿紫癜

首先应指出，由于分娩困难而使新生儿脸上出现的紫癜小病灶，是血管轻微破裂导致的，并不严重；轻微的结膜出血同样不太严重。

相反，如果紫癜伴有血小板大量下降，这种情况下要进行血液检查，则可能是新生儿感染造成的。

脑膜炎引起的紫癜

如果紫癜发作的孩子伴有发烧症状，应怀疑是否患有脑膜炎。这是一种严重的疾病，要拨打120急救电话或立即带孩子去医院急诊。如果你无法分辨是否为普通紫癜发作，只要出现发烧症状，谨慎起见就要立即带孩子去看医生。

类风湿性紫癜

这种紫癜多发于下肢，会伴有腹部症状，引起外科疾病（肠套叠）或肾脏疾病，表现为尿液中出现血或蛋白。血小板数量正常。一次或数次复发后将会痊愈。

紫癜伴有不明原因的血小板降低

这种情况多为特发性紫癜。对症治疗几周后，病情会痊愈。

走路发育迟缓

学会走路是孩子生命中具有标志性的一个阶段，因为这是他体力、精神和情感方面成长的见证。

走路的必备条件很多：首先需要骨骼、肌肉、神经系统尤其是大脑发育完全；只有具有健康的饮食，即富含蛋白质与维生素的食物，才可以正常成长发育。精神和情感环境同样发挥着重要作用：如果不加以刺激，无论是学说话还是学走路，孩子都很难得到进步。

孩子在能够独坐、独自站立并能扶着家具移动之后，才可以学走路。学会走路的年龄通常在12—14个月，但每个孩子的情况都不一样，年龄差距在10—12个月之间，只有超出这个年龄段才可以称为走路发育迟缓。有的孩子会有用屁股移动的习惯，这会推迟他们学会走路的时间。

如果在20个月之后还没学会走路，需要进行一项医学检查，找出走路发育迟缓的原因，检测是否存在骨骼方面的疾病，如骨骼尤其是髋骨部位发育异常，进行性肌萎缩或其他神经肌肉性疾病导致的下肢肌肉萎缩。先天性或后天性脑损伤引起的神经系统疾病会导致残疾、平衡性问题，最终妨碍走路。

如果智力发育正常，就可能是大脑机能残疾。有时走路发育迟缓非常严重，超出运动机能领域，表现为或轻或重的精神机能缺陷。具有针对性的康复训练可以根据实际情况，帮助孩子成长发育。

嘴唇流血

如果嘴唇受伤，先按压止血，然后用肥皂清洗，之后用清水冲洗。唾液可起到消毒和促进愈合的作用。如果伤口较重，需及时就医。